Der Klatsch über das Geschlechtsleben Friedrichs II.

Der Fall Jean-Jacques Rousseau

Von

Dr. Gaston Vorberg

BONN 1921
A. Marcus & E. Webers Verlag (Dr. jur. Albert Ahn)

Druck: Otto Wigand'sche Buchdruckerei G. m. b. H., Leipzig.

Die vorliegende Arbeit bedarf keiner weiteren Einleitung. Die Abhandlungen über das Geschlechtsleben Friedrichs des Zweiten und über Jean-Jacques Rousseau sind das Ergebnis langer, mühsamer Forschung. Die beiden Aufsätze dürften manches aufklären, was bisher durch Überlieferung, durch Gerücht und Klatsch in anderem Lichte erschien.

München, im Mai 1921.

Vorberg.

I.

Der Klatsch über das Geschlechtsleben Friedrichs II.

Friedrich der Große ist wohl eine der eigenartigsten Herrschergestalten, die jemals auf einem Königsthrone gesessen haben. Alle Welt glaubte, daß der schwächliche Sohn Friedrich Wilhelms nach seiner Thronbesteigung das Leben eines Mediceers führen würde, ein weichliches, den Musen gewidmetes Leben und allen Kriegstaten abhold. Aber dieser Friedrich setzte die Welt in Staunen, er wurde ein kühner Feldherr, ein glänzender Staatsmann und fand trotzdem Zeit, dauernd mit den größten Gelehrten und Künstlern in Gedankenaustausch zu treten und seinen Neigungen nachzugehen.

Friedrich war ein duldsamer und liebenswürdiger Herrscher, verdroß man ihn aber, so zeigte er sich nicht immer wählerisch in seiner Ausdrucksweise, in beißenden Spottreden machte er seinem Unwillen Luft. Die Höflinge und Neider, denen sein Spott galt, waren keineswegs immer gewillt, solche Demütigungen geduldig hinzunehmen. Sie rächten sich durch Schmähschriften, worin sie den König bloßzustellen suchten. Friedrich wurde als Pharisäer, als Geizhals, als ruhmsüchtiger Streber vorgeführt, das Volk schmachte in Sklavenketten usw. Nicht genug damit, auch über das Geschlechtsleben verbreitete man Behauptungen, die ihn verächtlich machen sollten. Friedrich, der Weiberhasser und Enthaltsamkeitsheuchler, gebe sich heimlich der griechischen Liebe hin. Zuerst tauchte die Beschuldigung widernatürlicher Neigungen Friedrichs 1753 auf in der Idée de la personne, de la manière de vivre et de la cour du roi de Prusse, sie kehrte dann 1766 in den Matinées du roi de Prusse écrites par lui-même wieder, findet sich auch in den Mémoires pour servir à la vie de Voltaire (1784), in der Vie privée du roi de Prusse und in Büschings Charakter Friedrichs II. (1788). Man wußte nicht recht, wer der Verfasser jener Schmähschriften sei. Es tauchten allerhand Vermutungen auf. Für die „Idée" machte man Tyrconnell, La Beaumelle verantwortlich, als Verfasser der „Matinées" nannte man den piemontesischen Offizier Patono und Bonneville, Flügeladjutanten des Marschalls von Sachsen. Bonneville sollte von dem Schreiber Friedrichs wirkliche und angebliche Äußerungen des Königs erhalten und zu den Matinées verarbeitet haben [1]).

[1]) Im Jahre 1860 glaubte Henri Nadault de Buffon, ein Nachkomme des berühmten Naturforschers, beweisen zu können, daß Friedrich II. der Verfasser der „Matinées" sei. Er behauptete, im Nachlasse seines Großoheims sei die Handschrift der „Matinées" gefunden worden. Er stützte sich auf die Abschrift, die der Schreiber seines Großoheims im Auftrage des alten Buffon angefertigt hatte. Der Graf de Buffon habe seinem Vater

Mit der ihm eigenen Bosheit suchte sich an Friedrich der Mann zu rächen, den der König in seinem Zorne als den „verräterischsten Schurken, den es auf der Welt gebe“, als „großen Schuft und Menschen von niedriger und feiger Gesinnung“ bezeichnet hatte: F. M. Arouet de Voltaire. Voltaire sann nach seinem Zerwürfnis mit dem König auf Rache. Er hielt sich für berechtigt, Friedrich dem Spott und der Verachtung der Nachwelt preiszugeben: „C'est que j'ai la volonté et le droit de laisser à la postérité sa condamnation par écrit“ [2]). Aber nicht nur in Briefen und durch schamlose Verse suchte Voltaire seinen Zweck zu erreichen, wahrscheinlich hat er auch die „Idée“, den Abschiedsgruß an den Preußenkönig, und die „Mémoires“ auf dem Gewissen. Marquis de Condorcet sagt von den Memoiren Voltaires: „Ces mémoires ou le souvenir profond d'un juste ressentiment n'étouffe, ni la gaieté ni la justice“ [3]). Um seinen Stil zu verdecken, soll Voltaire die „Idée“ ins Deutsche und dann wiederum ins Französische haben übersetzen lassen. Die „Idée“ deutet jedoch nur an, was die „Mémoires“ und die „Matinées“ ausführlich behandeln.

Ergötzlich ist, daß gegen Voltaire, der den König der Sodomiterei verdächtigte, im Jahre 1725 ein Beamter der Pariser Sittenpolizei dieselbe Anschuldigung erhob [4]).

In der „Idée“ liest man auf Seite 6: Er zieht sich nach der Tafel oft mit einigen jungen Leuten in seine Gemächer zurück; alles was ihn umgibt, ist zum Malen, die hübschesten Gesichter. („Il arrive souvent qu'il fait entrer avec lui quelques-uns de ses jeunes gens; tout ce qu' entoure est fait à peindre et les plus jolies figures.“)

Bei den „Matinées“ [5]) handelt es sich angeblich um eine geheim zu haltende Staatsschrift, um einen Leitfaden der Regierungs- und Lebenskunst, den Friedrich zur Belehrung des Thronfolgers verfaßt haben sollte. Friedrich gibt in dieser Schrift nicht nur seine Staatsgrundsätze preis, sondern auch die verborgensten Geheimnisse seines Geschlechtslebens.

In der vierten Morgenplauderei — sechster Abschnitt — über die Vergnügungen heißt es: „Amor ist ein Gott, der kein Erbarmen kennt; sucht man seinen Pfeilen, die er nach altem ehrlichen Kriegs-

die „Matinées“ als Geschenk des Königs überbracht. Der junge französische Gardeoffizier Buffon wurde am 18. Mai 1782 von Friedrich empfangen. Wie sollte der König bei dieser Gelegenheit einem jungen Manne eine Schmähschrift überreicht haben, die schon seit vielen Jahren in Paris bekannt und in Hunderten von Abzügen verbreitet war? Durch eine solche Schmähschrift hätte sich Friedrich ja nur selbst erniedrigt. Bei den „Matinées“ handelt es sich um das Erzeugnis eines rachsüchtigen Höflings oder sonst eines Ränkeschmieds; daran ändert auch der Umstand nichts, daß sich ein Gelehrter aus irgendeinem Grunde für seine Bücherei eine Abschrift herstellen ließ. Um die eigene und die fremde Klatschsucht zu befriedigen, nahmen die Schmähschriften mit jeder weiteren Auflage an Inhalt zu, wobei die Werke Friedrichs, die zeitgenössische Literatur und allerhand Geschichtchen herhalten mußten.

2) Brief an den Grafen d'Argental vom 26. Februar 1753.

3) Oeuvres de Voltaire, Edition de Beaumarchais, T. XCII, S. 123.

4) Ravaisson, Les Archives de la Bastille, XII, 121, 122.

5) Im königlichen Archiv befinden sich drei Manuskripte der „Matinées“, eins mit Bemerkung von Catt, dem Vorleser des Königs; das zweite mit der Aufschrift: Envoi de M. Grimm de Paris pour en rendre compte au Roi; das dritte trägt die Aufschrift: Envoi de M. Grimm pour montrer au Roi ou lui en faire part. Oeuvres de Frédéric le Grand Ed. Preuß, Tome XXX, Anhang.

brauch abschießt, zu entfliehen, so dreht er sich um. Daher ist es ganz nutzlos ihm zu trotzen, er trifft doch. Er hat mir keineswegs übel mitgespielt, da mir niemals die Rolle des Dulders zugefallen ist, dennoch rate ich Ihnen[6]) ab, meinem Beispiele zu folgen; es könnte schlimme Folgen haben. Allmählich würden die Befehlshaber und Offiziere mehr auf das Vergnügen, als auf Ihren Ruhm bedacht sein, und Ihr Heer wäre schließlich wie das Regiment Ihres Onkels Heinrich eine Ansammlung von Päderasten. Nach meiner persönlichen Erfahrung kann ich Sie versichern, daß jenes griechische Vergnügen wenig Reiz hat . . . ."

In der sechsten Morgenplauderei, wo von den Sitten und der Ritterlichkeit die Rede ist, weist Friedrich den Vorwurf zurück, daß Berlin und Potsdam ein Sodom und Gomorrha geworden sei. Er meint, die berühmten Griechen, die einigen Großen der Zeit zum Vorbild gedient hätten, seien Verächter jener rohen Sinnlichkeit gewesen, die wahllos über den ersten besten herfalle. Nur Körperschönheit, gepaart mit Vorzügen des Geistes und des Charakters, hätten ihre Sinne beeinflußt. Ein Mensch, der wahllos dem Laster fröhne, finde keine Gnade vor dem Richterstuhl der Vernunft. Friedrich fährt dann fort: „Unsere Familie, lieber Neffe, hat leider dem verhängnisvollen sodomitischen Laster Eingang verschafft. Nachahmer hat sie gefunden, die sich etwas darauf einbildeten, dem Laster zu huldigen. Die öffentliche Verachtung wendet sich nicht genügend gegen jenen verderbten Geschmack. Ein moderner Martial oder Terenz sollte in Epigrammen, in beißenden Spottdichtungen, die Geißel schwingen über die blöden und eklen Schirmherren jener scheußlichen Geschmacksrichtung. Eine Geschmacksrichtung, die die Veredlung der Seele, die Schärfung des Verstandes verhindert, den Gemeinsinn zerstört und uns zurückführt in die Wälder zu den Satyrn und Panen."

„Man wird mir kaum glauben, daß es einst eine Zeit gab, wo ich Frauen sehr zugetan war. Nichts langweilt mich mehr, als wenn ein Schmeichler voller Unterwürfigkeit von meinen leichtsinnigen Streichen faselt. Wenn ich in der Liebe ein lockerer Vogel war, so tragen die Frauen die Schuld daran, nicht ich. Ich suchte nach einer, die mehr tugendhaft als klug berechnend gewesen wäre. Alle, mit denen ich bisher zusammentraf, haben mich ein halbes Jahr lang wegen eines Liebesbriefes gequält, während sie für alles andere schon nach drei Tagen zu haben waren. Ich würde mich auch dann nicht ändern, wenn sich eine nach drei Tagen mit einem Briefchen begnügte und damit für den Rest ihres Lebens zufrieden wäre. Die Natur hat mich gewiß nicht weniger stiefmütterlich behandelt als tausend andere. Aber Augendiener und vielleicht noch das Soldatenleben haben das Beste zerstört. Lange liegt die erste glückliche Zeit meiner Ehe hinter mir, wo ich bei der Königin zu schlafen pflegte. Als ich aber merkte, daß sie mir keine Kinder gab, ekelte sie mich an. Auch nötigte mich ein gewisser Schwächezustand — offenbar die Folge von Ausschweifungen in der Jugend — dem Verkehr mit Frauen zu entsagen. Dies führte zu

[6]) d. h. seinem Neffen.

allerhand Vermutungen, die boshafte Menschen zu meinem Nachteil verbreiteten.

Ich muß jedoch offen eingestehen, daß ich mich schadlos halten ließ unter der Bedingung, daß diese Freiheiten nicht lebendige Zeugen erstehen ließen. Ich hätte sonst Lärm schlagen müssen. Dazu kamen noch schlimme Krankheitserscheinungen in meiner Jugend, die schwere Operationen veranlaßten. Niemals wagte ich es, einer Frau meine unfreiwillige Schande zu enthüllen. Ich zog es vor, für einen Verächter des weiblichen Geschlechtes gehalten zu werden, wie sich's einem Helden geziemt — und es gelang mir."

Die „Mémoires pour servir à la vie de Voltaire" (1784) befassen sich weit mehr mit der Person Friedrichs, als mit der des Franzosen. Die „Erinnerungen" wissen (S. 14/15) folgendes zu berichten: „Der Prinz, seitdem Friedrich II., hatte in Potsdam so etwas wie eine Mätresse (une espèce de maîtresse), die Tochter eines Schullehrers der Stadt Brandenburg. Das Mädchen spielte ziemlich mittelmäßig Klavier, und der Prinz begleitete sie auf der Flöte. Er glaubte in sie verliebt zu sein, aber er irrte sich, denn er hatte keine Neigung zum schönen Geschlecht. Friedrich gab sich jedoch den Anschein verliebt zu sein, und so ließ der Vater (der König) das Fräulein vor den Augen des Sohnes öffentlich auf dem Marktplatz zu Potsdam durch den Henker stäupen. Nachdem der Vater ihm dieses Schauspiel vorgeführt hatte, ließ er ihn nach der Festung Küstrin bringen, die mitten in einem Sumpfe liegt. Dort wurde er ein halbes Jahr lang ohne Bedienung eingesperrt. Nach Ablauf dieser Zeit teilte man ihm einen Soldaten als Diener zu. Es war ein junger, hübscher, gut gebauter Bursche, der Flöte spielte und auch noch in anderer Hinsicht zur Belustigung des Gefangenen diente. So schöne Fähigkeiten ebneten ihm den Weg zum Glück. Ich sah ihn als Kammerdiener und zugleich als ersten Minister; aufgeblasen und unverschämt, wie man es nur in einem dieser Ämter sein kann . . ."

An einer späteren Stelle der „Erinnerungen" (S. 44) heißt es: „Wenn Ihre Majestät angekleidet war, widmete sie sich für einige Augenblicke der Sekte des Epikur. Sie ließ zum Kaffee zwei oder drei Günstlinge kommen, Leutnants des Leibregiments, Pagen, Heiducken oder kleine Kadetten. Wem ein Taschentuch zuflog, der blieb eine Weile mit dem Könige allein. Es kam dann nicht zum Äußersten, da der Prinz zu Lebzeiten des Vaters bei seinen gelegentlichen Liebesabenteuern sehr mitgenommen und schlecht geheilt worden war. Er konnte nicht mehr die erste Geige spielen, er mußte sich mit der zweiten begnügen." Soweit der Verfasser der „Erinnerungen".

Nach Friedrichs Tode fühlte sich auch der Oberkonsistorialrat und Gymnasialdirektor A. F. Büsching bemüßigt, seine Ansicht über die angeblich gleichgeschlechtliche Neigung des Königs zu äußern. Büsching schreibt in seinem Buche „Charakter Friedrichs II." (S. 22): „Er (Friedrich) hat aber, ich weiß nicht gewiß um welcher Ursachen willen, früh angefangen, einen Widerwillen wider das Frauenzimmer zu fassen und den Umgang mit demselben zu fliehen. Erforderten es Zeit und Umstände, so wußte Er es mündlich und schriftlich auf eine artige und angenehme Weise zu unterhalten; es mußte aber nicht lange währen, weil Seine Höflichkeit gegen dasselbige erzwungen war, und Er im Reden sich nicht lange so einschränken konnte, als die Wohlanständigkeit in Gegenwart des Frauenzimmers es erforderte. Auf solche Weise verlor Er viel sinnliches Vergnügen, Er verschaffte sich's aber durch den Umgang mit Mannspersonen wieder, und hatte aus der Geschichte der Philosophie wohl behalten, daß man dem Sokrates nachgesagt, er habe den Umgang mit dem Alcibiades geliebet."

Im vierten Gesang des Gedichtes Palladion[7]) findet sich eine Stelle, worin ein Jesuit von dem gleichgeschlechtlichen Verkehr des Sokrates mit dem Alcibiades, des Euryalus mit dem Nisus spricht und schließlich den Apostel Johannes einen Ganymedes nennt.

Friedrich nennt seine Dichtung einen Zeitvertreib in Mußestunden, einen Karnevalscherz; mit Absicht habe er komische Figuren gezeichnet. Der König beantwortet das Gesuch des französischen Gesandten in Berlin, Marquis de Valory, der um einen Abzug für Ludwig XV. bittet, abschlägig, weil er befürchtet, daß das Gedicht zu einem falschen Urteil über seine Person führe[8]). Es wäre unbegründet, wollte man aus der Dichtung des Königs auf

7)
L'un me disait: Ne savez pas l'histoire:
Vous y verrez des héros pleins de gloire,
Tantôt actifs et tantôt patients,
A leurs amis souples et complaisants.
Tel pour Socrate était Alcibiade,
Qui, par ma foi, n'était un Grec maussade;
Et tels étaient Euryale et Nisus.
En citerais, que sais — je? tant et plus.
Jules César, que des langues obscènes,
Disaient mari de toutes les Romaines,
Quand il était la femme des maris.
Mais feuilletez un moment Suétone,
Et des Césars voyez comme il raisonne.
Sur ce registre ils étaient tous inscrits;
Ils servaient tous le beau dieu de Lampsaque.
Si le profane enfin ne vous suffit,
Par le sacré dirigeons notre attaque:
Ce bon . . . que pensez-vous qu'il fît,
Pour que . . . le couchât sur son lit?
Sentez-vous, pas qu'il fut son Ganymède?
Pour renchérir sur tout ce qu'on a dit,
J'appellerai dom Sanchez à mon aide;
Lisez-moi bien l'article vingt et neuf
De son divin Traité du mariage;
Vous y verrez que votre esprit tout neuf
Doit de ses moeurs faire l'apprentissage.

(R. Patris Thomae Sanchez Cordubensis, e societate Jesu, De sancto matrimonii sacramento disputationum tomi tres in-fol. T. I, Genuae 1602, t. II, t. III, Venet. 1606.)

8) Friedrich schreibt am 27. März 1750 an den Marquis de Valory: „Cette folie, vous le savez, n'a été que l'emploi de mon loisir, l'amusement d'un carnaval, et une espèce de défi que je me suis fait à moi-même; et ce poème, si c'en est un, se ressent de ma gaieté et du temps où je l'ai composé; j'ai voulu peindre des grotesques; un peu de complaisance, sans doute, vous fait croire que j'y ai réussi. Mais on juge injustement et malheureusement des auteurs par leurs ouvrages, et je craindrais que celui-la ne donnât trop mauvaise opinion de mon imagination; je craindrais que l'on ne me taxât de peu de raison, dont de tout temps on accusa les poètes, et vous m'avouerez que cette crainte n'est pas indifférente, lorsque, par aventure, le poète se trouve être un souverain." (Mémoires de Valory, t. II, p. 309.)

eine homosexuelle Veranlagung folgern. Ein solcher Schluß wäre ebenso falsch, als wenn man aus den schwülstig lüsternen Reimereien eines Hoffmanns von Hoffmannswaldau oder eines Kaspars von Lohenstein auf einen sittenlosen Lebenswandel jener Spießbürger schließen wollte.

Neuerdings wird ein Flugblatt verbreitet: Friedrich der Große dem Strafgesetz verfallen? Es wird darin ein Nachruf des Königs zum Tode des Grafen Kaiserlingk abgedruckt. Der Herausgeber des Flugblattes meint, das Gedicht sollte an allen Litfaßsäulen, an allen Wänden zu lesen sein. „Es sollte sich in Flammenschrift euren widerstrebenden Hirnen und Herzen einprägen, wohin ihr auch euren Schritt setzt.“ Solche Dichtungen als homosexuelle Dokumente zu bezeichnen, ist Sensationsmacherei. Dichtungen mit überschwenglichen Beteuerungen von Freundschaft und Mannestreue entsprachen dem Brauche der damaligen Zeit. Sie finden sich zahlreich in der Literatur des 18. Jahrhunderts; auch in Stammbüchern von Studenten, die glückliche Ehemänner wurden, habe ich sie gefunden.

Friedrich schenkte Schmähschriften nicht die von den Verfassern gewünschte Beachtung. In seinem Discours sur les Satiriques (1759) sagt er: „Gibt's etwas Leichteres, als die Großen zu verleumden? Man darf nur ihre Fehler vergrößern, ihre Schwächen übertreiben, die Verleumdungen ihrer Feinde hinzufügen. Wenn viele schöne Quellen fehlen, findet man ein Verzeichnis alter Schmähschriften, man schreibt sie ab und paßt sie der Zeit und den Personen an.“

Über die „Idée“ schrieb der König 1753 an den preußischen Gesandten in Paris: „Ich verlange weder eine Widerlegung des Buches, noch eine Bestrafung des Verfassers. Ich habe die Schmähschrift ruhigen Blutes gelesen und sie sogar einigen Freunden gezeigt. Man muß eitler sein als ich es bin, um sich über solches Gekläff zu ärgern, dem jeder Vorübergehende auf seinem Wege ausgesetzt ist, und ich müßte weniger Philosoph sein als ich es bin, um mich nicht völlig über die Kritik erhaben zu fühlen.“ [9]) In einem Briefe, der am 23. Oktober 1753 an den Pariser Gesandten abging, meinte Friedrich, er sei stolz darauf, einem armen Schriftsteller, der ohne seine Schmähungen vielleicht Hungers stürbe, zu Geld zu verhelfen [10]). Als sich im Nachlasse Voltaires die „Mémoires“ fanden, sandte Beaumarchais eine Abschrift nach Potsdam, um für die Unterdrückung des Buches Geld zu erpressen. Friedrich lehnte den Kauf dankend ab. Die Schmähschrift erschien darauf in deutscher und französischer Sprache. Kurze Zeit vor des Königs Tod vertrieben Berliner Buchhändler eine Art Fortsetzung der Voltaireschen Erinnerungen, die Anecdotes précieuses sur la vie du Roi de Prusse régnant etc. Aber auch von der Unterdrückung dieses Machwerkes wollte der Herrscher nichts wissen; er antwortete Hertzberg, der ein Verbot erwirken wollte: il faut mépriser cela — man muß so was verachten.

[9]) Politische Korrespondenz X, S. 53.
[10]) Politische Korrespondenz X, S. 135.

Es ist darauf hingewiesen worden, daß die Freundschaft des jungen Fritz mit Katte auf ein homosexuelles Verhältnis der beiden schließen lasse. Aus der Freundschaft zweier junger Leute, die sich der Gewaltherrschaft eines verständnislosen Mannes — des Königs — zu entziehen suchten, ergibt sich keineswegs mit zwingender Logik eine krankhafte Veranlagung.

Daß Friedrich in jungen Jahren für die Reize der holden Weiblichkeit empfänglich war, dafür fehlt es nicht an Belegen. Mit 16 Jahren verliebte er sich am Dresdner Hof in die Gräfin Orselska. Von Küstrin aus besuchte er die Freifrau von Wreech. Als diese Dame von einem Kinde entbunden wurde, leugnete Herr von Wreech die Vaterschaft. Bekannt ist Friedrichs Liebesverhältnis mit der Potsdamer Kantorstochter. Als Friedrich Wilhelm den Sohn verheiraten wollte, hatte der Kronprinz ein Auge auf Christiane von Eisenach geworfen. „Das wäre ganz mein Fall, die möchte ich betasten." Aber der Vater wollte den Thronfolger mit Elisabeth von Braunschweig-Bevern vermählen, für die Fritz nicht das Geringste empfand. Der Gedanke, etwa mit einer Betschwester zusammenleben zu müssen, war ihm furchtbar. Er bat daher den General Grumbkow in einem Briefe vom 11. Februar 1732 dafür zu sorgen, daß man aus der Prinzessin keine Zierpuppe mache. „Ich bitte Sie dahin zu wirken, denn, wenn man, wie ich, die Romanheldinnen haßt, so hat man Angst vor den Mustern aller Tugenden. Ich ziehe die größte Hure Berlins einer Betschwester vor, der sechs Mucker auf dem Fuße folgen"[11]). Am 4. September 1732 schreibt Friedrich aus Ruppin an Grumbkow: „Ich liebe zwar das schöne Geschlecht, aber ich bin ein unbeständiger Liebhaber. Ich liebe vom Weibe nur den Genuß und nachher verachte ich die Weiber"[12]). In einem Briefe, den er am 23. Oktober 1732 an Grumbkow absendet, verwahrt sich der Kronprinz gegen die Ausschweifungen, die man ihm zur Last lege: „Man hat, unter uns gesagt, der Königin in den Kopf gesetzt, daß ich mich allen nur möglichen Ausschweifungen hingebe, und sie glaubt's auch anscheinend. Ich weiß nicht, wie die Leute dazu kommen, so etwas von mir zu sagen. Wir sind alle Menschen von Fleisch und Blut, und manchmal ist das Fleisch schwach, das leugne ich nicht. Aber die kleinste Schwäche genügt, und man wird als der größte Wüstling auf Gottes weiter Erde verschrien." Mit den Jahren, meint der Kronprinz, käme schon die Weisheit, er zweifle aber daran, daß Cato in seiner Jugend schon Cato gewesen sei[13]).

Die angeführten Briefstellen enthüllen nichts von gleichgeschlechtlichen Neigungen, vom Geiste des Uranismus, lassen vielmehr eine ganz naturgemäße Geschlechtsempfindung erkennen.

Friedrich fügte sich dem starren Willen des Vaters und vermählte sich am 12. Juni 1733 zu Salzdahlum mit der Braunschweigerin. Seine Hoffnung, nach der Heirat ein freieres, unabhängiges Leben führen zu können, verwirklichte sich zwar — er

[11]) Publikationen aus den Königl. preuß. Staatsarchiven, 72. Bd. — R. Koser, Briefwechsel Friedrichs des Großen mit Grumbkow und Maupertuis 1731—1759, S. 28.
[12]) A. a. O. S. 57.
[13]) A. a. O. S. 74, 75.

konnte ungestört seinen Lieblingsneigungen nachgehen — aber seine Ehe wurde zu einem stumpfen Nebeneinanderleben: bon jour, Madame, et bon chemin. Die Gatten wurden einander immer fremder.

Über den Gesundheitszustand des Kronprinzen zur Zeit der Vermählung machte der berühmte Arzt Zimmermann in seinen Fragmenten über Friedrich den Großen Enthüllungen, die weit und breit Aufsehen erregten. „Gerade in der Zeit," schreibt Zimmermann[14]), „als sein Vater ihn zur Vollziehung seiner Heirat nach Braunschweig bringen wollte, hatte Friedrich einen äußerst heftigen venerischen Samenfluß. Er offenbarte die schreckliche Verlegenheit, in die ihn dieses Unglück versetzte, dem Markgrafen Heinrich von Schwedt, den er auch in der Folge sein Lebenlang nicht ausstehen konnte, weil er glaubte, der Markgraf habe ihm den Rat, den ich sogleich erwähnen werde, aus Bosheit gegeben. Er nannte ihm einen kunsterfahrenen Mann und versprach ihm, daß dieser dem Übel sogleich abhelfen werde, denn ihn selbst habe er oft in wenig Tagen davon befreit. Dieser ungeschickte und heillose Künstler war Leibarzt des Markgrafen Ludewigs zu Malchow; man nannte ihn deswegen den Doktor von Malchow. Auf die Vorstellung des Markgrafen Heinrich ließ also Friedrich in seiner Not gleich diesen Doktor holen; und dieser vertrieb ihm seinen venerischen Samenfluß in vier Tagen. Friedrich glaubte sich nun vollkommen hergestellt, und der Quacksalber ließ ihn bei diesem Glauben. Die Reise nach Braunschweig hatte ihren Fortgang, und das Beilager ward vollzogen." Zimmermann berichtet dann, der Kronprinz habe das erste halbe Jahr seiner Ehe in trautester Gemeinschaft mit seiner Gemahlin in Rheinsberg verlebt und jede Nacht bei seiner Gemahlin geschlafen. „Und dieses hat ihre anjetzt verstorbene Hofdame, Fräulein von Kametzky, nachherige Gemahlin eines sehr verehrungswürdigen Mannes, des Herrn Hofrichters von Veltheim zu Harbke, dem Herrn Minister von der Horst oft betheuret"[15]). Nach sechs Monaten habe das Verhängnis Friedrich erreicht: „der verstopfte Samenfluß brach mit großer Wut und mancherlei bösen Symptomen wieder hervor" . . .[16]) „Es sei", sagte man nach Hofmanier, „eine bloße Unpäßlichkeit. Aber diese Unpäßlichkeit ward so arg, und der kalte Brand war so nah, daß nichts in der Welt mehr dem kranken Friedrich das Leben zu retten vermochte und wirklich gerettet hat als — ein grausamer Schnitt!"

Über die Art des chirurgischen Eingriffes macht Zimmermann so unklare Angaben, daß man aus seinen Worten keine Schlüsse ziehen kann. Er begnügt sich, seinen Lesern zu erklären: „Bei Friedrich war die Erzeugung des Samens durch jenen Schnitt nicht verhindert; er war ein klein wenig verstümmelt, aber nicht verschnitten" (S. 79). Trotzdem, meint Zimmermann, habe sich der König nach der Operation als Eunuch gefühlt. Friedrich habe daher

[14]) Fragmente, Bd. I, S. 75 ff.

[15]) Die Hofdame Fräulein Kametzky, nachherige Veltheim zu Harbke, war schon vermählt und in ihrem eigenen Hausstande tätig, als Friedrich die ersten sechs Monate seiner Ehe verlebte.

[16]) Zimmermann a. a. O. Bd. 1. S. 78.

die Komödie der griechischen Liebe gespielt, um nicht als Verschnittener zu gelten.

Es fragt sich nun, was es mit jenem „grausamen Schnitt“ für eine Bewandtnis habe, ob die Operation überhaupt als eine Tatsache anzusehen sei.

Zimmermann behandelte zwar den König während seiner letzten Krankheit. Er weilte in Potsdam vom 23. Juni bis zum 10. Juli 1786. Aber sah Hofrat Zimmermann die „verstümmelten“ Geschlechtsteile des greisen Herrschers? Nein, sonst hätte er, der Redselige, gewiß ein Sterbenswörtchen darüber in seinem Buche gesagt. Vertraute der Verfasser der Schrift über die Einsamkeit Hofklatsch dem Papier an, oder schrieb er seine persönliche Empfindung nieder? Wir wissen es nicht. Schon kurze Zeit nach der Veröffentlichung der Zimmermannschen Fragmente regte sich in „einigen brandenburgischen Patrioten“, darunter Blanckenburg und Nicolai, der Geist des Widerspruchs. Sie gaben eine geharnischte Gegenschrift heraus und erhoben in „freimütigen Anmerkungen“ Einspruch gegen Zimmermanns Art der philosophischen Geschichtsschreibung. Die Verfasser erörtern auch die sogenannte Verstümmelung des Königs. Ihre Auseinandersetzung mit Zimmermann ist deshalb von Bedeutung, weil sie sich auf Umfragen bei Männern aus der Umgebung des verstorbenen Königs stützt.

Zunächst die Feststellung, daß der sog. Doktor von Malchow, der den chirurgischen Eingriff vorgenommen haben sollte, überhaupt nicht gelebt hat. Der Leibarzt des Markgrafen Christian Ludwig war Johannes Hieronymus Fisch. Unwahrscheinlich wäre es auch gewesen, daß eine Operation, die nach dem damaligen Stande der Wundarzneikunst nicht unbedenklich war, von einem Quacksalber und ohne Vorwissen des Königs Friedrich Wilhelm I. ausgeführt worden wäre.

Auf eine Anfrage der Verfasser der „freimütigen Anmerkungen“, ob „ein verstopfter Tripper bei oft wiederholtem Beischlafe“ nach einem halben Jahre solche schlimme Erscheinungen hervorrufen könne, wie Zimmermann behauptet hatte, äußerte sich am 7. Dezember 1790 der Generalchirurgus Theden:

> „Ein gestopfter Tr. kann zwar wiederkommen, wenn in Debauche mit unreinen Weibsbildern fortgefahren wird. Wenn aber 1. derselbe gut geheilet ist, und der Patient 20 Jahr erreichet, so traue ihm Vorsichtigkeit zu, und der Tr. wird beym Beyschlaf nicht erst nach sechs Monaten wieder kommen. 2. Gesetzt aber, der Tr. sey wiedergekommen, so kann dieser niemals für sich allein, er sey so heftig als er wolle, den Brand hervorbringen; nur die chancrösen Geschwüre oder vielmehr paraphymoses erzeugen denselben.“

In der Krankheitsgeschichte Friedrichs II. berichtet Professor Selle (S. 52), daß den 28. Julius der Hodensack anfing aufzuschwellen. Der Kämmerer Schöning erklärte, daß er auf Befehl des Königs verschiedenemal den Zustand der Geschwulst aufmerksam untersuchte, und dabei nicht die geringste Verstümmelung der Geburtsteile vorgefunden habe.

Der tote König lag länger als anderthalb Stunden unbedeckt, und die Leiche ist von mehr als 12 Personen gesehen worden, die keinerlei Verstümmelung oder sonstige in die Augen fallenden Veränderungen wahrnahmen.

Die Waschung der Leiche besorgten der Generalchirurgus Gottlieb Engel und die Chirurgen Ollenroth, Rosenmeyer und Liebert. Engel, der auch den König während seiner letzten Krankheit täglich verband, erklärte am 2. April 1790 auf eine Anfrage Büschings[17]): „Ich kann Denenselben auf meine Ehre versichern, daß Herrn von Zimmermanns Vorgeben grundfalsch ist; denn sämtliche männliche Teile des vorstorbenen Herrn waren so vollkommen und unverletzet, wie bey jedem andern gesunden Menschen und auch nach seinem Tode war dieses ohne Irrthum zu bemerken.“

Die drei Chirurgen Ollenroth, Rosenmeyer, Liebert gaben folgende Erklärung ab:

Da uns Unterschriebenen, als damaligen Kompagnie-Chirurgen des Iten Bataillon Leibgarde, auf hohen Befehl den 17ten August 1786, nach Ableben des Hochsel. Monarchen Friedrichs II., die Leiche äußerlich zu waschen aufgetragen wurde, bot sich uns daher die Gelegenheit dar, seinen Körper entblößt genau zu untersuchen. Wir sind hierdurch in Stand gesetzt worden, vor der ganzen Welt die ungegründeten Nachrichten, so auf bloßes Hörensagen sich stützen, geradezu zu widerlegen, indem des Hochsel. Königs äußerliche Geburtstheile gesund und nicht verstümmelt, von uns vorgefunden wurden. Die beiden Hoden waren ohne den geringsten Fehler in ihrer natürlichen Lage gegenwärtig; der Samenstrang ohne die mindeste Verhärtung oder Ausdehnung deutlich bis zum Eingange des Bauchringes zu fühlen, die männliche Ruthe hatte eine natürliche Größe; in den Weichen und Schaamgegenden war nicht das geringste Merkmal einer Narbe oder Verhärtung, von einer jemals diese Theile betroffen gehabten Krankheit zu entdecken. So daß wir pflichtschuldigst dieses Zeugniß der Wahrheit jenen Unwahrheiten frey entgegenstellen können.

Berlin, den 6ten Decbr. 1790.

C. L. Ollenroth
Königl. Pensionair-Chirurgus
Rosenmeyer
Königl. Pensionair-Chirurgus
Liebert
Königl. Pensionair-Chirurgus.

Wie ein Kartenhaus bricht also der phantastisch aufgeführte Bau der Zimmermannschen Erzählung zusammen. Wir wissen nicht, ob sich Friedrich als Kronprinz eine „übel verlaufene galante Krankheit“ zuzog, und ob etwa ein Tripper die Ursache seiner Kinderlosigkeit war[18]). Die Annahme Zimmermanns, der König habe länger als 50 Jahre den Weiberverächter gemimt, um seine „Verstümmelung“ zu verbergen, ist ebenso haltlos wie die Vermutung, daß die Neigungen des Königs zum weiblichen Geschlecht erfunden worden seien, um die Gerüchte von gleichgeschlechtlichen

[17]) Büsching, Zuverlässige Beiträge usw. Hamburg 1790. Historischer Anhang, S. 21.

[18]) An anderer Stelle habe ich nachgewiesen, daß der in der Ode an Voltaire erwähnte Tripper (Brief vom 17. November 1759) ein „Sinnbild“ der am 12. August jenes Jahres verlorenen Schlacht bei Kunersdorf war.

Je souffre d'un cruel supplice:
Trois grands mois passés, j'eus l'honneur
De recevoir pour mon malheur,
D'une certaine impératrice,
Une brûlante chaude p . . .

Die Ode lautet in deutscher Übersetzung:

Ach, denken Sie, in meinen Tagen, —
Daß Leib und Geist voll Wohlbehagen.
Von Liebesflammenglut verzehrt.
An Venusspiele keck sich wagen,
Daß Rausch der Wollust wird begehrt?

Neigungen verstummen zu lassen. Friedrich sah gerne schöne Frauen in seiner Nähe; seine Schäkereien mit der Tänzerin Barberini sind bekannt [19]).

Das Geschlechtsleben Friedrichs ist als durchaus normal anzusehen. Kummer und Sorgen, anstrengende Feldzüge, die große Anforderungen an einen an und für sich schwächlichen Körper stellten, Gicht und sehr schmerzhafte Hämorrhoiden stumpften den König gegen die Liebe immer mehr ab. Lust und Kraft zum Geschlechtsverkehr schwanden allmählich immer mehr. Friedrich fühlte sich „alt, traurig und grämlich“. Seine grauen Haare erinnerten ihn, daß er Abschied nehmen müsse von den Torheiten und Freuden der Welt. In der Epître à ma soeur de Brunswic (Potsdam, 15. Febr. 1765) sagt der König:

Comment a disparu le feu de ma jeunesse,
De mes sens enchantés l'impétueuse ivresse.
Je renonce à l'amour, j'embrasse l'amitié.

Frau Venus konnte ihn nicht mehr locken. Im Studium der Geschichte und der Philosophie, im Briefwechsel mit geistreichen Zeitgenossen, in der Dichtkunst und in der Musik suchte Friedrich Erholung und Ablenkung von trüben Gedanken.

Hat der König wirklich, wie Zimmermann erzählt, „schöne Jünglinge mit besonderen Gnadenbezeugungen beehrt“, so braucht

---

Ich muß die schöne Zeit beklagen,
Sie ist dahin, ihr Glanz, die Glut
Versank, von Lethes trüber Flut
Ins Nichtgewesene getragen.
Nicht Jungfernanmut, Mädchenzagen,
Nicht Weibesüppigkeit benimmt
Dem Rücken, der zum Greis gekrümmt,
Die Last, sie zauberleicht zu tragen,
Den Rat: Sei keusch! Hat mir die Not
Zwangsmäßig ans Panier geschlagen;
Enthaltsamkeit ist mir Gebot,
— Bei fünfzig Jahren — klug zu sagen.

Enthüllen muß ich nun trotzdem
Ein Übel, höchst unangenehm,
Das weiser wäre zu verschweigen:
Ich dulde schwer an schlimmer Pein:
Drei lange Monde mag es sein,
Daß mir gewisser Kais'rin Neigen
Den heißen Tripper gab zu eigen.
Der Lorbeer den Verliebten ward,
Die, unbedacht, zu sehr vertrauen
In maßlos liebetoller Art
Der Kraft im Kampfe mit den Frauen.

In seiner derben Art vergleicht Friedrich die Niederlage, die er durch die Truppen der lasterhaften Elisabeth von Rußland erlitt, mit einer Tripperansteckung. (Vgl. Münchn. med. Wochenschr. 1911, Nr. 28.)

[19]) In einem Briefe an den Kämmerer Fredersdorf aus dem Jahre 1754 heißt es: „Petit kann den Menschen schicken; und kann er eine hübsche Hure mitkriegen, so ist es auch gut, denn die fehlet uns auch.“

Eine mir vorliegende Mitteilung von des Königs Hand lautet: „Potsdam, 30. Juin 1772 An den Graf Schirotin zu Schreiben er mögte mit Die Comedianten Freitag hier kemm Sonabendt zu Spilen und die Sengerin Proporino Concholino und Tassoni mit bringen und was zum ballet gehöret. Fr.“

hierbei als treibende Kraft keineswegs niedrige Sinnenlust mitgewirkt zu haben. Die reine ästhetische Freude an einem edel gebauten Körper würde zur Erklärung genügen.

Nichts beweist, daß Friedrich der Große krankhaft veranlagt, ein Pedikator oder ein Cinaede gewesen wäre. Mit Recht bezeichnet Nicolai das Gerücht von den widernatürlichen Neigungen des Königs als eine der plattesten, elendesten Sagen, die der niederträchtige und undankbare Voltaire öffentlich verbreitet habe.

Thomas Carlyle, der keine Veranlassung hatte, des Königs Charakterbild sittlich rein zu waschen, schreibt über jene elende Verdächtigung in seiner Geschichte Friedrichs des Zweiten (II, Buch XVI, Kap. X): „Unter den tragischen Plattheiten der menschlichen Natur erfüllt nichts so sehr mit Schmerz und mit Verzweiflung, als diese angeborene Verdächtigungssucht des gemeinen Haufens seinen großen Menschen gegenüber, so oft oder fast so oft immer der Himmel uns in langen Zwischenräumen dergleichen als seinen alles umfassenden Segen vergönnt."

II.

Der Fall Jean-Jacques Rousseau.

Rousseau ist einer der größten Geister aller Zeiten. Seine Schöpferkraft sucht ihresgleichen. Rousseau fesselt nicht nur durch seine ungewöhnlichen Geistesgaben, sondern auch durch seine machtvolle Gabe der Darstellung. Er ist ein feiner Kenner des Menschenherzens, er entzückt durch die natürliche Frische, durch die Anmut der Schilderung. Rousseau ist jedoch eine verzwickt zusammengesetzte Persönlichkeit, die zu raten gibt, deren Beurteilung nicht leicht ist. Wie man ihn beurteilen soll, überläßt er dem Leser seiner Bekenntnisse. Er habe alles, was ihm widerfahren sei, was er getan, gedacht, empfunden, genau und in aller Aufrichtigkeit erzählt. Pflicht des Lesers sei es, alles zu sammeln und zu untersuchen. Aufgabe des Lesers sei es auch, zu einem Ergebnisse zu gelangen; irre er sich, so sei das des Lesers Schuld. Er, Rousseau, habe alles wahrheitsgetreu geschildert; es müsse aber auch alles stimmen. Ihm liege es nicht ob, die Tatsachen auf ihre Bedeutung zu prüfen. „Ich muß nur alles sagen, der Leser hat die Wahl" (Bekenntnisse, Buch 4).

Rousseaus Vater, Isaac Rousseau, starb mit 74 Jahren. Die Todesursache ist unbekannt. Die Mutter, Suzanne Bernard, starb acht Tage nach der Geburt von Jean-Jacques, wahrscheinlich am Kindbettfieber. Der Vater war ein unruhiger Geist, der in der Welt umherzog, sein Glück zu suchen, und auch nach der Rückkehr in die Heimat ein unstetes Leben führte. Rousseaus älterer Bruder Franz war ein „Lausbub", der es bei keinem Meister aushielt und schließlich auf Nimmerwiedersehen verschwand. Drei Brüder des Vaters ziehen ins Ausland, der eine nach England, der zweite nach Deutschland, der dritte nach Holland. Ein Bruder der Mutter, Gabriel Bernard, wandert mit 58 Jahren nach Südkarolina aus. Sein Sohn

Abraham Bernard geht nach Amerika und läßt nichts mehr von sich hören. Einen anderen Vetter Rousseaus treibt die innere Unruhe bis nach Persien; er wird von Verfolgungsvorstellungen gequält. Der Wandertrieb, den Jean-Jacques als manie ambulante bezeichnet, lag also in der Familie. Auch Jean-Jacques gehörte zu den Menschen, die es nirgendwo aushalten können. Mit dem Wanderleben verband sich ein steter Wechsel des Berufes. Bald ist er Schreiber, bald Kunststecher, bald Kammerdiener, Seminarzögling, Grundbuchbeamter, Musiklehrer u. a. Nirgends findet er eine Stätte, wo er sich dauernd glücklich und zufrieden fühlt. Plötzlich greift er zum Wanderstab, entweder aus unbestimmtem Freiheitsdrang, wobei eine geringfügige Ursache den Anstoß gibt, — oder im Banne des Verfolgungswahns. Seine Vaterstadt Genf verläßt er plötzlich, als er eines Sonntags bei der Heimkehr die Tore geschlossen findet. Im Sommer packt ihn oft schon nach zwei oder drei Tagen der Wandertrieb. Er muß wieder wandern in Gottes freier Natur, er muß wandern, unbekümmert darum, ob er seine Stelle verliert und zum mittellosen Landstreicher wird. „Ich machte mir keine Gedanken über meine Zukunft, ich schlief unter freiem Himmel auf dem Erdboden, oder auf einer Bank ausgestreckt, ebenso sanft wie auf einem Lager von Rosen" (Bekenntnisse). Im Freien überkommt ihn ein Seligkeitsrausch, ein Gefühl wonnigen Behagens, das Gefühl des Ungebundenseins, der Befreiung von allen Fesseln gesellschaftlichen Zwanges. Das Wandern befruchtet seine Phantasie, liebliche Bilder umgaukeln ihn. Unstetigkeit, Neigung zum planlosen Wandern ist eine Eigenschaft, die man oft bei Psychopathen, bei Triebmenschen, beobachtet. Unvermittelt taucht der Wandertrieb bei solchen Menschen auf, der kleinste Verdruß läßt sie fliehen. Oft treibt sie auch — ohne einen äußeren Anlaß — die innere Unruhe, die eine Entladung sucht, von dannen.

Von eigentlichen Bewußtseinsstörungen ist bei Rousseau nichts nachzuweisen. Nur in einem Falle könnte man an eine Bewußtseinstrübung denken, aber auch das ist fraglich. Seinen Reisebegleiter Lemaître, der auf der Straße von einem epileptischen Anfall befallen wird, läßt Jean-Jacques plötzlich im Stich, er will nicht gewußt haben, wie er nach Annecy gekommen sei. „Ich habe die Erinnerung an jene Reise verloren, ich kann mich auf nichts mehr besinnen."

Rousseau war mit einem krankhaften Stehltrieb behaftet. „Ich bin ein Spitzbube gewesen und mitunter stehle ich noch Kleinigkeiten, die mich locken. Ich nehme sie lieber, als daß ich darum bitte" (Bekenntnisse, Buch 1). Rousseau „stibitzte" offenbar in einem Zustand erregter Begehrlichkeit, von dem er meint, daß man nicht die Menschen nach ihren Handlungen beurteilen dürfe.

Wie viele Psychopathen, neigte auch Rousseau zur Selbstbeobachtung. Mißbehagen, unangenehme Gefühle verarbeitet er hypochondrisch. Sowohl das Herzklopfen, „das man sogar im Nebenzimmer hören konnte", als auch der quälende Harndrang gibt Anlaß zu ängstlichen beunruhigenden Gedanken. Über die Herzbeschwerden sucht Jean-Jacques in einem medizinischen Werke Aufschluß. Er stellt die Diagnose Herzpolyp. Er pilgert nach

Montpellier, um Rettung bei einem Facharzte zu suchen. Unterwegs hat er ein Liebesabenteuer — mit Frau von Larnage. Er vergißt seine Beschwerden. Der Polyp fällt ihm erst wieder ein, als er in Montpellier eintrifft. Jahrelang sucht Rousseau die Ursache seines Harndranges zu ergründen. Rousseau führt seine Beschwerden auf eine, wie er meint, angeborene Mißbildung zurück (conformation dans la vessie). Schon als Kind habe die Störung seiner Tante zu schaffen gemacht. Drang zur Harn- und Stuhlentleerung sind wie plötzliche Tränenausbrüche, Erröten, Erblassen u. a. Erscheinungen der nervösen Anlage. Der Harndrang ist eine Folge der auf die Blasenentleerung gerichteten Aufmerksamkeit. Er tritt oft bei plötzlichen Sinneseindrücken auf, zuweilen mit einem Angstgefühl.

Die Furcht vor dem Harndrang verhindert Rousseau, vor dem König zu erscheinen, als dieser ihm nach der Aufführung des „Dorfpropheten" seine Anerkennung aussprechen will. „Der erste Gedanke", schreibt er, „der mir bei der Nachricht, ich solle dem König vorgestellt werden, kam, bezog sich auf das häufige Bedürfnis herauszugehen, das mich schon am Abend im Theater sehr gequält hatte und das mich noch leicht am anderen Morgen quälen konnte, während ich im Gang oder in den Gemächern des Königs inmitten hoher Standespersonen die Ankunft Seiner Majestät erwartete." . . . „Der bloße Gedanke an den Zustand, in den mich dieses Bedürfnis versetzen konnte, rief es in mir so stark hervor, daß ich hätte ohnmächtig werden können" (Bekenntnisse, Buch 8). Die Angst vor dem Harndrang, die Erinnerung daran, ließen Rousseau Gesellschaften meiden und hinderten ihn, längere Zeit mit Frauen zusammen zu sein. 1749 spricht er von einer violente néphrétique, nach der er niemals wieder die frühere Gesundheit erlangt habe. Er führt dieses Leiden auf Märsche in der Sonnenglut zurück. Ob es sich da um eine wirkliche Nierenentzündung oder — was wahrscheinlicher ist — um eine Kolik gehandelt hat, läßt sich nicht feststellen. Auf jeden Fall war Rousseau überzeugt, daß infolge der gestörten Nierentätigkeit etwas in der Blase nicht in Ordnung sei. Er glaubte, ein Stein sei aus den Nieren in die Blase gewandert, nur eine Operation könne helfen. Mit den Harnbeschwerden verband sich die Furcht, an einem Blasenstein zu leiden. Er wandert von Arzt zu Arzt. „Ich befragte nacheinander Morand, Daran, Helvétius, Malouin, Thierry, die mich als kluge Leute und Freunde, ein jeder nach seiner Art, behandelten und quälten, mir keine Erleichterung brachten, mich vielmehr bedenklich schwächten. Je mehr ich ihren Vorschriften folgte, desto bleicher, magerer und hinfälliger wurde ich. Meine Einbildungskraft, die sie verwirrten, beurteilte den Zustand nach der Wirkung der Heilmittel und ließ mich vor dem Tode eine ununterbrochene Reihe von Leiden voraussehen: Harnverhaltung, Sand und Steine. Was anderen zum Heil gereicht, Tee, Bäder, Aderlaß, verschlimmerte nur meinen Zustand" (Bekenntnisse, Buch 8).

Am meisten versprach sich Rousseau von den Sonden. Er kaufte davon für 50 Louis. Die Furcht vor einem Steinleiden ward noch vermehrt, als beim Ablassen des Harns das Stück eines Katheters abbrach. Er fürchtete, der zurückgebliebene Fremdkörper führe zur Bildung eines Blasensteines. Daß durch die häufige Einführung nicht keimfreier Katheter Entzündungserreger in die Harnröhre verschleppt und dadurch ein dauernder Reizzustand und auch Fieber hervorgerufen wurden, bedarf wohl keiner Erörterung. Es ist auch ohne weiteres klar, daß bei einem Psychopathen eine dauernde Harnröhrenreizung seelisch verstimmend und hemmend einwirken mußte. Die Steinfurcht kann dazu geführt haben, daß bei Rousseau Harnverhaltung eintrat, eine Beobachtung, die man zuweilen bei Nervösen macht.

Um sich besser seinen Beschwerden zu widmen, legt Jean-Jacques eine Zeitlang armenische Tracht an, „da die häufige Anwendung der Katheter ihn ans Zimmer bannte und ihn alle Vorteile des langen Gewandes erkennen ließ". Durch einen armenischen Schneider, der öfters einen Verwandten in Montmorency besuchte, bot sich die günstige Gelegenheit. „Es reizte mich, sie zu benutzen und die neue Tracht anzulegen, ungeachtet des Geredes der Leute, das mich wenig kümmerte." In Motiers-Travers (1762) trug Rousseau dauernd das armenische Gewand. Als der Philosoph schon den „grausen Tod unter den Schmerzen der Steinkrankheit vor Augen sah", gelang es dem Bruder Côme, „der eine beispiellos geschickte und leichte Hand hatte", eine dünne Silbersonde einzuführen. Bruder Côme erklärte die Vorsteherdrüse für sehr vergrößert und verhärtet. Einen Stein fand er nicht. Rousseau zog daraus den Schluß: „Das Übel sitzt sicherlich entweder in der Vorsteherdrüse, oder im Blasenhals, oder in der Harnröhre, wahrscheinlich aber an allen drei Stellen" (Testament 1763). Mit zunehmendem Alter traten die Harnbeschwerden immer mehr in den Hintergrund. Rousseaus Freund, der Arzt Le Bègue de Presle, sagt: „Die Schmerzen in der Blasengegend und die Beschwerden beim Harnlassen, wovon Rousseau in der ersten Hälfte seines Lebens heimgesucht wurde, schwanden mit zunehmendem Alter in dem Maße, wie die Körperkräfte abnahmen." Bei der Leichenöffnung fanden die Chirurgen „weder in der Blase, noch in den Harnleitern und der Harnröhre, noch in den samenbereitenden und -führenden Organen irgend etwas von der Regel Abweichendes". „Die Annahme ist daher berechtigt", heißt es in dem Leichenöffnungsbericht, daß die Schmerzen in der Blase, die Beschwerden beim Wasserlassen, die Herr Rousseau bei Lebzeiten wiederholt empfunden hat, von einem Krampfe der dem Blasenhals benachbarten Teile herrührten, oder von einem krampfartigen Zustande des Blasenhalses selbst, oder von einer Vergrößerung der Vorsteherdrüse."

Mit den Harnbeschwerden Rousseaus haben sich Ärzte wiederholt beschäftigt. So viel Ärzte, so viel verschiedene Gutachten. Desruelles: Vergrößerung der Vorsteherdrüse, Mercier: Muskelklappe am Blasenhals, Amussat: Harnröhrenverengerung infolge entzündlicher Schwellung der Schleimhaut, Poncet: angeborene Harnröhrenverengerung, Lallemand: Samenfluß. Zweifellos haben wir es mit einer rein nervösen Störung bei einem Psychopathen zu tun.

In seinem Testament 1763 verwahrt sich Rousseau feierlich dagegen, daß man die Ursache seiner Krankheit in einem früheren Geschlechtsleiden suche. „Ich erkläre, niemals an einer solchen

Krankheit gelitten zu haben. Ich habe das auch den Ärzten gesagt, die mich behandelten; mehrere von ihnen schenkten mir wohl keinen Glauben, mit Unrecht . . . Ich hielt es für notwendig nochmals zu wiederholen, was ich schon gesagt habe, mag man mir glauben oder nicht, damit man nicht die Ursache meines Leidens dort suche, wo sie nicht zu suchen ist [1])."

Rousseau, der voll banger Sorge seinen Körper immer ängstlich beobachtete, litt dauernd unter der Furcht, sich mit Syphilis anzustecken. In Venedig (1743) plagte ihn nach dem Besuche der Dirne Padoana drei Wochen lang eine furchtbare Angst vor den Dingen, die da kommen könnten. „Nichts kann dem Unbehagen gleichkommen, in dem ich die nächsten drei Wochen verbrachte, ohne daß irgendeine Unpäßlichkeit, irgendein Anzeichen meine Furcht gerechtfertigt hätte. Ich konnte nicht fassen, daß man aus den Armen der Padoana ungestraft hervorgehen könne." Der Arzt weiß sich schließlich nicht anders als mit der Ausrede zu helfen, Rousseau sei so beschaffen, daß er kaum eine Ansteckung zu fürchten habe (Bekenntnisse, Buch 7). Als Jean-Jacques seine spätere Frau Therese Levasseur kennen lernte, tauchte sofort das Gespenst der Syphilis auf. Therese ist betroffen, verwirrt — die verlorene Jungfernschaft war die Ursache der Verwirrung! Rousseau wittert Gefahr. Der peinigende Verdacht vergiftet mehrere Tage sein „Glück" [2]).

Wie bei den meisten Menschen mit nervöser Anlage, so erwachte auch in Rousseau das Geschlechtsleben früh und lebhaft. Häufig sind geschlechtliche Verirrungen.

Als Knabe empfindet er jene wollüstige Erregung, die ihren Namen nach Sacher Masoch erhalten hat. Bei Züchtigung auf das Gesäß hat er Wollustgefühle und schwelgt in der Erinnerung an die Wollust. Acht Jahre alt, wird Jean-Jacques wegen einer Ungezogenheit von der Schwester des Pfarrers Lambercier gezüchtigt. „Diese Strafe steigerte sogar meine Zuneigung zu der, die sie mir hatte zuteil werden lassen . . . denn ich hatte in dem Schmerz und sogar in der Beschämung eine Mischung von sinnlichen Gefühlen verspürt, die in mir mehr den Wunsch als die Furcht zurückgelassen hatte, sie noch einmal von derselben Hand zu verspüren" (Bekenntnisse, Buch 1). „Wer hätte geglaubt, daß diese im achten Lebensjahre von der Hand eines dreißigjährigen Mädchens empfangene Strafe für den Rest meines Lebens meine Neigungen, meine Wünsche und Begierden bestimmen würde, und zwar genau im entgegengesetzten Sinne, als sie sich natürlicherweise hätten entwickeln sollen . . . Lange Zeit von etwas gequält, was ich nicht kannte, verschlang ich alle schönen Frauenzimmer mit glühenden Blicken. Meine Einbildungskraft rief sie mir unaufhörlich ins Gedächtnis zurück, einzig und allein, um sie nach meiner Art in Tätigkeit zu versetzen und ebenso viele Fräulein Lambercier aus ihnen zu machen." Die-

---

[1]) Voltaire nannte in einer Schmähschrift „Sentiments des Citoyens" Rousseau einen liederlichen, von Syphilis durchseuchten Gesellen.

[2]) Der schon verlorenen Jungfernschaft mißt Rousseau keinen Wert bei: „Jungfernschaft in Paris, noch dazu mit zwanzig Jahren! Glücklich bin ich, in dir ein vernünftiges, gesundes Weib zu besitzen und nicht zu finden, was ich gar nicht gesucht habe" (Bekenntnisse, Buch 7).

selbe geschlechtliche Empfindung wie bei der Züchtigung durch Fräulein Lambercier, hatte er bei dem kleinen Fräulein Goton. Sie spielte die „Schullehrerin". Jean-Jacques mußte sich die „Liebkosungen" kniefällig erbitten. Sie nahm sich die größten Freiheiten heraus; ihm dagegen gestattete sie nichts (Bekenntnise, Buch 1). Noch als alter Herr scheint Rousseau dem Masochismus gehuldigt zu haben. Edmond de Goncourt besaß eine Briefsammlung aus dem Jahre 1783. An einer Stelle heißt es, Rousseau habe sich in einem Hause der Rue Maubuée für einen Taler peitschen lassen [3]). Es ist ja bekannt, daß, wo natürliche Geschlechtsreize nicht mehr zur Erektion genügen, oft zu Reizmitteln Zuflucht genommen wird, und daß dabei Erlebnisse in der Jugendzeit eine große Rolle spielen.

Der geschlechtlich frühreife Jean-Jacques wird in der Katechumenenanstalt in Turin zur Masturbation verführt, die sich bei ihm fest einwurzelt; auch in späteren Jahren konnte Rousseau der Selbstbefriedigung nicht entsagen. Noch nach dem fünfzigsten Lebensjahre suchte er bei ihr Trost, wenn der Liebesgott ihn bei den Frauen im Stiche gelassen hatte. Rousseau hielt die Masturbation für weniger schädlich als geschlechtlichen Umgang, von dem er glaubte, daß er sein Harnleiden wesentlich verschlimmere. Wir wissen, wie sehr die Selbstbefriedigung zu Menschenscheu und zu weltschmerzlichen Stimmungen beiträgt. Wir wissen auch, daß nervöse Unruhe und Angst oft in der Masturbation eine Entladung suchen. Tatsachen, die man bei der Beurteilung des Psychopathen Rousseau nicht vergessen darf. Die Masturbation verbindet sich fast regelmäßig mit wollüstigen Vorstellungen, die die Erregung nähren, schüren. „In meiner törichten Phantasie, in meinen Anfällen von Liebeswut und bei den unerhörten Handlungen, wozu sie mich bisweilen trieben, lieh ich mir in der Einbildung den Beistand des anderen Geschlechtes, ohne jemals daran zu denken, daß es zu einem anderen Gebrauche besser geeignet sei als zu dem, den ich von ihm zu machen brannte." Der mit so reger Einbildungskraft begabte Jean-Jacques sucht, „das Gehirn unaufhörlich mit Frauen und Mädchen erfüllt", in Turin dunkle Wege und abgelegene Orte auf, wo er sich Frauen aus der Ferne in der Stellung zeigen konnte, in der er gern in ihrer Nähe gewesen wäre. „Was sie zu sehen bekamen, war nicht der unzüchtige Gegenstand, an den dachte ich nicht einmal, der lächerliche war es. Das törichte Vergnügen ihn zu zeigen, war unbeschreiblich. Nur noch einen Schritt weiter und mir wäre die ersehnte Behandlung zuteil geworden. Zweifellos hätte mir irgendeine Beherzte im Vorübergehen das Vergnügen bereitet, wenn ich den Mut gehabt hätte, abzuwarten" (Bekenntnisse, Buch 3). Wir sehen also, daß Rousseau auch jene Abart der Masturbation, die man Exhibitionismus nennt, nicht fremd war.

Wir kommen jetzt zu der Frage: Wie stand es mit der geschlechtlichen Fähigkeit des Philosophen? Seine eigenen Angaben sind widerspruchsvoll und als Aussagen eines Psychopathen mit Vorsicht zu bewerten. Im Alter von sechzig Jahren, wo die Geschlechtskraft meist schon beträchtlich nachgelassen hat, ver-

3) La Maison d'un Artiste II, p. 18—19.

sicherte er Bernardin de Saint-Pierre, niemals habe ein Mädchen, sei es auch noch so schön gewesen, in ihm die geringste Begierde wachgerufen. Am Ende des zehnten Buches der Bekenntnisse erklärt er: „Ich muß eingestehen, daß ich als ein Opfer meiner Schwächen geboren wurde. Die Liebe als Siegerin wurde mir zum Verderben, die Liebe als Besiegte noch mehr.“ Für Therese, seine Ehefrau, behauptet er keinen Funken von Liebe verspürt zu haben, ebensowenig für Frau von Warens, die nur zur Befriedigung seines Geschlechtsbedürfnisses gedient habe [4]) (Bekenntnisse, Buch 9). Wenn Rousseau in späteren Lebensjahren ohne Therese nicht leben konnte, sie nachkommen ließ, war es Liebe? Nein, es war das Bedürfnis eines leidenden, alten Mannes nach einer Helferin, die seine Eigenarten kannte.

Die „Mama“ Warens verführte den Einundzwanzigjährigen nicht etwa aus Mitleid mit dem schüchternen Jüngling, sondern um sich den Alleinbesitz zu sichern. Jean-Jacques magerte ab, litt an Schwächegefühl und Schwindelanfällen, verfiel hypochondrischen Grübeleien (Herzpolyp). Wo es galt seinen Mann zu stellen, spielte sich immer dieselbe Tragikomödie ab: vielversprechende Hofmacherei eines feurigen Liebhabers, hochgespannte Erwartungen. Völliges Versagen im entscheidenden Augenblick, Zorn der enttäuschten Frau, die es für ein „unsühnbares Verbrechen“ ansah, daß ein Mann, dem sie ihren Besitz gestattete, dazu nicht imstande war (Bekenntnisse, Buch 6). Rückwirkung auf den unglücklichen Liebhaber: tiefe seelische Verstimmung, zunehmende Reizbarkeit, Weltscheu.

Immer wieder brachten seelische Hemmungen den Liebhaber um den höchsten Genuß. In Venedig, bei der schönen Zulietta, „dem Meisterwerke der Natur und Liebe“, erlosch plötzlich die Flamme. Rousseau glaubte zu bemerken, daß eine ihrer Brüste schief sei und grübelte über die Ursache einer solchen Mißbildung. Man kann es der enttäuschten Dirne nicht verargen, daß sie den Liebhaber mit dem Rate entließ, sich nicht mehr um Weiber zu kümmern, sondern sich besser mit Mathematik zu befassen. Bei Frau von Houdetot blieb es gleichfalls bei einer tatenlosen Schwärmerei. Voller Bitterkeit klagt Rousseau über das Gegengift, das die Natur in seinen Kopf gelegt habe, während sein Herz von dem heißesten Verlangen erfüllt sei. Nur bei Frau von Larnage will er den ersten und einzigen Wonnerausch empfunden haben. „Ich darf wohl sagen, daß ich es Frau von Larnage verdanke, wenn ich nicht sterbe, ohne die Sinnenlust gekannt zu haben“ (Bekenntnise, Buch 6). Rousseau huldigte der Selbstbefriedigung. Der Selbstbefriediger verliert immer mehr den Drang nach natürlicher geschlechtlicher Befriedigung. Auch dieser Umstand ist bei der Frage der Geschlechtsleistungen Rousseaus zu berücksichtigen. Es erhebt sich

[4]) Que pensera donc le lecteur quand je lui dirai, dans toute la vérité qu'il doit maintenant me connaître, que du premier moment que je la vis jusqu'à ce jour, je n'ai jamais senti la moindre étincelle d'amour pour elle; que je n'ai pas plus désiré de la posséder que Madame de Warens, et que les besoins des sens, que j'ai satisfaits auprès d'elle, ont uniquement été pour moi ceux du sexe, sans avoir rien de propre à l'individu?

die Frage, hat ein so gearteter Mensch überhaupt Kinder gezeugt? Angeblich wurden Rousseau in den Jahren 1747—1757 fünf Kinder geboren. Die Kinder sollen dem Findelhaus übergeben worden sein. Keins dieser Kinder konnte jemals ermittelt werden, trotz aller Nachforschungen der Damen d'Epinay und de Luxembourg. Rousseau will sich der Kinder leichten Herzens und ohne Gewissensbisse entledigt haben (gaillardement, sans scrupule). Der stolze Erzeuger hat den Ruf seiner Männlichkeit öffentlich für alle Zeiten gerettet und zugleich bewiesen, daß er sich kaltblütig über alle Vorurteile einer entarteten Gesellschaft hinwegsetzt. Er fühlt sich als Bürger im Sinne Platos; er wünscht, daß seine Kinder Arbeiter und Bauern, aber keine Abenteurer und Glücksjäger werden. Er übergibt die Kinder der öffentlichen Erziehung, um ihnen das Los ihres Vaters zu ersparen. Seine mannhafte Tat erzählt er allen, die es hören wollen, Diderot, Grimm, den Damen d'Epinay, de Luxembourg u. a. Rousseau nahm die Vaterschaft vor aller Öffentlichkeit auf sich, weil es seiner Eitelkeit schmeichelte, für den Vater gehalten zu werden. So verhielt er sich in aller Öffentlichkeit. Die Erzählung von den fünf Kindern wäre demnach eine Erfindung, die eigene Unfähigkeit zu verdecken.

Bemerkenswert ist eine Stelle eines Briefes des Dr. Tronchin an Grimm (Brief v. 1. Juli 1763). „Er (Rousseau) hat sich demselben Herrn Moultou gegenüber bei allem, was ihm heilig ist, verwahrt, daß er jemals Kinder gehabt, und was man darüber gesagt habe, sei eine Verleumdung“ [5]). Im engen Freundeskreise hätte der Philosoph also die Maske fallen lassen. Rousseau sagte auch: „Die Vaterliebe kann sich nicht sehr stark für Kinder regen, die man niemals gesehen hat.“

Es liegt auch durchaus im Bereiche des Möglichen, daß Therese, das Mädchen mit der verlorenen Unschuld, von anderer Seite geschwängert wurde. Diese Möglichkeit entkräftet keineswegs das vorhin Gesagte. Therese Levasseur stammte aus der Hefe des Volkes. In der Nähe des kranken Mannes fühlte sie sich wohl oft unbehaglich und suchte anderweitig ihr Vergnügen. Sie gab sich mit anderen Männern ab. Im Jahre 1769 ertappte sie Rousseau mit einem Mönche auf frischer Tat. In Ermenonville ließ sich Therese mit Henry-Jean Bailly, genannt John, dem Stallknechte des Marquis de Girardin, ein. Sénebier sagt über die Levasseur: sie kannte die Schwächen des großen Mannes und verstand sie auszunützen.

* *
*

Wir sahen, wie eine angeborene Unbeständigkeit Rousseau von Ort zu Ort trieb. In seiner zweiten Lebenshälfte wechselte er den Aufenthalt nicht nur aus einem jähen unbezwingbaren Freiheitsdrang, sondern auch weil er sich verfolgt und bedroht glaubte. Seine Sicherheit ist gefährdet, die ganze Umgebung in feindlichem Sinne

5) Il a aussi protesté à ce même M. Moultou sur tout ce qu'il y a de plus sacré qu'il n'a jamais eu d'enfants, et que ce qu'on en a dit est une calomnie. (Annales de la Société J. J. Rousseau I, page 53/54.

verändert. Man verfolgt ihn nach einem wohlvorbereiteten Plane, selbst ein Engel könnte ihm nicht helfen, wenn er vom Himmel herunterstiege. „Die Beweise“ mehren sich von Tag zu Tag, daß das Späherauge böswilliger Feinde den Blick nicht von ihm abwendet. Er fühlt sich von Speichelleckern und Schurken umgeben. Hinter jedem Vorschlag wittert er eine List, eine Falle seiner Feinde. Die Jesuiten, die Enzyklopädisten, Holbach und seine Anhänger, verfolgen ihn. Therese und ihre Mutter stehen mit den Feinden im Bunde. Auch Hume ist ein Verräter, der ihn nach England gelockt hat, um ihn zu entehren. Sein Schicksal ist besiegelt, die Mörder warten nur noch auf die günstige Gelegenheit. In England packt ihn namenlose Angst. Nur schnell weg von jener Insel, weg um jeden Preis. Er verbrennt die neue Ausgabe des Emil, reist ohne Geld ab. Im Wirtshaus bezahlt er mit einem silbernen Löffel oder einer silbernen Gabel. Als sich im Hafen wegen widrigen Windes die Überfahrt verzögert, sieht Rousseau darin Verschwörung und höhere Befehle. Kaum hat er wieder Frankreichs Boden unter den Füßen, hört der Erregungszustand auf, die innere Spannung löst sich. Befreit atmet er auf. In der neuen Umgebung fühlt er sich zunächst vor den Verfolgern sicher, bis er auch an diesem Orte wieder Feinde entdeckt. Überall sieht er die Fäden einer gegen ihn gerichteten Verschwörung; er verknüpft diese Fäden. Seinen Namen Rousseau ändert er in Renou um. Er glaubt, daß ihm sein Gastgeber Bovier Giftbeeren anbiete.

In dem gereizten Hirn verbindet sich mit dem Gedanken verfolgt zu werden ein gesteigertes Selbstgefühl. Seine Vorzüge sind es, die ihm Haß und Neid eintragen. „Der wahre Edelmann, der den Ruhm hochschätzt und weiß, daß ich etwas davon verstehe, ehrt mich und schweigt.“ — „Die Obrigkeit haßt mich, weil sie sich ihres Unrechtes mir gegenüber bewußt ist.“ — „Die Schöngeister fühlen meine Überlegenheit, sie rächen sich dadurch, daß sie mich beschimpfen.“ — „Rechtschaffene Leute — soweit es noch solche gibt — seufzen heimlich über mein Geschick; ich will es preisen, wenn daraus einmal für die Menschheit Nutzen erwächst [6].“

In den Bekenntnissen erklärt er sich für einen gerechten Mann voll edlen Stolzes, der die Eitelkeit verdrängt habe, dem Haß und Feindschaft fremd, und der nur auf das Gute bedacht sei, stets bereit, sein Unrecht einzugestehen (Bekenntnisse, Buch 11, 12).

Um zu einem richtigen Urteil zu gelangen, muß man berücksichtigen, daß Rousseau einer der am meisten verfolgten Schriftsteller war. Er h a t t e Feinde, das ist nicht zu leugnen. Die französische Regierung wollte ihn wegen des „gottlosen“ pädagogischen Romans „Emil“ ins Gefängnis stecken. Rousseau floh nach der Schweiz, aber weder in Yverdon, noch in Motiers, noch auf der einsamen Petersinsel läßt man ihn zur Ruhe kommen. Überall vertrieb man den Neuerer. D'Alembert, Diderot, Grimm, Tronchin waren auf ihn erbost, auch Baron von Holbach und Madame d'Epinay sehr schlecht auf ihn zu sprechen. Voltaire verfolgte den petit magot de Rousseau mit seinem Haß, verhöhnte und schmähte ihn. Man hielt

6) Sentiments du public sur mon compte dans les divers états qui le composent.

Rousseau für einen Heuchler, einen eingebildeten, argwöhnischen und undankbaren Menschen, oder mißgönnte ihm seine Erfolge. Daß Schmähungen, Verleumdungen, Verfolgungen und die damit verbundenen Gemütserregungen bei einem Psychopathen den Boden für den Verfolgungswahn ebneten, kann nicht wundernehmen. Aber — im Gegensatz zum Paranoiker — liegt es Rousseau fern, seine wirklichen und angeblichen Feinde zu hassen. Er bemitleidet sie, er verzeiht ihnen wie der Nazarener. „Niedere Rache ist meines Herzens unwürdig. Der Haß setzt sich niemals in ihm fest.“ Bei Grimm, der ihn tatsächlich in Verruf gebracht hatte, entschuldigt er sich sogar; er zeichnet einen Beitrag für das Denkmal seines Feindes Voltaire.

Rousseau jammerte zwar unaufhörlich über sein Geschick und die bösen Menschen, es fehlte ihm jedoch die Kraft, den Qualen ein Ende zu machen. Er spielte zwar mit dem Gedanken des Selbstmordes, aber er lehnte ihn ab. Am 12. August 1769 schrieb er an Therese: „Wenn irgendein Unfall meinem Leben ein Ziel setzen sollte, so habe ich, was man auch darüber reden möge, ihn in keiner Weise mit Absicht herbeigeführt!“

Mit abnehmender Körperkraft schwand immer mehr die Kampfeslust, an ihre Stelle trat eine wehmütig ergebene Stimmung. Rousseau sagt einmal: „Es ist lächerlich, einem Dasein von so kurzer Dauer wie das unsere einen solchen Wert beizumessen, ohne Ungeduld erwarte ich mein Ende. Was noch an mir vorhanden ist, schwindet von Tag zu Tag mehr. Es ist der Gnade der Natur und der Menschen ausgeliefert. Es lohnt sich nicht mit ihnen zu streiten.“

Es ergibt sich folgendes psychiatrische Bild: Bei einem Manne mit nervöser Anlage entwickelte sich eine traurige Verstimmung mit paranoiden Bildern (Verfolgungswahn, verbunden mit gesteigertem Selbstgefühl), keine Sinnestäuschungen, namentlich keine Gehörstäuschungen. Der Wahn hielt sich immer in gewissen Grenzen, er wandelte die Persönlichkeit nicht um. Er trat zurück, die Beeinträchtigungsvorstellungen verblaßten.

Werfen wir einen Blick auf die letzten zehn Jahre Rousseaus.

Im Jahre 1768 erkrankte er in der sumpfigen Gegend von Bourgoin an Wechselfieber. Starke Anschwellung des Leibes. Abmagerung. Er konnte sich nicht mehr bücken, nicht mehr die Feder halten. Er führte seine Erkrankung auf die Luft, das Sumpfwasser und mit Alaun verfälschten Wein zurück. Er hielt sein Schicksal für besiegelt. Die Feinde werden nach seinem Tode auf ihm herumhacken, wie Raben, die sich auf einem Aas niederlassen.

1772 besuchte ihn Bernardin de Saint-Pierre. Saint-Pierre sagt von dem Sechzigjährigen: Seine Gesichtsfarbe war gebräunt, die Wangen gerötet, der Mund schön geschnitten, die Stirn hoch gewölbt, das Auge feurig. In seinen Zügen lag etwas schwermütig Schmerzhaftes. Wenn er lachte, verschwanden die Augenhöhlen. Er konnte fröhlich sein, sogar beißend. Alle Leidenschaften malten sich, je nach dem Gesprächsstoff, auf seinem Gesicht. Im Zustand der Ruhe lag in seinen Zügen etwas liebenswürdig Rührendes, Mitleid und Achtung Erweckendes. Saint-Pierre fiel es auf, daß Rousseau etwas schwerhörig war.

Der Philosoph stand im Sommer um fünf Uhr auf. Er schrieb dann bis $7\frac{1}{2}$ Uhr Noten ab, darauf frühstückte er. Während des Frühstücks ordnete er die Pflanzen, die er tags zuvor gesammelt hatte. Er nannte die Botanik eine wollüstige Faulenzerwissenschaft. Er erkannte die Pflanzen schon am Geruch. Rousseau setzte kleine Gedichte in Musik. Seine Manuskripte schrieb er oft vier- bis fünfmal ab. Immer wieder feilte und verbesserte er [7]).

Im vertrauten Gespräche öffnete er sein Herz und entwickelte seine Ansichten. Die geringste Störung, z. B. die Ankunft eines Fremden, verwirrte ihn. Im Genuß geistiger Getränke war er mäßig. Er trank mit seiner Gattin eine Flasche Wein zum Abendbrot. Bei Regen blieb Rousseau zu Hause, bei schönem Wetter ging er mit einer blonden Perücke spazieren, den Hut unter dem Arm, einen kleinen Stock in der Hand.

Am 24. Februar 1776 zwei Uhr nachmittags begab sich Jean-Jacques in die Notre-Dame-Kirche, um auf dem Altar die Handschrift seiner Dialoge Rousseau, Richter über Jean-Jacques, niederzulegen. Er wollte sie der Vorsehung in Verwahrung geben. Er kam bis zum Chor, das Gitter war geschlossen. Ein Schwindelanfall befiel ihn. Es drehte sich alles um ihn. Der Himmel, meinte er, habe sich mit den schlechten Menschen verbündet. Voll innerer Unruhe lief er wie ein gehetztes Wild hin und her, um schließlich abends totmüde, vor Schmerz fast betäubt, in seine Wohnung zurückzukehren.

Verschiedene Zeichen weisen darauf hin, daß Rousseau an einer Arteriosklerose litt, wozu eine chronische Nephritis und Urämie kamen. Die Entwicklung der Schlagaderverhärtung ist wohl durch die dauernden Gemütserregungen begünstigt worden. Rousseau klagte über Kopfschmerzen, Schwindel, Ohrensausen. Vergeßlichkeit und zunehmende Reizbarkeit fielen auf. Der infolge der Nierenerkrankung im Körper zurückgehaltene Giftstoff verursachte eine Reihe von Beschwerden: Magen- und Darmstörungen, Koliken, Parästhesien, Neuralgien. Corancez beobachtete auch Krampfanfälle, die zweifellos auf die Urämie zurückzuführen sind. „Ich sah ihn oft in einem Krampfzustand, so daß man ihn nicht wiedererkannte. Sein Gesichtsausdruck war furchtbar. Die Augen, weit geöffnet, stierten in die Ferne. Er legte den Arm über die Stuhllehne. Der Arm, so in Schwebe, machte pendelnde Bewegungen.“

Rousseaus Lebenslage in Paris gestaltete sich immer mißlicher. Er fühlte immer mehr, daß er alt und gebrechlich wurde. Er sehnte sich hinaus aus der großen Stadt aufs Land, in die Wälder, in die Auen! Durch Vermittlung seines Freundes, des Arztes Le Bègue de Presle, bot ihm der Marquis von Girardin auf dem Schlosse Ermenonville eine Ruhestätte an. Am 20. Mai 1778 reiste Rousseau dorthin. Die ländliche Einsamkeit tat ihm wohl, zumal da man auf seine

[7]) Eine merkwürdige Schreibweise der Zeitangabe findet man in Briefen des alten Herrn. Er stellte Tag und Monat zwischen die Jahreszahl, z. B. $17\,{}^{26}_{2}\,70$; $17\,{}^{7}_{6}\,70$.

Eigenschaften Rücksicht nahm und ihn gewähren ließ. Rousseau sammelte Pflanzen, spielte mit den Kindern, beschenkte die Ortsbewohner und wurde bald ein Liebling von Groß und Klein. Rousseau hoffte, daß es ihm beschieden sei, noch einige Jahre in Frieden zu leben. Er wollte seine Oper „Daphnis und Chloë" und den „Emil" beenden. In den letzten Tagen des Juni klagte er über hartnäckige Kopfschmerzen und Schwindelgefühl.

Der 1. Juli 1778 war ein heißer Tag. Während des Spaziergangs, auf dem ihn der Sohn Girardins begleitete, blieb Rousseau mehrmals stehen und klagte über Leibbeschwerden. Er hatte Erdbeeren mit Milch und Zucker gegessen. Abends aß er noch ein Stück Brot und trank einen Schluck Wein. Am Morgen des zweiten Juli erhob er sich wie gewöhnlich gegen fünf Uhr. Er war guter Laune. Dem Barbier erzählte er einige Schnurren. Spaziergang im Garten. Rousseau frühstückt mit Frau und Magd. Nach dem Frühstück fröstelt ihn. Er klagt über reißende Kopfschmerzen, heftige Leibbeschwerden und Stechen in der Fußsohle. Er verlangt nach Karmelitergeist. Das Schwächegefühl nimmt zu. Seine Frau geleitet ihn zum Bett und verabreicht ihm ein Klistier. Rousseau erhebt sich, um auf dem Nachtstuhl Platz zu nehmen. Die Frau reicht ihm eine Tasse mit Fleischbrühe. Er trinkt ein paar Schluck und gibt ihr die Tasse mit den Worten zurück: „Mein Herz verträgt nichts mehr." Plötzlich fällt er vom Stuhl mit dem Kopf nach vorne. In einem urämischen Anfall ist er auf die Fliesen gefallen, eine Hirnerschütterung macht seinem Leben ein Ende.

Bei der Leichenöffnung am 3. Juli fand sich ein Hirnödem (acht Unzen, 250 ccm seröse Flüssigkeit). Die Stirnwunde, die man an der Totenmaske bemerkt, rührt von dem Falle auf den Boden her.

Für die Annahme eines Selbstmordes durch Gift oder durch einen Pistolenschuß liegen keine Anhaltspunkte vor. Ebenso fehlen die Beweise für die Ansicht J. Raspails, Rousseau sei durch seine Gattin Therese mit einem Hammer erschlagen worden.

Die Überreste Jean-Jacques Rousseaus wurden 1794 ins Panthéon gebracht. Die Gebeine sind nicht verstreut worden, wie die Besichtigung am 18. Dezember 1897 ergab. Man fand einen unversehrten Schädel: Le crâne était intact sans aucune trace de perforation ni de fracture.

* *
*

Wie stellte sich der große Philosoph zu der **Heilkunde** und zu den **Ärzten**? Er hat von beiden eine sehr schlechte Meinung. In seinem Urteil spiegelt sich die Enttäuschung über die Ärzte wieder.

„Ein kränklicher Körper schwächt den Geist — daher die Herrschaft der Heilkunde, die der Menschheit mehr schadet als alle Übel, die sie zu heilen glaubt." — „Ich weiß nicht, welche Krankheit die Ärzte bei mir behandeln, aber ich weiß, daß sie viel schlimmere Krankheiten einpflanzen: Feigheit, Unbeständigkeit, Angst vor dem Tode! Wenn sie sich auch um den Körper kümmern, so morden sie doch vor allem den Mut! Was nutzt es, daß sie den Leichen wieder auf die Beine helfen?"

Rousseau meint, die Heilkunde sei ein geeigneter Zeitvertreib für Müßiggänger. „Diese Leute müssen Ärzte haben, die ihnen drohen, um ihnen zu schmeicheln, und ihnen Tag für Tag das einzige genießbare Vergnügen verschaffen, noch nicht tot zu sein („Emil" oder „Über die Erziehung", Buch 1).

„Lebe naturgemäß, sei geduldig und meide die Ärzte! Dem Tode wirst du nicht entgehen, aber du wirst ihn nur einmal fühlen, während jene ihn täglich von neuem deiner Einbildung einpflanzen und dir mit ihrer Lügenkunst jede Lust weiterzuleben rauben. Ich werde nicht aufhören, nach dem wahren Nutzen ihrer Tätigkeit für den Menschen zu fragen. Einige, die sie heilen, sterben, aber viele Tausende, die sie morden, leben. Ein verständiger Mensch setzt nicht in dieses Glücksspiel, das nur eine geringe Aussicht auf Gewinn bietet" („Emil", Buch 2).

Auch in den „Bekenntnissen" macht Rousseau kein Hehl daraus, wie wenig Vertrauen er zu den Ärzten hatte. Im Alter erlosch der Groll gegen die Jünger des Äskulap. Er sagte zu Bernardin de Saint-Pierre: „Wenn ich meine Werke zu überarbeiten hätte, würde ich, was ich gegen die Ärzte gesagt habe, weglassen. Von allen Gelehrten wissen sie am meisten."

Literatur-Angaben.

Annales de la Société Jean-Jacques Rousseau, tome I, 1905.

Berthelot, Les Cercueils de Voltaire et de Rousseau. Revue Scientifique 1er janvier 1898.

Berville, S. A., Du prétendu suicide de J. J. Rousseau. Meulan 1868.

Bougeault, Alfred, Etude sur l'état mental de J. J. Rousseau et sa mort à Ermenonville. Paris 1883.

Brockerhoff, Fr., Jean-Jacques Rousseau. Sein Leben und seine Werke. Leipzig 1863—74.

Châtelain, Dr., La folie de J. J. Rousseau. Neuchâtel 1890.

Chéreau, Achille, La vérité sur la mort de Jean-Jacques Rousseau. Deuxième edit. (Bibliothèque J. J. Rousseau, Genève).

Dufour, Théophile, Pages inédites de Jean-Jacques Rousseau. 1re série Genève 1905, 2me série Genève 1907. Le testament de Jean-Jacques Rousseau (février 1763). Genève 1907.

Dufour-Vernes, L., Recherches sur J. J. Rousseau et sa parenté. Genève 1878.
— Les ascendants de J. J. Rousseau. Genève 1890.

Girardin, Stanislas, Lettres à M. Musset-Pathay, auteur de l'ouvrage intitulé Histoire de la vie et des ouvrages de J. J. Rousseau. Paris 1824.
— Lettre sur la mort de J. J. Rousseau suivie de la réponse de M. Musset-Pathay. Paris 1825.

Grand-Carteret, John, J. J. Rousseau jugé par les Français d'aujourd'hui. Paris 1890.

Grimm, Fred, Melchior Correspondance littéraire, philosophique et critique. Paris 1878—82.

Lacassagne, A., Les dernières années et la mort de Jean-Jacques Rousseau. Lyon 1913.

Le Bègue de Presle Relation ou notice des derniers jours de Mons. Jean-Jacques Rousseau; circonstances de sa mort; et quels sont les ouvrages posthumes qu'on peut attendre de lui, etc. Londres 1778.

Lemaître, Jules, Jean-Jacques Rousseau. Paris 1908.

Lenotre, G., Paris révolutionnaire. Vieilles maisons, vieux papiers, 4e série. La fin de Thérèse Levasseur. Paris 1908.

Lenz, K. G., Über Rousseaus Verbindung mit Weibern. Berlin 1906.

Macdonald, Frédérica, La légende de Jean-Jacques Rousseau, rectifiée d'après une nouvelle critique et des documents nouveaux, trad. de l'anglais par Georges Roth.
— Comment J. J. Rousseau fut persécuté. Revue des Revues 1er oct.. 1898.
— La réhabilitation de J. J. Rousseau, deux documents inédits. Revue des Revues, 15 août 1899.
— The legend of Rousseau's children, a reply to some of my critics. London 1909.

Martin-Decaen, André, Le dernier ami de J. J. Rousseau. Le marquis de Girardin 1735—1808, d'après des documents inédits, préface d'André Hallays. Paris 1912.

Möbius, P. J.. J. J. Rousseau. Leipzig 1903.

Musset-Pathay, V. D., Histoire de la vie et des ouvrages de J. J. Rousseau, suivie de lettres inédites. 2 vol. Paris 1821.
— Réponse à la lettre de M. Stanislas de Girardin sur la mort de J. J. Rousseau. Paris 1824.

Poncet, A., et R. Leriche, La maladie de Jean-Jacques Rousseau d'après des documents récents. Paris 1907.

Raspail, Julien, Le Mystère de la mort de Jean-Jacques Rousseau. Grande Revue, 10 août 1912.

Régis, Prof. Dr., Etude médicale sur J. J. Rousseau. Chronique médicale 1900, Nos 3, 5, 6, 7, 12, 13.
Ritter, Eugène, La famille et la jeunesse de J. J. Rousseau. Paris 1896.
— La parenté de Jean-Jacques Rousseau. Annecy 1902.
Rousseau, Jean-Jacques, Les Confessions. Librairie des bibliophiles. 3 vol. Paris 1905.
— Emile, ou de l'éducation. J. Néaulme. Amsterdam 1762.
— Emil oder Über die Erziehung. Deutsch von Karl Grosse. Leipzig 1872.
— Les rêveries du Promeneur solitaire. Paris 1882.
— Rousseau juge de Jean-Jacques. Dialogue. A. Liechtfield 1780.
Saint-Marc-Girardin, Jean-Jacques Rousseau. sa vie et ses ouvrages, introduction par Ernest Bersot. 2 vol. Paris 1884.
Saint-Pierre, Bernardin de. La vie et les ouvrages de Jean-Jacques Rousseau, édition critique publiée avec de nombreux fragments inédits par Maurice Souriau. Paris 1907.
Sénebier, Jean, Histoire littéraire de Genève 1786. Tome III, p. 252—280.
Streckeisen-Moultou, G., Jean-Jacques Rousseau, ses amis et ses ennemis. 2 vol. Paris 1865.
Union Médicale, La vérité sur la mort de J. J. Rousseau, 1866, p. 17, 49, 65, 97, 209.
— Un mot sur la cause de la mort de J. J. Rousseau, lettre au Dr. Chéreau. 2 août 1866.
Voltaire. Le docteur Pansophe ou lettres de Monsieur Voltaire. Londres 1766.

MIX
Papier | Fördert gute Waldnutzung
FSC® C083411

Kolibri 360 GmbH
Ferdinand-Jühlke-Straße 7
99095 Erfurt, Deutschland
produktsicherheit@kolibri360.de

In der Zahnarztpraxis
Ausbildungsjahr 2

Autorinnen und Autoren
Dr. Jochen Eble, Waltraud Hollstein, Albert Mergelsberg,
Dr. Dr. Birgitte Nestle-Oechslin, Susanne Weiß

In Zusammenarbeit mit der Verlagsredaktion

Cornelsen

In der Zahnarztpraxis
Ausbildungsjahr 2

Beratung:
Albert Mergelsberg, Susanne Weiß, Erstauflage Leistungsabrechnung begründet durch Dr. Anke Handrock

Redaktion:
Dr. Franz Schaller, Susanne Stucki

Außenredaktion:
Elisabeth Berten, Lars Wilker

Videoredaktion:
Maria-Stefania Bidian, Lisa Budzynski

Redaktionelle Mitarbeit:
Dr. Angelika Fallert-Müller, Carla Junghans, Stefan Schiefer, Rebecca Syme

Rechte und Lizenzen:
Marlene Moser

Gesamtgestaltung:
Ungermeyer, Berlin

Titelfoto:
mauritius images/alamy stock photo/Sebastian Duda

Satz:
Straive, Chennai

Begleitmaterialien für Lernende:
Das Buch ist auch als E-Book erhältlich.
Die Videos finden Sie im E-Book oder in der **Cornelsen Lernen App**.

Begleitmaterialien für Lehrende:
Die Lösungen zu den Aufgaben aus dem Schulbuch finden Sie auf den Internetseiten des Cornelsen-Verlags unter dem Webcode **suvoso**.
www.cornelsen.de

1. Auflage, 1. Druck 2023

Druck: Firmengruppe APPL, aprinta Druck, Wemding

ISBN 978-3-06-452391-3

PEFC
PEFC/04-32-0928

PEFC zertifiziert
Dieses Produkt stammt aus nachhaltig bewirtschafteten Wäldern.
www.pefc.de

Beginn der Behandlung mit Untersuchungen und Beratungen

BEMA-Pos.	Abk.	Leistung	Bewertungszahl
Ä 70	AU	Kurze Bescheinigung oder kurzes Zeugnis, Arbeitsunfähigkeitsbescheinigung	5

Für die erneute Ausstellung einer AU-Bescheinigung darf die Position Ä70 auch ein weiteres Mal berechnet werden.

Wird eine Arbeitsunfähigkeitsbescheinigung mit einem PVS ausgestellt, archiviert das Programm diese gleichzeitig elektronisch. Sie muss mindestens ein Jahr aufbewahrt werden.

Das Formular der eAU wird über das PVS an die Krankenkassen mittels elektronisch zertifizierter Unterschrift übermittelt. Ein Ausdruck bleibt möglich.

eAU →S. 169

Arztbriefe sind ausführliche, schriftliche Krankheits- oder Befundberichte, die ein Zahnarzt anderen (zahn)ärztlichen Kollegen übermittelt. Sie werden mit der Pos. Ä 75 abgerechnet. Die Mitteilung muss aber über eine einfache Kopie des Anamnesebogens oder eine Kopie der Befunde hinausgehen, um die Position abrechnen zu können. Dies erfolgt über KIM.

BEMA-Pos.	Abk.	Leistung	Bewertungszahl
Ä 75		Ausführlicher schriftlicher Krankheits- und Befundbericht (einschließlich Angaben zur Anamnese, zu dem/den Befund(en), zur epikritischen Bewertung und gegebenenfalls zur Therapie	15

Die Leistungstabellen zum BEMA sind nach einheitlichem Schema aufgebaut und zitieren die Leistung im Originaltext der Gebührenordnung.

Positionen aus dem BEMA sind in den Texten und auch den Tabellen in pink gedruckt.

Seitenverweise zu den einzelnen Begriffen ermöglichen einen schnellen Zugriff auf weitere Informationen im Buch.

GOÄ-Pos.	Leistung	Punktzahl
0010	Eingehende Untersuchung zur Feststellung von Zahn-,Mund- und Kiefererkrankungen einschließlich Erhebung des Parodontalbefundes sowie Aufzeichnung des Befundes	100 P
Ä 6	Vollständige körperliche Untersuchung mindestens eines der folgenden Organsysteme ... des stomatognathen Systems ... – gegebenenfalls einschließlich Dokumentation	100 P

A Zur Untersuchung des stomatognathen Systems gehören die Inspektion der Mundhöhle, die Inspektion und Palpation der Zunge und der Kiefergelenke sowie ein vollständiger Zahnstatus.

Zur Berechnung der Positionen 0010 und Ä 6 sind keine Zeitabstände zu beachten. Weder die Halbjahresregel noch die Viermonatsregel wie bei der Abrechnung von Untersuchungen nach dem BEMA sind zu beachten.

P̸ Neben der 0010 können folgende Leistungen nicht in einer Sitzung berechnet werden: Ä 2 (Ausstellen von Wiederholungsrezepten), Ä 6, 6190 (Beratungsgespräch) und 8000 (Funktionsstatus).

Neben einer Ä 6 können Leistungen nach 0010 und Ä 5 (Symptom bezogene Untersuchung) nicht berechnet werden.

Die Dokumentationspflichten entsprechen denen der Position 01 im BEMA.

Alle Positionen aus GOZ und GOÄ sind zur Unterscheidung zum BEMA in blauer Farbe gedruckt. Das trifft auch auf die Darstellung der Leistungstabellen zu.

Die Abrechnungsbestimmungen geben zusätzliche Erklärungen zur Position. Zur schnellen Orientierung sind den Erklärungen Symbole vorangestellt.

Symbole und ihre Bedeutung:

- (Stift) Aspekte, die bei der Abrechnung zu dokumentieren sind.
- **A** gibt an, welche Abrechnungsbestimmungen mit der zuvor zitierten Leistungsposition verbunden sind.
- **B** weist auf Besonderheiten hin.
- **P** Können zu einer Position zusätzlich weitere Positionen abgerechnet werden, steht dies Symbol vor dem Text.
- **P̸** Damit sind Ausschlüsse gekennzeichnet.
- **M** Wenn zusätzlich Material abgerechnet werden kann, steht dies Symbol vor dem Text.
- **M̸** Nicht zusätzlich berechenbares Material wird nach diesem Symbol genannt.

Zum Inhalt des Buches

Die markierten Lernfelder enthalten die Inhalte des ersten Ausbildungsjahres und geben die Gliederung dieses Buches wieder. Die genauen Inhaltsangaben der Lernfelder finden Sie im Inhaltsverzeichnis.

Innerhalb jedes Lernfeldes kennzeichnet
- die blaue Markierung die Lerninhalte zur Behandlungsassistenz,
- die grüne Markierung die Lerninhalte zur Leistungsabrechnung und
- die rote Markierung die Lerninhalte zur Organisation und Verwaltung bzw. Wirtschafts- und Sozialkunde.

Inhalt

LF 5 Patienten bei endodontischen Behandlungen begleiten

LF 6 Patienten bei chirurgischen Behandlungen begleiten

LF 7 Medizinische Notfalle begleiten

LF 8 Patienten bei parodontologischen Behandlungen begleiten

LF 9 Praxisbedarf beschaffen und verwalten

LF 5
Patienten bei endodontischen Behandlungen begleiten

Einführung in die Endodontie
Die **Endodontie** (genauer: Endodontologie; Abk. Endo) ist die Lehre von der Diagnostik und Therapie der Pulpaerkrankungen.

Die **Pulpa** (das Zahnmark) befindet sich im Inneren des Zahnes. Sie besteht aus Nerven- und Bindegewebe sowie aus Blutgefäßen. Die Endodontie befasst sich also mit dem „Innenleben" des Zahnes.

Unterschiedliche Krankheiten der Pulpa können Schmerzen verursachen. Diese Pulpaerkrankungen können auch auf den Kieferknochen übergehen und dort zu massiven Beschwerden führen.

Kenntnisse der Anatomie der Knochen, der Muskeln und des Nervensystems sind nötig, um folgende Fragen beantworten zu können:
- Wie kann eine Patientin schmerzfrei behandelt werden?
- Welche unterschiedlichen Pulpaerkrankungen gibt es? Wie wirken sich diese aus?
- Wie können die Pulpaerkrankungen diagnostiziert und therapiert werden?
- Welche Aufgaben in den unterschiedlichen Behandlungsabläufen sollten von Zahnmedizinischen Fachangestellten übernommen werden?

1 Anatomie der Knochen und des Schädels

Das Skelett ist das Stützgerüst des Körpers. Es wird aus den Knochen gebildet. Die Knochen können aufgrund ihrer Bauweise unglaublichen Belastungen standhalten. Trotzdem haben sie ein vergleichsweise geringes Gewicht. Sie sind keine „starre Masse", sondern sie können sich zeitlebens anpassen. Dies zeigt sich durch das Knochenwachstum in der Wachstumsphase oder durch die Knochenheilung nach einem Knochenbruch.

1.1 Knochenaufbau

Der Knochenaufbau kann am besten an einem Röhrenknochen erklärt werden →Abb. 1.

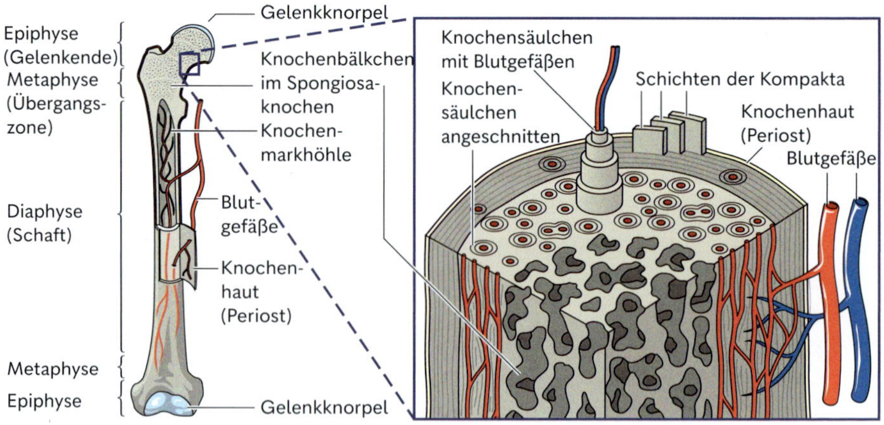

Abb. 1 Aufbau eines Röhrenknochens am Beispiel des Oberschenkelknochens (links); Detail mit Spongiosa- und Kompaktaanteilen (rechts)

Anatomie der Knochen und des Schädels

Man teilt den Röhrenknochen in drei Abschnitte ein. Der mittlere wird als **Diaphyse**, die beiden dicken Enden werden als **Epiphyse** bezeichnet. Die Epiphysen bilden mit einem anderen Knochen ein Gelenk. Damit sie gut aneinander gleiten können, sind die Gelenkflächen mit **Knorpel** überzogen.

Der Knochen ist von einer Knochenhaut (Periost) umgeben. Sie enthält Blutgefäße und Nerven. Über das Periost wird der Knochen ernährt. Durch die Nervenfasern ist das Periost sehr empfindlich.

Unter dem Periost liegt die äußere Wand des Knochens. Sie wird als **Kompakta** bzw. **Kortikalis** bezeichnet und gibt dem Knochen seine Stabilität.

Im Inneren befindet sich die **Spongiosa**. Sie hat eine schwammartige Struktur und besteht aus feinen Knochenbälkchen mit vielen Hohlräumen. Durch diese Struktur gibt die Spongiosa dem Knochen Halt bei möglichst geringem Gewicht. In der Markhöhle, zwischen den Knochenbälkchen der Spongiosa, befindet sich das Knochenmark.

Das **Knochenmark** dient der Blutbildung.

Das Knochengewebe ist keine tote Substanz. Es besteht wie jedes Gewebe aus Zellen, den **Osteozyten**. Die Osteozyten erneuern den Knochen ständig. So bauen spezielle Osteozyten, die **Osteoklasten**, Knochengewebe ab und **Osteoblasten** neues Knochengewebe auf. Aufbau und Abbau von Knochengewebe befinden sich in der Regel im Gleichgewicht. Nach Knochenbrüchen und in der Wachstumsphase überwiegt der Aufbau von Knochengewebe. Deshalb können z. B. Knochenbrüche heilen.

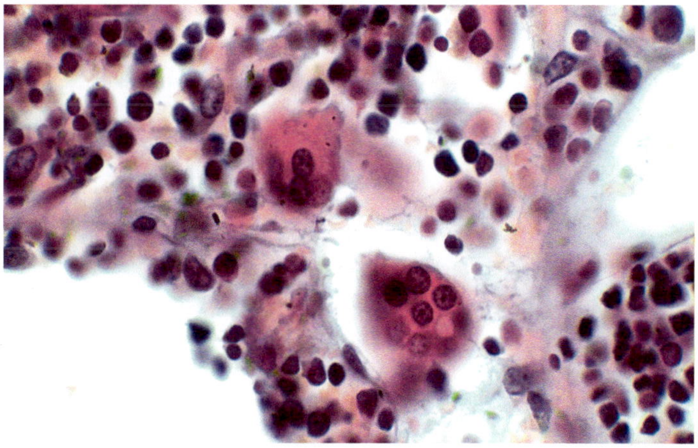

Abb. 1 Zwei Osteoblasten im roten Knochenmark

In der Wachstumsphase befindet sich ein nicht verknöcherter Bereich zwischen Epiphyse und Diaphyse. Dieser Bereich wird als **Metaphyse** bezeichnet. Hier wird durch Osteoblasten Knochensubstanz abgegeben. Dadurch kann der Knochen wachsen. Der ständige Um- und Neubau des Knochens findet in mikroskopisch kleinen Knochensäulchen statt.

Diese Baueinheiten sehen im Querschnitt zwiebelschalenartig aus →Abb. 2. Sie enthalten die Osteoblasten und -klasten und jeweils ein arterielles und ein venöses Blutgefäß zur Versorgung mit Nährstoffen und zur Entsorgung von Abbauprodukten des Knochenstoffwechsels.

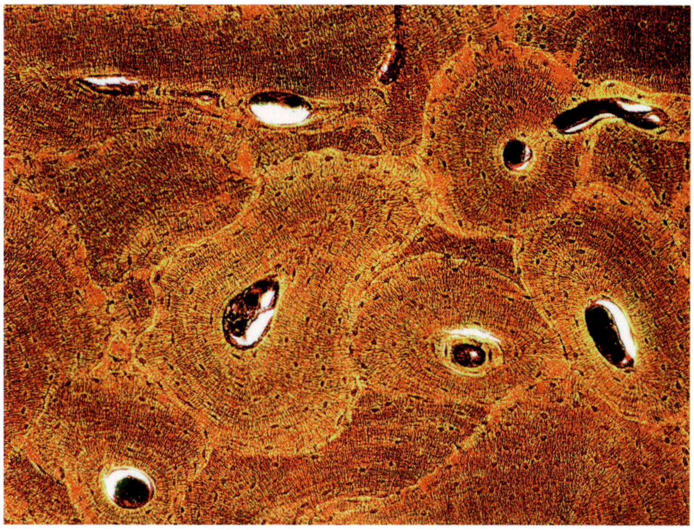

Abb. 2 Knochengewebe im Querschnitt

1.2 Schädelknochen

Schädelknochen haben ein anderes Aussehen als Röhrenknochen. Sie sind jedoch ähnlich aufgebaut. Der Schädel ruht auf der Wirbelsäule. Man unterscheidet:
- Hirnschädel und
- Gesichtsschädel.

1.2.1 Hirnschädel

Der Hirnschädel bildet mit der Schädelbasis und dem Schädeldach eine schützende Hülle um das Gehirn. Einige der Hirnschädelknochen →Abb. 1, 2 sind paarig angelegt →Tab. 1.

Die Hirnschädelknochen weisen folgende Besonderheiten auf:
- Im Bereich der Schädelbasis ist der Schädel mit der Wirbelsäule verbunden. Der Schädel ruht auf dem ersten Halswirbel (**Atlas**) auf. Dieser ist mit dem zweiten Halswirbel (**Axis**) beweglich verbunden →Abb. 1. Durch diese Konstruktion ist der Schädel sehr gut beweglich.

Dt. Bezeichnung	Lat. Bezeichnung	Anlage
Stirnbein	Os frontale	einzeln
Scheitelbein	Os parietale	paarig
Hinterhauptbein	Os occipitale	einzeln
Schläfenbein	Os temporale	paarig
Keilbein	Os sphenoidale	einzeln

Tab. 1 Hirnschädelknochen

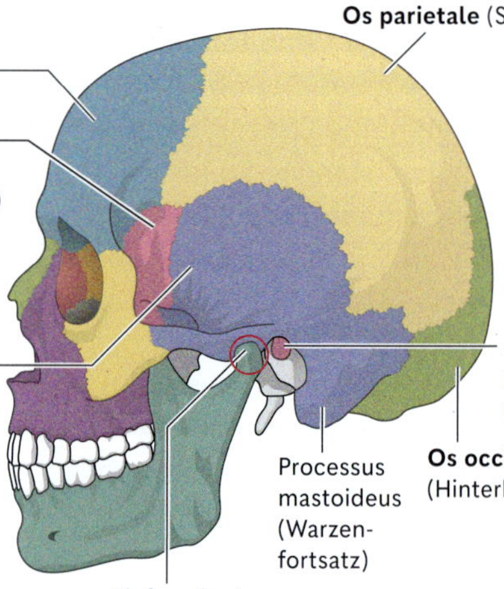

Abb. 1 Hirnschädelknochen. Frontale Ansicht des Schädels, s. auch Abb. 2, S. 18.

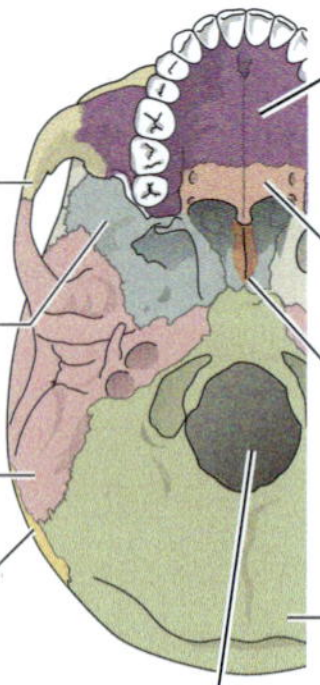

Abb. 2 Schädel. Ansicht von unten; ohne Unterkiefer, Hirnschädelknochen fett

- An der Unterseite des Os occipitale (Hinterhauptbein) liegt das **Foramen** magnum (großes Loch) →Abb. 2, S. 17. Etwa in Höhe dieses Lochs befindet sich der Übergang vom Rückenmark zum Gehirn.
- Im Os temporale (Schläfenbein) befindet sich der Hör- und Gleichgewichtsapparat. Auch liegen hier die Gelenkpfanne und der Gelenkhöcker, die gemeinsam mit dem Gelenkkopf des Unterkiefers das Kiefergelenk bilden.
- Im Os frontale (Stirnbein) befinden sich die Stirnhöhlen, im Os sphenoidale die Keilbeinhöhle. Beide zählen zu den Nasennebenhöhlen.

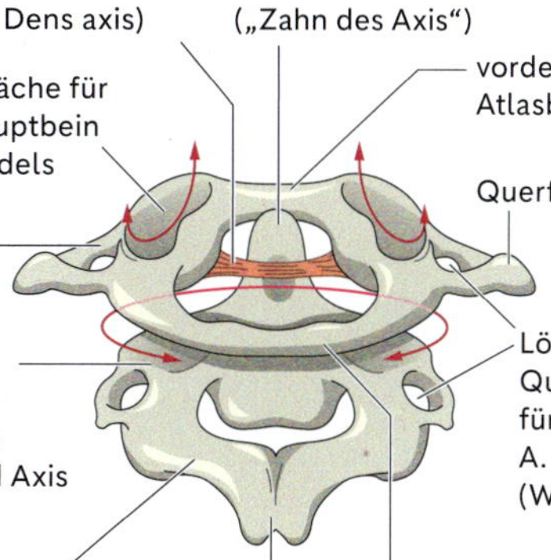

Abb. 1 Atlas und Axis

> **Exkurs**
> **Der kindliche Hirnschädel**
> Beim kindlichen Schädel sind die Schädelknochen beweglich miteinander verbunden. Außerdem befinden sich zwischen den Hirnschädelknochen mehrere tastbare, mit Bindegewebe verschlossene Lücken (**Fontanellen**). Daher passt beim Geburtsvorgang das Kind durch den engen Geburtskanal. Beim Erwachsenen sind die Lücken zwischen den Hirnschädelknochen verknöchert.

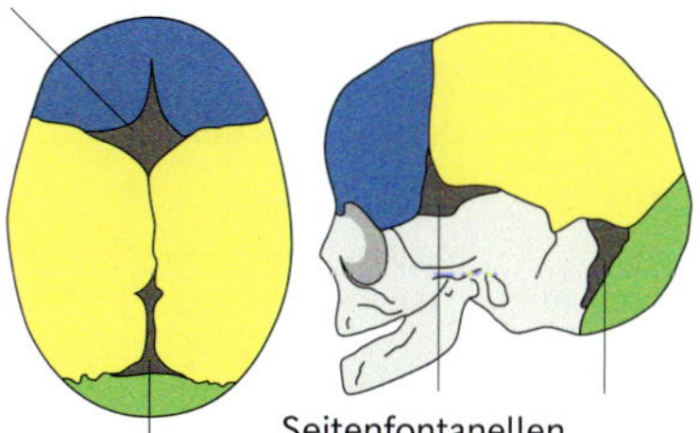

1.2.2 Gesichtsschädel

Der Gesichtsschädel bildet die knöcherne Hülle für die Augen. Außerdem formt die knöcherne Unterlage unsere Gesichtszüge. Im Ober- und Unterkiefer sind die Zähne verankert.

Kiefergelenk →S. 24
Nasennebenhöhlen →S. 21

Die Gesichtsschädelknochen sind einzeln oder paarig angelegt →Tab. 1.

Dt. Bezeichnung	Lat. Bezeichnung	Anlage
Oberkiefer	Maxilla	paarig
Unterkiefer	Mandibula	einzeln
Jochbein	Os zygomaticum	paarig
Gaumenbein	Os palatinum	paarig
Nasenbein	Os nasale	paarig
Tränenbein	Os lacrimale	paarig
Pflugscharbein	Vomer	einzeln
Siebbein	Os ethmoidale	einzeln
untere Nasenmuschel	Concha nasalis inferior	paarig

Tab. 1 Gesichtsschädelknochen

Leitungsanästhesie →S. 43

Merke
Im Gesichtsschädel befinden sich Löcher (**Foramina**; Einzahl: **Foramen**), durch die Nerven in den Knochen ein- bzw. austreten können. An diesen Stellen kann die Zahnärztin die Nerven betäuben.

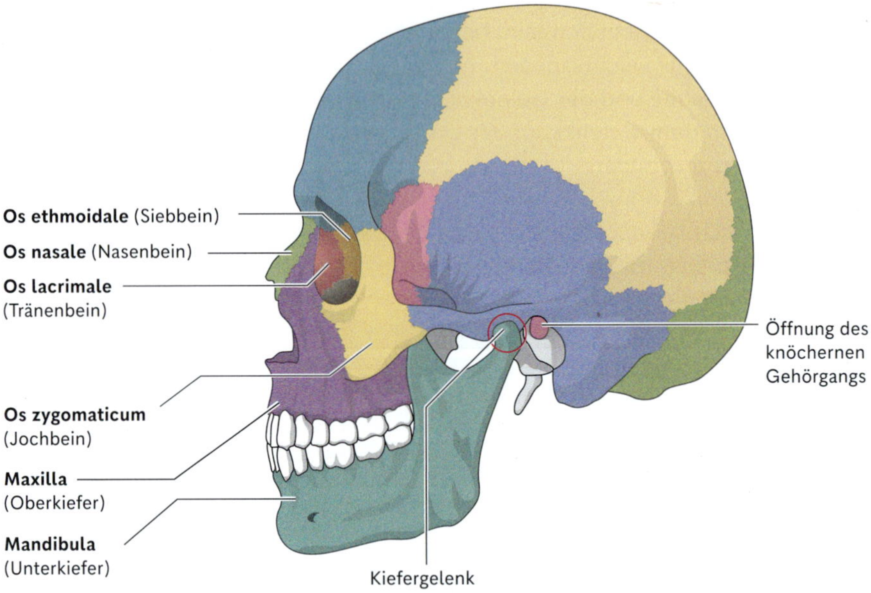

Abb. 1 Gesichtsschädelknochen

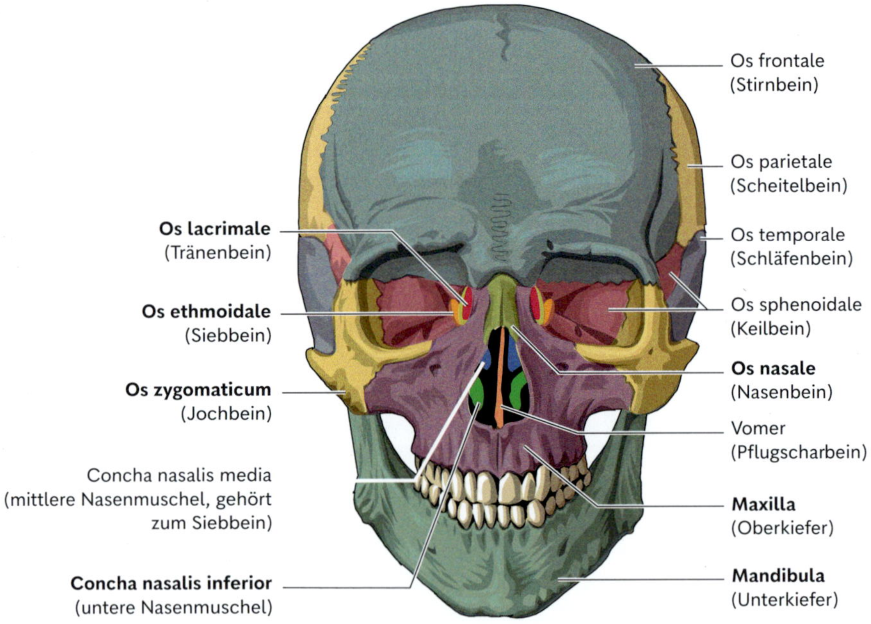

Abb. 2 Schädel von vorne. Gesichtsschädelknochen fett; das Gaumenbein ist nicht abgebildet

Gaumenbein →S. 16

Einige der Gesichtsschädelknochen weisen Besonderheiten auf, die für die Zahnheilkunde wichtig sind.

Vorwort

Liebe angehende Zahnmedizinische Fachangestellte, liebe Kolleginnen und Kollegen,

der Beruf der Zahnmedizinischen Fachangestellten hat eine lange Tradition. Er hat sich von anfänglichen Hilfsdiensten zu einem anspruchsvollen, Verantwortung fordernden Beruf entwickelt, der aus dem Team Zahnarztpraxis nicht mehr wegzudenken ist. Hinzu kommt der enorme Ausbau der Fort- und Weiterbildungsmöglichkeiten in den letzten Jahren, der diesen Beruf noch attraktiver macht.
Um dies auch in der Zukunft zu gewährleisten, wurde die Ausbildungsordnung nach über 20 Jahren zum 01. August 2022 aktualisiert und auf den neuesten Stand der zahnmedizinischen Erkenntnisse gebracht. Im neuen Rahmenlehrplan wurde das bewährte Lernfeldkonzept beibehalten und es wird vom Cornelsen-Verlag durch die Herausgabe von Jahrgangsbänden zusätzlich unterstützt. Durch die neue Struktur der Lernfelder haben die Schulen noch größere Freiheiten, die Lernfelder umzusetzen.
Ein Schwerpunkt für die Ausbildung ist die Kommunikationsfähigkeit im Team und gegenüber den Patientinnen und Patienten. Einen weiteren Schwerpunkt bildet das Thema Hygiene, welches in einem eigenen Lernfeld bearbeitet wird. Mit der Erarbeitung der Inhalte in der Hygiene und dem Thema Bildgebende Verfahren und Strahlenschutzmaßnahmen anwenden sollen die ZFA befähigt werden, mit der Ausbildung einen entsprechenden Nachweis zu erhalten. Durch die flächendeckende Einführung der Telematikinfrastruktur (TI) gibt es in den Zahnarztpraxen einen großen Digitalschub bis zum Einsatz Künstlicher Intelligenz (KI). Die drei Themen Kommunikation, Hygiene und Digitalisierung sind zudem spiralcurricular aufgebaut, d. h., sie kommen in fast allen Lernfeldern vor. In den neu aufgelegten Schulbüchern haben wir diese Themen verstärkt aufgegriffen. Nach wie vor bildet die Behandlungsassistenz für die Zahnarztpraxis die Grundlage des zahnmedizinischen Wissens für die Zahnmedizinischen Fachangestellten. Der neue Schwerpunkt Kommunikation in einer fremden Sprache ist ein einem Extra-Band („Dentistry Matters") aufgegriffen.

Das Thema Durchführen von Hygienemaßnahmen und Aufbereiten von Medizinprodukten wird schon in der Abschlussprüfung Teil 1 am Ende des zweiten Ausbildungsjahres geprüft. Der zweite Teil der Abschlussprüfung in der Behandlungsassistenz findet als Fachgespräch (Projektprüfung) am Schluss der Ausbildung statt und umfasst die übrigen Themengebiete (Assistieren bei und Dokumentieren von zahnärztlichen Maßnahmen). Dem neuen Aufbau der Prüfungsordnung dient ebenfalls das Erscheinen der Jahrgangsbände. Am Ende des zweiten Ausbildungsjahres finden Sie alle Inhalte des ersten Teils der Abschlussprüfung in den ersten beiden Bänden und können sich optimal auf die Prüfung vorbereiten.

Wir freuen uns, dass es uns gelungen ist, ein Autorenteam von Zahnärztinnen und Zahnärzten, Biologen und Zahnmedizinischen Fachangestellten zu bilden, die alle auch gleichzeitig Lehrerinnen und Lehrer sind.
Den Familien, den Partnerinnen und Partnern, den Freundinnen und Freunden der Autorinnen und Autoren gebührt unser Dank, dass sie so viele Stunden auf sie verzichtet haben.
Ohne die hervorragende Unterstützung der Gesundheitsredaktion des Cornelsen-Verlages wäre dieses Werk nicht zustande gekommen.

Wir wünschen Ihnen viel Spaß und Erfolg bei Ihrer Arbeit mit diesem Lehrwerk. Senden Sie Ihre Anregungen bitte an service@cornelsen.de.

Für das Autorenteam
Susanne Weiß
Albert Mergelsberg

Ludwigsburg/Freiburg, Mai 2023

Hinweis der Redaktion: Im Sinne der Geschlechtergerechtigkeit wird in diesem Buch konsequent zwischen den einzelnen Lernfeldern die weibliche und die männliche Form abwechselnd verwendet. In der Regel sind damit immer alle Geschlechter gemeint.

Arbeiten mit diesem Fachbuch

Merke-Kästen fassen wichtige Informationen zusammen.

In der **Cornelsen Lernen App** finden Sie digitale Zusatzmaterialien: **Videos** für Smartphone und Tablet. Eine Übersicht über die Videos finden Sie im Buch auf Seite 371.

Merke
Rechtsgeschäfte, die nicht geschäftsfähige Personen tätigen, sind ungültig (nichtig).

Video
Geschäftsfähigkeit

Merke
Botengänge sind auch nicht geschäftsfähigen Personen erlaubt.

Geschäftsunfähigkeit (§ 104 BGB)
- Kinder unter 7 Jahren
- Personen mit andauernder krankhafter Störung der Geistestätigkeit

Beispiel
a Eine 4-Jährige kauft sich ein Tafel Schokolade und isst sie auf. Der Kaufvertrag ist ungültig. Der Kaufmann muss den Kaufpreis den Eltern rückerstatten. Dass die Schokolade nicht mehr zurückerstattet werden kann, geht zulasten des Kaufmanns.
b Eine 4-Jährige wird von ihren Eltern mit einem Zettel zum Einkaufen geschickt. Den Einkaufszettel und den abgezählten Betrag übergibt sie dem Verkäufer. Dieser packt ihr die Sachen ein und nimmt das Geld an sich. Der Kaufvertrag ist gültig. Die 4-Jährige ist als Bote ihrer Eltern unterwegs und überbringt deren Willenserklärung.

Ein 6-jähriges Kind kann kein Rechtsgeschäft (Behandlungsvertrag) schließen. Daraus folgt, dass das Rechtsgeschäft (Fluoridierung und Fissurenversiegelung bei der 6-Jährigen) ungültig ist und folglich die Zahnärztin keinen Honoraranspruch hat. Erscheint ein Elternteil mit zur Behandlung, gilt dies grundsätzlich als Einwilligung zur Behandlung. Erscheint ein Kind unter 7 Jahren und übermittelt mündlich die Einwilligung seiner Eltern zur Behandlung (als Bote), sollte dies durch einen Anruf bei den Eltern überprüft werden. Empfehlenswert ist in jedem Fall die schriftliche Einwilligung der Eltern. Eine nachträgliche Genehmigung ist in jedem Fall ausgeschlossen. Der Behandlungsvertrag kommt zwischen Eltern und Zahnarzt zustande.

Beschränkte Geschäftsfähigkeit (§ 106 BGB)
- Personen von 7 bis 18 Jahren
- Unter Umständen sind hiermit auch Personen vergleichbar, die unter Betreuung gestellt sind (s. § 1903 BGB).

Tätigen beschränkt Geschäftsfähige ein Rechtsgeschäft ohne vorherige Zustimmung, ist dieses schwebend unwirksam. Das bedeutet, dass die gesetzliche Vertreterin dem Rechtsgeschäft auch nachträglich zustimmen kann. Verweigert sie die Zustimmung, ist das Rechtsgeschäft von Anfang an nichtig (§ 107 BGB).

82

Unter einer Diagnose versteht man die Zuordnung einer gesundheitlichen Störung zu einem Krankheitsbegriff. Der Zahnarzt ordnet die Erkenntnisse aus der **Anamnese** und der **Befunderhebung** einem Krankheitsbild zu und benennt dieses.

Eine Diagnose darf nicht mit der **Diagnostik** verwechselt werden. Die Diagnostik ist eine Sammelbezeichnung für alle Verfahren, die zur Abklärung einer Krankheitsursache angewendet werden, z. B. Anamnese, Röntgenbilder, Vitalitätsprobe. Aus den Ergebnissen der Diagnostik kann eine Diagnose gestellt werden.

Beispiel
Die Befunderhebung ergab am Zahn 11 ein geschwollenes, gerötetes und leicht blutendes Zahnfleisch. Der Zahn ist nicht kariös und das Röntgenbild zeigt keinen Knochenabbau. Außerdem lässt sich bei dem Patienten eine unzureichende Mundhygiene feststellen:
Diagnose: Gingivitis (Zahnfleischentzündung) am Zahn 11

2.4 Therapie

Jede Erkrankung wird nach einem festgelegten Schema behandelt (therapiert). Auf der Basis der Diagnose erfolgt die **Therapie** nach einem auf den Patienten abgestimmten **Therapieplan**. Bei größeren Behandlungen sollte dieser Therapieplan notiert und in Behandlungssitzungen unterteilt werden. Außerdem sollte notiert werden, wie viel Zeit für jede Behandlungssitzung notwendig ist. Nur so kann eine systematische Termin- und Behandlungsplanung in der Praxis erfolgen.

Terminologie: Allgemeine Untersuchungsmethoden

Auskultation, die	Untersuchung durch Abhorchen der im Körper entstehenden Geräusche und Töne, meist mit einem Stethoskop
Diagnose, die	Zuordnung einer gesundheitlichen Störung zu einem Krankheitsbegriff
Diagnostik, die	Sammelbezeichnung für alle Verfahren, die zur Abklärung einer Krankheitsursache angewendet werden, z. B. Anamnese, Röntgenbilder, Vitalitätsprobe
Inspektion, die	äußerliche Untersuchung eines Patienten durch Betrachten
Palpation, die	Untersuchung durch Betasten
Perkussion, die	Untersuchung durch Beklopfen der Körperoberfläche
Therapie, die	Behandlung von Erkrankungen

Aufgaben
1 Nennen Sie vier Schritte, die zur Behandlung eines Patienten gehören.
2 Nennen Sie vier Untersuchungsmethoden, die beim intraoralen Befund erfasst werden.
3 Worin besteht der Unterschied zwischen einer Diagnose und der Diagnostik?

347

Hinterlegte Begriffe werden in der Terminologie erklärt.

Zahlreiche **Beispiele** unterstützen das Verständnis komplexer Zusammenhänge und fordern zur Anwendung der gelernten Inhalte auf.

In der **Terminologie** finden Sie die Erklärungen der im vorhergehenden Kapitel benutzten neuen Fachbegriffe.

Aufgaben bieten Ihnen die Möglichkeit, erarbeitete Kenntnisse zu wiederholen und anzuwenden.

Maxilla (Oberkiefer) und Os palatinum (Gaumenbein)

Der Oberkiefer ist paarig angelegt und liegt im Zentrum des Mittelgesichts. Zusammen mit dem Gaumenbein bildet der Oberkiefer den **knöchernen Gaumen**.

Wichtige Besonderheiten von Oberkiefer und knöchernem Gaumen sind →Abb. 1, 2:

- Der Oberkiefer ist durch folgende **Fortsätze** (**Processus**) mit Os frontale (Stirnbein), Os zygomaticum (Jochbein) und Os palatinum (Gaumenbein) verbunden:
  - **Processus frontalis** (Stirnfortsatz)
  - **Processus zygomaticus** (Jochbeinfortsatz)
  - **Processus palatinus** (Gaumenfortsatz)
  - **Processus alveolaris maxillae** (Alveolarfortsatz). Der Alveolarfortsatz enthält die Zahnfächer (**Alveolen**) für die Oberkieferzähne. Bei mehrwurzeligen Zähnen sind die Zahnfächer durch knöcherne Scheidewände (**Knochensepten**) unterteilt. Der hintere Bereich des Alveolarfortsatzes endet in einem runden Knochenhöcker (**Tuber maxillae**).
- Im knöchernen Oberkiefer befinden sich **drei wichtige Löcher** (**Foramina**):
  - **Foramen infraorbitale**, in der Maxilla, unterhalb der Augenhöhle
  - **Foramen incisivum**, in der Maxilla, hinter den Schneidezähnen
  - **Foramen palatinum majus**, im Gaumenbein, in Höhe der Weisheitszähne

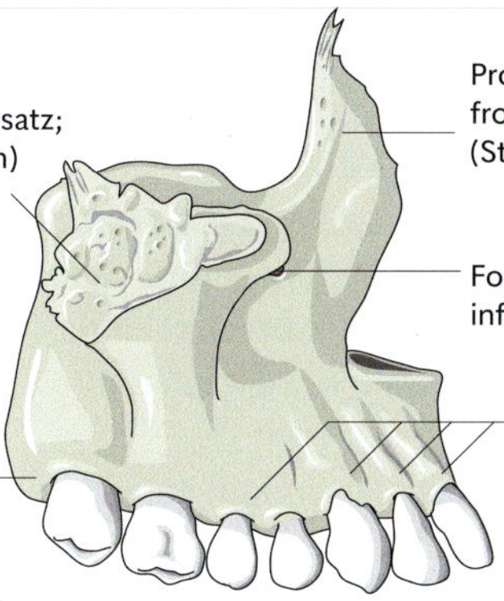

Abb. 1 Maxilla von der Seite

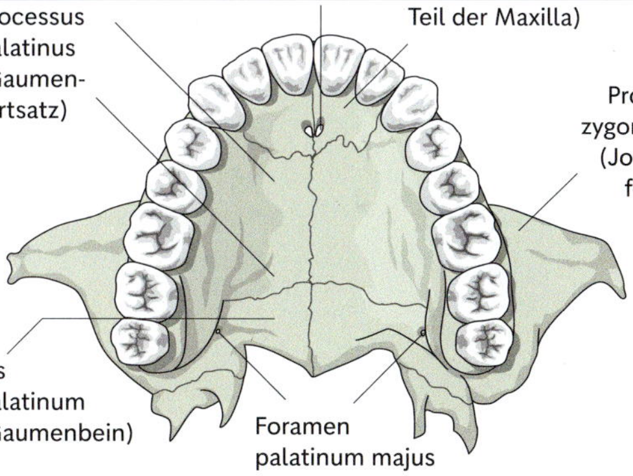

Abb. 2 Knöcherner Gaumen

Exkurs

Lippen-Kiefer-Gaumenspalte und Goethe-Knochen

Während der Embryonalentwicklung im Mutterleib bildet sich der knöcherne Gaumen dadurch, dass sich zwei seitliche und eine vordere Wachstumszone aufeinander zu bewegen und miteinander verwachsen. Verbinden sich die Wachstumszonen nicht miteinander, so entsteht eine Lippen-Kiefer-Gaumenspalte.

Der vordere Knochenanteil der Maxilla zwischen den beiden seitlichen Schneidezähnen (Os incisivum) wird auch als Goethe-Knochen bezeichnet. Er ist von dem bekannten Dichter entdeckt worden.

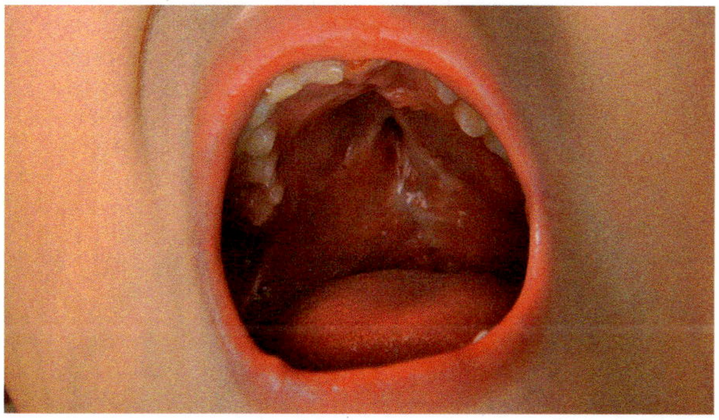

Abb. 3 Einseitige Lippen-Kiefer-Gaumenspalte (operativ geschlossen)

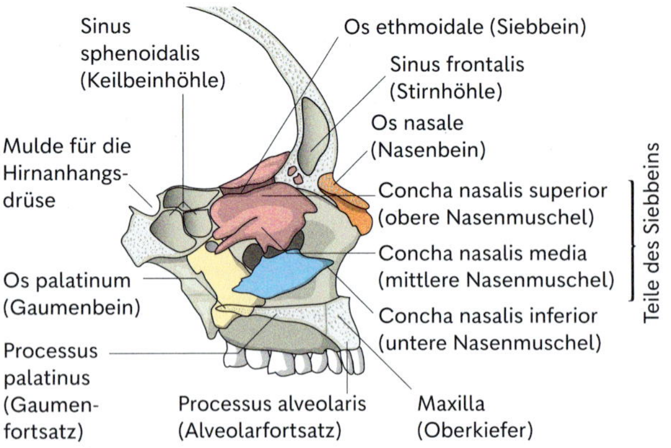

Abb. 1 Nasenhöhle von innen

Vomer →S. 16
Nasennebenhöhlen →S. 21

Os ethmoidale (Siebbein) und untere Nasenmuschel

Die Nasenhöhle wird von den drei Nasenmuscheln und vom Siebbein gebildet →Abb. 1. Die untere Nasenmuschel (Concha nasalis inferior) ist ein selbstständiger Knochen.

Das in der Mitte gelegene Os ethmoidale grenzt die Nasenhöhle nach oben hin zum Gehirn ab und weist einige Besonderheiten auf →Abb. 1:

- Es bildet die obere und mittlere Nasenmuschel.
- Es bildet zusammen mit dem Vomer (Pflugscharbein) die Nasenscheidewand.
- Es enthält zahlreiche, luftgefüllte Knochenkammern (**Siebbeinzellen = Cellulae ethmoidales**), die zu den Nasennebenhöhlen zählen.

Mandibula (Unterkiefer)

Der bogenförmige Unterkiefer ist beweglich mit dem Schädel verbunden. Er weist folgende Besonderheiten auf →Abb. 2, 3:

- Er besteht aus einem kompakten Körper (**Corpus mandibulae**), der auf beiden Seiten in einen aufsteigenden Ast (**Ramus mandibulae**) übergeht. Der Übergang wird als Kieferwinkel bezeichnet.
- Der aufsteigende Ast besteht aus einem Gelenkfortsatz (**Processus articularis**) und einem Muskelfortsatz (**Processus muscularis**). Der Processus articularis besteht aus einem kurzen Hals (**Collum mandibulae**), der in einem walzenförmigen Gelenkkopf (**Caput mandibulae**) endet. Der Gelenkkopf wird auch als **Kondylus** bezeichnet. Er gehört zum Kiefergelenk.

Kiefergelenk →S. 24

- Am Corpus mandibulae befindet sich der Alveolarfortsatz (Processus alveolaris mandibulae) mit den Alveolen (Zahnfächer) für die Unterkieferzähne.
- Für den Ansatz von Muskeln befindet sich an der Innenseite des Corpus mandibulae ein kleiner Dorn (Spina mentalis) am Kinnbereich und eine schräg verlaufende Leiste (Linea mylohyoidea).
- Der Unterkiefer weist **zwei wichtige Löcher** (**Foramina**) auf:
  - **Foramen mandibulae**, Innenseite aufsteigender Unterkieferast
  - **Foramen mentale**, Außenseite Unterkiefer im Bereich der Prämolaren

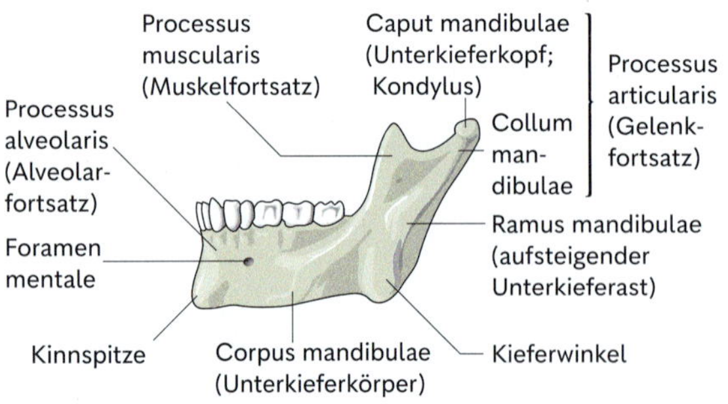

Abb. 2 Unterkiefer von außen

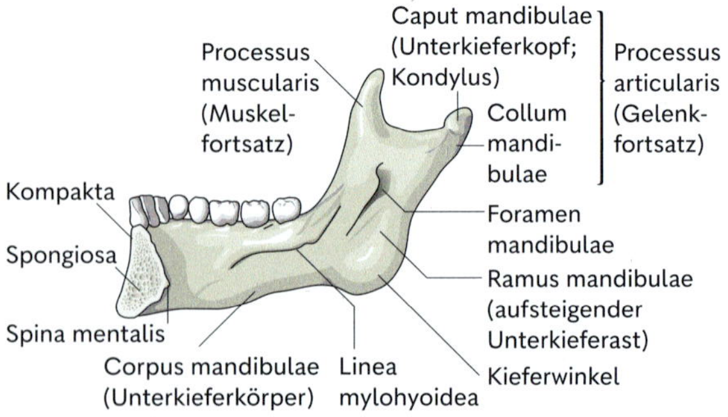

Abb. 3 Unterkiefer von innen, halbiert

1.3 Nasennebenhöhlen

Die Nasennebenhöhlen →Tab. 1, Abb. 1 sind luftgefüllte Knochenkammern, die mit der Nase in Verbindung stehen. Durch sie wird das Gewicht des knöchernen Schädels reduziert. Außerdem tragen sie zur Stimmbildung bei.

Dt. Bezeichnung	Lat. Bezeichnung	Zugehöriger Schädelknochen
Kieferhöhle	Sinus maxillaris (Antrum)	Maxilla
Stirnhöhle	Sinus frontalis	Os frontale
Keilbeinhöhle	Sinus sphenoidalis	Os sphenoidale
Siebbeinzellen	Cellulae ethmoidales	Os ethmoidale

Tab. 1 Nasennebenhöhlen

Für die Zahnheilkunde ist die Kieferhöhle von besonderer Bedeutung.

Die Kieferhöhle liegt in der Maxilla. Sie liegt paarig, jeweils rechts und links der Nase. Sie erstreckt sich im Bereich der Oberkiefer-Seitenzähne, von deren Wurzeln sie häufig nur durch eine dünne Knochenlamelle getrennt ist. Nach oben reicht sie bis zum knöchernen Boden der Augenhöhle.

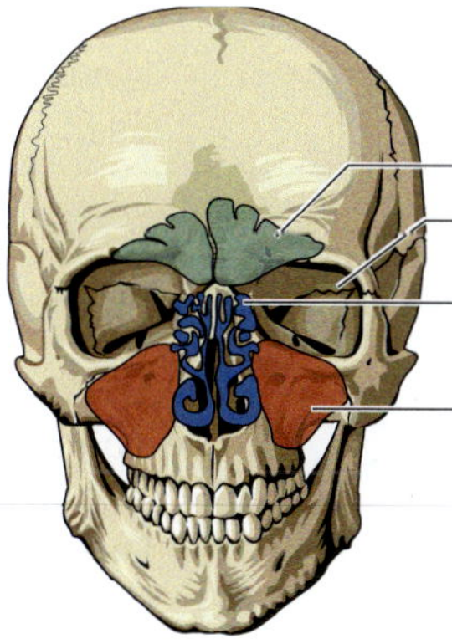

Abb. 1 Nasennebenhöhlen. Die Keilbeinhöhle ist nicht abgebildet.

Ist die Kieferhöhle entzündet, so spricht man von einer **Sinusitis maxillaris**. Die Patientinnen leiden an Abgeschlagenheit, Schnupfen, Gesichts- und Kopfschmerzen. Die Schmerzen können beim Bücken stärker sein. Da die Kieferhöhle nur durch eine dünne Knochenschicht von den Wurzeln der Oberkiefer-Seitenzähne getrennt ist, kann die Entzündung eine Reizung der Nerven der Oberkieferzähne verursachen. Häufig kommen Patientinnen mit einer Sinusitis maxillaris in die Zahnarztpraxis, da sie Zahnprobleme als Ursache vermuten. Bei einer Zahnextraktion im Oberkiefer-Seitenzahnbereich kann die dünne Knochenschicht zur Kieferhöhle einreißen. Es entsteht dann eine Verbindung zwischen Mundhöhle und Antrum (**Mund-Antrum-Verbindung**, Abk. **MAV**). Diese muss operativ verschlossen werden. Beim Setzen eines Implantates im Oberkiefer-Seitenzahngebiet mit zu geringem vertikalem Knochenangebot muss ein Knochenaufbau in der Kieferhöhle erfolgen. Dieser wird als **Sinuslift** bezeichnet.

Keilbeinhöhle →S. 20

Sinuslift →S. 136

Terminologie: Anatomie der Knochen und des Schädels

Alveole, die	Zahnfach
Antrum, das (= Sinus maxillaris)	Kieferhöhle; s. Sinus maxillaris
Caput mandibulae	Gelenkköpfchen des Unterkiefers; wird auch als Kondylus bezeichnet
Cellulae ethmoidales	Siebbeinzellen; luftgefüllte Knochenkammern im Siebbein; zählen zu den Nasennebenhöhlen

Collum mandibulae	Unterkieferhals
Concha nasalis	Nasenmuschel
Corpus mandibulae	Unterkieferkörper
Diaphyse, die	Mittelstück der Röhrenknochen
Endodontie, die (Endo)	Lehre von der Diagnostik und Therapie der Pulpaerkrankungen
Epiphyse, die	gelenknahes Endstück der Röhrenknochen
Foramen, das (F.) **Foramina**, die (Mehrzahl)	Loch im Knochen zum Ein- bzw. Austritt von Nerven und Gefäßen
Foramen incisivum	Loch im Gaumen hinter den Schneidezähnen
Foramen infraorbitale	Loch unterhalb der Augenhöhle; paarig
Foramen mandibulae	Loch an Innenseite des aufsteigenden Unterkieferastes; paarig
Foramen mentale	Kinnloch; liegt an der Außenseite des Unterkiefers, im Prämolarenbereich; paarig
Foramen palatinum	Loch im Gaumenbein in Höhe der Weisheitszähne
Kompakta, die (= Kortikalis)	dichte, feste äußere Schicht des Knochens
Kondylus, der	Gelenkkopf, Gelenkköpfchen
Kortikalis, die (= Kompakta)	dichte, feste äußere Schicht des Knochens
Mandibula, die	Unterkiefer
MAV	Abk. für Mund-Antrum-Verbindung
Maxilla, die	Oberkiefer
Metaphyse, die	Bereich zwischen Diaphyse und Epiphyse des Röhrenknochens; in der Wachstumsphase nicht verknöchert
Mund-Antrum-Verbindung, die (MAV)	Verbindung zwischen Mund- und Kieferhöhle; entsteht z. B. bei einer Extraktion; sie muss operativ verschlossen werden
Os ethmoidale	Siebbein
Os frontale	Stirnbein
Os lacrimale	Tränenbein
Os nasale	Nasenbein
Os occipitale	Hinterhauptbein
Os palatinum	Gaumenbein
Os parietale	Scheitelbein
Os sphenoidale	Keilbein
Os temporale	Schläfenbein

Os zygomaticum	Jochbein
Osteoblast, der	Osteoblasten sind Knochen bildende Zellen.
Osteoklast, der	Osteoklasten sind Knochen abbauende Zellen.
Osteozyt, der	Knochenzelle
Periost, das	Knochenhaut
Processus, der	Fortsatz, Fortsätze (kurze Betonung auf dem e = Einzahl; lange Betonung auf dem u = Mehrzahl)
Processus alveolaris	Alveolarfortsatz des OK (Processus alveolaris maxillae) bzw. des UK (Processus alveolaris mandibulae)
Processus articularis	Gelenkfortsatz des Unterkiefersv
Processus frontalis	Stirnfortsatz des Oberkiefers
Processus muscularis	Muskelfortsatz des Unterkiefers
Processus palatinus	Gaumenfortsatz des Oberkiefers
Processus zygomaticus	Jochbeinfortsatz des Oberkiefers
Pulpa, die	Zahnmark; besteht aus Nerven-, Bindegewebe und Blutgefäßen
Ramus mandibulae	aufsteigender Unterkieferast
Sinus frontalis	Stirnhöhle; paarig angelegter Hohlraum im Os frontale; zählt zu den Nasennebenhöhlen
Sinus maxillaris (= Antrum)	Kieferhöhle; paarig angelegter luftgefüllter Hohlraum in der Maxilla; zählt zu den Nasennebenhöhlen
Sinus sphenoidalis	Keilbeinhöhle; luftgefüllter Hohlraum im Keilbein; zählt zu den Nasennebenhöhlen
Sinusitis maxillaris	Kieferhöhlenentzündung
Spongiosa, die	schwammartige, innere Schicht des Knochens
Tuber maxillae	knöcherner Höcker des Alveolarfortsatzes im OK hinter dem Weisheitszahn; wird auch kurz als Tuber bezeichnet
Vomer, der	Pflugscharbein

Aufgaben

1 Welche Knochen gehören zum Hirnschädel?

2 Welche Knochen gehören zum Gesichtsschädel?

3 Welche wichtigen Foramina liegen im Oberkiefer, im Unterkiefer und im Gaumenbein?

4 Nennen Sie die Nasennebenhöhlen.

5 Weshalb können bei einer Sinusitis maxillaris Schmerzen in den Oberkieferzähnen auftreten?

6 Wie ist ein Röhrenknochen aufgebaut?

2 Kiefergelenk und Kopfmuskulatur

2.1 Kiefergelenk

Der Unterkiefer ist der einzige Knochen, der mit dem Schädel beweglich verbunden ist. Das Kiefergelenk wird von den beiden Schädelknochen Mandibula (Unterkiefer) und Os temporale (Schläfenbein) gebildet. Das Kiefergelenk liegt auf beiden Seiten vor dem Gehörgang →Abb. 1.

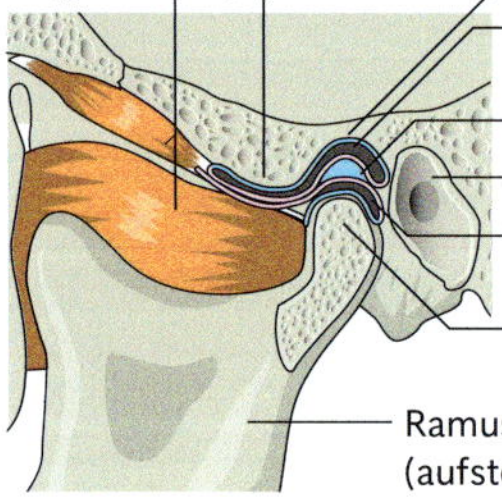

Abb. 1 Kiefergelenk im Schnitt

Aufbau des Kiefergelenks	
Os temporale (Schläfenbein)	– Gelenkgrube (Fossa mandibularis) und – Gelenkhöckerchen (Tuberculum articulare)
	Knorpelscheibe (Discus articularis)
Mandibula (Unterkiefer)	Gelenkkopf (Caput mandibulae; Kondylus)

Zwischen Kondylus und Fossa mandibularis befindet sich eine Knorpelscheibe (Discus articularis). Der Discus articularis gleicht, wie der Meniskus im Kniegelenk, größere Zwischenräume der beiden Gelenkseiten aus. Der Discus articularis teilt das Gelenk in eine **obere** und **untere** Gelenkkammer.

Das Kiefergelenk ist von einer bindegewebigen **Gelenkkapsel** umgeben. Sie sondert Gelenkschmiere (**Synovia**) ab, mit welcher der Innenraum gefüllt ist. Dadurch ist das Kiefergelenk gleitfähiger.

Bei allen Bewegungen des Unterkiefers müssen stets beide Kiefergelenke zusammenarbeiten.
- Die **Mundöffnung** und der **Kieferschluss** sind **Dreh-Gleit-Bewegungen**. Zuerst dreht sich der Kondylus in der Fossa mandibularis. Bei weiterer Mundöffnung gleitet der Kondylus auf das Tuberculum articulare. Der Discus articularis wird dabei mitgezogen und befindet sich dazwischen. Bei Kieferschluss erfolgt die Bewegung entsprechend umgekehrt.
- Bei **Seitwärtsbewegungen** arbeiten beide Kiefergelenke unterschiedlich zusammen. Bei einer Seitwärtsbewegung nach links zum Beispiel bleibt das linke Kiefergelenk in der Fossa mandibularis. Es führt dort eine geringe Drehbewegung durch. Das rechte Kiefergelenk hingegen gleitet mit dem Kondylus auf das rechte Tuberculum articulare. Eine Seitwärtsbewegung nach rechts läuft entsprechend umgekehrt ab.
- Eine **Kaubewegung** ist eine Kombination aus Mundöffnung, Kieferschluss und Seitwärtsbewegungen. Entsprechend führt der Kondylus eine **kombinierte Dreh-Gleit-Bewegung** durch.

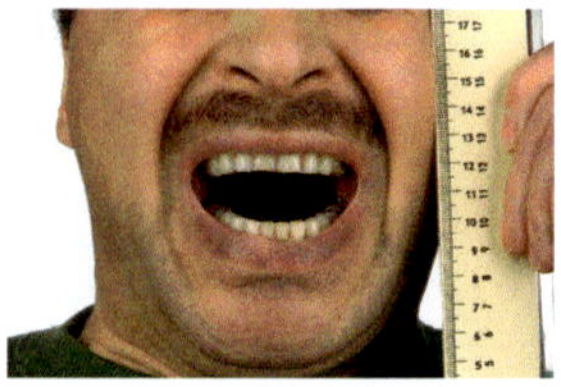

Abb. 2 Kiefersperre

Kann der Mund nicht mehr geschlossen werden, so spricht man von einer **Kiefersperre**. Hierbei rutscht bei weiter Mundöffnung der Kondylus vor das Tuberculum articulare und verkantet hier. Das Kiefergelenk muss wieder eingerenkt werden. Bei einer **Kieferklemme** kann der Mund nicht mehr geöffnet werden. Dies kann

z. B. durch Entzündungen im Kieferbereich der Fall sein. **Kiefergelenkknacken** kann durch Veränderungen am Discus articularis zustande kommen. Der Kondylus liegt z. B. nur noch teilweise auf dem Diskus und „knackt“ beim Auf- oder Abspringen vom Diskus in Bewegung.

2.2 Kopfmuskulatur

Im Kopfbereich unterscheidet man zwischen
- Kaumuskulatur und
- mimischer Muskulatur.

2.2.1 Kaumuskulatur

Die Kaumuskulatur in engerem Sinne wird von vier Muskeln gebildet →Tab. 1, Abb. 1:
- M. masseter
- M. temporalis
- M. pterygoideus lateralis
- M. pterygoideus medialis

Dt. Bezeichnung	Lat. Bezeichnung	Ursprung	Ansatz	Funktion
Kaumuskel	M. masseter	Jochbein	Außenfläche des Kieferwinkels	Kieferschluss
Schläfenmuskel	M. temporalis	Stirn-, Schläfen und Scheitelbein	Muskelfortsatz des Unterkiefers	Kieferschluss und Rückbewegung des Unterkiefers
äußerer Flügelmuskel	M. pterygoideus lateralis	Keilbein	Gelenkfortsatz des Unterkiefers und Discus articularis des Kiefergelenks	beidseitige Kontraktion: Vorschub des Unterkiefers; einseitige Kontraktion: Seitwärtsbewegung des Unterkiefers
innerer Flügelmuskel	M. pterygoideus medialis	Keilbein	Innenfläche des Kieferwinkels	Kieferschluss und leichter Vorschub des Unterkiefers

Tab. 1 Kaumuskulatur; M. = Musculus

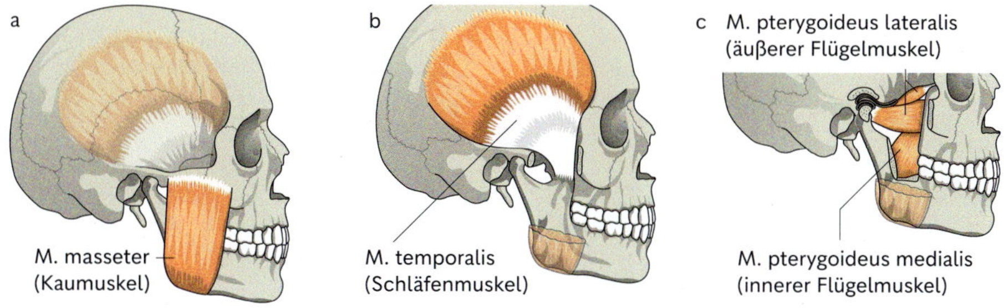

Abb. 1 Kaumuskulatur. a) M. masseter. b) Damit der M. temporalis dargestellt werden kann, wurden hier der M. masseter und der Jochbogen entfernt. c) Zur Darstellung der Flügelmuskeln wurden hier der obere Anteil des M. masseter, der Jochbogen, der M. temporalis und Teile des Unterkiefers entfernt.

Die **Mundbodenmuskulatur** trägt in geringem Maße zur Mundöffnung bei →Tab. 1, Abb. 1, 2. Deswegen wird sie auch als **Kaumuskulatur im weiteren Sinne** bezeichnet.

Alle Mundbodenmuskeln sind am **Os hyoideum** (**Zungenbein**) befestigt und können dieses anheben. Das Os hyoideum ist eine U-förmige Knochenspange. Es befindet sich zwischen Unterkiefer und Kehlkopf, gehört nicht zu den Gesichtsschädelknochen und wird nur von den ansetzenden Muskeln gehalten.

Dt. Bezeichnung	Lat. Bezeichnung	Ursprung	Ansatz	Funktion
zweibäuchiger Muskel	M. digastricus	Schläfenbein	Innenseite des UK im Kinnbereich	Mundöffnung, Anhebung des Zungenbeins
Unterkiefer-Zungenbein-Muskel	M. mylohyoideus	Innenseite UK	Zungenbein	
Kinn-Zungenbein-Muskel	M. geniohyoideus	Innenseite des UK im Kinnbereich	Zungenbein	

Tab. 1 Mundbodenmuskulatur; M. = Musculus, UK = Unterkiefer

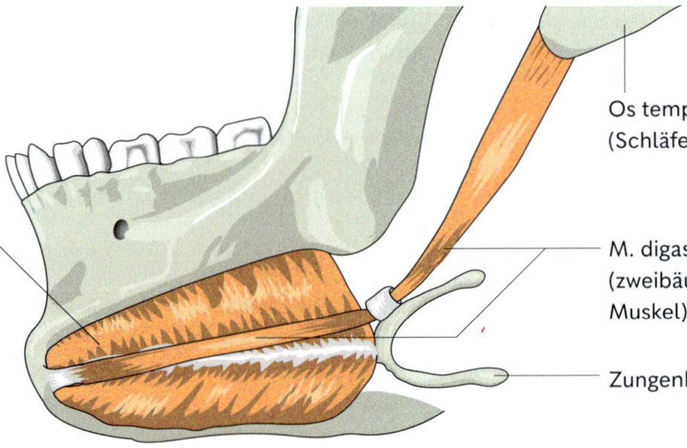

Abb. 1 Mundbodenmuskulatur von seitlich unten

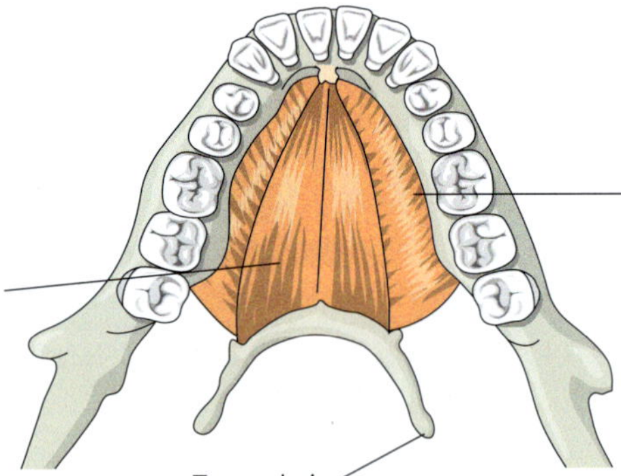

Abb. 2 Mundbodenmuskulatur von oben

2.2.2 Mimische Muskulatur

Viele kleinere, unter der Haut gelegene Gesichtsmuskeln bilden die **mimische Muskulatur** →Abb. 1.
Sie verleihen dem Gesicht die Ausdruckskraft.
Einige Muskeln der mimischen Muskulatur haben auch die Funktion von Kauhilfsmuskeln, so z. B. der Wangenmuskel (M. buccinator), der Oberlippenheber (M. levator labii superioris) und der Lippenringmuskel (M. orbicularis oris).

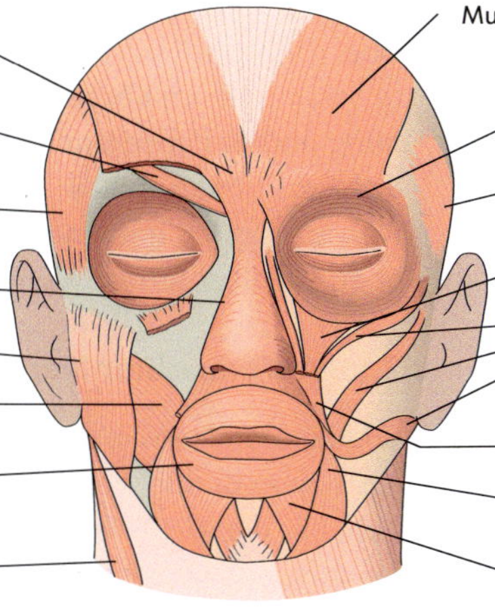

Abb. 1 Muskeln des Gesichts und des Halses

Terminologie: Kiefergelenk und Kopfmuskulatur

Discus articularis	Knorpelscheibe im Kiefergelenk
Fossa mandibularis	Gelenkgrube am Schläfenbein für den Gelenkkopf des Unterkiefers
M., Mm.	Abk. für Musculus, Musculi
M. digastricus	zweibäuchiger Muskel; gehört zur Mundbodenmuskulatur
M. geniohyoideus	Kinn-Zungenbein-Muskel; gehört zur Mundbodenmuskulatur
M. masseter	Kaumuskel; gehört zur Kaumuskulatur
M. mylohyoideus	Unterkiefer-Zungenbein-Muskel; gehört zur Mundbodenmuskulatur
M. pterygoideus lateralis	äußerer Flügelmuskel; gehört zur Kaumuskulatur
M. pterygoideus medialis	innerer Flügelmuskel; gehört zur Kaumuskulatur
M. temporalis	Schläfenmuskel; gehört zur Kaumuskulatur
Musculus (Abk. M.) **Musculi** (Abk. Mm.) (Mehrzahl)	Muskel Muskeln
Os hyoideum	Zungenbein
Synovia, die	Gelenkschmiere
Tuberculum articulare, das	Gelenkhöckerchen, Teil des Schläfenbeins

Aufgaben

1 Aus welchen Bestandteilen besteht das Kiefergelenk?

2 Welche Bewegungen sind durch das Kiefergelenk möglich und wie laufen diese ab?

3 Nennen Sie die Kaumuskulatur.

3 Nerven und Nervensystem

Über Sinneszellen (z. B. in der Haut) und andere auf die Reizaufnahme spezialisierte Strukturen im Körper (Rezeptoren) nehmen wir ständig Reize aus unserer Umgebung und aus unserem Körper wahr. Diese Reize werden verarbeitet und es werden Reaktionen, z. B. in Form von Muskelbewegungen, ausgelöst.
Nerven können mit einer Telefonleitung verglichen werden. Wie diese ermöglichen sie die Informationsübertragung, hier jedoch innerhalb des Körpers.

3.1 Aufbau einer Nervenzelle und Reizleitung

Wie können Nerven diese Informationsübertragung leisten? Jeder Nerv besteht aus einem Bündel von Nervenzellen (**Neuronen**), die in die gleiche Richtung ziehen. Für die Weiterleitung von Informationen benutzt ein Neuron zwei Sprachen: elektrischen Strom und Chemie.

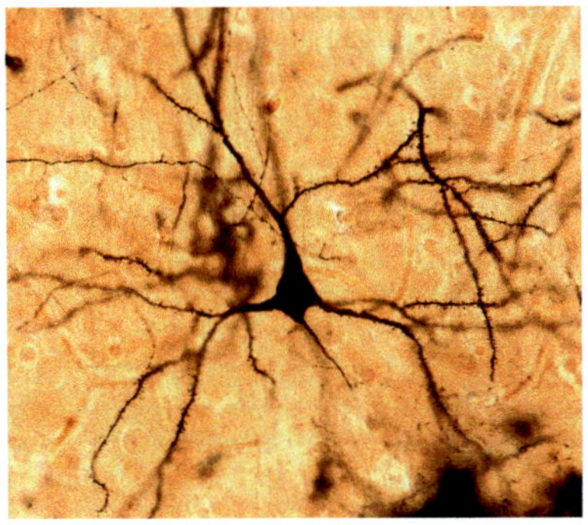

Abb. 1 Nervenzelle

Jede Nervenzelle besitzt baumartige Zellfortsätze (**Dendriten**) →Abb. 1. Sie stehen mit vielen anderen Teilen des Organismus in Verbindung, z. B. mit Sinneszellen und anderen Nervenzellen. Dendriten nehmen die Informationen auf und leiten sie weiter zum Zellkörper →Abb. 2. Der Reiz wird an den lang gezogenen Fortsatz (**Axon**) der Nervenzelle weitergegeben. Axone können über einen Meter lang sein. Die Information bewegt sich hier in Form von „elektrischen Impulsen" fort. Am Ende des Axons befinden sich mehrere Kontaktstellen (**Synapsen**) zu anderen Nerven, Muskeln usw. Hier führt der Reiz zur Ausschüttung von chemischen Botenstoffen. Dadurch werden z. B. wieder Dendriten anderer Nervenzellen gereizt.

Manche Axone sind von sogenannten **Schwann-Zellen** umgeben. Dadurch können die „elektrischen Impulse" noch schneller das Axon entlangwandern, da sie eine gewisse Wegstrecke überspringen können →Abb. 2.

Merke

Der Nerv

Ein Nerv (Nervus, Abk. N., Mehrzahl: Nervi, Abk. Nn.) besteht aus einem Bündel von Nervenfasern. Eine Nervenfaser ist ein Axon, welches von einer Bindegewebshülle umgeben ist.

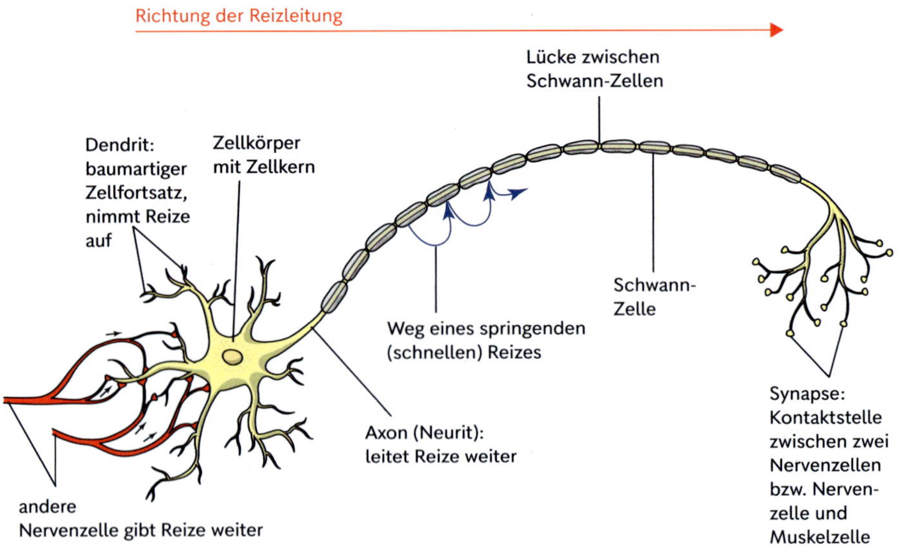

Abb. 2 Aufbau einer Nervenzelle (Neuron)

3.2 Nervensystem

Unter dem Nervensystem versteht man die Gesamtheit aller Milliarden von Nervenzellen unseres Körpers. Ein Teil dieses Nervensystems ist damit beschäftigt, Reize aufzunehmen und weiterzuleiten. In anderen Bereichen werden diese Reize bewertet und Reaktionen veranlasst. In Zusammenarbeit mit dem hormonellen System werden Organfunktionen geregelt. Nur durch diesen kontinuierlichen Informationsaustausch ist Denken, Kommunizieren, Fühlen, Handeln und letztendlich Leben möglich.

3.2.1 Einteilung des Nervensystems

Das Nervensystem wird unter zwei Gesichtspunkten eingeteilt →Abb. 1.

Einteilung nach der Funktionsweise

Aus funktioneller Sicht werden das **willkürliche (somatische)** Nervensystem und das unwillkürliche (**vegetative** oder **autonome**) **Nervensystem** unterschieden:

- Das autonome Nervensystem arbeitet weitgehend selbstständig und kann durch unseren Willen nicht beeinflusst werden. Es reguliert Körperfunktionen, wie z. B. die Herztätigkeit, die Atmung, die Verdauung und den Stoffwechsel.
- Das willkürliche Nervensystem dient dazu, Reize bewusst wahrzunehmen und Bewegungsabläufe zu steuern.

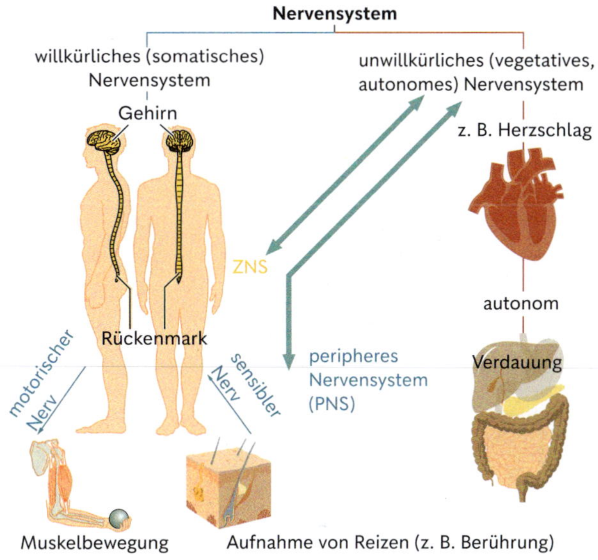

Abb. 1 Einteilung des Nervensystems. Willkürliches und unwillkürliches Nervensystem wirken in ihrem Informationsaustausch zusammen.

Einteilung nach der Lage

Beim willkürlichen Nervensystem wird außerdem zwischen dem zentralen Nervensystem (ZNS) und dem peripheren Nervensystem unterschieden:

- Das **ZNS** ist die Schaltzentrale zur **Verarbeitung der Informationen**. Es besteht aus **Gehirn** und **Rückenmark**.
- Das **periphere Nervensystem** besteht aus **31–32 Rückenmarksnerven** und zwölf Hirnnerven. Es dient allein der **Informationsübermittlung**. Das heißt, es verbindet den Körper mit dem ZNS und leitet Informationen vom ZNS zum Körper (Muskeln, Drüsen usw.) und vom Körper (z. B. Haut, Sinnesorgane) zum ZNS. Im peripheren Nervensystem unterscheidet man zwischen **sensiblen**, **motorischen** und **gemischten** Nerven.
  - **Sensible Nerven** leiten Informationen von Sinneszellen zum Zentralnervensystem. Sie übermitteln also Informationen wie Schmerz, Temperatur, Druck usw.
  - **Motorische Nerven** leiten Informationen vom Zentralnervensystem zu Muskeln, Drüsen usw. Sie übermitteln u. a. Informationen zur Muskelbewegung.
  - **Gemischte Nerven** enthalten sensible und motorische Nervenfasern.

Hirnnerven →S. 30

Autonomes (unwillkürliches oder vegetatives) Nervensystem

Das autonome Nervensystem arbeitet gänzlich unbewusst. Es steuert die Funktionen aller lebenswichtigen Organe und reguliert lebenswichtige Funktionen, wie z. B. Atmung, Verdauung und Stoffwechsel. Das hierzu übergeordnete Zentrum befindet sich im Gehirn.

Das autonome Nervensystem besteht aus zwei Komponenten, die wie „Spieler und Gegenspieler“ zusammenarbeiten:
- Sympathikus
- Parasympathikus

Der **Sympathikus** steigert die Leistungsbereitschaft unseres Körpers. Am deutlichsten wird dies an den Begriffen „fight and flight“. Für einen „Urmenschen“ auf der Flucht hat es Sinn, eine möglichst gute Durchblutung der Muskeln zu bekommen. Außerdem wäre es sinnvoll, möglichst gut zu sehen und bei der Flucht viel Luft zu bekommen.

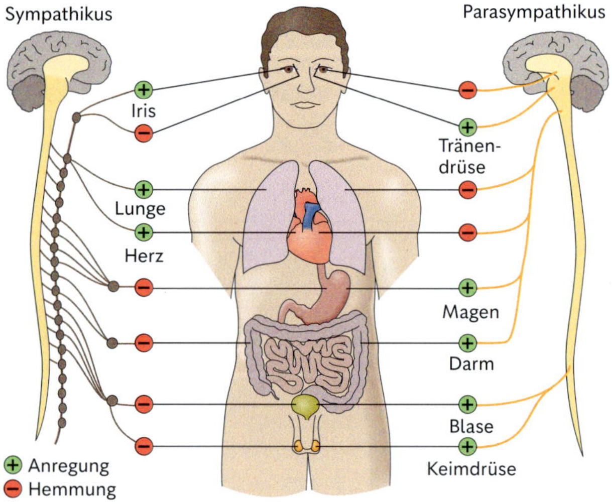

Abb. 1 Wirkungen von Sympathikus und Parasympathikus

Genau dies bewirkt der Sympathikus. Er beschleunigt den Herzschlag, verengt die Blutgefäße und bewirkt dadurch einen Blutdruckanstieg, er weitet die Pupillen und Bronchien. Außerdem hemmt er die Verdauung. Wir kennen alle diese Reaktion unseres Körpers, wenn wir uns erschrecken. Der Sympathikus verwendet als „Botenstoff“ zwischen Nerven und Muskeln bzw. Drüsen Adrenalin und Noradrenalin. In seinem Aufbau weist der Sympathikus die Besonderheit auf, dass er entlang der Wirbelsäule ein paariges Geflecht aus Nervenknoten (**Ganglien**), den sogenannten Grenzstrang, bildet →Abb. 1.

Der **Parasympathikus** lässt unseren Körper „zur Ruhe“ kommen. Er verlangsamt den Herzschlag, senkt den Blutdruck und stellt die Blutgefäße weit. Außerdem werden die Darmbewegungen gefördert. Der wichtigste Nerv des Parasympathikus ist der N. vagus (X. Hirnnerv).

3.2.2 Hirnnerven

Für die Zahnheilkunde sind die Hirnnerven besonders wichtig →Abb. 1, S. 31. Sie gehören zum peripheren Nervensystem. Es gibt zwölf Hirnnerven, die mit römischen Zahlen von I bis XII bezeichnet werden. Sie sind alle **paarig**. Sie heißen deshalb Hirnnerven, weil ihre Zellkörper im Gehirn liegen (in den sogenannten Hirnnervenkernen). Die Axone der Hirnnerven verlassen gebündelt die Schädelbasis durch unterschiedliche Foramina.

Foramina →S. 19

Manche der Hirnnerven führen ausschließlich **sensible** Nervenfasern:
- N. olfactorius (I)
- N. opticus (II)
- N. vestibulocochlearis (VIII)

Andere Hirnnerven führen ausschließlich **motorische** Nervenfasern:
- N. oculomotorius (III)
- N. trochlearis (IV)
- N. abducens (VI)
- N. accessorius (XI)
- N. hypoglossus (XII)

Die restlichen Hirnnerven sind **gemischte** Nerven:
- N. trigeminus (V)
- N. facialis (VII)
- N. glossopharyngeus (IX)
- N. vagus (X)

Für den zahnmedizinischen Fachbereich sind zwei Hirnnerven besonders wichtig:
- **der Nervus trigeminus = V. Hirnnerv**
- **der Nervus facialis = VII. Hirnnerv**

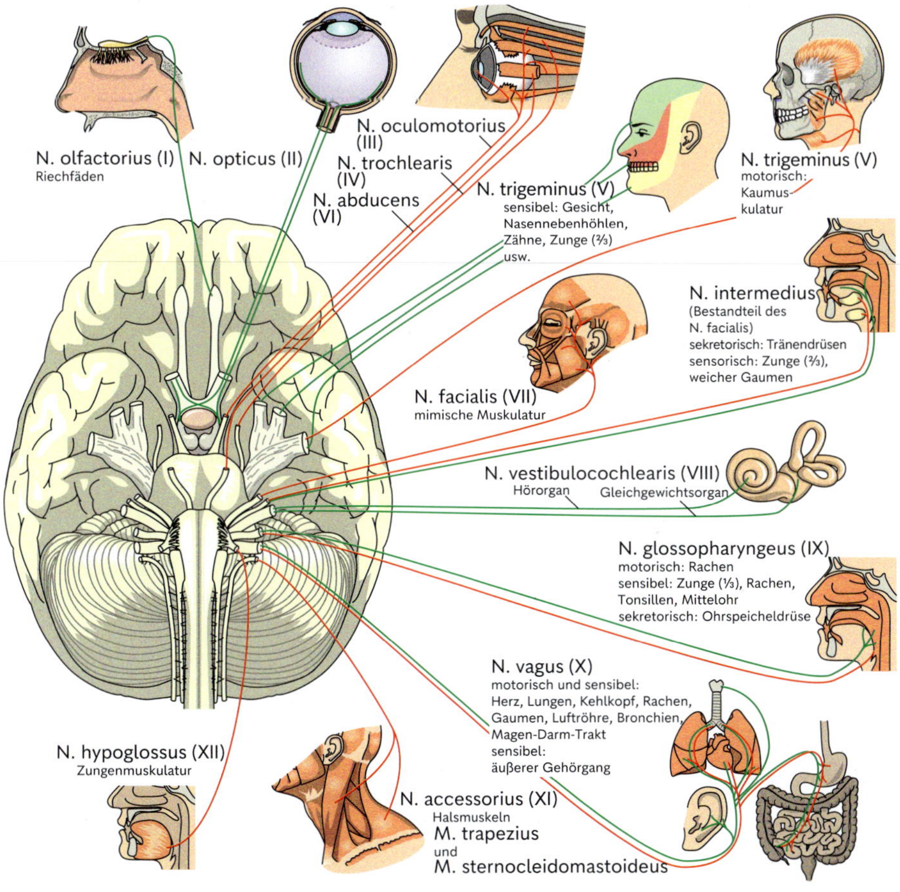

Abb. 1 Gehirn von unten mit den ausgehenden Hirnnerven

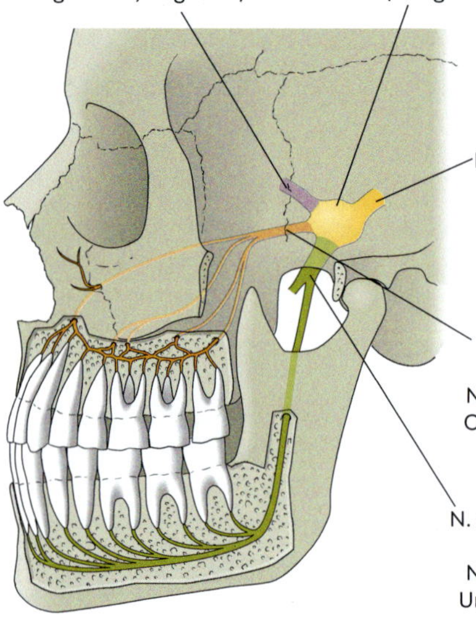

Abb. 1 Verlauf und Aufteilung des N. trigeminus. Zur besseren Übersicht sind hier nicht alle Verzweigungen der Nerven dargestellt.

Nervus trigeminus (V)

Der N. trigeminus teilt sich noch vor dem Austritt aus der Schädelbasis in seine drei Hauptäste:

- **N. ophthalmicus**
- **N. maxillaris**
- **N. mandibularis**

An der Teilungsstelle ist der N. trigeminus deutlich zu einem Nervenknoten (Ganglion) verdickt →Abb. 1.

Der N. trigeminus ist der wichtigste Nerv der Zahnheilkunde. Er ist hier mit allen seinen wichtigen Abzweigungen und Aufgaben dargestellt →Tab. 1.

Nervus ophtalmicus: Der N. ophthalmicus (**1. Ast** oder **Augenast** des N. trigeminus) zieht durch die Augenhöhle, wo er sich in weitere Äste verzweigt. Ein Ast des N. ophthalmicus gelangt aus dem Schädel in den Gesichtsbereich durch das **Foramen supraorbitale.** Der N. ophthalmicus enthält nur sensible Fasern und ist für die sensible Versorgung der Haut im Stirn- und Augenbereich zuständig. Weiterhin versorgt er auch die Schleimhäute der oberen Nasenhöhlen, der Stirn- und Keilbeinhöhle sowie der Siebbeinzellen.

Hauptäste	Weitere Aufteilung	Knochenlöcher	Faserqualität	Wichtige Versorgungsgebiete
Nervus ophthalmicus	mehrere Äste in der Augenhöhle	F. supraorbitale	sensibel	Haut im Stirnbereich und Oberlid
Nervus maxillaris	Nn. alveolares superiores		sensibel	Oberkieferzähne
	N. infraorbitalis	F. infraorbitale		Haut um Augenlid, Nase, oberer Wangenbereich, Oberlippe, Kieferhöhlenschleimhaut
	N. palatinus	F. palatinum		hinterer und seitlicher Gaumen
	N. incisivus	F. incisivum		vorderer Gaumen
Nervus mandibularis	Muskeläste		motorisch	Kaumuskulatur
	N. lingualis		sensibel	vordere zwei Drittel der Zunge
	N. buccalis			Wangenschleimhaut, bukkales Zahnfleisch
	N. alveolaris inferior N. mentalis	Eintritt: F. mandibulae Austritt: F. mentale		Unterkieferzähne Haut um Kinn und Unterlippe

Tab. 1 Übersicht über den N. trigeminus

Nervus maxillaris: Der N. maxillaris (**2. Ast** oder **Oberkieferast** des N. trigeminus) enthält nur sensible Fasern. Er teilt sich weiter auf in →Abb. 1:

- **Nervi alveolares superiores** zur Versorgung der Oberkieferzähne
- **Nervus palatinus** zur Versorgung des seitlichen und hinteren Gaumens
- **Nervus incisivus** zur Versorgung des vorderen Gaumens
- **Nervus infraorbitalis** zur Versorgung des unteren Augenlids, der Nase, des oberen Wangenbereiches und der Oberlippe

Alle genannten Nerven, bis auf die Nn. alveolares superiores, treten durch die entsprechenden Löcher im Schädel aus. Sie können daher z.T. an diesen Stellen gut betäubt werden. Bis auf den Nervus incisivus liegen die genannten Nerven paarig vor.

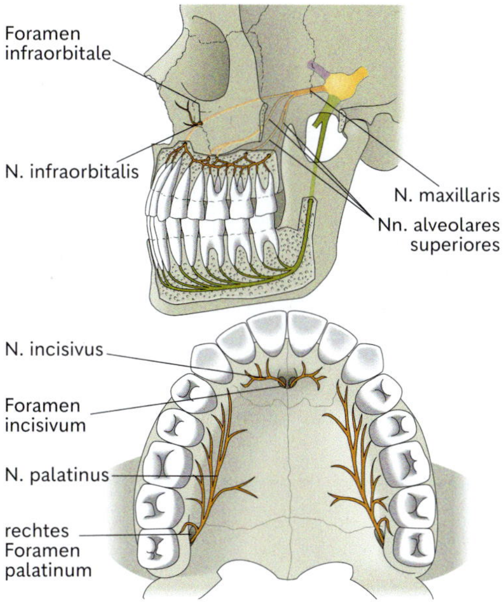

Abb. 1 Verlauf und Aufteilung des N. maxillaris

Nervus mandibularis: Der N. mandibularis (**3. Ast** oder **Unterkieferast** des N. trigeminus) enthält sensible und motorische Fasern. Er teilt sich in mehrere weitere Nerven auf →Abb. 2:

- **Muskeläste** aus vielen motorischen Nervenfasern, ermöglichen die Bewegung der Kaumuskulatur
- **N. lingualis** zur Versorgung des Schmerz-, Temperatur-, Tast- und Geschmacksinns der vorderen zwei Drittel der Zunge
- **N. buccalis** zur sensiblen Versorgung der Wangenschleimhaut und des bukkalen Zahnfleisches
- **N. alveolaris inferior:**
  - tritt durch das **Foramen mandibulae** in den Unterkiefer ein, verläuft hier im Mandibularkanal und versorgt die Unterkieferzähne und das Zahnfleisch der jeweiligen Seite
  - ein Teil des Nervs tritt durch das **Foramen mentale** aus dem Unterkiefer aus; dieser Teil des N. alveolaris inferior wird als **N. mentalis** bezeichnet und versorgt Kinn und Unterlippe

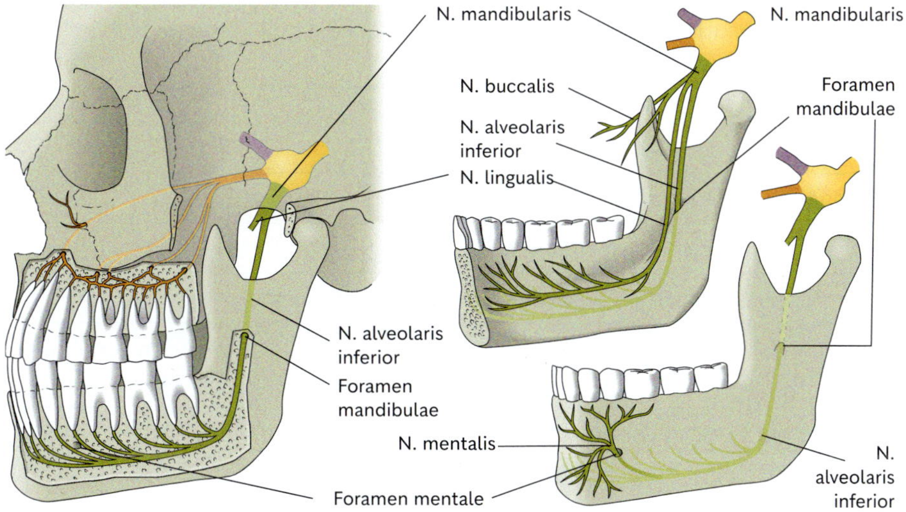

Abb. 2 Nervenversorgung im Unterkiefer durch Äste des N. mandibularis, die Muskeläste sind hier nicht eingezeichnet.

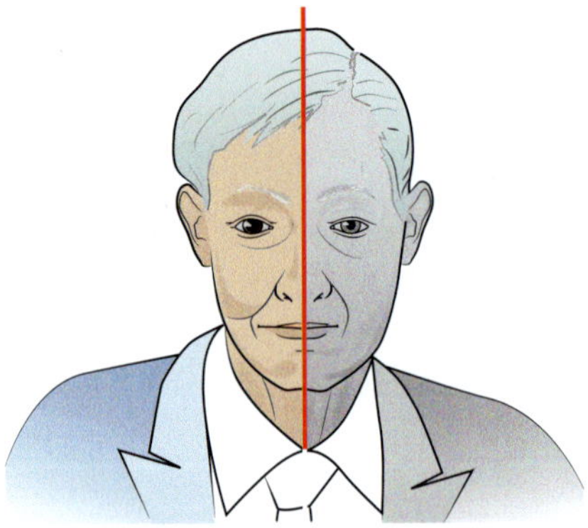

Abb. 1 Linksseitige Lähmung der Gesichtsmuskeln

Nervus facialis (VII)

Der Nervus facialis ist der motorische Nerv der mimischen Muskulatur. Er ist für die Bewegung unserer Gesichtsmuskeln zuständig.

Exkurs

Unterschiedliche Erkrankungen können zu einer Fazialislähmung (Fazialisparese) führen. Dies zeigt sich dadurch, dass häufig einseitig die Gesichtsmuskeln gelähmt sind. Ein Stirnrunzeln oder ein Spitzen des Mundes ist dann i. d. R. nur einseitig möglich.

Terminologie: Nerven und Nervensystem

Axon, das	lang gezogener Fortsatz einer Nervenzelle
Dendrit, der	Dendriten sind baumartige Zellfortsätze einer Nervenzelle.
Ganglion, das (Einzahl), **Ganglien** (Mehrzahl)	Nervenknoten
motorische Nerven	Nerven, die Informationen vom Zentralnervensystem an Muskeln und Drüsen übertragen
N., Nn.	Abk. für Nervus, Nervi
Nervus, der (Abk. N.) **Nervi**, die (Abk. Nn.) (Mehrzahl)	Nerv Nerven
Neuron, das (Einzahl), Neuronen (Mehrzahl)	Nervenzelle
sensible Nerven	Nerven, die Wahrnehmungen der Sinneszellen an das Zentralnervensystem weiterleiten
Synapse, die	Synapsen sind Kontaktstellen zu Muskeln oder anderen Nerven am Ende des Axons einer Nervenzelle

Aufgaben

1 Aus welchen Bestandteilen besteht eine Nervenzelle (Neuron)?

2 In welche drei Hauptäste teilt sich der N. trigeminus?

3 Wie heißen die Nerven zur Versorgung der Oberkiefer- und Unterkieferzähne?

4 In welche Nerven teilt sich der N. mandibularis weiter auf und welche Bereiche werden von ihnen versorgt?

5 In welche Nerven teilt sich der N. maxillaris weiter auf und welche Bereiche werden von ihnen versorgt?

4 Schmerzausschaltung verstehen, Assistenz bei der Schmerzausschaltung

Zahnarztangst hängt häufig mit der Angst vor Schmerzen während der Behandlung zusammen. Daher hat die Herbeiführung der Unempfindlichkeit gegen Schmerz, Temperatur und Berührung (**Anästhesie**) einen großen Stellenwert in der Zahnarztpraxis. Das Hauptziel der Anästhesie ist Aufhebung der Schmerzempfindung (Schmerzausschaltung).

Anästhesieverfahren in der Zahnarztpraxis

Man unterscheidet:
- Lokalanästhesie (örtliche Betäubung)
- Allgemeinanästhesie (Narkose)

Die Schmerzausschaltung erfolgt in der Zahnarztpraxis hauptsächlich durch eine örtliche Betäubung (Lokalanästhesie). Sie wird von der Zahnärztin selbst ausgeführt. Bei der **Lokalanästhesie** werden die sensiblen Nervenfasern ausgeschaltet, die das zu behandelnde Gebiet versorgen. Die Patientin erlebt die Behandlung bei vollem Bewusstsein, hat dabei aber keine Schmerzen.

Eine Narkoseärztin (**Anästhesistin**) kann in einer Zahnarztpraxis auch eine Narkose (**Allgemeinanästhesie**) durchführen. Bei der Intubationsnarkose (ITN) wird die Patientin beatmet. Bei der **Analgosedierung** atmet die Patientin selbstständig. Sie wird zusätzlich zur Anästhesie medikamentös sediert („ruhiggestellt“). Bei Kindern und Angstpatientinnen ist die Sedierung mit Lachgas beliebt. Methoden der Allgemeinanästhesie setzen im zentralen Nervensystem an. Dadurch kommt es zu einem Bewusstseinsverlust, zur Schmerzfreiheit, einer Muskelentspannung und zur Reflexdämpfung. Die Allgemeinanästhesie spielt im Praxisalltag eine geringe Rolle. Daher wird in diesem Buch nicht weiter darauf eingegangen.

Für beide Methoden stehen unterschiedliche Anästhesieverfahren zur Verfügung.

Anästhesie bedeutet:

Unempfindlichkeit gegen Schmerz, Temperatur und Berührung

Lokalanästhesie
(örtliche Betäubung)
- Oberflächenanästhesie
- Infiltrationsanästhesie (mit der Sonderform intraligamentäre Anästhesie)
- Leitungsanästhesie

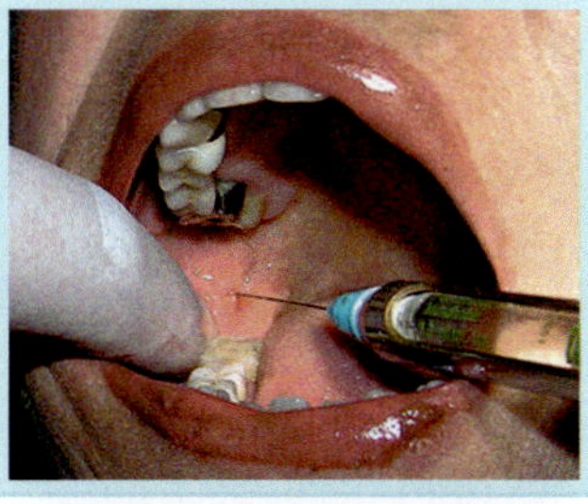

Allgemeinanästhesie
(Narkose)
- Intubationsnarkose (ITN): mit Beatmung der Patientin
- Analgosedierung: Patientin atmet selbstständig; sie wird zusätzlich zur Anästhesie medikamentös sediert („ruhiggestellt“)

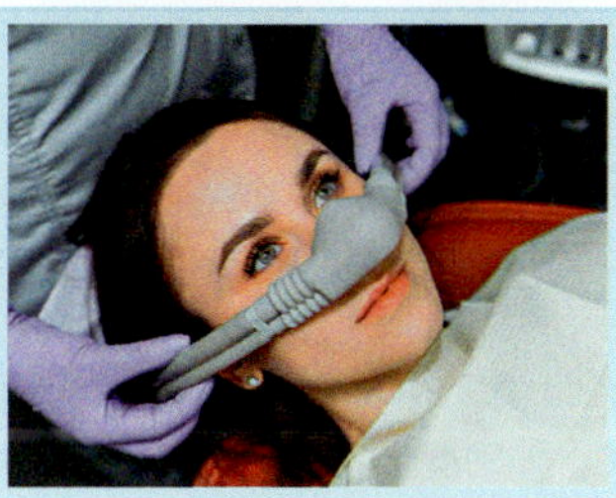

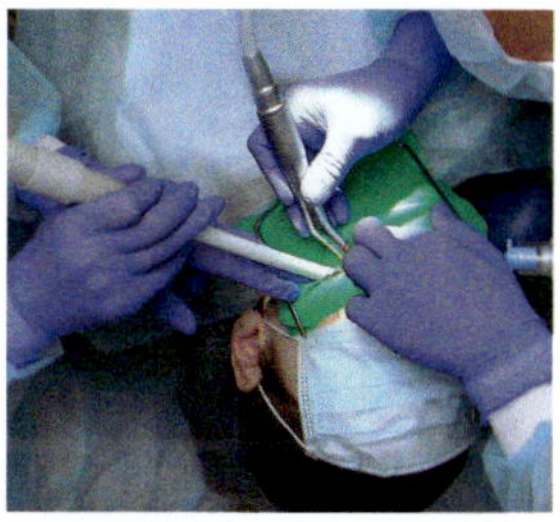

Abb. 1 Behandlung in Intubationsnarkose

4.1 Inhaltsstoffe von Lokalanästhetika

Mittel zur Schmerzausschaltung („Betäubung") werden als **Anästhetika** bezeichnet (Einzahl: Anästhetikum). In der Zahnarztpraxis werden hauptsächlich örtliche Betäubungsmittel (**Lokalanästhetika**) eingesetzt.

Exkurs

Kokain in der Zahnarztpraxis

Der Wiener Augenarzt Koller gilt als Pionier der Lokalanästhesie. Er setzte damals (1884) Kokain als Lokalanästhetikum ein. Die Suchtgefahr und die gewebeschädigende Wirkung von Kokain führten schnell zur Entwicklung chemisch ähnlicher, aber weniger schädlicher Anästhetika. Die zahlreichen derzeit auf dem Markt befindlichen Anästhetika sind speziell für die unterschiedlichen Einsatzgebiete entwickelt. Dadurch sind eine schnelle Wirkung und eine große Anästhesietiefe bei möglichst geringen Nebenwirkungen möglich.

Die heute auf dem Markt befindlichen Lokalanästhetika bestehen in der Regel aus folgenden Inhaltsstoffen:

- anästhetischer Wirkstoff
- Wasser, Puffersysteme
- blutgefäßverengende Substanzen (**Vasokonstringenzien**)
- Konservierungsstoffe und Sulfite

Anästhetischer Wirkstoff

Er ist der Hauptbestandteil des Anästhetikums. Der anästhetische Wirkstoff unterbricht die Erregungsfortleitung am Nerv. Diese Blockade ist **reversibel**, d. h., nach einiger Zeit arbeitet der Nerv wieder völlig normal.

pH-Wert →LF 4

Anästhetika wirken an entzündetem Gewebe schlechter Im entzündeten Gewebe herrscht ein saurer pH-Wert (Gewebsazidose). Dadurch wird das Lokalanästhetikum inaktiviert. Dies erklärt, warum bei starken Entzündungen Anästhetika manchmal nicht richtig wirken.

Wasser, Puffersysteme

Wasser dient als Trägermittel, Puffersysteme dienen der Aufrechterhaltung des pH-Wertes.

Blutgefäßverengende Substanzen (Vasokonstringenzien)

Manchen Anästhetika wird Adrenalin, Noradrenalin oder das Hormon Vasopressin zugesetzt. Durch diese Zusätze verengen sich die Blutgefäße am Injektionsort. Dies führt dazu, dass das Anästhetikum nicht so schnell über die Blutbahn abtransportiert wird. Die Wirkung des Anästhetikums hält dadurch länger an.

Man benötigt deshalb weniger von dem Anästhetikum, um dieselbe Wirkung zu erreichen. Außerdem wird dadurch eine Blutleere in dem Gebiet erzeugt, was bei operativen Eingriffen von Vorteil sein kann.

Konservierungsstoffe und Sulfite

Konservierungsstoffe hemmen das Bakterien- und Pilzwachstum und machen das Anästhetikum haltbarer. Sulfit stabilisiert den sauerstoffempfindlichen Vasokonstriktor Adrenalin.

Merke

Nebenwirkungen von Vasokonstringenzien und Konservierungsstoffen

- Vasokonstringenzien können bei zu hohem Blutdruck oder herzkranken Patientinnen Herz- Kreislauf-Probleme verursachen.
- Konservierungsstoffe können allergische Reaktionen hervorrufen. In neueren Anästhetika wurden diese jedoch ersetzt bzw. reduziert.
- In Brech- und Zylinderampullen sind keine Konservierungsstoffe enthalten.
- Unverträglichkeiten gegen Sulfite können auftreten.

Daher ist unbedingt vor Anwendung von Lokalanästhetika die Anamnese der Patientinnen zu beachten.

Notfälle →S. 231

Anamnese →LF 2

Verwendung	Produktname	Inhaltsstoffe
Oberflächenanästhesie	Xylonor Spray N 15 % Dentallösung 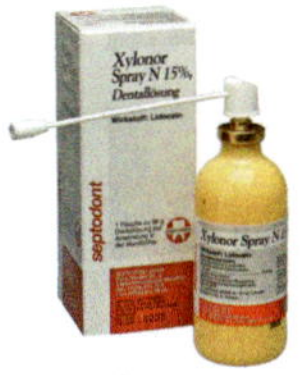	Lidocain 15 g in 100 g Dentallösung; ferner: Saccharin, natürliches Minzaroma, Dipropylenglykol-Isomerengemisch, Ethanol 96 %
	Dynexan Mundgel®	Lidocain-HCl 2,0 g Benzalkoniumchlorid 0,1 g/100 g Salbe
Infiltrationsanästhesie, intraligamentäre Anästhesie, Leitungsanästhesie	Meaverin® 1 %	Mepivacain-HCl 10 mg
	Ultracain® D-S 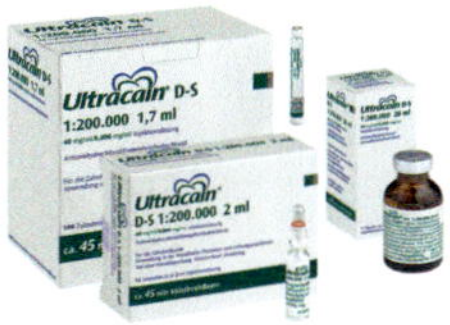	Articain-HCl 40 mg Epinephrin-HCl 0,006 mg
	Ultracain® D-S forte 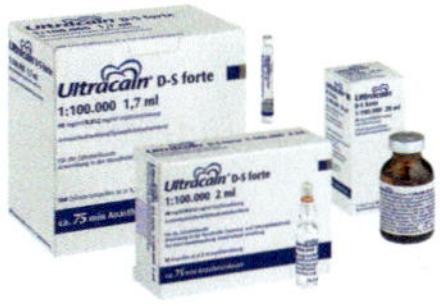	Articain-HCl 40 mg Epinephrin-HCl 0,012 mg
	Ultracain® D ohne Adrenalin 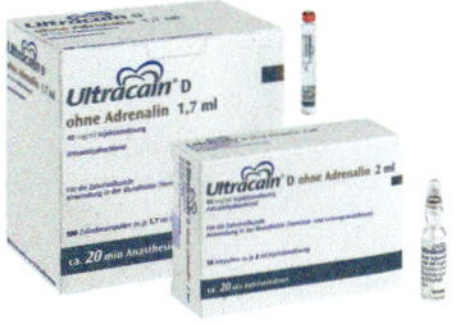	Articain-HCl 40 mg

Tab. 1 Auswahl einiger Lokalanästhetika zur Verwendung in der Zahnarztpraxis. Hinweis: Alle Produkte sind auch ohne Zusatz von Vasokonstringenzien erhältlich.

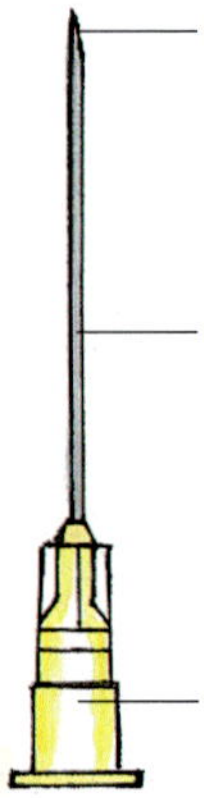

Abb. 1 Aufbau einer Kanüle

4.2 Vorbereitung einer Lokalanästhesie

Zur Durchführung einer Lokalanästhesie werden eine Kanüle, das Anästhetikum selbst und eine Spritze benötigt.

4.2.1 Kanülen

Sterile Kanülen →Abb. 1 werden für den Einmalgebrauch angeboten. Sie können auf die Spritzen aufgeschraubt oder aufgesteckt werden. Kanülen sind in unterschiedlichen Durchmessern und Längen erhältlich.

Für die Infiltrationsanästhesie werden meist kurze Kanülen verwendet, für die Leitungsanästhesie längere.

4.2.2 Anästhetikum

Das Anästhetikum kann aus Stechampullen, aus Glas- bzw. Brechampullen aufgezogen werden oder als Zylinderampulle (auch Karpule genannt) in Zylinderampullenspritzen verwendet werden →Abb. 3.

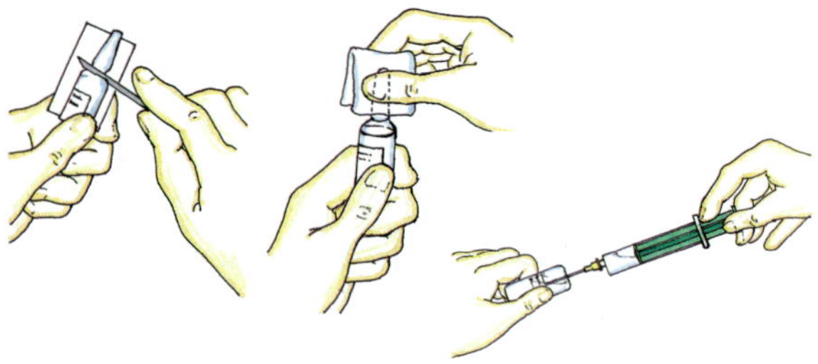

Abb. 2 Aufziehen einer Injektionslösung aus einer Glasampulle

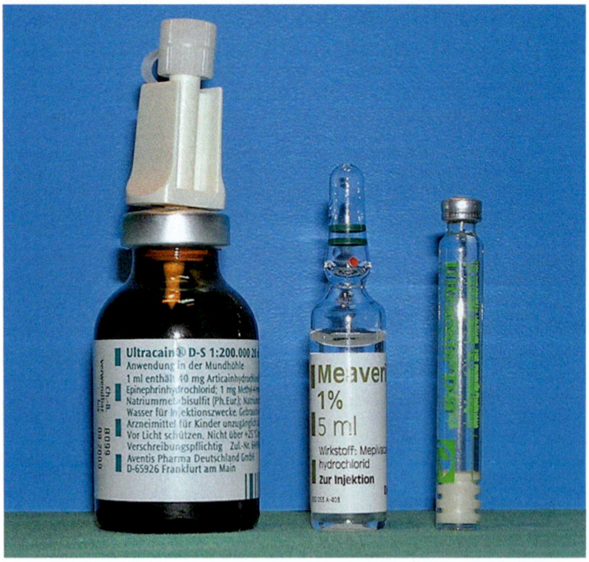

Abb. 3 Ampullen mit Anästhetika. Stechampulle mit Entnahmekanüle (links); Brechampulle (Mitte); Zylinderampulle (Karpule) (rechts)

Zylinderampullen beinhalten gebrauchsfertige Injektionslösungen und sind an beiden Seiten mit Gummistopfen versehen.

Falls sich Flüssigkeit am Ampullenkopf befindet, beklopft man den Ampullenkopf leicht mit dem Fingernagel, damit alle Flüssigkeit in den Ampullenbauch gelangt. Mit einem Wattetupfer umfasst man den Ampullenkopf und -hals →Abb. 2. Eine Brechampulle öffnet man, indem man den Ampullenkopf in die dem aufgedruckten Punkt entgegengesetzte Richtung ruckartig abbricht. Sägeampullen werden zuvor am Hals kurz angesägt und dann abgebrochen →Abb. 2. Man entsorgt den Glaskopf in ein sicheres Gefäß und legt den Tupfer ab.

Nun zieht man die Injektionslösung mit der Spritze auf →Abb. 2. Die dazu verwendete Nadel sollte **nicht** zur **Injektion** bei der Patientin verwendet werden. Anschließend hält man die Spritze senkrecht nach oben und beklopft den Inhalt leicht mit dem Finger, damit sich die Luft oben in der Spritze ansammelt. Jetzt kann man die Luft vorsichtig nach oben hinausdrücken, ohne dass das Arzneimittel verloren geht.

4.2.3 Spritzen

In der Zahnarztpraxis werden Einmalspritzen und Zylinderampullenspritzen (Karpulenspritzen) verwendet. Eine Spritze besteht aus einem Gehäuse und einem darin beweglichen Kolben.

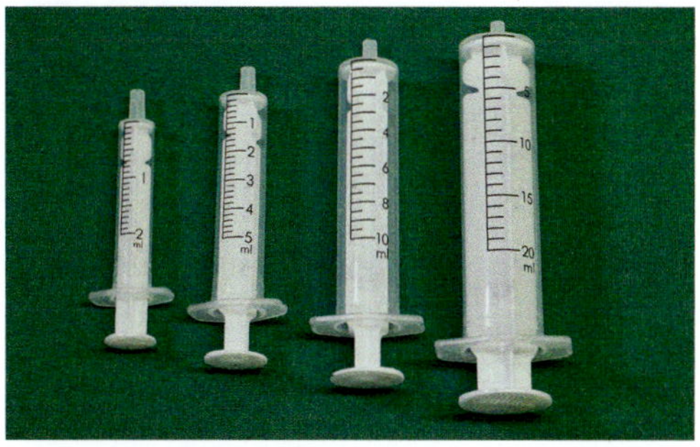

Abb. 1 Verschiedene Einmalspritzen

Einmalspritzen bestehen aus Kunststoff →Abb. 1. Das Anästhetikum wird aus einer Ampulle aufgezogen.

Zylinderampullenspritzen (Karpulenspritzen) bestehen aus Metall. Das Anästhetikum kommt hier aus Zylinderampullen. Die Zylinderampulle wird in den Metallkörper eingelegt →Abb. 2. Zur Injektion wird eine spezielle Kanüle verwendet, die am Ende eine kleine Nadel hat. Die Kanüle wird aufgeschraubt, die Nadel dringt dadurch durch den Gummistopfen der Zylinderampulle. So wird eine Verbindung zur Injektionslösung hergestellt →Abb. 3.

Nach der Injektion werden Kanüle und Zylinderampulle entsorgt. Der Metallkörper wird sterilisiert und kann dadurch bei der nächsten Patientin wiederverwendet werden.

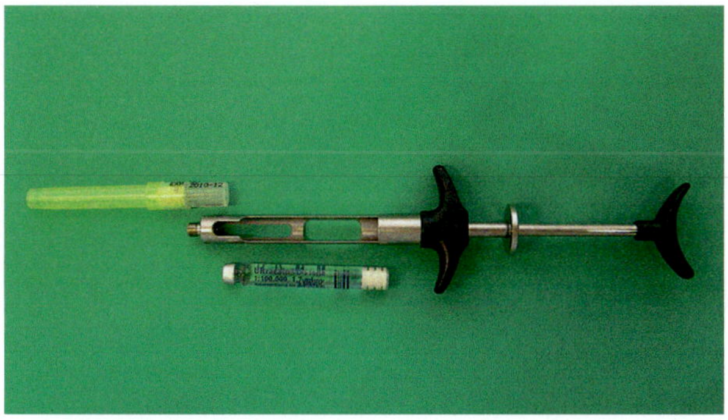

Abb. 2 Zylinderampullenspritze, Kanüle zum Aufschrauben, Zylinderampulle

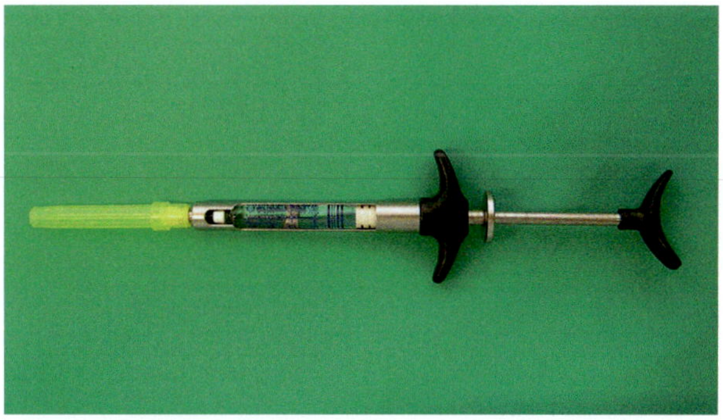

Abb. 3 Zylinderampullenspritze, Kanüle zum Aufschrauben, Zylinderampulle (injektionsbereit)

Bei der Injektion sollte man nie in ein Blutgefäß **injizieren**. Durch das Anästhetikum können Vergiftungserscheinungen auftreten. Auch können die Vasokonstringenzien Herz-Kreislauf-Probleme verursachen.

Um dies zu vermeiden, zieht die Ärztin nach dem Einstich den Kolben der Spritze leicht zurück, bevor sie injiziert. Dies wird als Ansaugung (**Aspiration**) bezeichnet. Liegt die Nadel in einem Blutgefäß, so wird durch die Aspiration Blut angezogen. Dadurch verfärbt sich die Injektionslösung rot. Die Ärztin muss dann die Nadel an eine andere Stelle schieben, wo sich kein Blutgefäß befindet. Die Zylinderampulle sollte vorher gewechselt werden, denn die Injektionslösung muss blutfrei sein, damit bei der anschließenden erneuten Aspiration erkannt werden kann, ob man wieder in ein Blutgefäß gestochen hat.

4.2.4 Besonderheiten bei Zylinderampullenspritzen (Karpulenspritzen)

Einige Spritzen bzw. Spritzensysteme weisen Besonderheiten auf:

- Bei manchen Mehrmalspritzen muss der Kolben der Spritze mit einem Drehrad in dem Gummistopfen der Zylinderampulle verankert werden →Abb. 1. Geschieht dies nicht, ist eine Aspiration nicht möglich.
- Für die intraligamentäre Anästhesie werden spezielle Zylinderampullenspritzen verwendet →Abb. 2. Durch diese kann kontrollierter Druck ausgeübt werden. Dazu sollten Kanülen mit einem besonders kurzen Anschliff verwendet werden.

intraligamentäre Anästhesie →S. 42

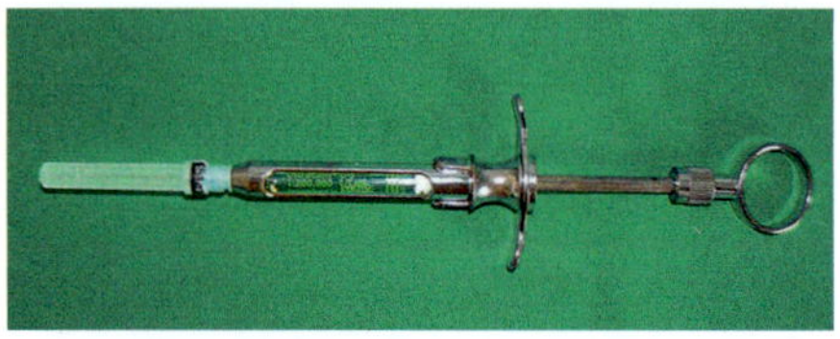

Abb. 1 Zylinderampullenspritze mit Drehrad

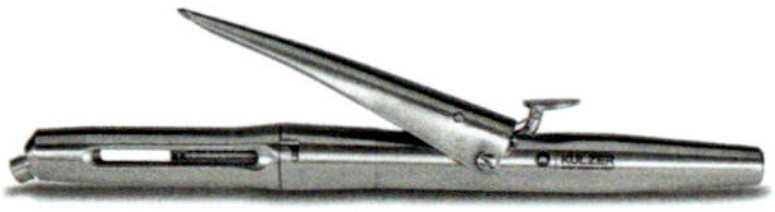

Abb. 2 SOPIRA® Citoject®-Spritze für die intraligamentäre Anästhesie

Merke

Infektionsschutzmaßnahmen bei Injektionen

Der Umgang mit einer Injektion ist eine verantwortungsvolle Tätigkeit. So können durch unsteriles Arbeiten Keime in den Körper der Patientinnen gelangen. Deshalb sollten Kanülen erst kurz vor der Anästhesie aus der sterilen Verpackung ausgepackt werden. Auch ist darauf zu achten, dass die Gummistopfen der Zylinderampullen nicht verunreinigt sind.

Bei Nadelstichverletzungen mit gebrauchten Kanülen können Krankheiten, wie z. B. Hepatitis oder HIV, übertragen werden. Deshalb sollte der Kanülenschutz nicht wieder auf die Kanüle aufgesteckt werden (Recapping; →Abb. 3). Die Kanüle sollte aber auch nicht offen herumliegen. Am besten ist es, die Kanüle sofort nach der Injektion in einem sogenannten Kanülenabwurf zu entsorgen. Dies ist ein Gefäß, das nicht durchstochen werden kann und als Abwurfbehälter für spitze und scharfe Gegenstände (z. B. Kanülen, Ampullenköpfe, Skalpellklingen) dient.

Abwurfbehälter →LF 3

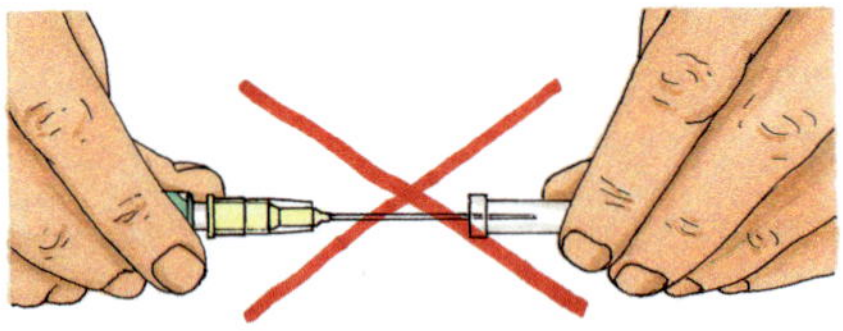

Abb. 3 Recapping

4.3 Lokalanästhesieverfahren in der Zahnheilkunde

Man unterscheidet in der Zahnheilkunde grundsätzlich drei unterschiedliche Arten der Lokalanästhesie:

- Oberflächenanästhesie
- Infiltrationsanästhesie
  - mit der Sonderform intraligamentäre Anästhesie
- Leitungsanästhesie

4.3.1 Oberflächenanästhesie

Bei der Oberflächenanästhesie wird ein oberflächlicher Schleimhautbezirk durch Auftragen eines Lokalanästhetikums anästhesiert.

Dazu können mit Oberflächenanästhetikum getränkte Wattepellets auf die Schleimhaut aufgelegt werden →Abb. 1, 2. Es kann auch Salbe oder Gel verwendet werden.

Die Wirkungsdauer der Oberflächenanästhesie beträgt ca. zehn Minuten.

Die Zahnärztin kann auch statt des Auftragens eines Anästhetikums die oberflächliche Schleimhaut vereisen.

Die Oberflächenanästhesie hat verschiedene Einsatzgebiete:

- vor der Injektion, zur Betäubung der Einstichstelle, vor allem in der Kinderzahnheilkunde
- zur Betäubung der Gingiva vor der Zahnsteinentfernung oder zur Entfernung von Nähten
- zur Beseitigung des Brechreizes vor Abformungen
- zur Behandlung von Druckstellen und Ulzera (Geschwüre) in der Mundschleimhaut

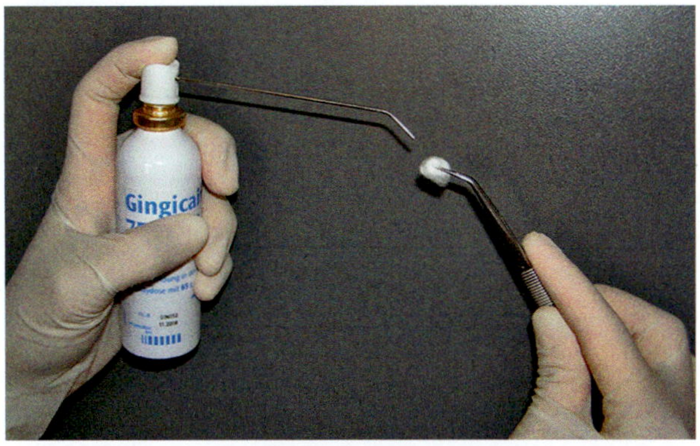

Abb. 1 Besprühen eines Wattepellets mit Oberflächenanästhetikum

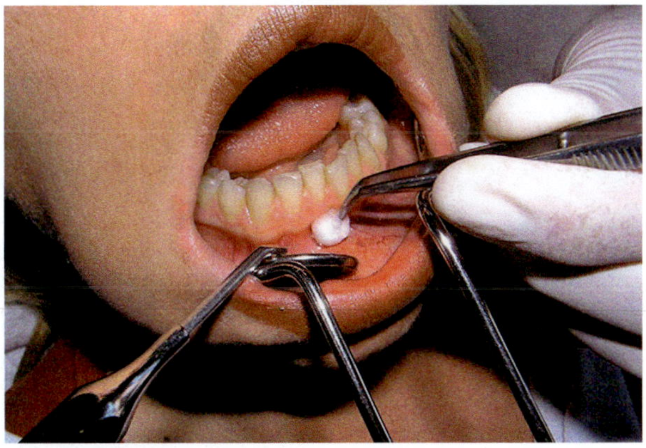

Abb. 2 Oberflächenanästhesie mittels Wattepellet

4.3.2 Infiltrationsanästhesie

Die Infiltrationsanästhesie wird auch als Endanästhesie (Terminalanästhesie) bezeichnet. Gemeint ist damit, dass nicht der Nervenstamm anästhesiert werden soll, sondern nur die **Endverzweigungen der Nerven** →Abb. 3.

Zur Anästhesie der Zähne erfolgt die Injektion in die bewegliche Schleimhaut der Umschlagsfalte. Das Anästhetikum betäubt dann die Endverzweigungen der Nervenäste der bukkalen Schleimhaut. Außerdem dringt das Anästhetikum in den Knochen ein, es **infiltriert** den Knochen. Aufgrund der Infiltration hat die Infiltrationsanästhesie ihre Bezeichnung. Über den Knochen gelangt das Anästhetikum zur Eintrittsstelle des Nervs in den Zahn (Foramen apicale) und betäubt diesen →Abb. 1, S. 42.

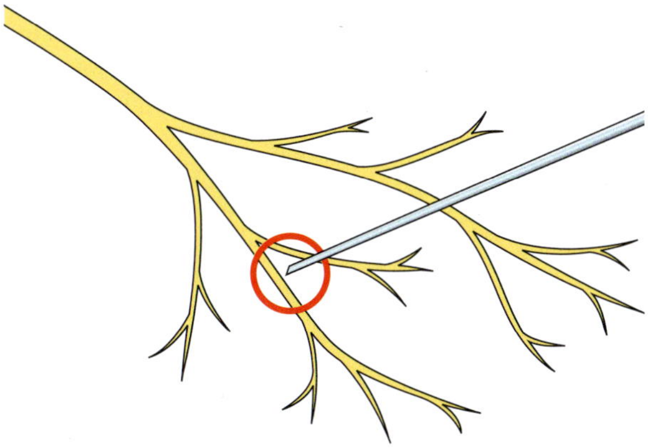

Abb. 3 Blockade des Nervs bei der Infiltrationsanästhesie

Das Anästhetikum kann nur dort infiltrieren, wo der Knochen durchlässig ist. Dies ist überall im Oberkiefer und in der Unterkieferfront der Fall. Bei Erwachsenen kann kein Anästhetikum in die Kompakta des Unterkiefer-Seitenzahngebietes infiltrieren. Deshalb muss hier die Leitungsanästhesie angewendet werden. Bei Kindern kann jedoch auch hier eine Infiltrationsanästhesie ausreichend sein.

Kompakta →S. 15
Leitungsanästhesie →S. 43

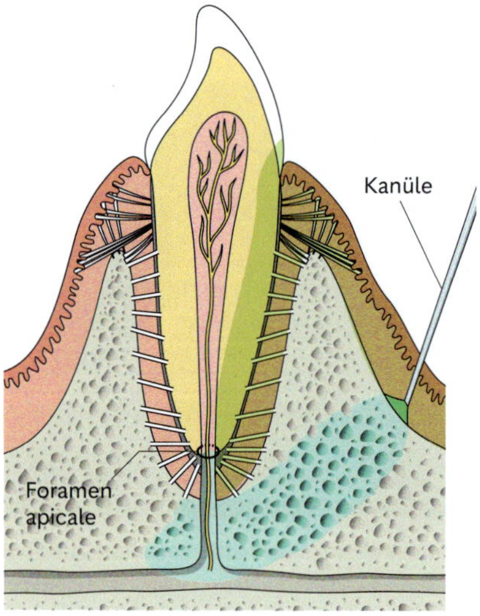

Abb. 1 Infiltrationsanästhesie. Das Anästhetikum dringt bis zum Foramen apicale vor.

Bei operativen Eingriffen muss noch zusätzlich die palatinale bzw. linguale Schleimhaut betäubt werden. Dies erfolgt durch eine palatinale bzw. linguale Injektion.

Mögliche Einsatzgebiete:
- Die Infiltrationsanästhesie kann zur Anästhesie der Schleimhaut und der Zähne im Oberkiefer bukkal und palatinal eingesetzt werden.
- Sie kann für die Anästhesie der Schleimhaut und der Zähne im Unterkiefer-Frontzahngebiet bukkal und lingual verwendet werden.
- Bei Kindern ist sie auch zur Anästhesie der Zähne im kompletten Unterkiefer möglich.
- Eine Infiltrationsanästhesie kann die Leitungsanästhesie im Unterkiefer unterstützen:
  - Sie ermöglicht die Betäubung von Nerven, die von der anderen Unterkieferseite her kommen Anastomosen).
  - Sie ermöglicht die Betäubung des N. buccalis.

4.3.3 Intraligamentäre Anästhesie

Anastomosen →S. 44

Wurzelhaut →S. 247

Spritzensysteme zur intraligamentären Anästhesie →S. 40

Die intraligamentäre Anästhesie ist eine Sonderform der Infiltrationsanästhesie. Hier erfolgt die Injektion zwischen Zahn und Alveolarknochen direkt in **den Desmodontalspalt** (Desmodont = Wurzelhaut) →Abb. 2. Intraligamentär bedeutet übersetzt „in die Bänder“ oder „in den Faserapparat“. Da der Desmodontalspalt sehr eng ist, muss hier das Anästhetikum mit hohem Druck eingespritzt werden. Man braucht dazu spezielle Spritzensysteme. Der große Vorteil dieser Anästhesie besteht darin, dass einzelne Zähne mit geringen Mengen an Anästhetikum betäubt werden können.

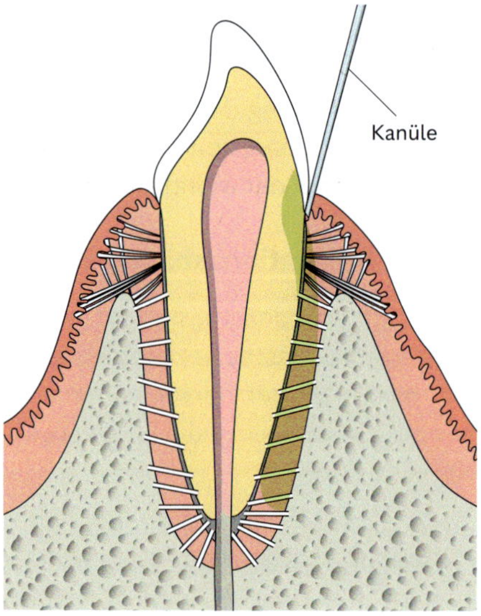

Abb. 2 Intraligamentäre Anästhesie

Die intraligamentäre Anästhesie ist geeignet
- für die Anästhesie einzelner Zähne,
- zur Unterstützung der Infiltrations- oder Leitungsanästhesie,
- für die Kinderzahnheilkunde, da die hier verwendeten Spritzensysteme nicht die typische Form einer Spritze haben,
- zur Behandlung von Schwangeren, da nur geringe Mengen von Anästhetika nötig sind.

Mögliche Gefahren der intraligamentären Anästhesie

Durch den hohen Druck kann der Faserapparat des Zahnes geschädigt werden. Auch können durch die Injektion Keime in den Desmodontalspalt verschleppt werden.

4.3.4 Leitungsanästhesie

Bei der Leitungsanästhesie wird am Nervenstamm anästhesiert →Abb. 1. Dadurch können größere Bereiche mit einer Injektion anästhesiert werden.
In der Zahnmedizin werden die Nervenstämme meist im Bereich der Löcher (Foramina) des Schädels anästhesiert. Dies sind die Stellen, an denen die Nerven in den Schädel ein- bzw. aus ihm austreten.

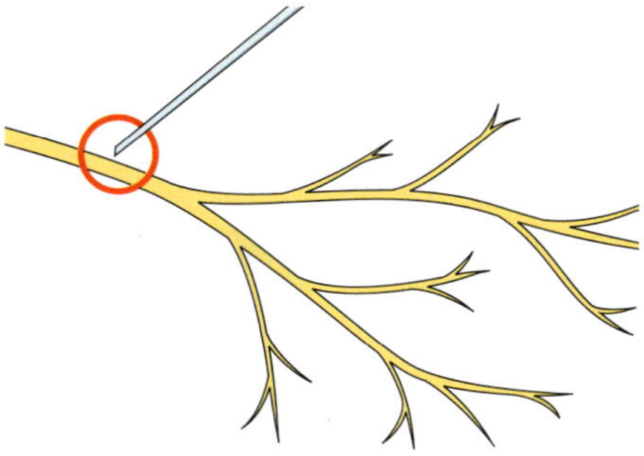

Abb. 1 Blockade des Nervs bei der Leitungsanästhesie

Man unterscheidet die **intraorale** und die **extraorale Leitungsanästhesie**, wobei in der Zahnarztpraxis hauptsächlich die intraorale Leitungsanästhesie angewendet wird.

Extraorale Leitungsanästhesie

Alle Nerveneintritts- und Nervenaustrittsstellen können von extraoral anästhesiert werden, z. B. an den Foramina mentale oder mandibulae →Abb. 2.

Die extraorale Leitungsanästhesie wird jedoch in der Zahnarztpraxis selten angewendet. Sie kann z. B. dann nötig sein, wenn durch eine Kieferklemme eine intraorale Leitungsanästhesie nicht möglich ist.

Kieferklemme →S. 24

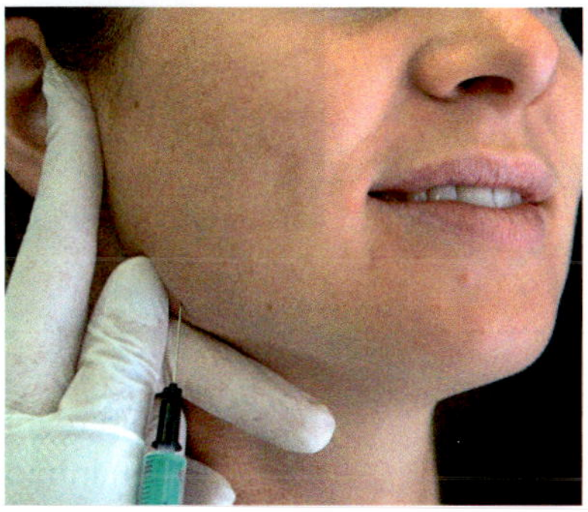

Abb. 2 Extraorale Leitungsanästhesie am Foramen mandibulae

Intraorale Leitungsanästhesie

Eine intraorale Leitungsanästhesie am **Oberkiefer** wird oft an folgenden Stellen durchgeführt:

Injektion an		Anästhesierte Nerven und deren Versorgungsgebiete	
Foramen incisivum	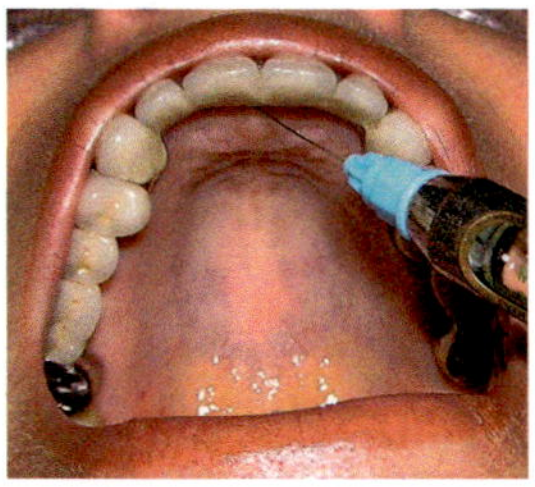	– N. incisivus – palatinale Schleimhaut von 12–22	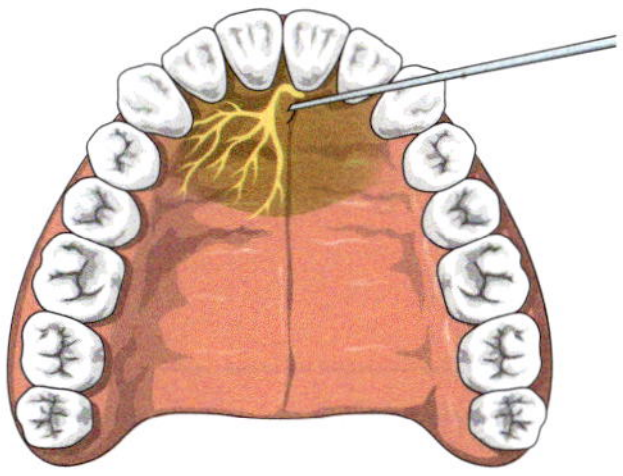
Foramen palatinum links bzw. rechts	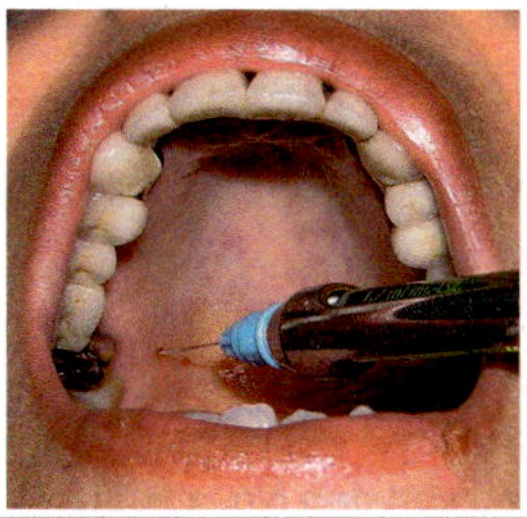	– N. palatinus – palatinale Schleimhaut von 14–18 bzw. 24–28	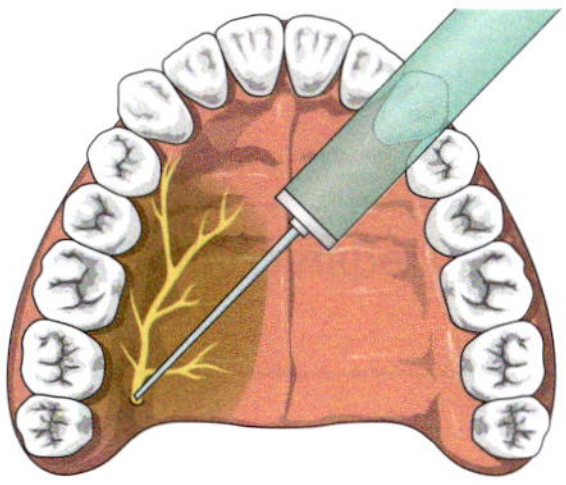

Auslösender Mechanismus		Entzündungszeichen
vermehrte Durchblutung im entzündeten Gebiet	→	**Rötung (Rubor)** **Wärme (Calor)**
dringen Abwehrzellen durch die Blutgefäßwand, so gelangen auch immer flüssige Bestandteile des Blutes (Blutserum) in das Gewebe	→	**Schwellung (Tumor)**
Signalstoffe reizen Nervenenden	→	**Schmerz (Dolor)**
Schmerzen und Schwellung lassen nur eine eingeschränkte Funktion des Körperteils zu	→	**eingeschränkte Funktion (Functio laesa)**

Tab. 1 Klassische Entzündungszeichen und ihre Entstehung

Werden Zellen zerstört, treten Signalstoffe aus →Abb. 1a. Diese erhöhen die Durchblutung in den umliegenden Blutgefäßen und die Durchlässigkeit der Blutgefäßwand für Abwehrzellen →Abb. 1b. Dadurch werden vermehrt Abwehrzellen (weiße Blutkörperchen) über das Blut transportiert. Immer mehr Abwehrzellen gelangen durch die Blutgefäßwand zum Ort der Entzündung. Spezielle Abwehrzellen (Makrophagen, neutrophile Granulozyten und Monozyten) nehmen Keime und Zelltrümmer auf und beseitigen sie. Diesen Vorgang bezeichnet man als Phagozytose →Abb. 1c.

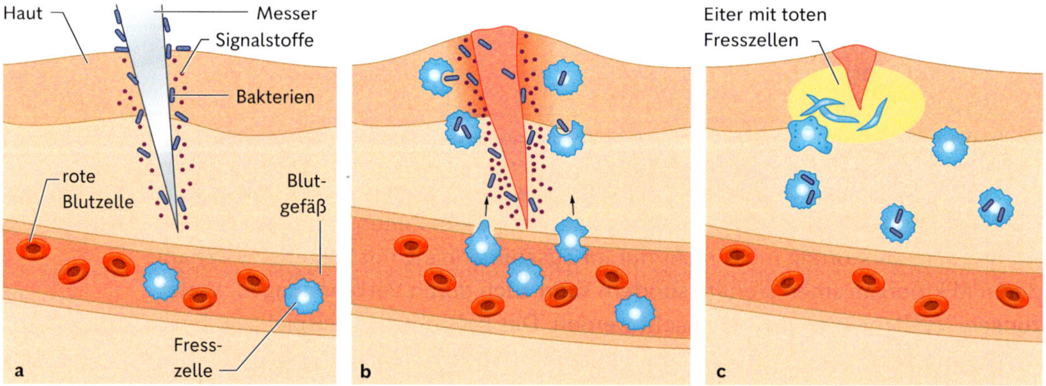

Abb. 1 Verlauf einer Entzündung. a) Verletzung; b) Abwehrzellen dringen in das Gewebe ein; c) Phagozytose

Nach großen Verletzungen oder massiven Infektionen bleibt eine Entzündungsreaktion nicht örtlich begrenzt, sondern breitet sich auf den ganzen Körper aus. Fieber kann sich einstellen, man fühlt sich matt und abgeschlagen.

5.2 Verlauf und Folgen von Pulpaerkrankungen

Erkrankungen der Pulpa können ganz unterschiedlich verlaufen und verschiedene Folgen haben. Verlauf, Folgen und Therapie hängen z. B. davon ab, wie lange die Patientin wartet, bis sie in die Zahnarztpraxis kommt. Außerdem spielt es eine Rolle, wie gut sich der Organismus gegen den Angriff auf die Pulpa wehren kann. Trotz der vielen Einflussfaktoren kann man ein häufiges Verlaufsmuster von Pulpaerkrankungen feststellen.

Übersicht zu Stadien der Pulpaerkrankungen, Schmerzbild →S. 57

5.2.1 Von der Pulpitis zur Pulpagangrän

Bei einer **Schmelzkaries** wird in der Regel die Pulpa nicht oder nur leicht gereizt →Abb. 1. Dringen die Kariesbakterien und deren Ausscheidungen weiter zur Pulpa vor, kann diese geschädigt werden. Auch Verletzungen schädigen die Pulpa. Auf diese Reize antwortet die Pulpa mit einer **Entzündungsreaktion**.

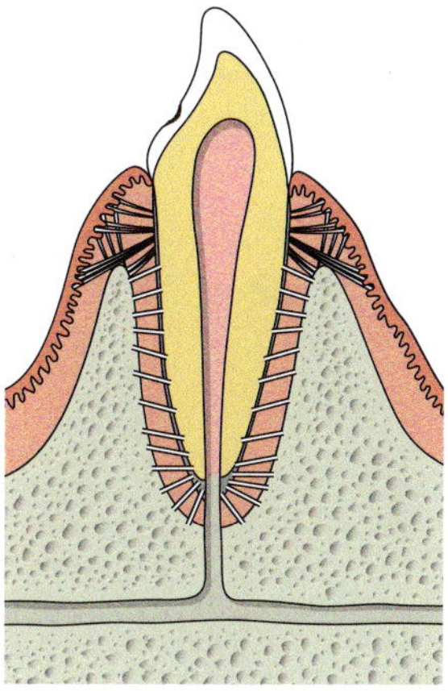

Abb. 1 Schmelzkaries

Merke

Akute und chronische Entzündungen

Wie groß die Schädigung der Pulpa ist, hängt immer von der Stärke des Reizes (z. B. Bakterienanzahl, Nähe der Bakterien zur Pulpa) und von der Fähigkeit des Körpers, sich gegen diesen Reiz zu wehren (Immunsystem), ab.

Deshalb kann die Entzündung bei starkem Reiz bzw. schlechter Immunität akut verlaufen, bei schwachem Reiz bzw. guter Immunität chronisch.

- **Akute Entzündungen** treten plötzlich auf, verlaufen schnell, verursachen Schmerzen und die Patientin fühlt sich abgeschlagen.
- **Chronische Entzündungen** hingegen verlaufen langsam und können keine oder nur geringe Schmerzen verursachen.

Jede chronische Entzündung kann in eine akute Entzündung übergehen, jede akute Entzündung in eine chronische.

Sobald die Karies die Schmelz-Dentin-Grenze erreicht hat, können Giftstoffe (**Toxine**) der Kariesbakterien durch die Dentinkanälchen in die Pulpa gelangen und diese schädigen →Abb. 2, 3.

Auch wenn die Bakterien noch sehr weit von der Pulpa entfernt sind, reagiert die Pulpa mit einer örtlichen (**lokalen**) Entzündungsreaktion (**Pulpitis**). Außerdem scheiden die Odontoblasten Tertiärdentin ab, um sich gegen diesen Angriff zu wehren.

Je näher die Bakterien an die Pulpa gelangen, desto heftiger wird die Entzündungsreaktion. Wie bei jeder Entzündungsreaktion steigt die Durchblutung der Pulpa (**Hyperämie**).

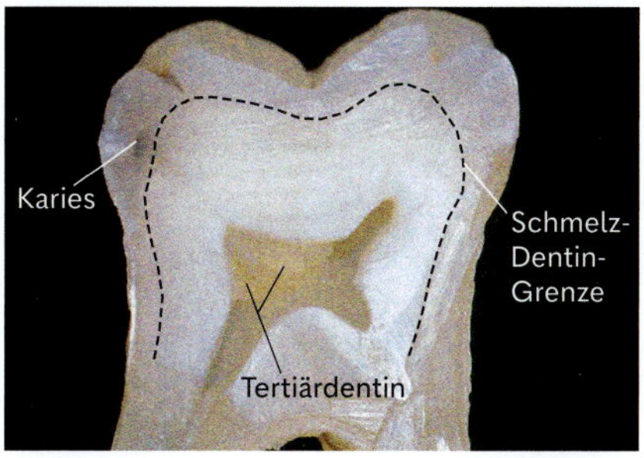

Abb. 2 Schnitt durch einen kariösen Zahn. Die Karies hat die Schmelz-Dentin-Grenze bereits erreicht. Die Odontoblasten scheiden Tertiärdentin ab.

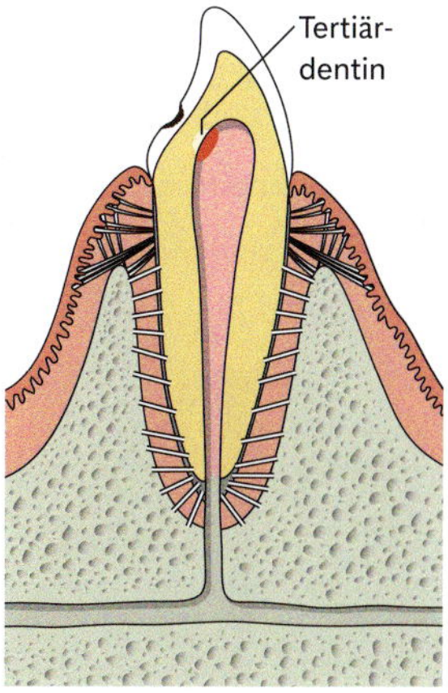

Abb. 3 Die Karies reicht bis zur Schmelz-Dentin-Grenze. Die Pulpa ist lokal entzündet.

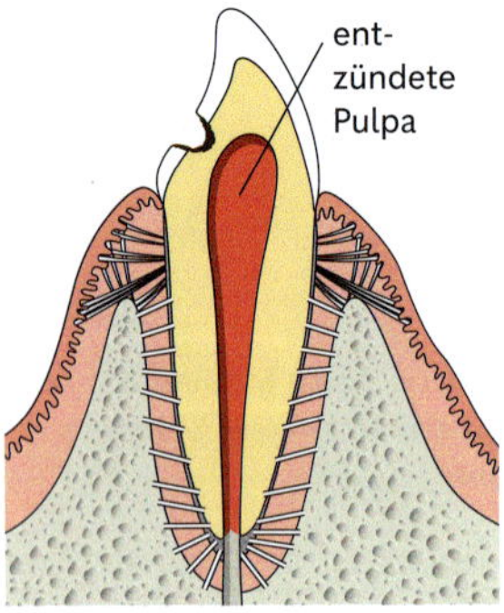

Abb. 1 Pulpitis serosa und Caries profunda

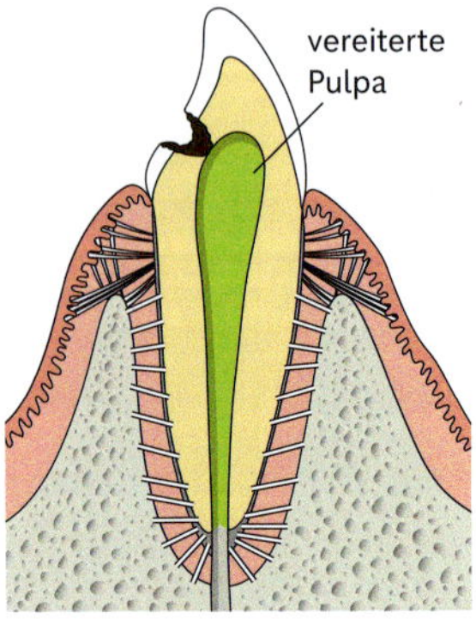

Abb. 2 Pulpitis purulenta

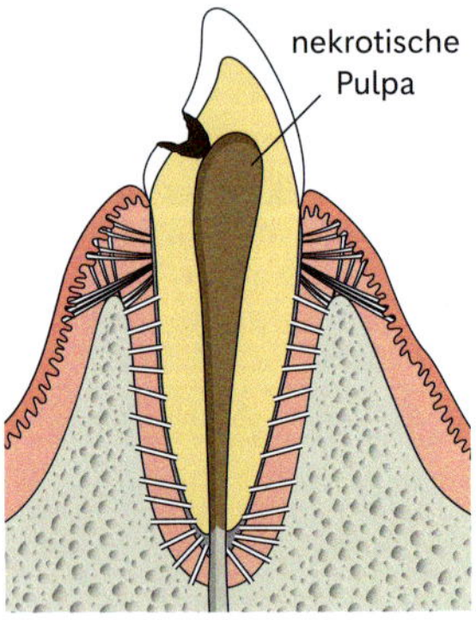

Abb. 3 Pulpanekrose

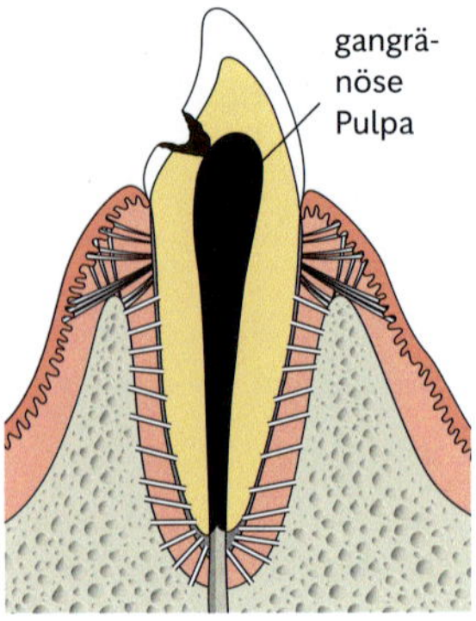

Abb. 4 Pulpagangrän

Außerdem vermehren sich die Nervenenden in dem entzündeten Gebiet. Die vermehrte Durchblutung und Nervenendenbildung werden vom Körper als „Warnsignale" verstanden. Daher kann der Zahn in diesem Stadium empfindlich auf heiß oder kalt reagieren.

Bleibt der Reiz bestehen, werden nun auch die Gefäßwände der Blutgefäße für Abwehrzellen und Blutserum durchlässiger. Es kommt zur Schwellung der Pulpa. Man spricht von einer wässrigen Pulpaentzündung (**Pulpitis serosa**) →Abb. 1. Die Besonderheit der Pulpa gegenüber anderen Geweben ist, dass sie in eine Hartsubstanz (Dentin und Schmelz) eingebettet ist.

Dies führt dazu, dass sich die Pulpa nicht ausdehnen kann. Früher nahm man an, dass sich die Pulpa durch die Schwellung bei einer Pulpitis selbst erdrückt und deshalb abstirbt. Heute weiß man, dass die Pulpa, z. B. durch Steigerung des Lymphabflusses, dem Gewebsdruck entgegenwirkt.

Lokal kann eine Pulpitis serosa für lange Zeit, manchmal für Jahre, bestehen. Nach Entfernung des Reizes kann die Entzündung auch ausheilen. Deshalb ist die Behandlung einer tiefen Karies (**Caries profunda**; →Abb. 1) eine wichtige Maßnahme, da dadurch der Zahn **vital** erhalten werden kann.

Dehnt sich die Entzündung jedoch weiter aus, so wandern viele Abwehrzellen (weiße Blutkörperchen) in das Pulpagewebe ein. Beim Abwehrkampf der weißen Blutkörperchen wird auch Pulpagewebe geschädigt. Es kann zu einer Vereiterung der Pulpa (**Pulpitis purulenta**) kommen →Abb. 2. In diesem Stadium kann der Zahn vor allem auf Wärme reagieren.

Das Pulpagewebe stirbt schließlich ab (**Pulpanekrose**). Da bei der Pulpanekrose Nervengewebe abstirbt, können die Schmerzen plötzlich völlig abklingen. Das Absterben der Pulpa schreitet, vom eigentlichen Entzündungsort ausgehend, langsam fort. Schließlich ist die komplette Pulpa abgestorben →Abb. 3.

Nun können Bakterien in das abgestorbene (nekrotische) Pulpagewebe leicht eindringen und es zersetzen. Man spricht von einer **Pulpagangrän** →Abb. 4. Dabei entstehen Fäulnisgase. Bei einer Eröffnung des Zahnes in diesem Stadium kann man den Fäulnisgeruch riechen. Bohrt man den Zahn auf, so spürt die Patientin eine Erleichterung, da die entzündlichen Flüssigkeiten und Gase entweichen können.

5.2.2 Von der Pulpanekrose oder der Pulpagangrän zur apikalen Ostitis

Von der toten Pulpa können Bakterien oder deren Giftstoffe über das Foramen apicale in das umliegende Gewebe gelangen. Es kommt zu einer Entzündung des Zahnhalteapparates an der Wurzelspitze, zu einer **apikalen Parodontitis**.

Breitet die Entzündung sich auf den Knochen aus, so spricht man von einer **apikalen Ostitis**.

Bei einer apikalen Ostitis bzw. apikalen Parodontitis →Abb. 1 schmerzt der Zahn bereits bei leichter Berührung und wird aufbiss- und klopfempfindlich.

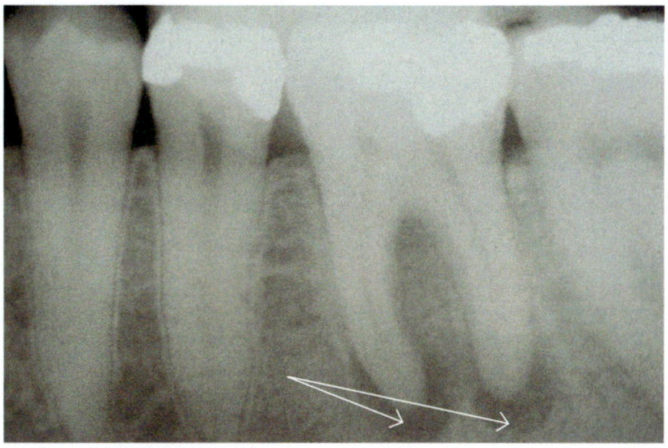

Abb. 1 Röntgenbild einer apikalen Parodontitis an Zahn 36

Die Patientin klagt über dumpfe, pochende Schmerzen. Die Vitalitätsprobe ist negativ.

Vitalitätsprobe →S. 64

Für die Abwehrreaktion des Körpers stellen die apikale Parodontitis und die apikale Ostitis ein Problem dar. In den Wurzelkanälen können sich die Bakterien ständig vermehren und Giftstoffe über das Foramen apicale in den Knochen gelangen. Die Abwehrzellen können die Bakterien in den Wurzelkanälen jedoch nicht mehr bekämpfen, da ja alle Blutgefäße abgestorben sind und sie somit nicht mehr dort hingelangen können. Es kann nur durch eine Wurzelkanalbehandlung, evtl. in Verbindung mit einer Wurzelspitzenresektion (WSR), Abhilfe geschaffen werden.

Chronischer Verlauf der apikalen Ostitis

Läuft die Entzündungsreaktion nun chronisch ab, so kann sich um die Entzündung im Knochen ein „Ring" von Abwehrzellen bilden, der die Bakterien nicht weiter voranschreiten lässt. Die Patientin hat dabei keine oder geringe Beschwerden. Aus jeder chronischen Entzündung kann sich bei Veränderung der Abwehrlage (z. B. bei einer Erkältung) eine akute Entzündung entwickeln.

Häufig bildet sich ein **apikales Granulom**.

Ein Granulom ist eine Umbildung des Gewebes. Das Gewebe sieht aus, als wenn es mit kleinen Körnchen durchzogen wäre. Hier herrscht ein Gleichgewicht zwischen Krankheitserregern und Abwehrzellen. Die Krankheit kann zwar nicht bekämpft werden, schreitet aber auch nicht weiter voran.

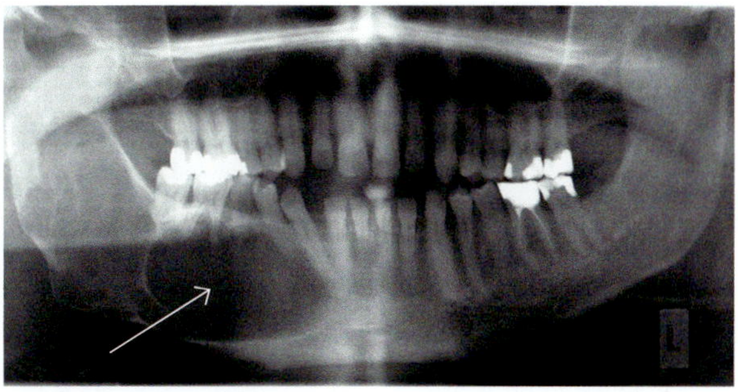

Abb. 2 Große radikuläre Zyste

Aus einem apikalen Granulom kann sich eine **radikuläre Zyste** entwickeln. Eine **Zyste** ist ein mit Flüssigkeit gefüllter Hohlraum, der von einer Kapsel (Zystenbalg) aus blutarmem Bindegewebe oder blutreichem **Granulationsgewebe** umgeben ist. Zysten können wachsen und dabei Knochen auflösen →Abb. 2.

Akuter Verlauf der apikalen Ostitis

Wenn der Reiz, der zu einer apikalen Ostitis führt, besonders groß oder die körpereigene Abwehr vermindert ist, kann es zu extrem schmerzhaften, akuten, eitrigen Entzündungen kommen.

Hierbei werden nekrotisches Gewebe und abgestorbene Abwehrzellen bzw. Bakterien verflüssigt. Es entsteht ein mit **Eiter** (Pus) gefüllter Hohlraum (**Abszess**). Nach einer Weile kann sich eine bindegewebige Membran um den Abszess bilden (abgekapselter Abszess).

Der Eiter kann den Knochen an unterschiedlichen Stellen durchbrechen. Je nach Lage werden folgende Abszessformen unterschieden →Abb. 1, 2, 3:
- Ein **subperiostaler Abszess** liegt unter der Knochenhaut.
- Ein **submuköser Abszess** liegt unter der Schleimhaut.
- Ein **palatinaler Abszess** liegt im Gaumenbereich.
- Ein **perimandibulärer Abszess** liegt um den Unterkiefer.
- Ein **submandibulärer Abszess** liegt unter dem Unterkiefer.
- Ein **sublingualer Abszess** liegt unter der Zunge.

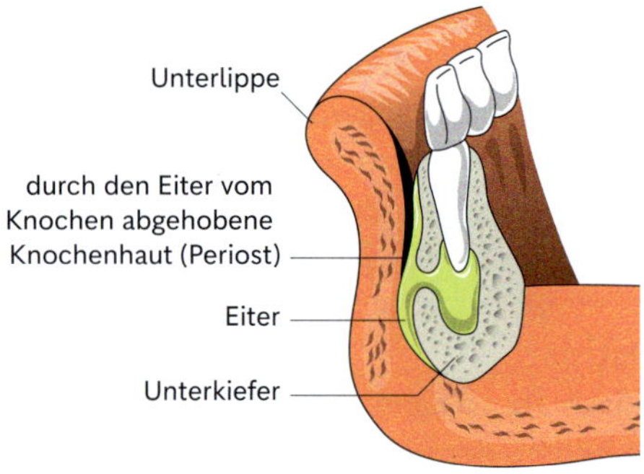

Abb. 1 Subperiostaler Abszess

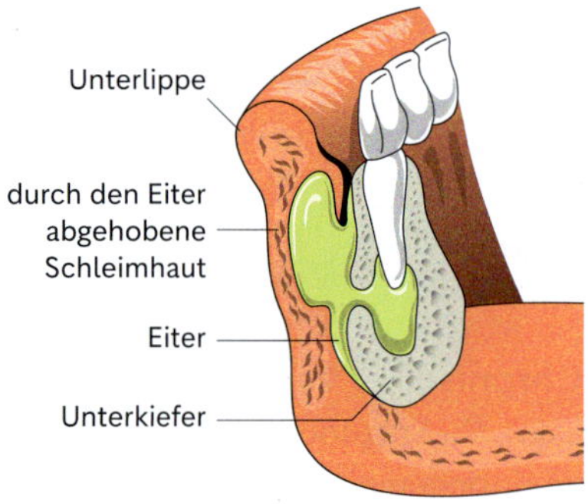

Abb. 2 Submuköser Abszess

Eine freie Ansammlung von Eiter in der Kieferhöhle ist nicht abgekapselt und wird daher als Kieferhöhlenempyem bezeichnet.

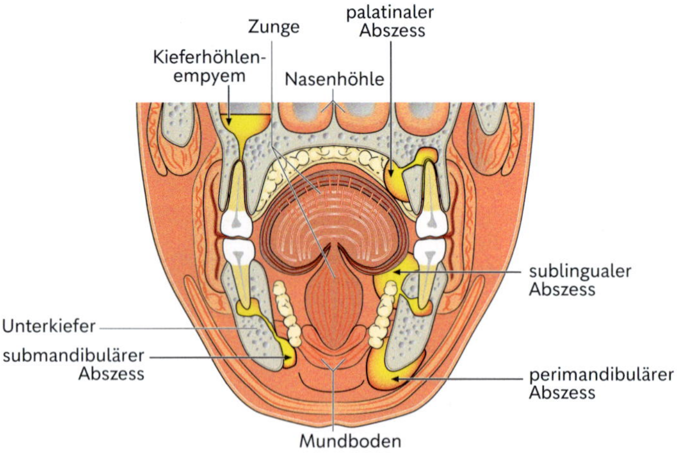

Abb. 3 Verschiedene Abszesse und Kieferhöhlenempyem

Abszessbehandlung →S. 128

Die Behandlung eines Abszesses erfolgt durch eine Inzision.

Erkrankungen der Pulpa

Terminologie: Erkrankungen der Pulpa

Abszess, der	Eiteransammlung; oft bindegewebig abgekapselt
apikale Ostitis	Entzündung des Knochens an der Wurzelspitze
apikale Parodontitis	Entzündung des Zahnhalteapparates an der Wurzelspitze
apikales Granulom	Granulationsgewebe mit bindegewebiger Kapsel an der Wurzelspitze
Calor, der	Wärme
Caries profunda	tief liegende, pulpanahe Karies
Dolor, der	Schmerz
Endodontium, das	Pulpa und das umgebende Dentin (Pulpa-Dentin-Einheit)
Functio laesa	eingeschränkte Funktion
Granulationsgewebe, das	blutreiches, glänzendes, körniges Bindegewebe, das sich durch Reize (z. B. Entzündung) bildet
Hyperämie, die	vermehrte Durchblutung
lokal	örtlich
nekrotisch	abgestorben
Pulpagangrän, die	fauliger Zerfall des Zahnmarks
Pulpanekrose, die	abgestorbenes Zahnmarkgewebe
Pulpitis, die	Entzündung des Zahnmarks
Pulpitis purulenta	eitrige Entzündung des Zahnmarks
Pulpitis serosa	wässrige Entzündung des Zahnmarks
radikuläre Zyste, die	an der Wurzel gelegener, mit Flüssigkeit gefüllter Hohlraum
Rubor, der	Rötung
Tertiärdentin, das	Reizdentin; gebildet durch Reizung des Endodontiums
Toxin, das	Giftstoff
Tumor, der **Tumoren**, die (Mehrzahl)	Schwellung
vital	lebendig
Zyste, die	mit Flüssigkeit gefüllter Hohlraum; von kapselartigem Zystenbalg umgeben

Aufgaben

1 Nennen Sie die fünf klassischen Entzündungszeichen. Wie entstehen diese Entzündungszeichen?

2 Eine Patientin hatte wochenlang starke Schmerzen auf heiß und kalt an Zahn 11. Dann hatte sie plötzlich keine Beschwerden mehr. Seit ein paar Tagen ist der Zahn aufbissempfindlich und die Patientin hat starke pochende Schmerzen. Wie ist dies zu erklären?

6 Therapiemaßnahmen zur Erhaltung der vitalen Pulpa

Odontoblasten →LF 4

Da die Odontoblastenfortsätze der Pulpa ins Dentin hineinreichen, kann es durch Reize, auch wenn diese noch entfernt von der Pulpa sind, zu Schädigungen in der Pulpa kommen. Therapiemaßnahmen zur Erhaltung der vitalen Pulpa kommen deshalb eine große Bedeutung zu. Zu diesen Therapiemaßnahmen zählen die Überkappung und die **Pulpotomie** (Pulp; auch als Vitalamputation bezeichnet).

6.1 Überkappung

Die Überkappung ist das Abdecken der vitalen Pulpa mit Medikamenten. Sie ist Erfolg versprechend, wenn der Zahn vital und die Pulpa noch nicht übermäßig geschädigt sind. Zeigt der Zahn apikale Veränderungen (z. B. eine apikale Ostitis) oder ist nicht vital, so ist eine Überkappung nicht angezeigt.

Es gibt zwei Methoden der Überkappung:
- indirekte Überkappung
- direkte Überkappung

6.1.1 Indirekte Überkappung

Eine indirekte Überkappung ist durchzuführen, wenn sich nur noch eine dünne Dentinschicht über der Pulpa befindet. Dies kann z. B. nach einer Kronenfraktur, einer Entfernung einer Caries profunda oder nach der Präparation einer tiefen Kavität der Fall sein.

Hier ist damit zu rechnen, dass bakterielle Toxine über die Dentinkanälchen durch die Dentinschicht zur Pulpa vorgedrungen sind und eine Entzündung verursachen. Würde die Pulpa nicht behandelt werden, könnte sie absterben. Zur Behandlung wird die Pulpa mit einem Medikament, z. B. Kalziumhydroxid = $Ca(OH)_2$, überdeckt →Abb. 1. Nach dem Legen einer Unterfüllung wird die Kavität mit einer Füllung verschlossen.

Wird ein Kalziumhydroxid-Präparat verwendet, welches aushärtet, z. B. ein Kalziumhydroxid- Zement, so kann auf eine Unterfüllung verzichtet werden.

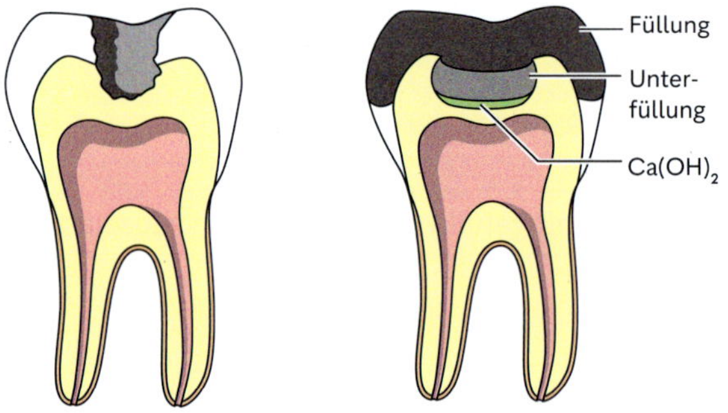

Abb. 1 Indirekte Pulpaüberkappung.
Ausgagngssituation (links); Endzustand (rechts)

6.1.2 Direkte Überkappung

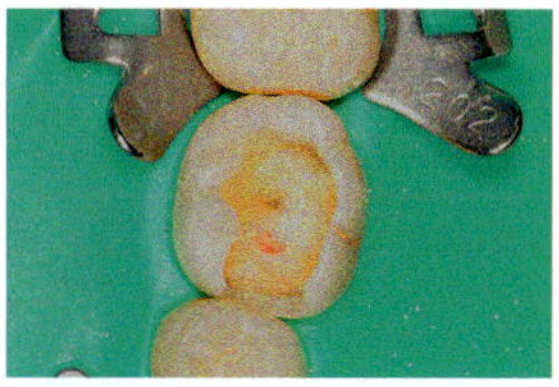

Abb. 1 Pulpa punktförmig eröffnet

Ist die Pulpa **punktuell eröffnet** →Abb. 1, so sollte eine direkte Überkappung durchgeführt werden. Wie bei der indirekten Überkappung kann hier die Ursache in einer Kronenfraktur, einer Entfernung einer Caries profunda oder der Präparation einer tiefen Kavität liegen. Da die Pulpa freiliegt, muss damit gerechnet werden, dass **Bakterien** in die Pulpa eingedrungen sind. Die Prognose ist wesentlich ungünstiger als bei der indirekten Überkappung.

Bei der direkten Überkappung wird zunächst eine eventuelle Blutung aus der Pulpa gestillt. Anschließend wird ein Medikament aufgetragen →Abb. 2. Der Verschluss der Pulpa hat zügig zu erfolgen, damit möglichst keine Bakterien in die Pulpa gelangen. Die Chance, dass die Pulpa vital erhalten werden kann, ist umso größer, je

- kleinflächiger die Pulpa eröffnet wurde,
- jünger die Patientin ist,
- weniger Bakterien in die Pulpa eingedrungen sind,
- dichter die bedeckende Füllung abschließt.

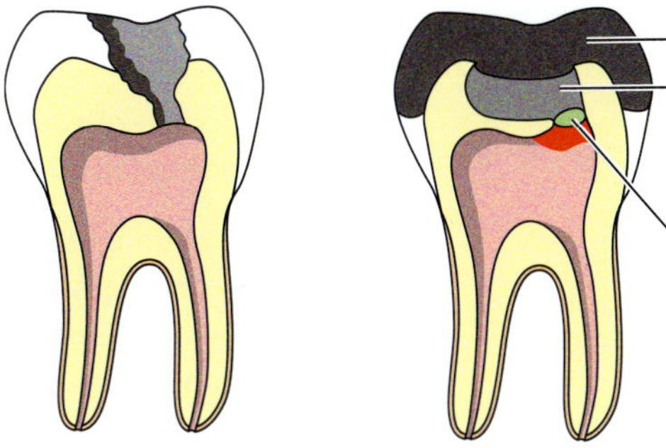

Abb. 2 Direkte Pulpaüberkappung. Ausgagngssituation (links); Endzustand (rechts)

6.1.3 Medikamente zur Überkappung

Als Medikamente bei der direkten und indirekten Überkappung können unterschiedliche Präparate eingesetzt werden. Alle enthalten als Wirkstoff **Kalziumhydroxid = $Ca(OH)_2$**.

Kalziumhydroxid gibt es als wässrige Lösungen (z. B. Calxyl®, Calasept®, Hypocal®), als Zemente (z. B. Dycal®, Life®, Reocap® IC), als Lacke und Liner (z. B. Hydroxyline®, Tector®) und als lichthärtende Kunststoffpräparate (z. B. Calcimol®). Sie werden angemischt und auf die pulpanahen Bezirke punktuell aufgetragen. Da sich die medikamentöse Einlage mit der Zeit auflöst, sollten vor allem wässrige Kalziumhydroxidlösungen mit einer Unterfüllung überdeckt werden. Dadurch kann ein stabiler Untergrund am Kavitätenboden geschaffen werden.

Statt einem Kalziumhydroxid-Präparat kann auch ein **MTA-Zement** (modifizierter Portlandzement, MTA = Mineral Trioxid Aggregat) verwendet werden. Der Vorteil dieses Zementes, ist dass er in feuchter Umgebung hart wird.

Merke

Durch die Überkappung mit Kalziumhydroxid werden

- Bakterien in den Dentinkanälchen oder in der Pulpa abgetötet,
- Odontoblasten zur Reizdentinbildung (Tertiärdentin) angeregt,
- Säuren neutralisiert,
- die Pulpa vor äußeren Einflüssen geschützt.

6.2 Pulpotomie (Vitalamputation)

Die Pulpotomie ist die Abtrennung und Entfernung (**Amputation**) der vitalen Kronenpulpa. Die Wurzelpulpa bleibt vital erhalten. Die Pulpotomie findet ihre Anwendung bei **breitflächiger Eröffnung** der Pulpa von **Milchzähnen** oder von **bleibenden Zähnen bei Jugendlichen** →Abb. 1.

Zahnfrakturen →S. 140

Wegen der großflächigen Eröffnung der Pulpa muss man damit rechnen, dass viele Bakterien in die Pulpa eingedrungen sind und eine ausgeprägte Entzündungsreaktion hervorrufen. Häufig ist dies der Fall nach einer Zahnfraktur bei einem Unfall oder bei ausgedehnter Karies an einem Milchzahn. Eine direkte Überkappung mit einem Medikament würde nicht ausreichen, um dem Körper zu helfen, sich gegen den Bakterienbefall zu wehren.

Bei Zähnen mit abgeschlossenem Wurzelwachstum ist die Durchblutungssituation des Zahnes und damit die Abwehrlage schlechter. Hier würde eine Pulpotomie zur Nekrose der Wurzelpulpa führen. Für eine Pulpotomie an bleibenden Zähnen sollte daher das **Wurzelwachstum nicht abgeschlossen** sein →Abb. 2. Nur in diesem Fall kann man davon ausgehen, dass nach einer Pulpotomie die Wurzelpulpa vital bleibt. Bei einer Pulpotomie wird die vitale Kronenpulpa unter Anästhesie mit einem sterilen Rosenbohrer oder Exkavator entfernt. Da man davon ausgeht, dass die Wurzelpulpa noch nicht mit Bakterien besiedelt ist, wird diese belassen.

Wie bei den Überkappungen wird nach einer Blutstillung die Wurzelpulpa mit einem Medikament versorgt und der Zahn durch eine Füllung wieder aufgebaut →Abb. 3.

Durch dieses Verfahren wird versucht, die Wurzelpulpa vital zu erhalten.

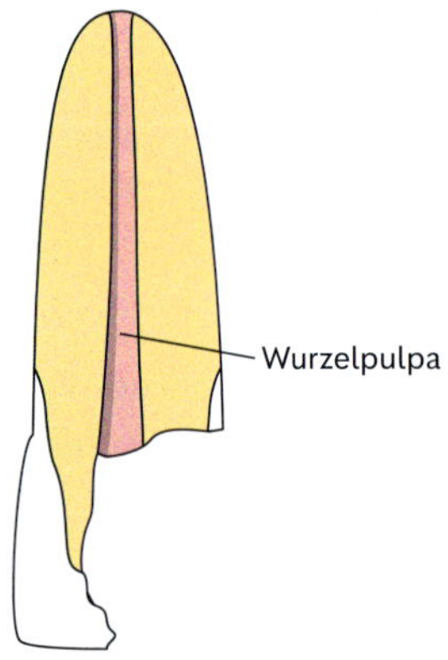

Abb. 1 Pulpotomie. Ausgangssituation: großflächige Eröffnung der Pulpa des Zahnes 11

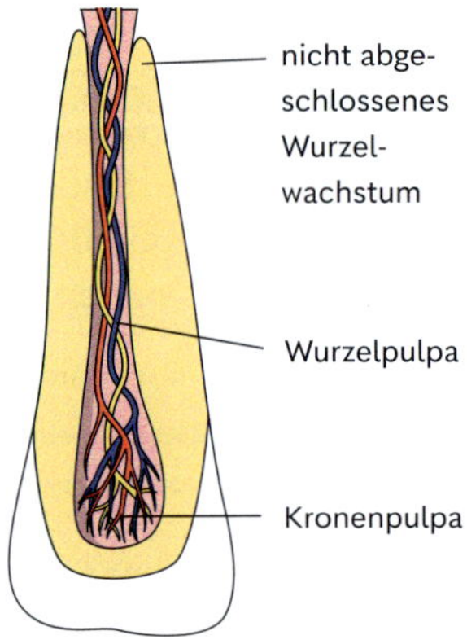

Abb. 2 Das Wurzelwachstum ist noch nicht abgeschlossen.

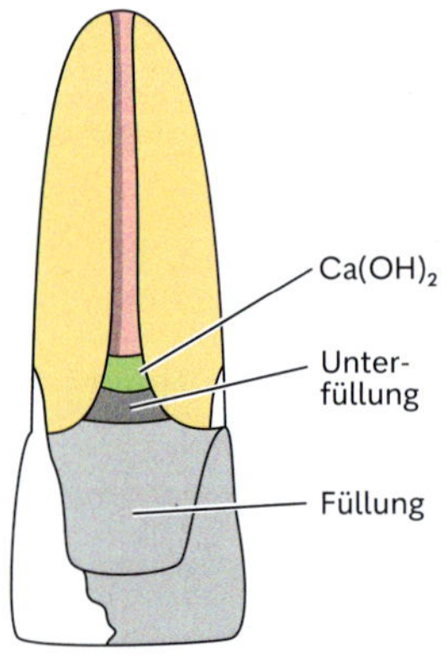

Abb. 3 Pulpotomie, Endzustand: Die Kronenpulpa ist entfernt. Der Zahn ist mit einem Komposit-Eckaufbau versorgt.

Zusammenfassung: Stadien der Pulpaerkrankungen

Die Untersuchung einer Patientin mit Zahnschmerzen verläuft in der Zahnarztpraxis immer ähnlich (Vitalitätsprobe, Perkussionstest, Röntgenaufnahme). Dennoch sind die Diagnosen und die daraus resultierenden Therapien unterschiedlich. Die folgende Tabelle fasst verschiedene klinische Schmerzbilder und Therapiemaßnahmen zusammen.

Klinisches Bild	Zusammenwirken der Ursachen (Ätiologie)	Schmerzqualität, Schmerzstärke, Schmerzreaktion auf bestimmte Reize	Vipr.	Perk.	Therapie
Schmelzkaries	– Demineralisierung des Schmelzes durch Bakterien	gering	+	–	– Füllung – evtl. belassen
Caries profunda	– Toxine gelangen zur Pulpa – leichte Entzündungsreaktion – Tertiärdentinbildung – „Aussprossung“ der Nerven	Kälte Wärme süß sauer	+	–	– indirekte Überkappung – Füllung
Pulpaeröffnung Pulpitis	– Bakterien gelangen teilweise in die Pulpa – stärkere Entzündungsreaktion – Pulpitis serosa – Schmerzen durch Schwellung – Pulpitis purulenta – Pulpanekrose – Pulpagangrän	(Kälte) Wärme Druck bei vollständiger Pulpanekrose keine Schmerzen mehr	++	evtl. +	– direkte Überkappung – Füllung – Vitalexstirpation
apikale Parodontitis apikale Ostitis	– vollständige Pulpanekrose – Pulpagangrän – Toxine der Bakterien gelangen über das Foramen apicale in das umliegende Gewebe – akut/chronisch – apikale Parodontitis – apikale Ostitis	pochend dumpf stark Druck	–	+	– Wurzelkanalbehandlung – evtl. Wurzelspitzenresektion
Abszess subperiostal submukös palatinal perimandibulär submandibulär sublingual	– Bakterien gelangen durch den Knochen in unterschiedliche Körpergewebe – akut/chronisch	pochend dumpf stark Druck evtl. Fieber	–	+	– Inzision – Wurzelkanalbehandlung – evtl. Extraktion des Zahnes

Vipr. = Vitalitätsprobe, Perk. = Perkussionstest, + = positiv, ++ = deutlich positiv, – = negativ

Tab. 1 Stadien der Pulpaerkrankungen, Schmerzbild, Reaktion auf Vitalitätsprobe und Perkussionstest, Therapiemaßnahmen

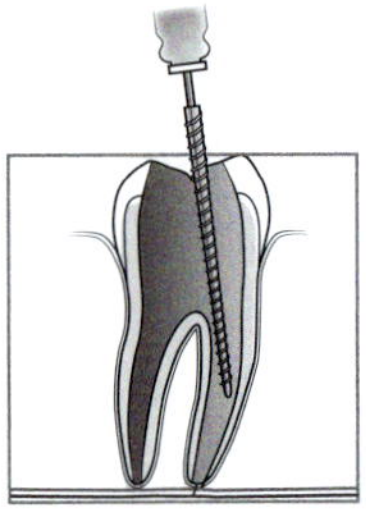

7.1 Instrumentarium bei einer Wurzelkanalbehandlung

Um den Wurzelkanal zu reinigen und zu erweitern, benötigt die Zahnärztin Instrumente, die gleichzeitig klein und biegsam, aber nicht zerbrechlich sind und mit denen, wie mit einer Feile oder einer Raspel, die Kanalwände abgetragen werden können.

7.1.1 Instrumente zur Wurzelkanalaufbereitung

Die Wurzelkanalaufbereitung kann mit der Hand oder maschinell erfolgen →Tab. 1.

Name	Beschreibung	Abbildung (vergrößert)
Exstirpationsnadel 	Mit kleinen Haken versehene Instrumente zur Entfernung der Pulpa (Exstirpation). Das Instrument lässt sich leicht in die vitale Pulpa eindrehen. Beim Herausziehen verhakt sich das vitale Pulpagewebe und kann dadurch entfernt werden.	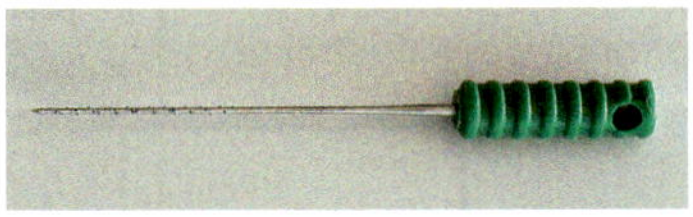
Reamer 	Instrument zur Erweiterung des Wurzelkanals und zur Abtragung des die Pulpa umgebenden Dentins. Ein Reamer hat weniger Schneiden als eine Kerr-Feile. Ein Reamer trägt mehr Zahnhartsubstanz ab als eine Kerr-Feile.	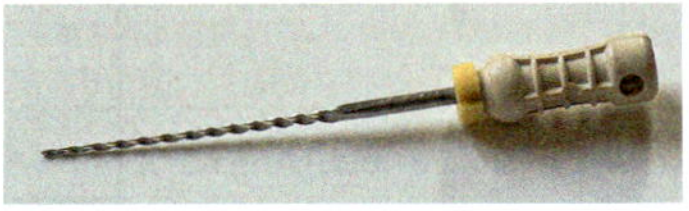
Kerr-Feile (K-Feile) 	Instrument zur Erweiterung des Wurzelkanals und zur Abtragung des die Pulpa umgebenden Dentins. Eine K-Feile hat mehr Schneiden als ein Reamer. Eine K-Feile trägt weniger Zahnhartsubstanz ab als ein Reamer.	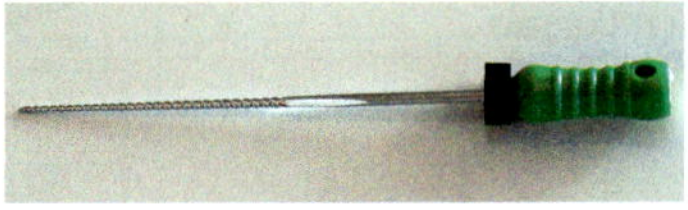
Hedström-Feile 	Hedström-Feilen haben spiralförmige Schneiden. Der Abrieb von die Pulpa umgebendem Dentin bei Hedström-Feilen ist größer als beim Einsatz von Reamern oder Kerr-Feilen.	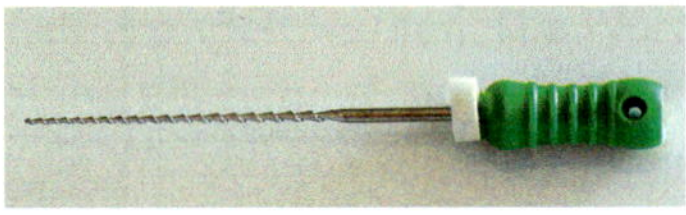

Tab. 1 Instrumente zur Wurzelkanalaufbereitung. Manche Hersteller normieren die unterschiedlichen Wurzelkanalinstrumente mit einem Symbol auf dem Griff. Exstirpationsnadel – Stern, Reamer – Dreieck, Kerr-Feilen – Viereck, Hedström-Feilen – Kreis

Heute sind die meisten Instrumente aus einer Nickel-Titan-Legierung. Dadurch sind sie besonders biegsam und zugleich weniger brüchig. Da sie so flexibel sind, tragen sie häufig die Silbe „flex“ im Namen, z. B. Flexicut®, Flexofile®.

Merke

Wurzelkanalinstrumente sind „an die Leine zu nehmen“

Alle Wurzelkanalinstrumente sollten bei der Behandlung gesichert werden. Diese Sicherung kann mit einem Sicherheitskettchen oder einem Faden erfolgen. Besser wäre, mit einem Kofferdam zu arbeiten. Dadurch können Wurzelkanalinstrumente nicht aspiriert oder verschluckt werden. Außerdem können keine Bakterien aus der Mundhöhle in den eröffneten Wurzelkanal gelangen.

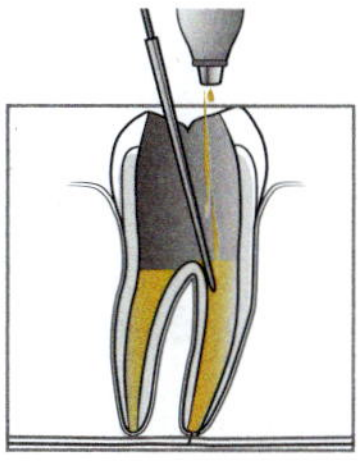

7.1.2 Instrumente und Materialien zur Wurzelkanalfüllung

Für die unterschiedlichen Wurzelkanalfülltechniken gibt es verschiedene Instrumente →Tab. 1. Die Wurzelkanalfüllung erfolgt meist mit Guttaperchastiften.

Name	Beschreibung	Abbildung
Guttaperchastifte	Guttapercha ist die kautschukartige Substanz eines asiatischen Baumes. Zur Verwendung als Wurzelfüllmaterial werden noch Zusatzstoffe beigefügt. Sie werden zusammen mit einem Zement (Sealer) als Wurzelfüllung in den Kanal eingeführt. Guttaperchastifte sind in Größe und Form an die Wurzelkanalinstrumente angepasst. Die unterschiedlichen Größen der Guttaperchastifte sind farblich gekennzeichnet.	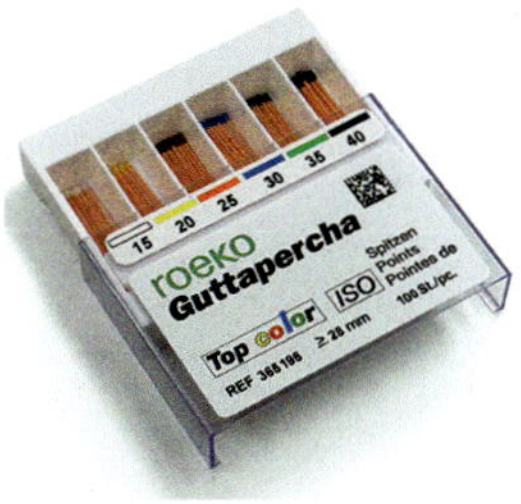
Lentulo®	Der Lentulo® ist eine Wendel, die sehr flexibel ist. Er ist so konstruiert, dass er medikamentöse Pasten oder Wurzelkanalzemente in den Wurzelkanal transportieren kann.	
Spreader	Spreader sind Instrumente mit spitzen Enden. Sie dienen dazu, die Guttaperchastifte bei der Wurzelkanalfüllung an die Wurzelkanalwand zu drücken (Technik der lateralen Kondensation).	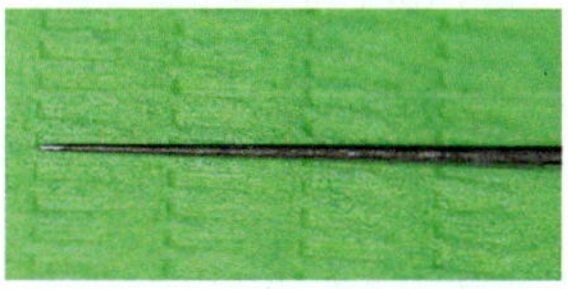
Plugger	Plugger haben ein stumpfes Ende. Sie dienen dazu, Guttaperchastifte im Wurzelkanal von koronal zu verdichten (Technik der vertikalen Kondensation).	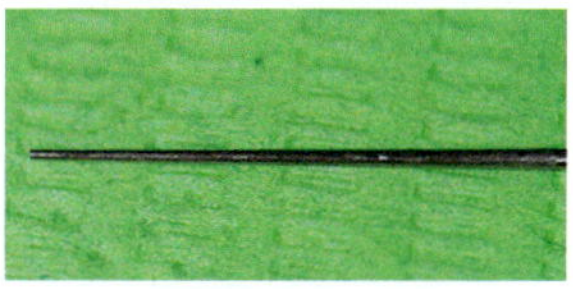
Papierspitzen	Vor der endgültigen Wurzelfüllung oder medikamentösen Einlage muss der Kanal getrocknet werden, da die meisten Füllmaterialien Feuchtigkeit nicht vertragen. Am einfachsten wird mit Papierspitzen die Feuchtigkeit aus dem Kanal gesaugt. Papierspitzen gibt es in unterschiedlichen Größen, die vom Hersteller auf die Größe und Form der Wurzelkanalinstrumente abgestimmt sind.	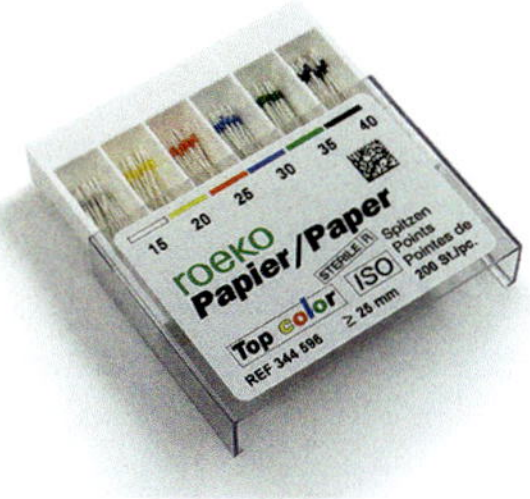

Tab. 1 Instrumente und Materialien zur Wurzelkanalfüllung

laterale Kondensation →S. 69

vertikale Kondensation →S. 70

7.1.3 Weitere Instrumente und Materialien zur Wurzelkanalbehandlung

Um die Arbeit in der Endodontie zu erleichtern, gibt es für alle Einsatzgebiete unzählige Zusatzinstrumente. Nachfolgend sind, ohne den Anspruch auf Vollständigkeit, einige genannt.

Name	Beschreibung	Abbildung
Endobox	zur übersichtlichen Aufbewahrung von Wurzelkanalinstrumenten und -materialien	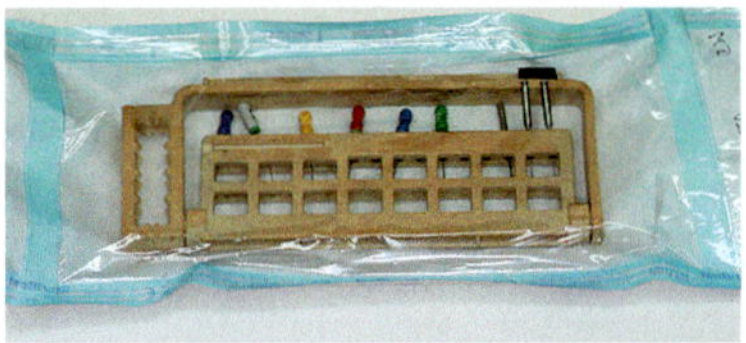
Endomessblock	zum Einstellen der Aufbereitungslänge der Wurzelkanalinstrumente	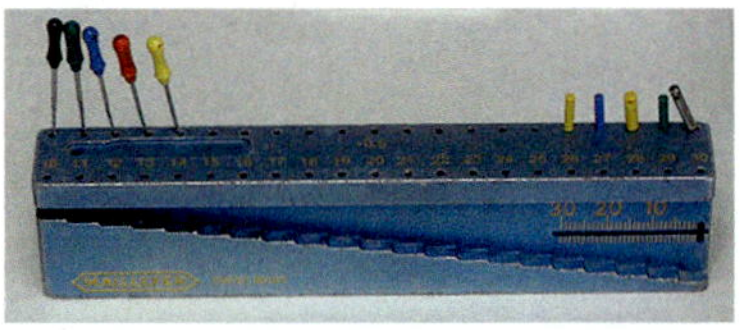
Gates-Bohrer	zur Erweiterung der Kanaleingänge	
maschinelle Aufbereitung	Heute werden Wurzelkanäle zunehmend nicht mehr von Hand, sondern maschinell aufbereitet. Dies ist für den Behandler weniger ermüdend. Außerdem werden die Wurzelkanäle besser gesäubert. Rechts ist ein spezieller Motor mit Winkelstück abgebildet. Die Drehzahl des Motors ist begrenzt. Dadurch brechen die Wurzelkanalinstrumente nicht mehr so leicht ab. Es wird hier mit speziell für die maschinelle Aufbereitung hergestellten Wurzelkanalinstrumenten gearbeitet.	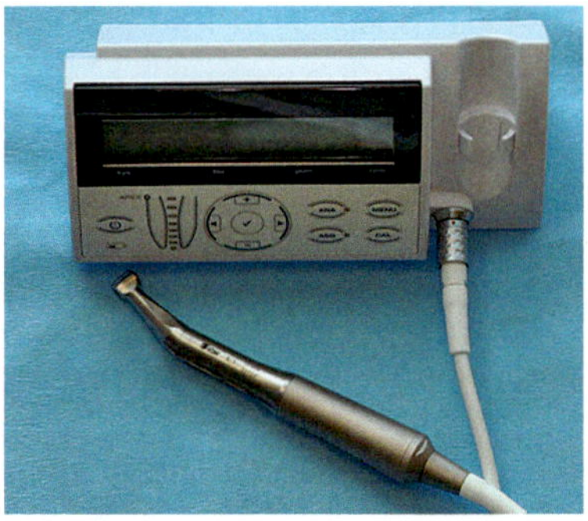
Wurzelkanalsonde	dünne, lange Sonde zum Aufsuchen oder Ertasten der Wurzelkanäle	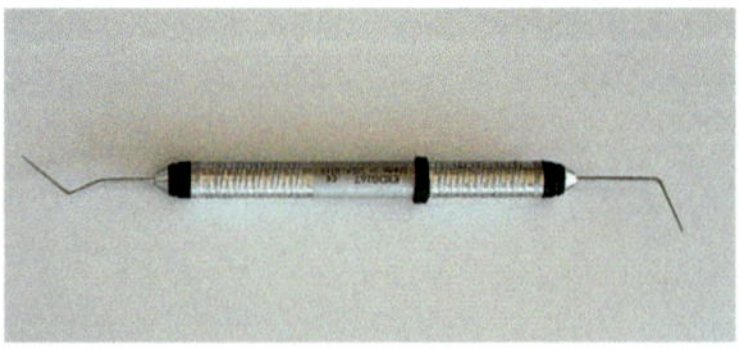

Tab. 1 Zusatzinstrumente und -materialien zur Wurzelkanalaufbereitung

7.1.4 Normierung der Wurzelkanalinstrumente

Jedes Handinstrument besteht aus einem **Handgriff**, einem **Schaft** und einer **Arbeitsfläche** →Abb. 1. Die Arbeitsfläche beträgt immer 16 mm, die Länge des Schaftes kann variieren. Dadurch werden Instrumente mit der Gesamtlänge **21, 25, 28, 30** und **31 mm** angeboten.

Der Durchmesser nimmt bei jedem Instrument kontinuierlich von der **Spitze** zum Ende der **Arbeitsfläche** um **0,32 mm** zu. Die Form ist also konisch (kegelförmig).

Um die Vielfalt von Instrumenten übersichtlicher zu machen, wurde eine **ISO-Norm** eingeführt. ISO-Normen gelten international. Sie werden von der International Organization for Standardization entwickelt. Zur leichteren Erkennung sind die Griffe der Wurzelkanalinstrumente je nach Größe **unterschiedlich farblich markiert**. Der Durchmesser an der Spitze entspricht dabei immer der ISO-Norm des Instrumentes. Zum Beispiel entspricht ein Instrument mit einem Durchmesser von 0,15 mm an der Spitze der Arbeitsfläche der ISO-Größe 15. Es hat die Farbe Weiß →Abb. 1.

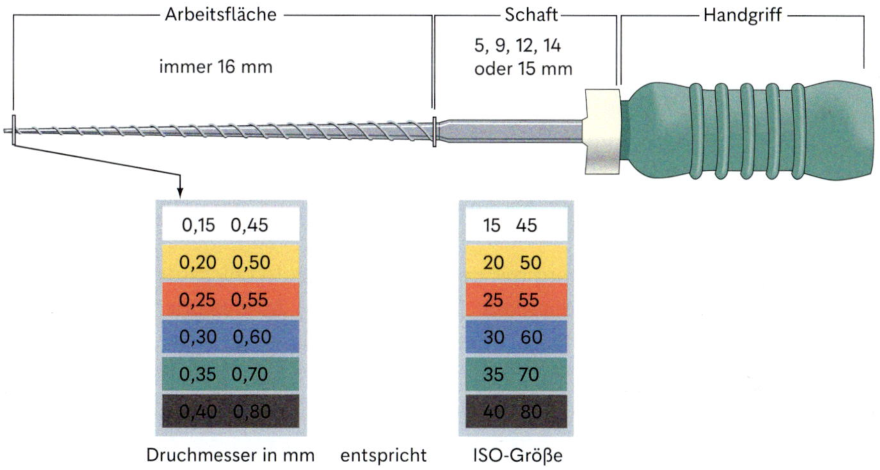

Abb. 1 Normierung der Wurzelkanalinstrumente

Das kleinste Wurzelkanalinstrument hat die ISO-Größe 6 und ist rosa markiert. Darauf folgen die ISO-Größen 8 und 10. Sie sind grau bzw. lila. Auch normieren manche Hersteller die unterschiedlichen Wurzelkanalinstrumente mit einem Symbol auf dem Griff. So werden Hedström-Feilen mit einem Kreis, Reamer mit einem Dreieck und Kerr-Feilen mit einem Viereck gekennzeichnet.

Merke

Pflege von Wurzelkanalinstrumenten

Wenn ein Wurzelkanalinstrument im Kanal abbricht, so ist es nur schwer wieder zu entfernen. Deshalb kommt der Instrumentenpflege eine wichtige Bedeutung zu. Die meisten Wurzelkanalinstrumente können nur begrenzt sterilisiert werden. Grundsätzlich sind die Herstellerangaben zu beachten. So ist es wichtig, sich die Sterilisationszyklen für jedes Instrument zu notieren und es nach einigen Zyklen auszutauschen. Instrumente, die einen Durchmesser von weniger als ISO-Größe 20 haben, sollten nur einmal verwendet werden. Jedes Instrument ist nach der Sterilisation mit der Lupe zu untersuchen. Verbogene Instrumente sind auszutauschen.

7.2 Allgemeiner Ablauf einer Wurzelkanalbehandlung

7.2.1 Befunderhebung und Diagnostik

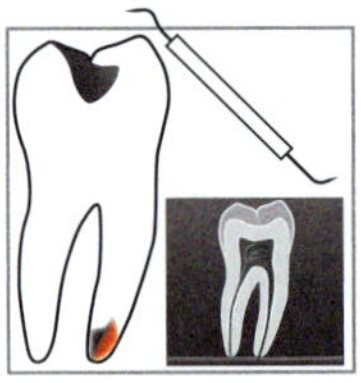

Verlauf und Folgen von Pulpaerkrankungen →S. 49

Um eine Pulpaerkrankung korrekt behandeln zu können, muss in einem ersten Schritt der Zustand der Pulpa beurteilt werden. So kann bei einer geringfügigen Pulpitis evtl. der Wurzelkanal nach der Aufbereitung sofort abgefüllt werden. Bei einer Pulpagangrän hingegen muss auf jeden Fall eine medikamentöse Einlage vorgenommen werden, da hier mit einem größeren bakteriellen Befall gerechnet werden muss. Deshalb sind eine genaue Befunderhebung und Diagnosestellung entscheidend.

Zu Befunderhebung und Diagnostik gehören folgende Maßnahmen:
- Befragung der Patientin zu Art, Dauer und Lokalisierbarkeit der Schmerzen
- Vitalitätsprobe
- Perkussionstest
- Röntgenbild

Vitalitätsprobe

Abb. 1 Kältespray zur Vitalitätsprobe

Bei der Vitalitätsprobe wird die Pulpa mit Kälte oder Wärme gereizt. Man erfährt dadurch, ob sie vital ist oder ob eine Pulpanekrose vorliegt. Bei vitaler Pulpa ist die Vitalitätsprobe positiv, bei einer Pulpanekrose ist die Vitalitätsprobe negativ.

Reagiert die Pulpa vital, so bedeutet dies, dass die Bakterien noch nicht bis in die Wurzelpulpa vorgedrungen sind.

Genau genommen wird mit der Reizung der Pulpa nicht die Vitalität, sondern die Empfindlichkeit (Sensibilität) des Zahnes überprüft. Besonders bei älteren Menschen oder bei überkronten Zähnen kann es vorkommen, dass trotz starker Reizung der Pulpa keine positive Vitalitätsprobe vorliegt, obwohl der Zahn eigentlich vital ist. Die Sensibilität ist hier einfach nicht so stark vorhanden. Deshalb wird die Vitalitätsprobe auch als Sensibilitätsprobe bezeichnet.

In der Regel wird zu einer Vitalitätsprobe ein Wattepellet mit Kältespray →Abb. 1 besprüht und an den Zahn gehalten. Es kann auch ein Stäbchen aus Kohlendioxid-Schnee (CO_2-Schnee) verwendet werden. Eine Reizung mit Wärme kann durch erwärmte Guttapercha oder warme Flüssigkeiten erfolgen. Auch kann die Pulpa mit einem elektrischen Pulpatester gereizt werden.

Perkussionstest

Beim Perkussionstest klopft die Zahnärztin mit dem Griff eines Spiegels oder einer Sonde auf den zu prüfenden Zahn. Dadurch erfolgt die Reizung des Zahnhalteapparates. Liegt eine Entzündung des Zahnhalteapparates, insbesondere im Bereich der Wurzelspitze, vor, so kann das Klopfen schmerzhaft sein.

Röntgenbild

Ein Röntgenbild gibt eine genaue Auskunft über den Zustand der Wurzel.

- Bei einer **apikalen Parodontitis** bzw. **apikalen Ostitis** zeigt sich im Röntgenbild eine Aufhellung im Bereich der Wurzelspitze →Abb. 1. Die Vitalitätsprobe des Zahnes ist dann negativ, der Perkussionstest positiv. Bei einer apikalen Parodontitis bzw. einer apikalen Ostitis haben Bakterien die Wurzelkanäle komplett befallen. Außerdem sind Bakterien bzw. bakterielle Toxine über das Foramen apicale in das Parodontium (Zahnhalteapparat) und den Knochen gelangt.
- Ein Röntgenbild gibt auch Auskunft über die Ursache der Pulpaerkrankung. Bei einer tiefen Karies (Caries profunda), die bis an die Pulpa reicht, ist die Vitalitätsprobe oft massiv positiv, der Perkussionstest jedoch negativ. Diese Zeichen sprechen für eine **nicht rückführbare (irreversible) Pulpitis**. In unserem Beispiel →Abb. 2 haben sich Bakterien in der Pulpa verbreitet, bakterielle Toxine sind aber nur geringfügig über das distale Foramen apicale in das Parodontium gelangt.
- Außerdem gibt das Röntgenbild Informationen über Länge, Anzahl und Krümmung der Wurzeln.

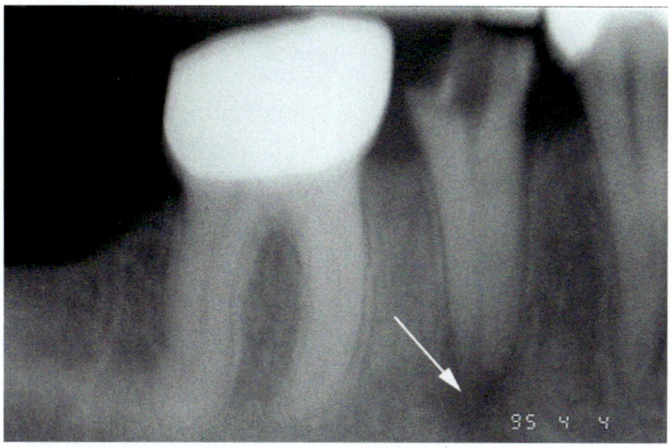

Abb. 1 Apikale Aufhellung an Zahn 45

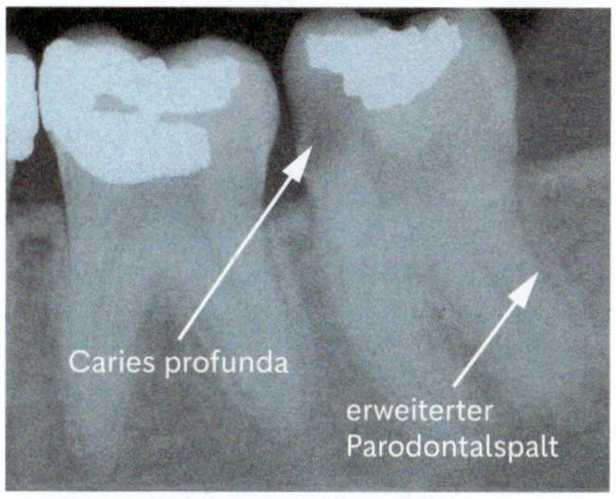

Abb. 2 Caries profunda mit Pulpabeteiligung. An der distalen Wurzel ist ein erweiterter Parodontalspalt zu erkennen.

7.2.2 Trepanation

Unter einer Trepanation versteht man die Eröffnung der Pulpahöhle →Abb. 3. Vor einer Trepanation sollte bei vitaler Pulpa der Zahn anästhesiert werden. Bei einer nicht vitalen Pulpa kann in der Regel darauf verzichtet werden. Manchmal verspürt die Patientin bei der Wurzelkanalaufbereitung noch Schmerzen, obwohl die Vitalitätsprobe negativ war. Dies deutet darauf hin, dass ein Wurzelkanal noch nicht vollständig nekrotisch ist. Selbstverständlich sollte auch dann der Zahn anästhesiert werden.

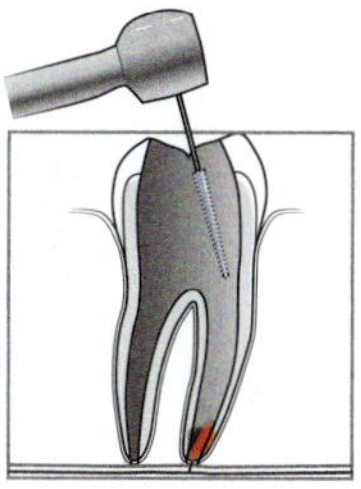

Zudem sollte vor der Trepanation ein Kofferdam gelegt werden, damit keine Keime aus der Mundhöhle zusätzlich in die Wurzelkanäle gelangen. Außerdem wird dadurch das Verschlucken oder eine Aspiration (Einatmung) von Instrumenten verhindert.

Kofferdam →LF 4

Bei der Trepanation muss der Zugang so gestaltet werden, dass die Wurzelkanalinstrumente geradlinig in die Wurzelkanäle eingeführt werden können. Nach der Trepanation werden die Wurzelkanäle vorsichtig mit Wurzelkanalinstrumenten sondiert (ertastet). Man erhält erste Aufschlüsse über die Krümmung, Anzahl, Länge und Breite der Wurzelkanäle.

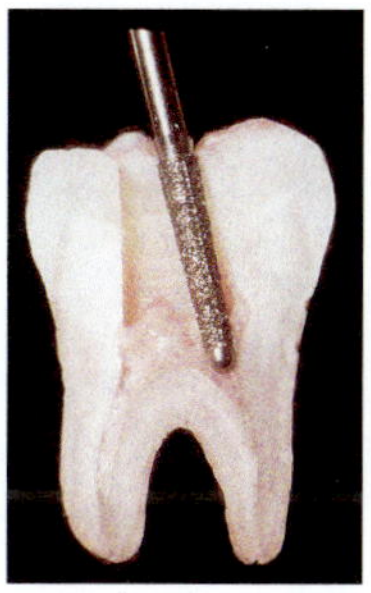

Abb. 3 Trepanation mit einem Battbohrer

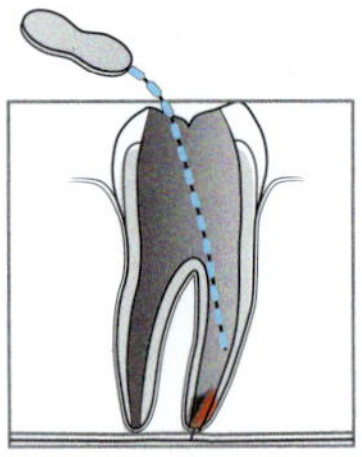

7.2.3 Längenbestimmung

Für den Erfolg einer Wurzelkanalbehandlung ist es entscheidend, dass der Wurzelkanal vollständig bis zur Wurzelspitze aufbereitet und abgefüllt wird. Aber auch eine Aufbereitung über die Wurzelspitze hinaus kann zu Reizungen des Parodontiums führen oder Keime in das Parodontium verschleppen. Deshalb sollte die genaue Länge des Wurzelkanals bekannt sein.

Die Längenbestimmung kann **röntgenologisch** oder mithilfe eines elektrometrischen **Längenmessgerätes** erfolgen.

Röntgenologische Längenmessung

Je nach Aufnahmetechnik vergrößern oder verkleinern Röntgenbilder die dargestellten Strukturen. Außerdem können Wurzelkanäle auch gekrümmt verlaufen. Deshalb sollte nie aus einem Röntgenbild die Länge des Wurzelkanals direkt abgemessen werden.

Zur Längenmessung wird ein Wurzelkanalinstrument in den Wurzelkanal eingeführt →Abb. 1. Der Stopper wird auf einen Referenzpunkt (z. B. die Inzisalkante) eingestellt. Die Länge von Stopper bis Wurzelspitze wird abgemessen.

Zusammen mit dem Instrument wird eine Röntgenaufnahme angefertigt. Auf dem Röntgenbild ist die Länge des Instrumentes vom Referenzpunkt bis zur Spitze bekannt. Die fehlende Länge bis zur Wurzelspitze kann nun abgeschätzt werden. Daraus lässt sich die Aufbereitungslänge berechnen →Abb. 2.

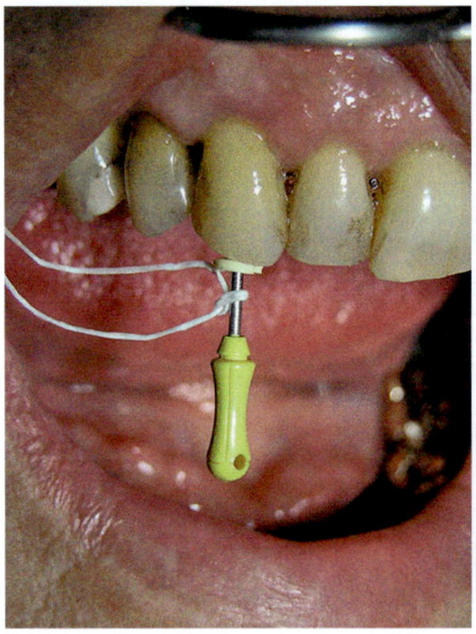

Abb. 1 Eingeführtes Wurzelkanalinstrument

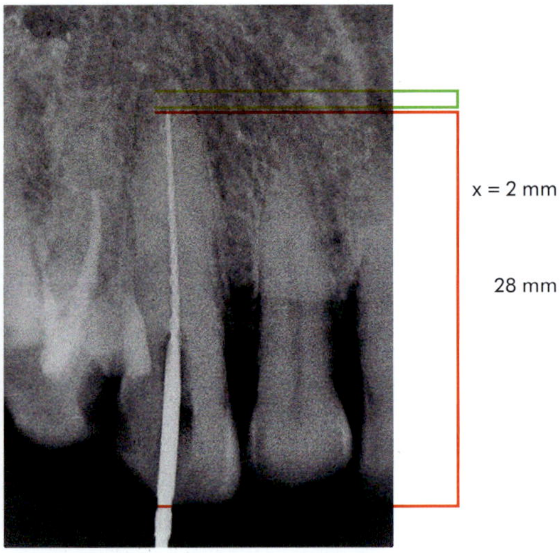

Abb. 2 Röntgenologische Längenmessung. Die Aufbereitungslänge errechnet sich in diesem Beispiel folgendermaßen: 28 mm (gemessen) + 2 mm (geschätzt) = 30 mm.

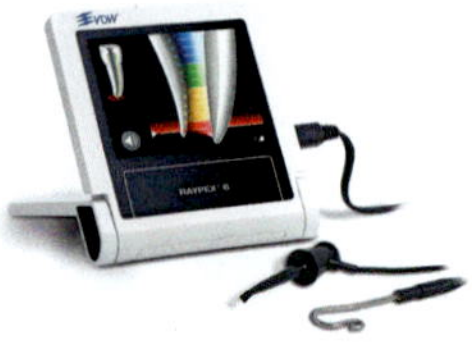

Abb. 3 Elektrometrisches Längenmessgerät

Elektrometrische Längenmessung

Bei einem elektrometrischen Längenmessgerät →Abb. 3 wird das Wurzelkanalinstrument mit einem Kabel verbunden. Ein anderes Kabel wird in das Vestibulum der Patientin eingehängt. Führt man nun das Wurzelkanalinstrument langsam in den feuchten Wurzelkanal ein, so wird elektronisch der Widerstand gemessen. Das

Gerät gibt einen Signalton, wenn das Wurzelkanalinstrument am Foramen apicale angelangt ist. Nun wird der Stopper auf einen Referenzpunkt (Bezugspunkt) eingestellt. Außerhalb des Wurzelkanals muss das Instrument noch vom Stopper bis zur Wurzelspitze abgemessen werden.

7.2.4 Wurzelkanalaufbereitung

Ziele einer Wurzelkanalaufbereitung sind:
- die Säuberung des Wurzelkanals
- die Abtragung von die Pulpa umgebendem Dentin, um den Wurzelkanal besser abfüllen zu können und Bakterien aus dem Dentin zu entfernen
- die Abtötung von Bakterien in den feinen Seitenkanälchen der Pulpa

Ist die Pulpa noch vital, so sollte sie mit Exstirpationsnadeln zuerst entfernt werden. Anschließend kann der Wurzelkanal weiter aufbereitet werden. Ist die Pulpa nekrotisch, so kann sofort mit Wurzelkanalfeilen der Kanal von Hand oder maschinell aufbereitet werden.

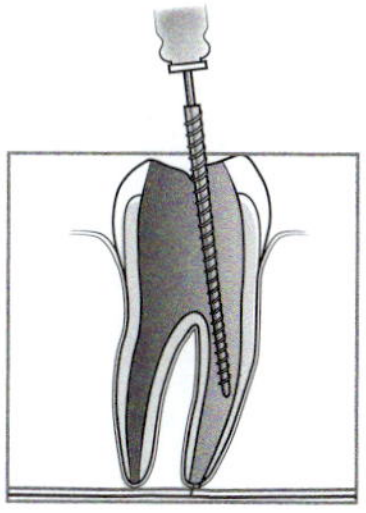

Instrumentarium bei einer Wurzelkanalbehandlung
→S. 60

Mit **Handinstrumenten** wird häufig die **Step-back-Methode** durchgeführt. Dazu wird ein dünnes Wurzelkanalinstrument bis auf die volle Arbeitslänge eingeführt. Die ISO-Größe des ersten Wurzelkanalinstrumentes sollte so gewählt werden, dass es im apikalen Bereich leicht klemmt. Der Wurzelkanal wird durch leicht drehende und ziehende Bewegungen gereinigt.

Läuft das Wurzelkanalinstrument leichtgängig im Kanal, so wird die nächste ISO-Größe verwendet. Das Instrument wird nun aber nicht mehr auf die volle Arbeitslänge eingeführt, sondern um ca. 0,5 mm kürzer. Dieses Vorgehen wird mehrmals praktiziert, so lange, bis man gegenüber dem zuerst verwendeten Instrument bei der ca. dritten bis fünften höheren ISO-Größe angelangt ist.

Merke
Das zuletzt in voller Arbeitslänge eingeführte Wurzelkanalinstrument wird als **apikale Masterfeile** bezeichnet. Nach dieser ISO-Größe richtet sich bei der Wurzelkanalfüllung die ISO-Größe der Guttaperchastifte und Papierspitzen.

Bei der **maschinellen Aufbereitung** wird oft die **Step-down-Methode** angewendet. Hier fängt man mit der größten ISO-Größe an, bereitet aber den Wurzelkanal nur im oberen Bereich auf. Dann folgen kleinere ISO-Größen, bis man schließlich mit der kleinsten bei der vollen Arbeitslänge angelangt ist.

Ein Wurzelkanal besteht meist aus einem Hauptkanal mit vielen verzweigten Seitenkanälen →Abb. 1. Die Seitenkanäle können nicht durch Wurzelkanalinstrumente aufbereitet werden. Aber auch diese können mit Bakterien infiziert sein. Deshalb werden bei der Wurzelkanalaufbereitung **bakterienabtötende Spülungen** eingesetzt. Meist wird dazu Natriumhypochlorit (NaOCl), Chlorhexidindigluconat (CHX) oder Alkohol verwendet. Die Spülung erfolgt über Einwegspritzen mit dünnen Kanülen. Mit diesen Spülungen wird nach jeder neuen ISO-Größe der Wurzelkanal gespült. Spezielle Ultraschallinstrumente können diesen Spüleffekt verstärken. Außerdem werden durch die Spülungen abgefeilte Dentinspäne aus dem Kanal gespült und Gewebsreste aufgelöst.

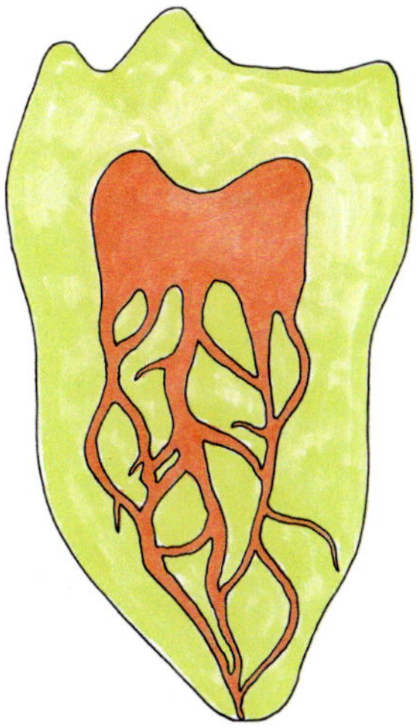

Abb. 1 Verzweigtes Wurzelkanalsystem eines Molaren (nachgezeichnet)

Gleitmittel lassen die Wurzelkanalinstrumente im Kanal besser gleiten. Dadurch besteht eine geringere Gefahr des Instrumentenbruchs. Außerdem haben auch sie eine bakterienabtötende Wirkung. Viele Gleitmittel enthalten **EDTA** (ethylenediaminetetraacetic acid, Ethylendiamintetraessigsäure).

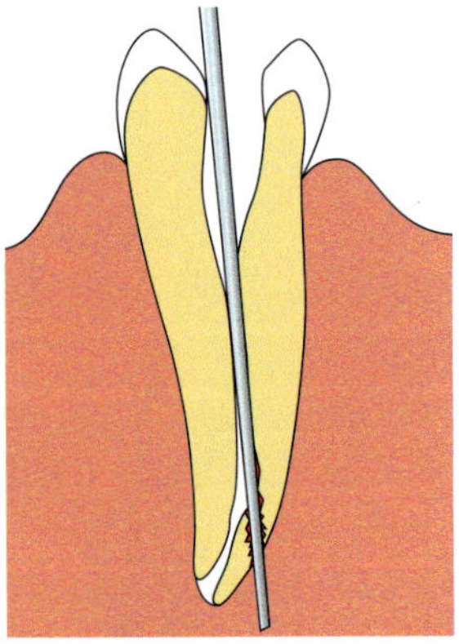

Abb. 1 Via falsa

Merke

Via falsa

Vor allem bei stark gekrümmten Kanälen kann das Wurzelkanalinstrument nicht mehr dem Kanal folgen und z. B. die Wurzel durchstoßen. Dies wird als Via falsa (falscher Weg) bezeichnet →Abb. 1.

Die Spüllösung NaOCl sollte man nicht auf Kleidung bringen, da sie diese entfärbt. Auch kann sie zu Verätzungen in den Augen führen.

7.2.5 Medikamentöse Einlage

Der Zweck einer medikamentösen Einlage ist es, eine zusätzliche Desinfektion des Wurzelkanalsystems zu erreichen. Dies ist vor allem bei einer Pulpagangrän sinnvoll, da hier eine massive bakterielle Besiedlung vorliegt, die sich evtl. schon über das Foramen apicale ausgebreitet hat.

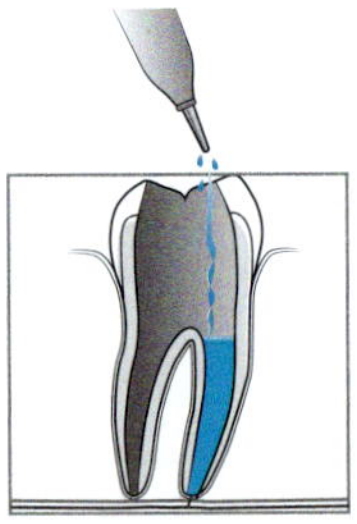

Bei einer leichten Pulpitis oder bei einer Wurzelkanalbehandlung nach Kronenfraktur kann möglicherweise auf die medikamentöse Einlage verzichtet werden. Die medikamentöse Einlage ist unter bestimmten Voraussetzungen nicht notwendig, z. B., wenn aus prothetischen Gründen der Zahn wegen Zahnfehlstellungen so extrem beschliffen werden muss, dass dabei die Pulpa eröffnet wird.

Als Medikament der ersten Wahl gilt zurzeit ein nicht aushärtendes **Kalziumhydroxidpräparat** (z. B. Calxyl®).

Im Handel gibt es auch noch früher übliche Mischungen aus Abkömmlingen des Phenols (Phenolderivate, z. B. ChKM®).

Treten besonders starke Schmerzen auf, so können diese durch Medikamente, denen Kortikoide und Antibiotika zugesetzt sind, gelindert werden (z. B. Ledermix®).

Exkurs

Vor- und Nachteile von Einlagen mit Kortikoiden

Durch Kortikoide wird eine Entzündungsreaktion gehemmt. Der Nachteil einer Einlage mit Kortikoiden (z. B. Ledermix®) ist jedoch, dass vor der Wurzelfüllung nicht mehr klar abzuschätzen ist, ob die Patientin schmerzfrei ist, weil die Entzündung gestoppt ist oder lediglich die Schmerzen unterdrückt bzw. beseitigt worden sind.

Papierspitzen →S. 61
Lentulo® →S. 61

Vor einer medikamentösen Einlage wird der Wurzelkanal gründlich gespült und anschließend mit Papierspitzen getrocknet. Das Medikament wird mithilfe eines Lentulo® in den Wurzelkanal gebracht („einrotiert“).

Damit der Wurzelkanaleingang später wieder einfach gefunden werden kann, wird auf ihn ein Wattepellett gelegt. Dann wird die Kavität provisorisch verschlossen, z. B. mit Cavit® oder Zement.

Das Medikament bleibt mindestens für eine Woche im Wurzelkanal. Dann kann entweder ein neues Medikament eingelegt werden oder es erfolgt eine Wurzelkanalfüllung.

7.2.6 Wurzelkanalfüllung

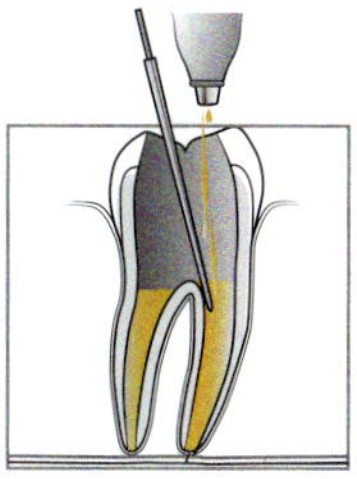

Ziel einer Wurzelkanalfüllung ist es, den Wurzelkanal möglichst bakteriendicht zu verschließen. Dabei ist darauf zu achten, dass der Wurzelkanal nicht überstopft wird. Die Wurzelkanalfüllung wird in der Regel durch eine Kombination aus Wurzelkanalzement (Sealer) und Guttaperchastiften erreicht. Bekannte Sealer sind z. B. AH plus®, AH 26®, Diaket®, Apexit®. Vor Gebrauch der Sealer müssen i. d. R. zwei Pasten miteinander vermischt werden.
Bei einer Wurzelkanalbehandlung an Milchzähnen ist es wichtig, die Wurzelkanäle mit einem Material zu füllen, dass sich mit dem Zahn resorbiert bzw. auflöst, wenn der Durchbruch des Ersatzzahnes bevorsteht.

Es gibt einige Wurzelfülltechniken. Am bekanntesten sind:
- die Zentralstift-Technik
- die laterale Kondensation
- die vertikale Kondensation

Zentralstift-Technik

Bei der Zentralstift-Technik wird ein Guttaperchastift verwendet, der dieselbe ISO-Größe wie das zuletzt verwendete Wurzelkanalinstrument hat. Dieser Guttaperchastift wird mit Sealer in der richtigen Aufbereitungslänge einzementiert. Nach einer abschließenden Röntgenkontrollaufnahme wird überschüssige Guttapercha am Kanaleingang mit einem heißen Instrument entfernt.
Die Zentralstift-Technik hat einen Nachteil: Falls der Guttaperchastift den Wurzelkanal nicht vollständig ausfüllt, macht der Sealer einen großen Anteil der Füllung aus. Da Sealer beim Abbindevorgang schrumpft, können hier undichte Stellen auftreten.

Laterale Kondensation

Laterale Kondensation bedeutet „seitliches Verdichten“. Das Ziel ist es, den Wurzelkanal vollständig mit möglichst viel Guttapercha und möglichst wenig Sealer zu füllen. Auch hier wird wie bei der Zentralstift-Technik ein Guttaperchastift mit derselben ISO-Größe wie das zuletzt verwendete Wurzelkanalinstrument mit Sealer eingesetzt →Abb. 1a.

Diese Guttapercha wird nun verdichtet. Dazu wird ein Spreader eingeführt, der den Guttaperchastift seitlich an die Wurzelkanalwand drückt →Abb. 1b. Der Spreader wird herausgezogen. Dann wird in den Hohlraum ein dünnerer Guttaperchastift eingeschoben und wiederum mit dem Spreader verdichtet →Abb. 1c. Dieser Vorgang wird so lange durchgeführt, bis kein Guttaperchastift mehr in den Wurzelkanal passt →Abb. 1d.

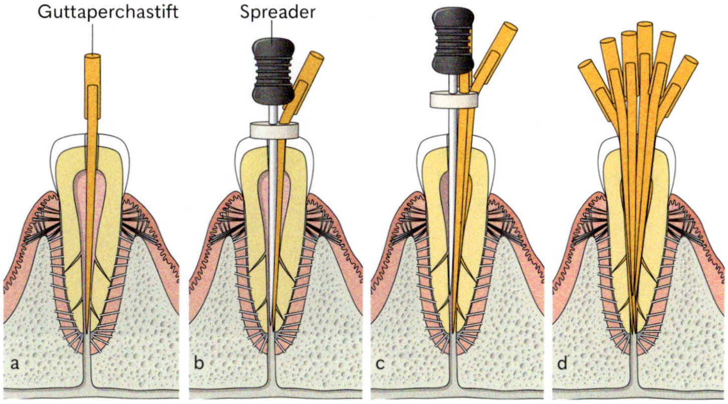

Abb. 1 Laterale Kondensation

Nach einer abschließenden Röntgenkontrollaufnahme wird überschüssige Guttapercha am Kanaleingang mit einem heißen Instrument entfernt.

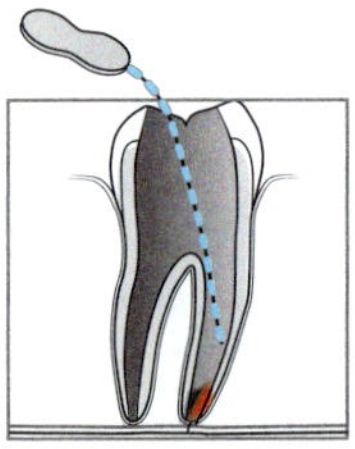

7.4 Assistenz bei der Wurzelkanalbehandlung

7.4.1 Messaufnahme

Arbeitet man ohne Kofferdam, so sind die Wurzelkanalinstrumente vor einer Messaufnahme zu sichern, um einer Aspiration vorzubeugen. Dazu kann z. B. an den Wurzelkanalinstrumenten Zahnseide befestigt werden →Abb. 1.

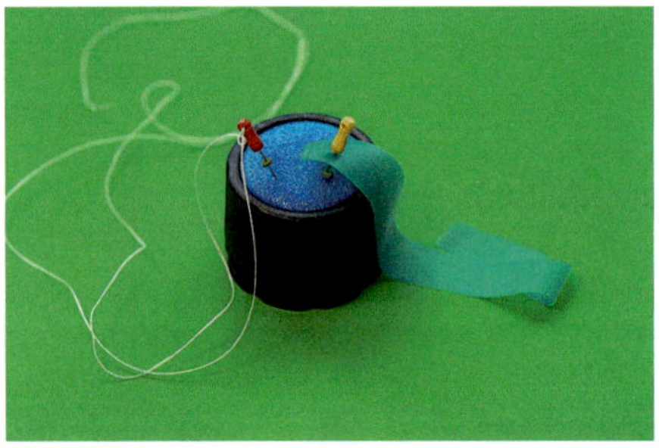

Abb. 1 Sicherung der Wurzelkanalinstrumente

Eine Messaufnahme kann auch mithilfe eines Guttaperchastiftes durchgeführt werden. Dies wird auch als **Masterpointaufnahme** bezeichnet. Dadurch kann kontrolliert werden, ob der Guttaperchastift die vollständige Aufbereitungslänge ausfüllt. Die Verletzungsgefahr bei einer möglichen Aspiration des Guttaperchastiftes ist geringer als bei der Aspiration eines Wurzelkanalinstruments.

7.4.2 Wurzelkanalaufbereitung

Um nach der Trepanation den Wurzelkanal nicht unnötig zu infizieren, sollte mit einem sterilen Tray gearbeitet werden.

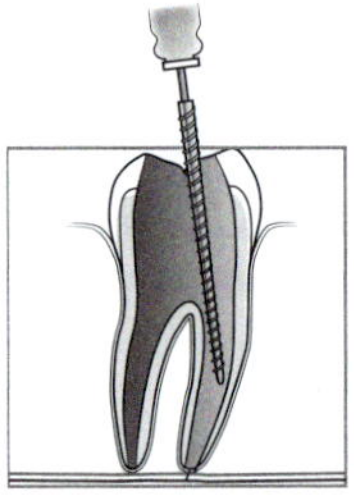

Auf dem Arbeitsplatz sollten vorbereitet sein →Abb. 2:
- Handschuhe, Mundschutz
- Grundbesteck
- Kofferdam
- zwei Pinzetten zum sterilen Anreichen
- Wurzelkanalsonde
- Stopfer, Heidemann-Spatel
- Schere
- Sauger
- Exkavator
- Einwegspritze mit Spüllösungen
- Wurzelkanalinstrumente
- Messblock
- Tupfer
- Wattepellets

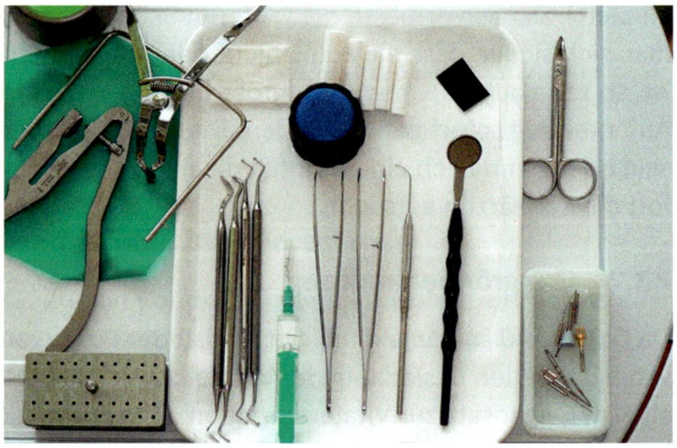

Abb. 2 Instrumentarium zur Wurzelkanalaufbereitung (Sauger, Handschuhe, Mundschutz und Wurzelkanalsonde sind hier nicht abgebildet)

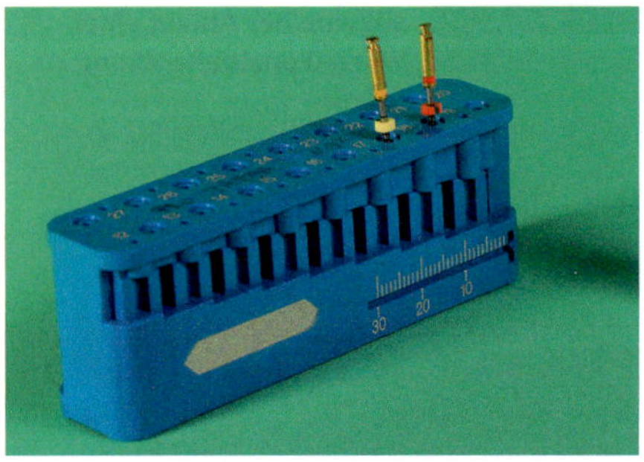

Abb. 3 Messblock

Während der Aufbereitung kann die ZFA sehr hilfreich sein, indem sie an den einzelnen Wurzelkanalinstrumenten die richtige Länge einstellt und sie nach ISO- Größen sortiert. Ein Messblock leistet hier gute Dienste →Abb. 3.

Die Wurzelkanalinstrumente sollten nur am Griff angefasst werden. Außerdem sollte die ZFA die Wurzelkanalinstrumente mit einem alkoholgetränkten Tupfer nach Gebrauch abwischen und wieder bereitstellen.

Beim Einsatz von Spüllösungen muss die ZFA gut absaugen, da die Spüllösungen meist ätzend bzw. reizend sind und die Patientin diese nicht verschlucken sollte.

Merke
Dokumentation der Wurzelkanalbehandlung
Da eine Wurzelkanalbehandlung meist in mehreren Sitzungen abläuft, ist die Dokumentation sehr wichtig. Es sollten die **Aufbereitungslänge** und die **ISO-Größe des zuletzt verwendeten Instruments** notiert werden, da z. B. die Wurzelkanalfüllung in der Folgesitzung darauf abgestimmt werden muss.

7.4.3 Medikamentöse Einlage

Zusätzlich zu den bei der Wurzelkanalaufbereitung verwendeten Instrumenten sollten bereitgestellt werden →Abb. 1:
- Anmischspatel
- Glasplatte
- Einwegspritze mit Spüllösungen
- Papierspitzen
- Medikament und Wurzelfüllinstrumente (z. B. Lentulo®)
- Wattepellets
- Verschlussmaterial

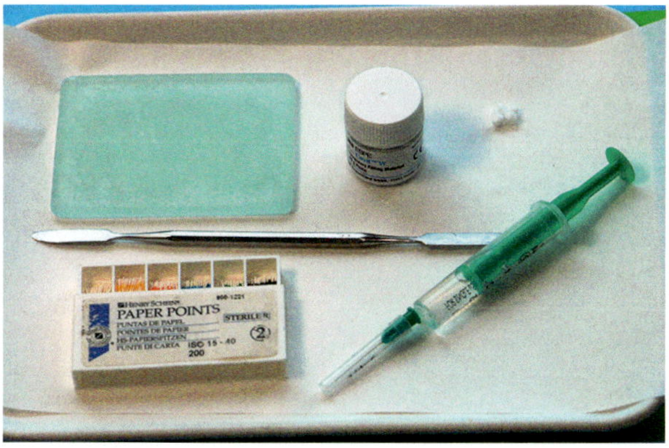

Abb. 1 Zusätzliche Instrumente zur medikamentösen Einlage oder Wurzelfüllung

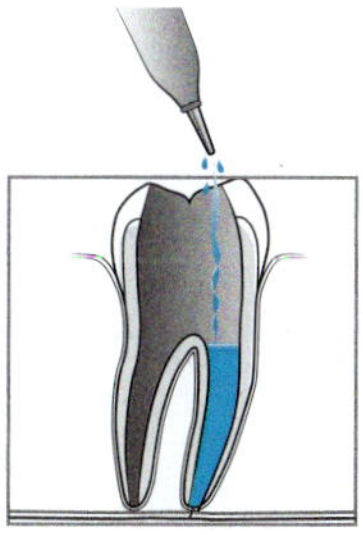

7.4.4 Wurzelkanalfüllung

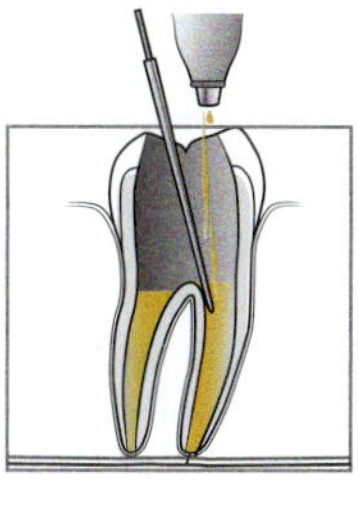

Je nach verwendeter Abfülltechnik können unterschiedliche Instrumente benötigt werden.
Für die laterale Kondensation werden folgende Instrumente und Materialien benötigt:
- Anmischspatel
- Glasplatte
- Wurzelkanalinstrumente
- Messblock
- Einwegspritze mit Spüllösungen
- Papierspitzen
- Sealer und Guttaperchastifte, evtl. Wurzelfüllinstrumente (z. B. Lentulo®)
- Spreader
- Schere
- Feuerzeug und Instrumente zum Abschmelzen der Guttapercha
- Wattepellets und Tupfer
- Verschlussmaterial

Papierspitzen →S. 61
Guttaperchastifte →S. 61

Die Papierspitzen und Guttaperchastifte sollten nicht mit den Fingern berührt werden, sondern nur mit einer Pinzette entnommen und der Zahnärztin gereicht werden. Der Sealer wird sorgsam angemischt und bereitgestellt.

laterale Kondensation →S. 69

Bei der lateralen Kondensation muss zuerst der Zahnärztin die Masterpoint-Guttapercha (Guttapercha mit der ISO-Größe des zuletzt verwendeten Wurzelkanalinstrumentes) gereicht werden.

Spreader →S. 69

Wenn die Zahnärztin mit einem Spreader arbeitet, so muss das Team (ZFA und Zahnärztin) gut aufeinander abgestimmt sein. Während die Zahnärztin mit dem Spreader die Guttapercha verdichtet, fasst die ZFA eine Guttapercha mit kleinerer ISO-Größe und reicht sie der Zahnärztin. Die ZFA übernimmt von der Zahnärztin den Spreader, der mit einem Alkoholtupfer gesäubert wird. Dieser Vorgang wird so lange wiederholt, bis der Wurzelkanal vollständig gefüllt ist.

Daraufhin muss die ZFA einen Stopfer oder Exkavator über einer Flamme erhitzen und der Zahnärztin reichen. Diese trennt die überschüssige Guttapercha ab. Die ZFA sollte die abgetrennten Reste mit einem Tupfer vom Instrument abstreifen und das Instrument bei Bedarf erneut erhitzen.

Terminologie: Wurzelkanalbehandlung

apikale Masterfeile	zuletzt verwendete Wurzelkanalfeile; nach ihrer ISO-Größe richtet sich die ISO-Größe des Guttaperchastiftes zur Wurzelkanalfüllung
Exstirpation, die (lat. exstirpare = mit dem Stumpf und der Wurzel herausreißen)	(operative) Entfernung, z. B. der Pulpa
irreversibel	nicht rückführbar
ISO	Abkürzung für International Organization for Standardization
koronal	an der Zahnkrone
Masterpoint, der	Guttaperchastift zur Wurzelfüllung; er hat dieselbe ISO-Größe wie die Masterfeile
Sealer, der	Zement zur Wurzelkanalfüllung
Trepanation, die	Eröffnung der Pulpahöhle

Wurzelkanalbehandlung

Aufgaben

1 Nennen Sie die für Wurzelkanalaufbereitung und -füllung benötigten Instrumente.

2 Woran erkennen Sie eine Hedström-Feile der ISO-Größe 20?

3 Notieren Sie die einzelnen Arbeitsschritte des Behandlungsablaufs einer Vitalexstirpation und Gangränbehandlung.

4 Beschreiben Sie den Ablauf einer Längenbestimmung des Wurzelkanals mithilfe einer Röntgenaufnahme.

8 Anästhesien in der Zahnarztpraxis

Folgende Methoden zur Schmerzausschaltung werden angewendet:
- Lokalanästhesien
- Analgesie durch Inhalation (i. d. R. in Zusammenarbeit mit einem Anästhesisten)
- Narkosen (i. d. R. in Zusammenarbeit mit einem Anästhesisten)

Daneben werden auch immer mehr alternative Verfahren von den Patientinnen gewünscht, z. B. Hypnose, Akupunktur, nadelfreie Anästhesien und elektrische Verfahren zur Schmerzbekämpfung. Diese Methoden sind nur privat über die GOZ/GOÄ, durch Privatvereinbarung bzw. als Analogleistung abrechenbar.

Die in der Zahnarztpraxis am häufigsten verwendete Anästhesie ist die Lokalanästhesie. Dabei unterscheidet man die terminalen Anästhesien (meist als Infiltrationsanästhesie bezeichnet) und die Stamm- oder Leitungsanästhesien.

8.1 Anästhesien bei Kassenpatientinnen

Privatvereinbarung, →LF 2

Bei der letzten BEMA-Reform ist die Oberflächenanästhesie als Leistung für Kassenpatientinnen gestrichen worden. Wird diese Leistung von der Praxis erbracht, muss die Patientin zuvor eine Privatvereinbarung mit der Praxis schließen.

8.1.1 Infiltrationsanästhesie

BEMA-Pos.	Abk.	Leistung	Bewertungszahl
40	I	Infiltrationsanästhesie	8

Merke
Ist die Hauptleistung an einem Zahn bzw. im Zahngebiet eine außervertragliche Leistung (Privatleistung), muss auch die Anästhesie privat abgerechnet werden. Wenn ein Kassenpatient z. B. eine Implantatversorgung wünscht, ist dies eine außervertragliche Leistung (nicht im BEMA enthalten. Die benötigten Anästhesien müssen privat abgerechnet werden. Wird dagegen am Zahn bzw. im Zahngebiet eine Vertragsleistung erbracht, die einer Anästhesie bedarf, kann die Anästhesie auch nach dem BEMA berechnet werden.

A Normalerweise kann die Position I für den Bereich von **zwei nebeneinanderliegenden** Zähnen **einmal** je Sitzung abgerechnet werden. Dies entspricht auch in den meisten Fällen der tatsächlichen Betäubung. Hiervon bilden die **mittleren Schneidezähne** (11 und 21 sowie 31 und 41) eine **Ausnahme**. Sie gelten als nicht nebeneinanderliegend. Dies lässt sich mit der Versorgung durch den Verlauf unterschiedlicher Nervenstränge im Frontzahnbereich begründen.

Die Dauer einer Anästhesie kann nur beschränkt von der Zahnärztin bestimmt werden. Dauert ein Eingriff länger an und lässt die Wirkung des Anästhetikums nach, kann nachgespritzt und eine weitere Position I abgerechnet werden. Werden im Ausnahmefall zwei nebeneinanderliegende Zähne intraligamentär anästhesiert, kann die Position I je Zahn abgerechnet werden. Bei der Intraligamentäranästhesie wird nur ein Zahn tatsächlich „betäubt".

Da die Parodontal- und Zahnersatzbehandlungen auf andere Weise abgerechnet werden, muss die Position I in der KCH-Upload-Datei besonders gekennzeichnet werden (ZE = 5, PA = 4).

P̸
- Eine Infiltrations- oder Terminalanästhesie kann nicht pro Zahn abgerechnet werden (Ausnahme: mittlere Schneidezähne).
- Eine Oberflächenanästhesie kann nicht mit Position I abgerechnet werden.
- Die Intraligamentäranästhesie kann nicht als Regelanästhesie berechnet werden.

M̸ Die Materialkosten für das Anästhetikum können nicht zusätzlich berechnet werden.

8.1.2 Leitungsanästhesie

BEMA-Pos.	Abk.	Leistung	Bewertungszahl
41		**Leitungsanästhesie**	
41a	L1	- intraoral	12
41b	L2	- extraoral	16

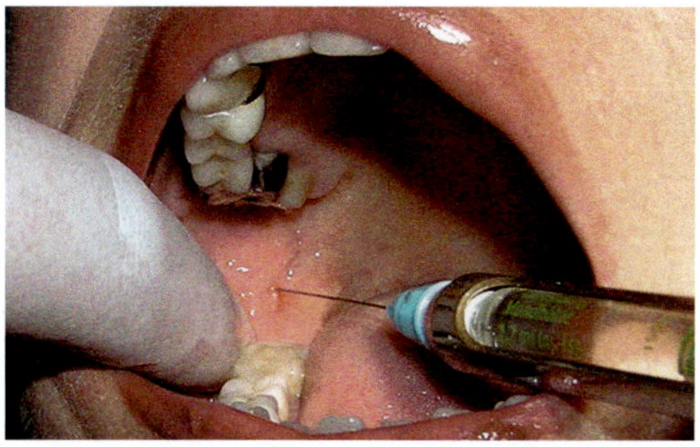

Abb. 1 Intraorale Leitungsanästhesie am Unterkiefer

A Zunächst erscheint die Abrechnung der beiden Leitungsanästhesien L1 und L2 sehr eingeschränkt, da sie nur abgerechnet werden dürfen **„wenn die Infiltrationsanästhesie I nicht ausreicht“**. Der Zahnarzt muss also theoretisch erst probieren, ob eine Anästhesie nach Position I ausreicht. Um dies zu entkräften, hat man eine allgemeine Regel aufgestellt:

L1 und L2 können abgerechnet werden:
- pro Kieferhälfte einmal
- im Unterkiefer immer
- im Oberkiefer bei Entzündungen
- im Oberkiefer bei **größeren chirurgischen** Eingriffen (nicht bei normalen Zahnentfernungen einschließlich der Entfernung eines tieffrakturierten Zahnes und der chirurgischen Wundrevision sowie den Exzisionen von Mundschleimhaut und Schleimhautwucherungen)
  Zu größeren chirurgischen Eingriffen zählen:
  Inzisionen, z. B. Inz1, Osteotomien, z. B. Ost1, plastische Deckungen, z. B. Pla0 und Pla1, Trepanationen, z. B. Trep2, Wurzelspitzenresektionen, z. B. WR1, Zystektomien, z. B. Zy1, Reimplantationen, z. B. RI, Knochenresektionen, z. B. KnR und Alv, sowie Diastemaoperationen, z. B. Dia.

Bei Leitungsanästhesien wird grundsätzlich davon ausgegangen, dass sie intraoral gelegt werden. Die Position L2 wird sehr selten abgerechnet. Sie kommt zur Anwendung, wenn z. B. die eingeschränkte Mundöffnung der Patientin eine L1 nicht möglich erscheinen lässt.

In manchen KZV-Bereichen gelten bei parodontal-chirurgischen Eingriffen besondere Regeln, z. B. kann im OK die Position I pro Zahn, im UK neben den Leitungsanästhesien 4-mal Position I pro Kieferhälfte abgerechnet werden.

Eine zusätzliche Leitungsanästhesie kann durch eine lange Behandlungsdauer begründet werden. Da die Parodontal- und Zahnersatzbehandlung auf andere Weise abgerechnet werden, muss die Leitungsanästhesie in der KCH-Upload-Datei besonders gekennzeichnet werden (ZE = 5, PA = 4).

B Neben den Positionen L1 und L2 kann die Position I abgerechnet werden,
- wenn damit Anastomosen ausgeschaltet werden müssen (häufig bei Eingriffen im Bereich der UK-Frontzähne),
- wenn eine ausreichende Schmerzfreiheit sonst nicht zu erreichen ist (häufig bei chirurgischen und parodontal-chirurgischen Eingriffen).

- Die Leitungsanästhesie kann nicht pro Zahn berechnet werden.
- Eine Oberflächenanästhesie ist nicht als L1 oder L2 berechenbar.

Merke
Für die Positionen L1 und L2 gelten gleiche Bestimmungen für außervertragliche Leistungen wie bei der Position I.

Oberflächenanästhesie
→S. 80

Beispiel
An Zahn 36 wird eine Caries-profunda-Behandlung durchgeführt (Kassenleistung). Gleichzeitig erfolgt eine Inlay-Präparation zum Austausch einer Amalgamfüllung (Privatleistung).
Die Anästhesie kann abgerechnet werden, weil sie für die Kassenleistung erforderlich ist.

M Die Materialkosten für das Anästhetikum sind nicht zusätzlich berechenbar.

Die Inhalationsanalgesie ist nicht mehr Bestandteil der vertragszahnärztlichen Versorgung und kann nur von einem Anästhesisten abgerechnet werden.

Beispiel 1

Datum	Zahn	Behandlungsausschnitt	BEMA-Pos.
A	36, 37, 46, 47	intraorale Leitungsanästhesie für Kronenpräparation Wiederholung wegen nachlassender Anästhesiewirkung	4 x L1 (ZE = 5)

Beispiel 2

Datum	Zahn	Behandlungsausschnitt	BEMA-Pos.
A	34, 35	intraligamentäre Anästhesie für chirurgische Eingriffe mit Naht an beiden Zähnen	2 x I, chirurg. Leistungen
B	34, 35	Nahtentfernung unter Oberflächenanästhesie	nur die Nahtentfernung

Die Oberflächenanästhesie kann privat in Rechnung gestellt werden, wenn eine Vereinbarung mit der Patientin getroffen wurde.

Beispiel 3

Datum	Zahn	Behandlungsausschnitt	BEMA-Pos.
A	21, 22, 23, 26	Infiltrationsanästhesien zur Parodontalbehandlung	3 x I (PAR = 4)

Beispiel 4

Datum	Zahn	Behandlungsausschnitt	BEMA-Pos.
A	48	intraorale Leitungsanästhesie bei größerem chirurgischem Eingriff (Ost1), Wiederholung derselben wegen langer Dauer	2 x L1, chirurg. Leistungen
B	48	intraorale Leitungsanästhesie für chirurgische Nachbehandlung	L1

Beispiel 5

Datum	Zahn	Behandlungsausschnitt	BEMA-Pos.
A	11, 12	Oberflächenanästhesie wegen Einstich, Infiltrationsanästhesie, chirurgischer Eingriff	1 x I chirurg. Leistung
B	11, 12 33–44	Oberflächenanästhesie bei Nahtentfernung Oberflächenanästhesie bei Zahnsteinentfernung	Nahtentfernung Zst

Die Oberflächenanästhesie kann privat in Rechnung gestellt werden, wenn eine Vereinbarung mit der Patientin getroffen wurde.

Beispiel 6

Datum	Zahn	Behandlungsausschnitt	BEMA-Pos.
A	16 26 11, 21	Infiltrationsanästhesie für Präparation eines Inlays (Austausch einer intakten Amalgamfüllung) Infiltrationsanästhesie für Wurzelkanalbehandlung mit anschließender Präparation für Inlay (Austausch einer intakten Amalgamfüllung) Infiltrationsanästhesien für konservierende Behandlung	private Berechnung 1 x I (für Wurzelkanalbehandlung), private Berechnung 2 x I und kons. Leistungen
B	22, 21 48, 45, 41 48 41	Infiltrationsanästhesie für konservierende Behandlung Leitungsanästhesie für chirurgische Leistungen erneute Leitungsanästhesie wegen langer Dauer zusätzliche Infiltrationsanästhesie en (bei 41 zur Ausschaltung von Anastomosen)	1 x I und kons. Leistungen 1 x L1, chirurg. Leistungen 1 x L1 1 x I

Bei einer Mehrkostenberechnung von Füllungen wird je nach KZV-Gebiet unterschiedlich verfahren: Geht man davon aus, dass für die „fiktive Füllung“ auch eine Anästhesie erforderlich gewesen wäre, wird sie der Kasse in Rechnung gestellt. Eine andere Auffassung stellt fest, dass wenn die Hauptleistung an einem Zahn privat in Rechnung gestellt wird, auch die Anästhesie privat abgerechnet werden muss. Auf keinen Fall kann jedoch die Anästhesie sowohl der Kasse als auch privat in Rechnung gestellt werden!

Mehrkostenregelung, →LF 4

fiktive Füllung, →LF 4

Vor der Anästhesie ist die Patientin auf bestimmte Unverträglichkeiten oder Krankheiten zu befragen, wenn dies nicht schon in der Anamnese erfragt wurde. Bei den Anästhesien passieren die häufigsten Zwischenfälle in Zahnarztpraxen. Deshalb ist es hier besonders wichtig, genau zu dokumentieren, welches Anästhetikum in welcher Menge (in ml) verwendet wurde. Für die Abrechnung kann es sehr wichtig werden, welche Art der Anästhesie gelegt wurde.

Bei der Intraligamentäranästhesie verlangen manche Abrechnungsprogramme hinter dem Kürzel I z. B. ein **A**, damit die Abrechnung pro Zahn toleriert wird. Bei Eingabe einer zweiten Position I oder L im selben Zahngebiet erfolgt immer ein Warnhinweis, dass dies begründet werden muss →Abb. 1 (z. B. mit langer Dauer, ungenügend tiefer Anästhesie oder Anastomosenausschaltung).

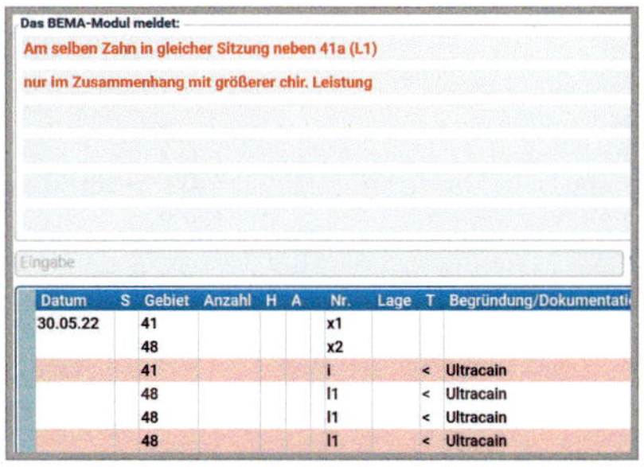

Abb. 1 Fehlermeldung des Abrechnungsprogramms

8.2 Anästhesien bei Privatpatientinnen

Bei Privatpatientinnen gibt es vielfältigere Möglichkeiten in der Abrechnung von Anästhesien.

8.2.1 Oberflächenanästhesie

Um die Einstichstelle bei der Infiltrationsanästhesie oder Leitungsanästhesie zu betäuben oder kleinere Eingriffe vorzunehmen, kann bei Privatpatientinnen die sogenannte Oberflächenanästhesie vorgenommen werden.

GOZ-Pos.	Leistung	Punktzahl
0080	Oberflächenanästhesie, je Kieferhälfte oder Frontzahnbereich	30 P

A Durch die Bestimmung „je Kieferhälfte oder Frontzahnbereich" ist die Abrechnung stark eingeschränkt (→bMF bei Kassenpatientinnen). Es ist also möglich, diese Position maximal viermal in einer Sitzung abzurechnen. Die Leistung kann auch nicht wiederholt werden, darf aber neben den anderen Anästhesien in der gleichen Sitzung abgerechnet werden.

M Das Anästhetikum kann nicht zusätzlich berechnet werden.

8.2.2 Infiltrationsanästhesie

GOZ-Pos.	Leistung	Punktzahl
0090	Intraorale Infiltrationsanästhesie	60 P

Die GOZ-Bezeichnung der Leistung unterscheidet sich zwar nur unwesentlich von der Bezeichnung nach dem BEMA, allerdings sind die Abrechnungsbestimmungen völlig unterschiedlich.

A Die Position 0090 kann folgendermaßen abgerechnet werden:
- grundsätzlich pro Zahn und Sitzung
- mehrfach pro Zahn mit entsprechender Begründung (z. B. lange Behandlungsdauer, keine ausreichende Anästhesietiefe, Ausschaltung der Schmerzempfindung im palatinalen und vestibulären Kieferbereich)

Position 0090 wird auch für die intraligamentäre Anästhesie abgerechnet. Sie kann immer zusammen mit der 0080 berechnet werden. Außerdem kann sie auch in Kombination mit 0100 abgerechnet werden. Hierbei ist eine Begründung in der Rechnung empfehlenswert.

M Das Anästhetikum kann zusätzlich berechnet werden.

8.2.3 Leitungsanästhesie

GOZ-Pos.	Leistung	Punktzahl
0100	Intraorale Leitungsanästhesie	70 P

Im Gegensatz zum BEMA gibt es nach GOZ keine eigene Position für die extraorale Leitungsanästhesie. Damit muss sie analog nach § 6 Abs. 1 GOZ abgerechnet werden.

A Die Position 0100 kann in der Regel je Kieferhälfte nur einmal je Sitzung berechnet werden. Mit Begründung kann sie jedoch auch mehrmals pro Kiefer berechnet werden (z. B. bei langer Behandlungsdauer, der Notwendigkeit der Verwendung eines Anästhetikums ohne Vasokonstringens).

Position 0100 kann immer zusammen mit der 0080 berechnet werden sowie in der Kombination mit der Position 0090. Hierbei ist eine Begründung in der Rechnung empfehlenswert.

M Das Anästhetikum kann zusätzlich berechnet werden.

Position 0080 darf nicht pro Zahn, 0090 nicht pro Einstichstelle und 0100 nicht pro Einstich berechnet werden.

8.2.4 Inhalationsanalgesie

Narkosen für Privatpatientinnen werden nach Teil D der GOÄ (Anästhesieleistungen) berechnet. Dieser Teil der GOÄ ist für Zahnärztinnen nicht geöffnet und muss als Analogleistung abgerechnet werden. Wird eine Anästhesistin hinzugezogen, kann von ihr die Position Ä 450 abgerechnet werden:

GOÄ-Pos.	Leistung	Punktzahl
Ä 450	Rauschnarkose – auch mit Lachgas	76 P

A Bei der Anwendung mehrerer Narkoseverfahren ist nur die jeweils höchstbewertete dieser Leistungen berechnungsfähig; eine erforderliche Prämedikation ist Bestandteil dieser Leistung.
Als Narkosedauer gilt die Dauer von zehn Minuten vor Operationsbeginn bis zehn Minuten nach Operationsende.

Die Vorschriften und Empfehlungen zur Dokumentation entsprechen denen der Abrechnung bei Kassenpatientinnen.

Beispiel 1

Datum	Zahn	Behandlungsausschnitt	GOZ-Pos.
A	36, 37, 46, 47	intraorale Leitungsanästhesie für Kronenpräparation Wiederholung wegen nachlassender Anästhesiewirkung	4 x 0100 (Begründung)

Beispiel 2

Datum	Zahn	Behandlungsausschnitt	GOZ-Pos.
A	34, 35	intraligamentäre Anästhesie für chirurgischen Eingriff mit Naht	2 x 0090, chirurg. Leistungen
B	34, 35	Nahtentfernung unter Oberflächenanästhesie	0080, Nahtentfernung

Beispiel 3

Datum	Zahn	Behandlungsausschnitt	GOZ-Pos.
A	21, 22, 23, 26	Infiltrationsanästhesien zur Parodontalbehandlung	4 x 0090, PAR-Leistungen

Beispiel 4

Datum	Zahn	Behandlungsausschnitt	GOZ-Pos.
A	48	intraorale Leitungsanästhesie bei größerem chirurgischem Eingriff (3040), Wiederholung wegen langer Dauer	2 x 0100, chirurg. Leistungen
B	48	intraorale Leitungsanästhesie für chirurgische Nachbehandlung	0100, Nachbehandlung

Beispiel 5

Datum	Zahn	Behandlungsausschnitt	GOZ-Pos.
A	11, 12	Oberflächenanästhesie wegen Einstich, Infiltrationsanästhesie chirurgischer Eingriff	0080, 2 x 0090 chirurg. Leistungen
B	11, 12 33–44	Oberflächenanästhesie bei Nahtentfernung Oberflächenanästhesie bei Zahnsteinentfernung	0080, Nahtposition 7 x 4050

Beispiel 6

Datum	Zahn	Behandlungsausschnitt	GOZ-Pos.
A	16 26 11, 21	Infiltrationsanästhesie für Präparation eines Inlays Infiltrationsanästhesie für Wurzelkanalbehandlung mit anschließender Präparation für Inlay Infiltrationsanästhesien, konservierende Behandlung	0090, Inlay 0090, Wurzelkanalbehandlung und Inlay 2 x 0090, konservierende Leistungen
B	22, 21 48, 45, 41 48, 41	Infiltrationsanästhesie für konservierende Behandlung Leitungsanästhesie für chirurgische Leistungen zusätzlich Infiltrationsanästhesien (bei 41 zur Ausschaltung von Anastomosen, bei 48 für größere Schmerzfreiheit)	2 x 0090, konservierende Leistungen 1 x 0100, chirurg. Leistungen 1 x 0090 (Begründung) 1 x 0090 (Begründung)

schriftliche Vereinbarung, →LF 2

Analogleistung, →LF 2

Verlangensleistung, →LF 2

Bei neueren Verfahren zur Schmerzausschaltung wie Akupunktur, nadelfreie Anästhesien, Hypnose oder transkutane elektronische Nervenstimulation empfiehlt sich bei Kassenpatientinnen eine schriftliche Vereinbarung nach § 8 Abs. 7 BMV-Z. Damit wird die Kassenpatientin zur Privatpatientin. Da diese Leistungen auch nicht in der GOZ/GOÄ enthalten sind, bietet sich die analoge Abrechnung nach § 6 Abs. 1 GOZ oder die Abrechnung als Verlangensleistung nach § 2 Abs. 2 und 3 GOZ an.

9 Überkappungen und Amputationen

9.1 Leistungsabrechnung bei Kassenpatientinnen

Überkappungen und Amputationen sollen einen Zahn und dessen Pulpa vital erhalten. Es gibt zwei unterschiedliche Behandlungen zur Erhaltung der Pulpa. Es sollte damit gesichert sein, die Pulpa vital erhalten zu können.

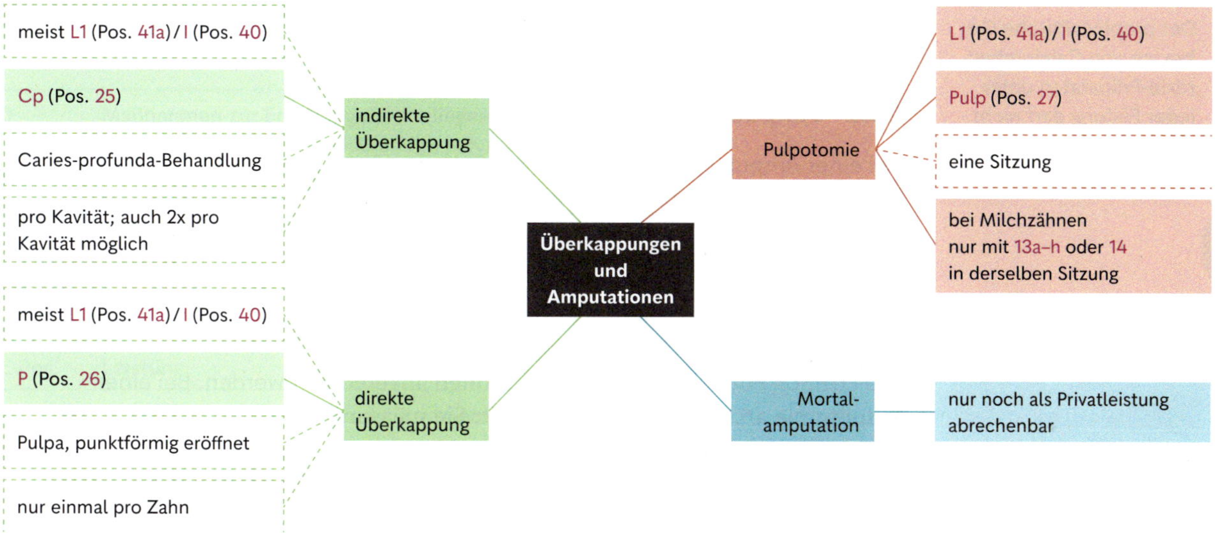

9.1.1 Überkappungen

Die Behandlungsschritte für die indirekte und die direkte Überkappung, sind im Wesentlichen gleich. Von **Cp-Behandlung** spricht man, wenn die Pulpa noch nicht eröffnet ist. Bei der **P-Behandlung** ist die Pulpa eröffnet. Es blutet aus dem Zahn. Der Behandlungserfolg sollte in einer späteren Sitzung mit einer Vitalitätsprobe kontrolliert werden.

BEMA-Pos.	Abk.	Leistung	Bewertungszahl
25	Cp	Indirekte Überkappung zur Erhaltung der gefährdeten Pulpa, ggf. einschließlich des provisorischen oder temporären Verschlusses der Kavität	6
26	P	Direkte Überkappung, je Zahn	6

A In der Regel werden beide Behandlungen je Kavität berechnet. Ausnahmen:

- Werden an einem Zahn zwei getrennte Kavitäten mit indirekter Überkappung behandelt, kann die Position Cp mehrmals pro Zahn berechnet werden. Die direkte Überkappung darf jedoch nur einmal pro Zahn abgerechnet werden.
- Position Cp wird auch mehrmals pro Kavität in verschiedenen Sitzungen berechnet.
- In derselben Kavität ist in einer Sitzung nur Position Cp **oder** P abrechenbar.

Wenn es (im Ausnahmefall) nicht gelingt, mit der Überkappung die Pulpa vital zu erhalten, kann auch eine Wurzelkanalbehandlung oder eine Extraktion des Zahnes durchgeführt und abgerechnet werden.

Beispiel

In einer Kavität wird eine Cp-Behandlung durchgeführt und der Zahn provisorisch verschlossen. Wegen Schmerzen muss die Behandlung nach ein paar Tagen wiederholt werden. Hierbei könnte die Pulpa eröffnet und eine P-Behandlung durchgeführt sowie abgerechnet werden.

9.3 Überkappungen und Amputationen bei Kassen- und Privatpatientinnen im PVS

9.3.1 Indirekte Überkappung

Kassenpatientin

46					l1		<	Ultracain
46					cp			
46					vipr		<	46=+
46							<	Pulpentest.
46					f4	mold	<	Amalgam

Abb. 1 Eingabe in einer Sitzung

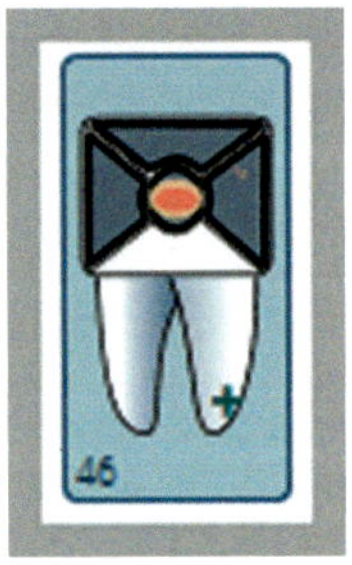

Abb. 3 Pulpa abgedeckt (rosa) Zahn gefüllt (Amalgam=grauschwarz) und positiv (+)

Privatpatientin

Datum	S	Gebiet	Anzahl	H	A	Nr.	Lage	T	Begründung/Dokumentation
17.05.22		46				0100		<	Intraorale Leitungsanästhesie
						M100			Ultracain DS forte, je Ampulle
		46				2330		<	Exkavieren, indirekte Überkappung, je Kavität
		46				2090	mld	<	Präparieren einer Kavität und Restauration, dreiflächig
30.05.22		46				2130		<	Kontrolle, Finieren/Polieren einer Restauration
		46				0070		<	Vitalitätsprüfung eines oder mehrerer Zähne

Abb. 2 Eingabe in zwei Sitzungen

9.3.2 Direkte Überkappung

Kassenpatientin

37					vipr		<	37=+
37							<	Pulpentest.
37					l1		<	Ultracain
37					p		<	Calciumhydroxid.
37					f3	mol	<	Amalgam

Abb. 4 Eingabe in einer Sitzung

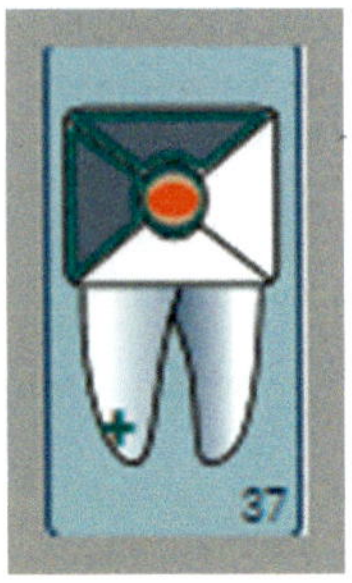

Abb. 6 Pulpa abgedeckt (rot) Zahn gefüllt (Amalgam=grauschwarz) und positiv (+)

Privatpatientin

Datum	S	Gebiet	Anzahl	H	A	Nr.	Lage	T	Begründung/Dokumentation
17.05.22		37				0100		<	Intraorale Leitungsanästhesie
						M100			Ultracain DS forte, je Ampulle
		37				2330		<	Exkavieren, indirekte Überkappung, je Kavität
		37				2020			Temporärer speicheldichter Verschluss einer Kavität
19.05.22		37				2090	mld	<	Präparieren einer Kavität und Restauration, dreiflächig
		37				0070		<	Vitalitätsprüfung eines oder mehrerer Zähne
30.05.22		37				2130		<	Kontrolle, Finieren/Polieren einer Restauration

Abb. 5 Eingabe in drei Sitzungen

9.3.4 Pulpotomie/Vitalamputation

Kassenpatientin

Gebiet	Anzahl	H	A	Nr.	Lage	T	Begründung/Dokumentation
22				i		<	Infiltrationsanästhesie
22				pulp			Pulpotomie
22				f4	mldi	<	Mehr als 3-flächige Füllung, Eckenaufbau
22				vipr		<	Vitalitätsprüfung eines oder mehrerer Zähne

Abb. 1 Eingabe in einer Sitzung

Abb. 3 Kronenpulpa entfernt (nicht dargestellt) Zahn gefüllt (Kompositfüllung=gelb) und positiv (+)

Privatpatientin

Datum	S	Gebiet	Anzahl	H	A	Nr.	Lage	T	Begründung/Dokumentation
31.05.22		22				0090		<	Intraorale Infiltrationsanästhesie
						M100			Ultracain DS forte, je Ampulle
		22				2390		<	Trepanation eines Zahnes, als selbständige Leistung
		22				VIPR		<	Vitalitätsprüfung eines oder mehrerer Zähne
		22				2350			Amputation und Versorgung der vitalen Pulpa, einschl. Exkav.
		22				2120	mldi	<	Präp. e. Kavität u. Restauration in Adhäsivt., mehrflächig

Abb. 2 Eingabe in einer Sitzungen

9.3.5 Mortalamputation (nur Privat)

Datum	S	Gebiet	Anzahl	H	A	Nr.	Lage	T	Begründung/Dokumentation
31.05.22		75				2390		<	Trepanation eines Zahnes, als selbständige Leistung
		75				2380			Amputation u. endgült. Versorgung d. avitalen Milchzahnpulpa
		75				2250			Konfektionierte Krone in der Pädiatrie

Abb. 4 Eingabe in einer Sitzung

Abb. 5 Gesamte Pulpa entfernt (nicht dargestellt) Zahn mit Kinderkrone versorgt (gelb symbolisiert), Zahn nicht vital (-)

Endzustand

Gesamte Pulpa entfernt (nicht dargestellt)
Zahn mit Kinderkrone versorgt (gelb symbolisiert),
Zahn nicht vital (-)

10 Wurzelkanalbehandlungen (Endodontie)

Im Gegensatz zu den Überkappungen und Amputationen wird in allen Wurzelkanalbehandlungen das gesamte Pulpengewebe vollständig entfernt. Man unterscheidet drei verschiedene Wurzelbehandlungsmethoden. Die einzelnen Abrechnungspositionen werden anhand der drei Methoden erläutert.

10.1 Wurzelkanalbehandlungen bei Kassenpatientinnen

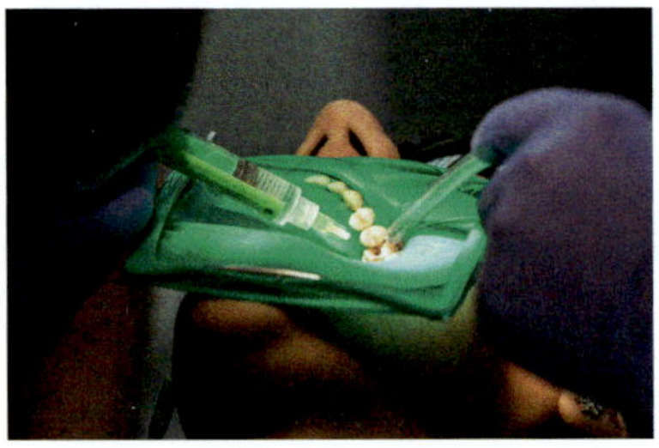

Abb. 1 Eine Wurzelkanalbehandlung ist indiziert, wenn eine geschlossene Zahnreihe erhalten werden kann.

Grundsätzlich sind die Methoden bei Kassenpatientinnen durch die **Richtlinien des Gemeinsamen Bundesausschusses (GBA)** stark eingeschränkt.

Es wurde vom GBA zusätzlich eine Qualitätsbeurteilungs-Richtlinie zu **Überkappungsmaßnahmen** (QBÜ-RL-Z) beschlossen. Sie betrifft alle Praxen, die Cp, P in Verbindung mit VitE, Trep1, WK, Med, WF, X1, X2, X3 abgerechnet haben. Hier werden (per Zufallsauswahl) 3% der Praxen auf die Indikationsstellung geprüft. Es werden dazu 10 Fälle der Praxis ausgesucht. Über das Ergebnis wird die Praxis unterrichtet.
Diese Richtlinien müssen also immer dann genau beachtet werden, wenn eine Wurzelkanalbehandlung bei einer Kassenpatientin begonnen wird. Unter Umständen kann die Kassenpatientin natürlich auch eine Privatbehandlung mit der Zahnarztpraxis vereinbaren.

Privatbehandlung, →LF 4

Die Richtlinien finden Sie für die Endodontie, Chirurgie und sonstige zahnärztliche Behandlungen unter: *https://www.g-ba.de/downloads/62-492-2784/RL-Z_Behandlung_2021-12-16_iK-2022-03-09.pdf*

Merke
Die Position VitE umfasst nur die Exstirpation der vitalen Pulpa an sich, nicht aber sämtliche Schritte der Vitalexstirpationsmethode → Tab. 1, S. 89.

10.1.1 Vitalexstirpationsmethode

Die Vitalexstirpation ist die am häufigsten angewandte Wurzelkanalbehandlungsmethode. Diese Positionen können abgerechnet werden:

BEMA-Pos.	Abk.	Leistung	Bewertungszahl
28	VitE	Exstirpation der vitalen Pulpa, je Kanal	18
32	WK	Aufbereiten des Wurzelkanalsystems, je Kanal	29
35	WF	Wurzelkanalfüllung einschließlich eines eventuellen provisorischen Verschlusses, je Kanal	17

Zahnmedizinisch beinhaltet die Position VitE das Aufbohren des Zahnes, das Aufsuchen der Wurzelkanäle und eine Entfernung der gesamten vitalen Pulpa, z. B. mit einer Exstirpationsnadel.
Die Position WK beinhaltet das Aufbereiten und Erweitern der Wurzelkanäle inkl. des Entfernens von abgestorbenem Pulpagewebe (sowie chemische Aufbereitung, z. B. mit Natriumhypochlorit).
Ein normaler abrechnungstechnischer Ablauf einer Vitalexstirpation folgt den Schritten →Tab. 1, S. 89. Sie können in einer oder mehreren Sitzungen erfolgen.

In Sonderfällen muss nach der Aufbereitung der Kanäle eine medikamentöse Einlage gelegt und der Zahn provisorisch verschlossen werden. In solchen Fällen ist die Position Med (34) berechenbar. Die Füllung der Kanäle erfolgt dann in der nachfolgenden Sitzung.

Wurzelkanalbehandlungen (Endodontie)

Schritt	Vorgehen	Abrechnung
1	Anästhesie	I oder L
2	Trepanation	---
3	Entfernen der Pulpa mit einer Exstirpationsnadel (Pulpektomie)	VitE je tatsächlich vorhandenem Kanal
4	Röntgenmessaufnahme	Rö2
5	Aufbereiten der Wurzelkanäle	WK je Kanal
6	Abfüllen der Wurzelkanäle	WF je Kanal
7	Röntgenkontrollaufnahme	Rö2
8	Weiterbehandlung, z. B. Füllung	F

Tab. 1 Normaler abrechnungstechnischer Ablauf einer Vitalexstirpation

A Für die drei Positionen VitE, WK und WF gilt:

- VitE, WK und WF können je Wurzelkanal an einem Zahn abgerechnet werden. Dabei werden auch anatomische Besonderheiten berücksichtigt: Hat z. B. ein 5er Zahn im OK im konkreten Fall zwei Wurzelkanäle, wird die Behandlung der tatsächlichen Anzahl der Wurzelkanäle abgerechnet.
- Wird eine der drei Leistungen in mehr als einer Sitzung erbracht, kann dies nicht berechnet, sollte aber genau dokumentiert werden.
- Alle drei Leistungen können auch an Milchzähnen abgerechnet werden.
- Die Leistungen WK und WF können auch an bereits wurzelbehandelten Zähnen (erneut) abgerechnet werden. Das Aufbohren kann dann als Trep1 abgerechnet werden, weil der Zahn devital ist. Das gilt auch für die retrograde Aufbereitung und Füllung, z. B. in Zusammenhang mit einer Wurzelspitzenresektion.
- In Ausnahmefällen kann VitE auch nach einer Cp oder P abgerechnet werden.

Wurzelspitzenresektion, →S. 179

Für VitE, WK und WF gelten folgende Ausschlüsse:

- Die Abrechnung ist nicht je Sitzung oder je Zahn möglich.
- Provisorische Verschlüsse.
- Eine Behandlung, die nicht richtlinienkonform ist.
- Die Position WF kann nicht für den retrograden Wurzelkanalverschluss im Rahmen einer Wurzelspitzenresektion berechnet werden.

Die Leistungen VitE, WK und WF werden zahnbezogen in das Abrechnungsprogramm eingegeben. Danach fragt dieses nach der Anzahl der Wurzelkanäle oder es wird entsprechend dem „Normalfall" (z. B. steht bei Zahn 24 die Anzahl auf 2) vorgeschlagen. Bei Abweichungen muss die Anzahl entsprechend verändert werden; ggf. ist es ratsam, auf das entsprechende Röntgenbild zu verweisen.

Die verwendeten Materialien sollten unbedingt dokumentiert werden. Oft bieten die Programme auch Makros an, d. h., nach Eingabe von VitE werden die normalerweise anfallenden zusätzlichen Positionen, wie z. B. I oder L1, Rö, WK, WF, abgefragt.

Beispiel 1

Datum	Zahn	Behandlungsausschnitt	BEMA-Pos.
A	22	Vitalitätsprüfung (+) Röntgenaufnahme (apikal o. B.) Infiltrationsanästhesie Trepanieren des Zahnes mit Vitalexstirpation Wurzelkanalerweiterung und -aufbereitung Röntgenaufnahme (Messaufnahme) Wurzelkanalfüllung Röntgenaufnahme (Kontrollaufnahme) dreiflächige Füllung	ViPr Rö2 I 1 x VitE 1 x WK Rö2 1 x WF Rö2 F3

Beispiel 2

Datum	Zahn	Behandlungsausschnitt	BEMA-Pos.
A	24	Vitalitätsprüfung (+) Röntgenaufnahme (drei Kanäle, zwei Wurzeln) Infiltrationsanästhesie Trepanation und Vitalexstirpation Wurzelkanalsystemaufbereitung (nicht abgeschlossen) Röntgenaufnahme (Messaufnahme) provisorischer Verschluss	ViPr Rö2 I 3 x VitE - Rö2 -
B	24	Wurzelkanalaufbereitung abgeschlossen Wurzelkanäle abgefüllt Röntgenaufnahme (Kontrollaufnahme) vierflächige Füllung	3 x WK 3 x WF Rö2 F4

Es kann notwendig sein, den Wurzelkanal nach der Aufbereitung zusätzlich mittels einer medikamentösen Einlage zu desinfizieren, z. B. wenn die Pulpa bereits stark geschädigt war. Die Medikamente hierfür sind meist bakterizid und enthalten oft entzündungshemmende, schmerzstillende Stoffe. Hierfür steht eine weitere Abrechnungsposition zur Verfügung:

BEMA-Pos.	Abk.	Leistung	Bewertungszahl
34	Med	Medikamentöse Einlage in Verbindung mit Maßnahmen nach den Nummern 28, 29, 30 und 32 ggf. einschließlich eines provisorischen Verschlusses	6

A Die Position 34 (Med) kann neben der VitE, WK und WF zusätzlich abgerechnet werden. Die Berechnung erfolgt pro Zahn und Sitzung einmal. Sie ist insgesamt auf dreimal je wurzelbehandelten Zahn begrenzt.

₱ Ausgeschlossen ist die mehr als dreimalige Berechnung der Position Med. Physikalisch-chemische Methoden der Wurzelkanalaufbereitung können jedoch nicht als Med berechnet werden.

Wurzelkanalbehandlungen (Endodontie)

Bei der Dokumentation der Med muss der Zahn angegeben werden. Bei mehr als drei Med am selben Zahn erfolgt ein Warnhinweis. Das verwendete Medikament sollte unbedingt angegeben werden.

Beispiel 3

Datum	Zahn	Behandlungsausschnitt	BEMA-Pos.
A	14	Vitalitätsprüfung (+) Röntgenaufnahme (apikal o. B., normale Wurzelkanäle) Infiltrationsanästhesie, Kofferdam Trepanieren mit Vitalexstirpation Wurzelkanalerweiterung und -aufbereitung Röntgenaufnahme (Messaufnahme) medikamentöse Einlage, provisorischer Verschluss	ViPr Rö2 I, bMF 2 x VitE 2 x WK Rö2 Med
B	14	Wegen leichter Schmerzen medikamentöse Einlage erneuert	Med
C	14	provisorischer Verschluss entfernt Wurzelkanalfüllung Röntgenaufnahme (Kontrollaufnahme) dreiflächige Füllung	-- 2 x WF Rö2 F3

10.1.2 Mortalexstirpationsmethode

Ist es aus bestimmten Gründen nicht möglich, die Vitalexstirpation durchzuführen, z. B. weil der Patient allergisch gegen Anästhetika ist, eine Spritzenphobie hat oder weil im Notfalldienst keine weitere Behandlung durchgeführt werden kann, wird die Pulpa des betreffenden Zahnes zunächst einmal nur devitalisiert. Anschließend erfolgt die Abrechnung der Wurzelkanalbehandlung mit den bereits oben dargestellten Abrechnungspositionen WF, WK und Med.

Für das Abtöten der Pulpa besteht eine eigene Abrechnungsposition:

BEMA-Pos.	Abk.	Leistung	Bewertungszahl
29	Dev	Devitalisieren einer Pulpa einschließlich des Verschlusses der Kavität, je Zahn	11

A Das Devitalisieren nach Position Dev darf nur einmal pro Zahn berechnet werden, auch wenn die Einlage zur Devitalisierung noch einmal wiederholt werden muss.

Da die Medikamente zur Abtötung einer Pulpa sehr aggressiv sind, sollte das Medikament unbedingt vermerkt werden. Weiterhin ist es wichtig, zu dokumentieren, dass die Patientin zur Weiterbehandlung einbestellt wurde, um jegliche Haftung auszuschließen.

Merke
Bei der Mortalexstirpation wird der Zahn in der Praxis devitalisiert.

Die Abrechnung einer Mortalexstirpation erfolgt in der Regel nach folgenden Schritten →Tab. 1, S. 92.

Schritt	Vorgehen	Abrechnung
1	Devitalisieren des Zahnes	Dev
2	Entfernen der (mumifizierten) Kronen- und Wurzelpulpa	---
3	Röntgenmessaufnahme	Rö2
4	Aufbereiten der Wurzelkanäle	WK je Kanal
5	Medikamentöse Einlage	Med
6	Evtl. Wiederholung der medikamentösen Einlage	Med
7	Abfüllen der Wurzelkanäle	WF je Kanal
8	Röntgenkontrollaufnahme	Rö2
9	Weiterbehandlung, z. B. Füllung	F

Tab. 1 Normaler abrechnungstechnischer Ablauf einer Mortalexstirpation: Diese geschieht immer in mehreren Sitzungen.

10.1.3 Gangränbehandlung

Die Anwendung der dritten Methode zur Wurzelkanalbehandlung kommt in folgenden Fällen zum Tragen: Die Patientin hat die Schmerzen schon lange ertragen und die Pulpa des Zahnes ist erheblich geschädigt. Sie ist bereits faulig zerfallen und weist kaum noch Vitalität auf.
Hierbei beginnt die Zahnärztin mit dem Aufbohren des Zahnes, was für die Patientin erhebliche Schmerzlinderung bedeutet. Dies erfolgt vor allem im Notdienst, wenn keine Zeit für eine weitere Behandlung bleibt.

Merke
Bei der Gangränbehandlung kommt die Patientin mit dem toten Zahn in die Praxis.

Für das Aufbohren eines (fast) pulpatoten Zahnes existiert eine eigene Abrechnungsposition:

BEMA-Pos.	Abk.	Leistung	Bewertungszahl
31	Trep1	Trepanation eines pulpatoten Zahnes	11

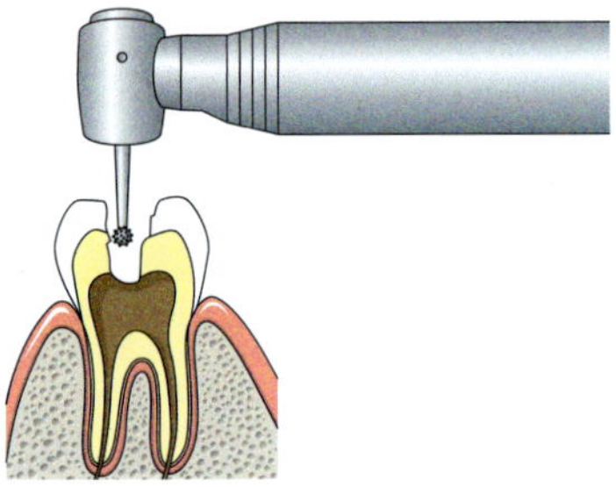

Abb. 1 Trepanation

A Mit der Abrechnung der Trep1 beginnt die Berechnung der Gangränbehandlung. Besteht eine Restvitalität, kann auch eine Anästhesie im Ausnahmefall dazu abgerechnet werden. Grundsätzlich darf die Position Trep1 nur einmal pro Zahn abgerechnet werden.

Die Trep1 kann auch die alleinige Leistung in der Sitzung sein (Notfallbehandlung). Anschließend werden die Kanäle aufbereitet (WK). Oft werden zusätzliche Maßnahmen mit physikalisch-chemischen Methoden ergriffen, um den Wurzelkanal zu säubern. Diese sind jedoch keine Leistung der gesetzlichen Krankenkassen.

Medikamentöse Einlagen sollten in jedem Fall (auch mehrmals) gelegt werden, um Wurzelkanäle zu desinfizieren. Es folgen die Wurzelfüllung WF und weitere Behandlungen des Zahns. Eine Gangränbehandlung kann auch an bereits wurzelgefüllten Zähnen erforderlich werden.

Wurzelkanalbehandlungen (Endodontie)

Die Berechnung der Position Trep 1 ist ausgeschlossen bei
- einer Vitalexstirpation,
- einer Mortalexstirpation,
- einer Cp- oder P-Behandlung.

Es sollte genau dokumentiert werden, wann welche Schritte erfolgt sind und welche Medikamente im Rahmen der Wurzelkanalbehandlung eingesetzt wurden. Falls im Rahmen der Wurzelkanalbehandlung auch Privatleistungen erfolgen, sollte dies unter Angabe der Gründe ebenfalls dokumentiert werden.

Wurzelkanalbehandlung, →S. 88

Die Abrechnung einer Gangränbehandlung erfolgt normalerweise in den angegebenen Schritten → Tab. 1.

Schritt	Vorgehen	Abrechnung
1	Aufbohren des Zahnes (Trepanation), häufig Notfall	Trep1
2	Entfernen der Kronen- und Wurzelpulpa	---
3	Röntgenmessaufnahme	Rö2
4	Wurzelkanalaufbereitung	WK je Kanal
5	Evtl. erneute Wurzelkanalaufbereitung, medikamentöse Einlage	Med
6	Medikamentöse Einlage	Med
7	Medikamentöse Einlage	Med
8	Wurzelkanalfüllung	WF je Kanal
9	Röntgenkontrollaufnahme	Rö2
10	Weiterbehandlung, z. B. Füllung	F

Tab. 1 Normaler abrechnungstechnischer Ablauf einer Gangränbehandlung: Diese erfolgt immer in mehreren Sitzungen.

Beispiel

Datum	Zahn	Behandlungsausschnitt	BEMA-Pos.
A	14	Patientin erscheint mit starken Schmerzen im Notdienst, Beratung Vitalitätsprüfung – Trepanieren des Zahnes (Zahn offen gelassen) Einbestellt auf Datum B	Ä 1 ViPr Trep1
B	14	Aufbereiten der Wurzelkanäle, Spülungen, noch nicht vollendet, medikamentöse Einlage, provisorischer Verschluss	Med
C	14	Aufbereiten der Wurzelkanäle vollendet Röntgenmessaufnahme medikamentöse Einlage, provisorischer Verschluss	2 x WK Rö2 Med
D	14	medikamentöse Einlage, provisorischer Verschluss	Med
E	14	provisorischer Verschluss entfernt Wurzelkanalfüllung Röntgenaufnahme (Kontrollaufnahme) vierflächige Aufbaufüllung zur Überkronung	-- 2 x WF Rö2 F2ZE

10.2 Wurzelkanalbehandlungen bei Privatpatientinnen

Privat abgerechnete Behandlung bei Kassenpatientinnen, →LF 2

Die Behandlung von Wurzelkanälen und deren Abrechnung ist bei Privatpatientinnen in größerem Umfang möglich und nicht an strenge BEMA-Richtlinien gebunden. Daher lassen sich auch immer mehr Kassenpatientinnen in diesem Bereich privat behandeln.

10.2.1 Vitalexstirpationsmethode

Beginnt die Vitalexstirpationsmethode mit dem Aufbohren für die Vitalexstirpation, so durfte früher die Abrechnung der Behandlung auch mit der Position für diese Trepanation begonnen werden. Heute wird das zunehmend kritischer gesehen, weil es eine Umformulierung in der Leistungsbeschreibung gegeben hat.

GOZ-Pos.	Leistung	Punktzahl
2390	Trepanation eines Zahnes, als selbstständige Leistung	65 P

A Die Position 2390 wird einmal pro Zahn berechnet.

Unbestritten gilt die Trepanation als selbstständige Leistung. Der Verordnungsgeber und Gerichtsurteile möchten sie als einzige Leistung an einem Zahn im Sinne einer Notfallbehandlung angewendet wissen. Hinweis: Beachten Sie hier die Rundschreiben der Zahnärztekammern. Es bestehen widersprüchliche Gerichtsurteile und Kommentare; Tendenz: Aufgrund der Formulierung ist die Berechnung mit Wurzelbehandlungspositionen möglich (Stand 2022).

GOZ-Pos.	Leistung	Punktzahl
2360	Exstirpation der vitalen Pulpa einschließlich Exkavieren	110 P
2400	Elektrometrische Längenbestimmung eines Wurzelkanals	70 P

A Der Leistungsinhalt der Exstirpation entspricht der der BEMA-Position. Die Abrechnung der Position 2360 erfolgt je Kanal.
Auch die Position 2400 wird pro Kanal abgerechnet. Diese Möglichkeit, die Wurzelkanallänge mit einem bestimmten Gerät zu bestimmen und damit eine Röntgenaufnahme zu umgehen, gibt es im BEMA nicht. Dennoch kann die Röntgenaufnahme zusätzlich abgerechnet werden.

GOZ-Pos.	Leistung	Punktzahl
2410	Aufbereitung eines Wurzelkanals, auch retrograd, je Kanal, gegebenenfalls in mehreren Sitzungen	392 P

A Diese Abrechnungsmöglichkeit entspricht der BEMA-Position WK. Die retrograde Aufbereitung ist als zusätzliche Behandlungsmöglichkeit aufgeführt, ebenso die Durchführung in mehr als einer Sitzung. Die Abrechnung erfolgt je Kanal einmal.

Sollte es aufgrund eines anatomischen Sonderfalls nicht möglich sein, die Aufbereitung in einer Sitzung abzuschließen, kann die Position 2410 höchstens zweimal pro Kanal abgerechnet werden. Dies muss auf der Rechnung begründet werden.

Wurzelkanalbehandlungen (Endodontie)

GOZ-Pos.	Leistung	Punktzahl
2420	Zusätzliche Anwendung elektrophysikalisch-chemischer Methoden, je Kanal	70 P
2430	Medikamentöse Einlage in Verbindung mit Maßnahmen nach den Nummern 2360 bis 2380 und 2410, je Zahn und Sitzung	204 P
2440	Füllung eines Wurzelkanals	258 P

A Die Position 2420 wird je Kanal berechnet. Auch diese Position kann bei Kassenpatientinnen nicht abgerechnet werden. Sie stellt eine zusätzliche Möglichkeit dar, die Wurzelkanäle keimfrei zu machen.
Die Inhalte der Pos. 2430 entsprechen denen der BEMA-Position Med.
2430 kann pro Zahn und Sitzung so oft wie notwendig abgerechnet werden.
Pos. 2440 entspricht der BEMA-Leistung WF. Diese Position kann pro Kanal einmal abgerechnet werden.

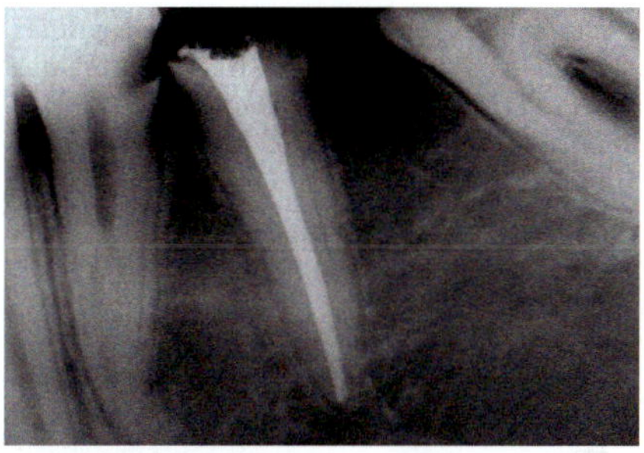

Abb. 1 Wurzelkanalfüllung von Zahn 35 (Röntgenkontrollbild)

Die Dokumentation der Vitalexstirpation entspricht der bei Kassenpatienten.

Während der endodontischen Behandlung notwendige provisorische Verschlüsse können nach Position 2020 (Temporärer speicheldichter Verschluss einer Kavität) abgerechnet werden.

Sind bestimmte technische Voraussetzungen erfüllt, können die **folgenden Zuschläge** zusätzlich berechnet werden.

GOZ-Pos.	Leistung	Punktzahl
0110	Zuschlag für die Anwendung eines Operationsmikroskops bei den Leistungen nach den Nummern 2195, 2330, 2340, 2360, 2410, 2440, 3020, 3030, 3040, 3045, 3060, 3110, 3120, 3190, 3200, 4090, 4100, 4130, 4133, 9100, 9110, 9120, 9130 und 9170 Gebühr: 22,50 €	400 P

A Wird ein Operationsmikroskop eingesetzt, kann der Zuschlag an jedem Behandlungstag einmal mit einem festen Zuschlag abgerechnet werden. Neben konservierenden und endodontischen Leistungen kann der Zuschlag auch bei chirurgischen, parodontal-chirurgischen und implantologischen Leistungen abgerechnet werden. Da es sich um einen **Zuschlag** handelt, kann kein Steigerungsfaktor angewendet werden. Der Zuschlag gilt je Patientin.

GOZ-Pos.	Leistung	Punktzahl
0120	Zuschlag für die Anwendung eines Lasers bei den Leistungen nach den Nummern 2410, 3070, 3080, 3210, 3240, 4080, 4090, 4100, 4130, 4133 und 9160 Der Zuschlag nach der Nummer 0120 beträgt 100 v. H. des einfachen Gebührensatzes der betreffenden Leistung, jedoch nicht mehr als 68 Euro.	

A Der Zuschlag nach der Position 0120 ist je Behandlungstag nur einmal berechnungsfähig. Wird die Wurzelkanalaufbereitung mithilfe eines Lasers durchgeführt, kann 100 % vom einfachen Satz einmal je Behandlungstag als Festbetrag abgerechnet werden.

Die Position 2410 ist bei der 0120 als einzige nichtchirurgische zuschlagsfähige Leistung aufgeführt. Man unterscheidet heute zwei **Laser-Endo-Verfahren**:

- Das **ablative Verfahren**, auch „Verglasung“ genannt, welches die Morphologie der Kanalinnenwand verändert und u. a. den Verschluss der Seitenkanäle gewährleistet.
- Das **rein dekontaminierende Verfahren**, um pathogene Keime zu reduzieren (vor allem bei therapieresistenten Zähnen).

Beispiel

Ablauf einer Vitalexstirpation bei einer Privatpatientin an Zahn 24 (normale Kanalverhältnisse):

Datum	Zahn	Behandlungsausschnitt	GOZ-/GOÄ-Pos.
A	24	Vitalitätsprüfung, Röntgenaufnahme, Anästhesie Aufbohren, Vitalexstirpation, Kanäle aufbereitet mit elektrophysikalisch-chemischen Methoden unter Anwendung eines Operationsmikroskops medikamentöse Einlage mit provisorischem speicheldichtem Verschluss (Aufbereitung konnte nicht abgeschlossen werden)	0070, Ä 5000, 0090 (2390), 2 x 2360, 2 x 2410, 2 x 2420 0110, 2430, 2020
B	24	Erneuerung der medikamentösen Einlage mit provisorischen Verschluss	2430 2020
C	24	Erneute Aufbereitung nötig wegen extrem gekrümmtem Wurzelkanalverlauf (Begründung), Einsatz des Lasers Elektrometrische Längenbestimmung der Wurzelkanäle, medikamentöse Einlage, provisorischer Verschluss	2 x 2410 0120 2 x 2400 2430, 2020
D	24	Füllung der Wurzelkanäle, Röntgenaufnahme Kompositfüllung **m-o-d**	2 x 2440, Ä 5000 2100

10.2.2 Mortalexstirpationsmethode

Nach Meinung der Fachleute ist diese Methode zwischenzeitlich obsolet und die Position zur Devitalisierung wurde aus der GOZ gestrichen.

Für die Mortalexstirpationsmethode muss die Pulpa des betroffenen Zahns devitalisiert werden, was **analog** abgerechnet werden muss. In der folgenden Sitzung wird der Zahn trepaniert und hierfür die Position 2390 abgerechnet. Anschließend erfolgt die Aufbereitung und Füllung der Wurzelkanäle analog zur Durchführung bei der Vitalexstirpation.

Vitalexstirpation, →S. 88

Da aus den Kanälen totes Pulpenmaterial entfernt wurde, schließt sich oft eine medikamentöse Einlage zur Desinfektion der Wurzelkanäle an.

Manche Zahnärztinnen, im Anschluss an die Devitalisierung eine zusätzliche medikamentöse Zwischeneinlage (z. B. zur Verlederung der Pulpa) zu legen. Falls diese Maßnahme erfolgt, so ist dafür Position 2430 berechenbar.

Wurzelkanalbehandlungen (Endodontie)

Beispiel

Datum	Zahn	Behandlungsausschnitt	GOZ-/GOÄ-Pos.
A	34	Devitalisierung	analoge Abrechnung (§ 6 Abs. 1)
B	34	Röntgenaufnahme, Aufbohren, Kanal aufbereitet mit elektrophysikalisch-chemischen Methoden unter Anwendung eines Operationsmikroskops, elektrometrische Längenbestimmung des Wurzelkanals, medikamentöse Einlage mit provisorischem, speicheldichtem Verschluss	Ä 5000, 2390, 2360, 2410, 2420, 0110, 2400, 2430, 2020
C	34	Erneuerung der medikamentösen Einlage mit provisorischem Verschluss	2430, 2020
D	34	Füllung des Wurzelkanals, Röntgenaufnahme, Kompositfüllung **m-o-d**	2440, Ä 5000, 2100

Die Dokumentation entspricht der bei Kassenpatientinnen.

10.2.3 Gangränbehandlung

Die Behandlung einer Gangrän beginnt immer mit der Trepanation des Zahnes. Dann erfolgt die weitere Behandlung der Wurzelkanäle wie bei einer Vitalexstirpation.

Je nach Infektion der Pulpa kommen mehrere medikamentöse Einlagen und weitere Maßnahmen zur Desinfektion der Wurzelkanäle zur Anwendung. Oft beginnt die Behandlung (auch im Notfalldienst) lediglich mit der Eröffnung des Zahnes, die dem Patienten sofort Erleichterung bringt.

Beispiel

Datum	Zahn	Behandlungsausschnitt	GOZ-/GOÄ-Pos.
A	45	Patientin erscheint am Sonntag um 07:00 Uhr im Notdienst, Beratung unter 10 Minuten, lokale Untersuchung, geschwollene Wange, Vitalitätsprüfung, Röntgenaufnahme, Zahn aufgebohrt und offen gelassen, einbestellt Vitalitätsprüfung, Röntgenaufnahme, Zahn aufgebohrt und offen gelassen, einbestellt	Ä 1, Ä B, Ä D, Ä 5, 0070, Ä 5000, 2390
B	45	Aufbohren, Kanal aufbereitet mit elektrophysikalisch-chemischen Methoden unter Anwendung eines Operationsmikroskops, elektrometrische Längenbestimmung des Wurzelkanals, medikamentöse Einlage mit provisorischem, speicheldichtem Verschluss	2410, 2420, 0110, 2400, 2430, 2020

Die Dokumentation entspricht der bei Kassenpatientinnen.

10.3 Wurzelkanalbehandlungen bei Kassen-und Privatpatientinnen im PVS

10.3.1 Vitalexstirpation

Kassenpatientin: Eingabe bei Behandlung in einer Sitzung

46				vipr		<	46=+
46						<	Pulpentest.
46				l1		<	Xylocain
46	3			vite		*	Vitalexstirpation
46				rö2		<	Meßaufnahme
46	3			wk		<	Aufsuchen und Eröffnen der Kanaleingänge
46						<	Säubern der Wurzelkanäle.
46	3			wf		*	Wurzelfüllungen
46				rö2		*	Kontrollaufnahme
46				f3	mod	<	Amalgam

Abb. 1 Eingabe bei einer Kassenpatientin

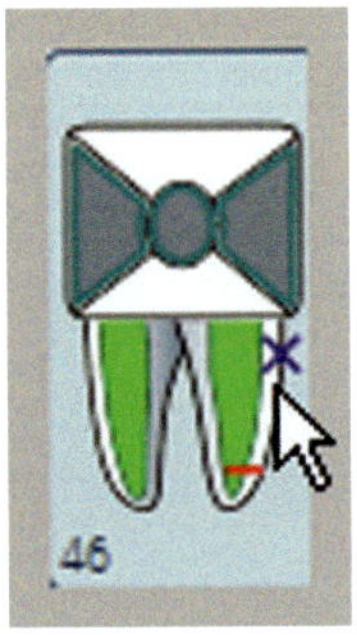

Abb. 2 Endzustand bei Vitalexstirpation von 46

Endzustand bei Vitalexstirpation von 46

X = Zahn geröntgt — = Zahn ist devital grün = Wurzelfüllung

Privatpatientin: Eingabe bei Behandlung in einer Sitzung mit 0110

Gebiet	Anzahl	H	A	Nr.	Lage	T	Begründung/Dokumentation	LE	Faktor
46				0100		<	Intraorale Leitungsanästhesie	1	2,3
				M100			Ultracain DS forte, je Ampulle	1	
46				2390		<	Trepanation eines Zahnes, als selbständige Leistung	1	2,3
46	3			2360			Exstirpation der vitalen Pulpa einschl. Exkavieren, je Kanal	1	2,3
46				Ä5000			Strahlendiagnostik Zähne, je Projektion	1	1,8
46	3			2410		<	Aufbereitung eines Wurzelkanals auch retrograd, je Kanal	1	2,3
46						<	Säubern der Wurzelkanäle.	1	
				0110			Zuschlag für die Anwendung eines Operationsmikroskops	1	1,0
46	3			2440			Füllung eines Wurzelkanals	1	2,3
46				Ä5000			Strahlendiagnostik Zähne, je Projektion	1	1,8
46				2090	mod	<	Präparieren einer Kavität und Restauration, dreiflächig	1	2,3

Abb. 3 Eingabe bei einer Privatpatientin

10.3.2 Mortalexstirpation

Kassenpatientin: Eingabe bei Behandlung in drei Sitzungen

Datum	S	Gebiet	Anzahl	H	A	Nr.	Lage	T	Begründung/Dokumentation
15.05.22		26				dev			Devitalisation der Pulpa
20.05.22		26				rö2		<	Röntgendiagnostik der Zähne, bis zu 2 Aufnahmen
		26	3			wk		<	Aufbereitung eines Wurzelkanals, je Kanal
		26						<	Säubern der Wurzelkanäle.
		26				med		<	Medikamentöse Einlage
26.05.22		26	3			wf			Wurzelkanalfüllung
		26				rö2		<	Röntgendiagnostik der Zähne, bis zu 2 Aufnahmen
		26				f2	ov	<	Zweiflächige Füllung

Abb. 4 Eingabe bei einer Kassenpatientin

Abb. 5 Endzustand Mortalexstirpation an 26

Endzustand Mortalexstirpation an 26

X = Zahn geröntgt — = Zahn ist devital grün = Wurzelfüllung

Privatpatientin: Eingabe bei Behandlung in drei Sitzungen mit 0110 und 2020 und Analogposition für Dev

Datum	S	Gebiet	Anzahl	H	A	Nr.	Lage	T	Begründung/Dokumentation	LE	Faktor
15.05.22		26				VIPR		<	Vitalitätsprüfung eines oder mehrerer Zähne	1	2,3
		26						<	Pulpentest.	1	
		26				DEVA		<	Devitalisierung eines Zahnes entsprechend 2390 nach § 6 (1)	1	2,3
		26				2020			Temporärer speicheldichter Verschluss einer Kavität	1	2,3
20.05.22		26				2390		<	Trepanation eines Zahnes, als selbständige Leistung	1	2,3
		26				Ä5000			Strahlendiagnostik Zähne, je Projektion	1	1,8
		26	3			2410		<	Aufbereitung eines Wurzelkanals auch retrograd, je Kanal	1	2,3
		26						<	Säubern der Wurzelkanäle.	1	
						0110			Zuschlag für die Anwendung eines Operationsmikroskops	1	1,0
		26				2430		<	Medikamentöse Einlage	1	2,3
		26				2020			Temporärer speicheldichter Verschluss einer Kavität	1	2,3
28.05.22		26	3			2440			Füllung eines Wurzelkanals	1	2,3
						0110			Zuschlag für die Anwendung eines Operationsmikroskops	1	1,0
		26				Ä5000			Strahlendiagnostik Zähne, je Projektion	1	1,8
		26				2070	ov	<	Präparieren einer Kavität und Restauration, zweiflächig	1	2,3

Abb. 1 Eingabe bei einer Privatpatientin in drei Sitzungen

10.3.3 Gangrän Behandlung

Kassenpatientin: Eingabe bei Behandlung in vier Sitzungen

Datum	S	Gebiet	Anzahl	H	A	Nr.	Lage	T	Begründung/Dokumentation
15.05.22		47				vipr		<	Vitalitätsprüfung eines oder mehrerer Zähne
		47						<	Pulpentest.
		47				trep1		<	Trepanation eines pulpatoten Zahnes
		47				rö2		<	Röntgendiagnostik der Zähne, bis zu 2 Aufnahmen
		47	3			wk		<	Aufbereitung eines Wurzelkanals, je Kanal
		47						<	Säubern der Wurzelkanäle.
		47				med		<	Medikamentöse Einlage
18.05.22		47				med		<	Medikamentöse Einlage
22.05.22		47				med		<	Medikamentöse Einlage
26.05.22		47	3			wf			Wurzelkanalfüllung
		47				rö2		<	Röntgendiagnostik der Zähne, bis zu 2 Aufnahmen
		47				f3	mol	<	Dreiflächige Füllung

Abb. 2 Eingabe bei einer Kassenpatientin in vier Sitzungen

Privatpatientin: Eingabe bei vier Sitzungen mit 0110, 2420 und 2020

Datum	S	Gebiet	Anzahl	H	A	Nr.	Lage	T	Begründung/Dokumentation	LE	Faktor
15.05.22		47				2390		<	Trepanation eines Zahnes, als selbständige Leistung	1	2,3
		47				VIPR		<	Vitalitätsprüfung eines oder mehrerer Zähne	1	2,3
20.05.22		47	3			2410		<	Aufbereitung eines Wurzelkanals auch retrograd, je Kanal	1	2,3
		47						<	Säubern der Wurzelkanäle.	1	
		47				MED			Medikamentöse Einlage	1	2,3
		47				2400			Elektrometrische Längenbestimmung eines Wurzelkanals	1	2,3
						0110			Zuschlag für die Anwendung eines Operationsmikroskops	1	1,0
		47				2020			Temporärer speicheldichter Verschluss einer Kavität	1	2,3
25.05.22		47	3			2420			Elektrophysikalisch-chemische Wurzelkanalbehandlung	1	2,3
		47				2430		<	Medikamentöse Einlage	1	2,3
		47				2020			Temporärer speicheldichter Verschluss einer Kavität	1	2,3
30.05.22		47	3			2440			Füllung eines Wurzelkanals	1	2,3
						0110			Zuschlag für die Anwendung eines Operationsmikroskops	1	1,0
		47				Ä5000			Strahlendiagnostik Zähne, je Projektion	1	1,8
		47				2090	mol	<	Präparieren einer Kavität und Restauration, dreiflächig	1	2,3

Abb. 3 Eingabe bei einer Privatpatientin in vier Sitzungen

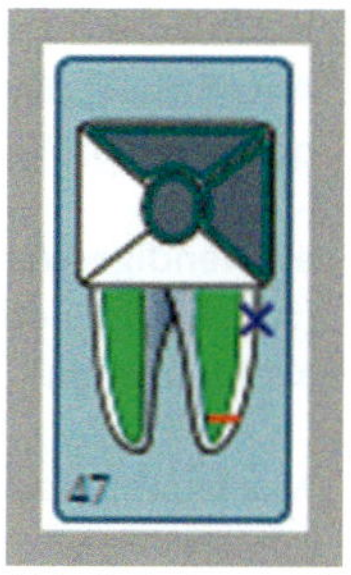

Abb. 4 Endzustand nach Gangränbehandlung an 47

Endzustand bei Gangrän Behandlung von 47

X = Zahn geröntgt — = Zahn ist devital grün = Wurzelfüllung

Wurzelkanalbehandlungen

17 Nennen Sie die Abrechnungspositionen bei einer Kassenpatientin beim normalen Verlauf einer Vitalexstirpation an Zahn 24.

18 Bestimmen Sie die Abrechnungsposition, mit der bei Kassen- bzw. Privatpatientinnen die Abrechnung einer Gangränbehandlung beginnt.

19 Nennen sie die Positionen, die bei Privatpatientinnen in einer Wurzelkanalbehandlung abgerechnet werden können, die es aber für Kassenpatientinnen im BEMA nicht gibt.

20 Beschreiben Sie, wie eine Mortalexstirpation bei Kassen- und Privatpatientinnen abrechnungstechnisch durchgeführt werden kann.

21 Nennen Sie zwei wichtige Einschränkungen (Richtlinien) in der Wurzelkanalbehandlung bei Kassenpatientinnen.

22 Stellen Sie eine andere Möglichkeit dar, wenn nach den Richtlinien für eine Kassenpatientin keine Wurzelkanalbehandlung durchgeführt werden darf.

23 An Zahn 47 wird eine Gangränbehandlung mit zwei medikamentösen Zwischeneinlagen durchgeführt. Anschließend wird eine **m-o-d-b**-Füllung gelegt.
Beschreiben Sie den Behandlungsgang mit Sitzungen und geben Sie die Abrechnungspositionen für Kassen- bzw. Privatpatientinnen an.

LF 6
Patienten bei chirurgischen Behandlungen begleiten

1 Einführung in die zahnärztliche Chirurgie

1.1 Chirurgische Eingriffe

Der häufigste chirurgische Eingriff in einer zahnärztlichen Praxis ist das Ziehen (die Extraktion) eines Zahnes. Zur zahnärztlichen Chirurgie gehören daneben noch weitere Eingriffe:

- operative Zahnentfernung
- Verschluss einer Mund-Antrum-Verbindung
- Wurzelspitzenresektion
- Operation einer Zyste
- Behandlung von Abszessen (durch Inzision)
- Exzision
- Hemisektion (Teilextraktion) und Prämolarisierung
- Implantation
- Sinuslift
- Sequestrotomie
- präprothetische chirurgische Eingriffe
- Behandlung von Verletzungen
- Entfernung von Tumoren
- chirurgische Maßnahmen in Zusammenhang mit der Kieferorthopädie

chirurgische Behandlung von Parodontalerkrankungen →S. 268

Die chirurgische Behandlung von Parodontalerkrankungen gehört ebenfalls zu den zahnärztlich-chirurgischen Eingriffen, wird jedoch in Lernfeld 8 besprochen.

Chirurgische Eingriffe werden meist von Spezialisten auf dem operativen Gebiet durchgeführt. **Oralchirurgen** sind Zahnärzte, die eine zusätzliche zahnärztlich-chirurgische Weiterbildung durchlaufen haben. **Mund-, Kiefer- und Gesichtschirurgen** sind sowohl Ärzte als auch Zahnärzte. Sie haben eine mehrjährige kieferchirurgische Facharztausbildung abgeschlossen.

1.2 Indikation und Kontraindikation

Füllungstherapie →LF 4
Krone →LF 11

Zahnärztliche chirurgische Eingriffe sind bei bestimmten Erkrankungen das Mittel der Wahl. Zum Beispiel liegt eine **Indikation** (Heilanzeige) für die Extraktion eines Zahnes vor, wenn er so stark zerstört ist, dass ein Erhalt des Zahnes durch eine Füllung oder Krone nicht mehr möglich ist.
Bei anderen Erkrankungen wird man erst dann einen chirurgischen Eingriff vornehmen, wenn alle Möglichkeiten einer nicht-chirurgischen Behandlung ausgeschöpft sind. Zum Beispiel ist eine Wurzelspitzenresektion angezeigt, wenn mit einer Wurzelkanalfüllung eine Entzündung an der Wurzelspitze nicht behoben werden konnte.

Wurzelspitzenresektion →S. 124
Wurzelkanalfüllung →S. 69

Daneben ist die Kenntnis der wichtigsten **Kontraindikationen** (Gegenanzeigen) für Operationen und nicht-operative Behandlungen von Vorteil. Herz-Kreislauf-Erkrankungen stellen z. B. eine **relative** Kontraindikation für eine Implantation dar. Dies bedeutet, dass die Implantation durchgeführt werden kann, sofern der erwartete Nutzen den zu befürchtenden Schaden aufwiegt. Demgegenüber bedeutet der Begriff **absolute** Kontraindikation, dass eine Behandlung auf keinen Fall durchgeführt werden sollte, da ihre negativen Auswirkungen zu schwerwiegend wären.

Terminologie: Einführung in die zahnärztliche Chirurgie

Indikation, die (lat. indicatio = Anzeige)	Heilanzeige; Anzeige für eine bestimmte Heilmethode, ein bestimmtes Heilmittel oder eine diagnostische Maßnahme wie z. B. Operationen oder Arzneimittel
Kontraindikation, die	Gegenanzeige; Umstand, der die Anwendung einer bestimmten Behandlungsmaßnahme verbietet; z. B. bei bestimmten Krankheiten manche Operationen und/oder Arzneimittel

2 Allgemeiner Behandlungsablauf und chirurgische Instrumente

Da die anatomischen Voraussetzungen und die Krankheitsgeschichte bei jedem Patienten anders sind, ist der **Ablauf** eines chirurgischen Eingriffs nie völlig gleich. Die Extraktion ein- und desselben Zahnes kann z. B. bei zwei Patienten sehr unterschiedlich verlaufen. Dennoch laufen chirurgische Eingriffe in typischen Schritten ab, deren Kenntnis für Zahnmedizinische Fachangestellte wichtig ist. Aus dem Ablauf der Behandlung ergibt sich, welche Aufgaben ein ZFA hat und welche **Instrumente** bereitgelegt werden sollen.
Im Allgemeinen läuft eine chirurgische Behandlung in drei Phasen ab:
- Vorbereitung des Eingriffs
- Durchführung des Eingriffs
- Nachbereitung des Eingriffs

2.1 Vorbereitung von chirurgischen Eingriffen

Vor dem Eingriff ist zur Vermeidung von Zwischenfällen eine aktuelle Anamnese zu erheben und die medizinische Diagnostik durchzuführen. Hierbei muss besonders auf Gerinnungsstörungen, wie sie z. B. unter Marcumarisierung auftreten, geachtet werden. Bei der Diagnostik werden vor jedem chirurgischen Eingriff **Röntgenbilder** angefertigt. Sie geben u. a. Auskunft über anatomische Besonderheiten wie etwa den Wurzelverlauf sowie über krankhafte Veränderungen an Zahn und Knochen. Die Röntgenbilder sollten zur Operation bereitliegen, damit der Operateur sich vor Beginn und evtl. während der Operation daran orientieren kann.

Anamnese →LF 2

Außerdem sollte der Patient vor der Operation immer über mögliche Komplikationen der geplanten Operation (auch Blutung, Schwellung, Wundheilungsstörung) vom Zahnarzt **aufgeklärt** werden. Zur rechtlichen Absicherung ist es sinnvoll, die Einverständniserklärung in schriftlicher Form vorzunehmen und sie vom Patienten unterschreiben zu lassen. Auch wenn die Aufklärung aus rechtlichen Gründen in den Aufgabenbereich des Zahnarztes fällt, so sollten Zahnmedizinische Fachangestellte dennoch die Gründe für den operativen Eingriff, den Behandlungsablauf und die Maßnahmen zur Nachsorge kennen, um auf Fragen des Patienten angemessen eingehen zu können.

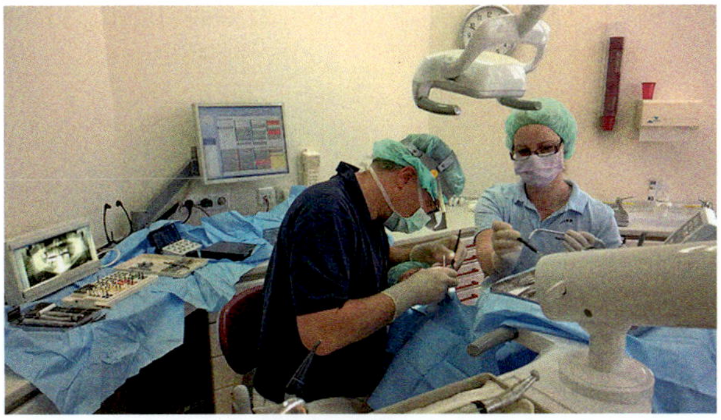

Abb. 1 Zahnärztlich-chirurgischer Eingriff. Das Operationsgebiet und die Schwebetische sind steril abgedeckt.

Händedesinfektion →LF 3

Damit die anstehende Operation möglichst komplikationsfrei abläuft, sollten grundsätzlich alle chirurgischen Eingriffe unter sterilen Bedingungen durchgeführt werden. Dabei werden folgende **Hygienemaßnahmen** ergriffen:

- Das Operationsgebiet wird steril abgedeckt →Abb. 1, S. 217. Um die sterilen OP-Tücher zusammenzuhalten, werden Tuchklemmen benutzt →Abb. 1.
- Der Chirurg und die sogenannte „sterile Assistenz" legen einen Mundschutz und ggf. eine Schutzbrille an, führen eine chirurgische Händedesinfektion durch, ziehen sterile OP-Kleidung an und streifen sterile Handschuhe über. Da die Mundhöhle immer von Keimen besiedelt ist, kann bei kleineren Eingriffen (z. B. bei einer Zahnextraktion) auf die chirurgische Händedesinfektion und das sterile Abdecken des Operationsgebietes verzichtet werden. Eine hygienische Händedesinfektion und unsterile Handschuhe reichen in diesem Falle aus. Die chirurgischen Instrumente und Materialien müssen jedoch steril sein.
- Zur Keimreduktion kann vor dem Eingriff die Mundhöhle mit einer antiseptischen Spüllösung ausgespült werden.

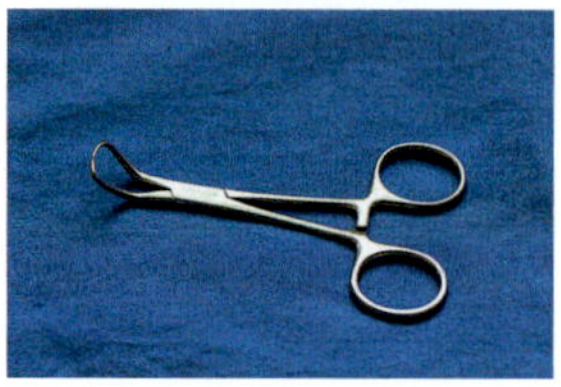

Abb. 1 Tuchklemme nach Backhaus zum Befestigen steriler OP-Tücher

Video

Desinfektion der Hände
Anlegen steriler Handschuhe

2.2 Durchführung von chirurgischen Eingriffen

Anästhesie →S. 35

Bei den meisten chirurgischen Eingriffen ist zu Beginn der Operation eine **Anästhesie** erforderlich. Oft ist hierzu eine Lokalanästhesie ausreichend, doch bei größeren Eingriffen kann auch eine Narkose (Allgemeinanästhesie) nötig werden. Da viele Patienten Angst vor dem Eingriff bzw. bereits vor der Anästhesie haben, sollten Zahnmedizinische Fachangestellte beruhigend auf den Patienten einwirken. Der ZFA kann dem Patienten auch etwas von seiner Angst nehmen, indem er alle Materialien gut vorbereitet hat und bei der Assistenz ruhig und umsichtig arbeitet.

2.2.1 Assistenz beim Eingriff

Bei allen chirurgischen Eingriffen hat die Assistenz v. a. für eine ausreichende Sicht des Operateurs zu sorgen. Dies bedeutet, dass sie Blut und Speichel absaugt, das Licht nachstellt und mit Mundspiegel bzw. Haken →Abb. 2 versucht, den freien Blick auf das Operationsgebiet zu ermöglichen. Hierbei kommt ein chirurgischer Sauger aus Kunststoff oder Metall zum Einsatz →Abb. 3. Bei größeren Eingriffen, z. B. bei der Implantation, der Osteotomie oder der Wurzelspitzenresektion, werden oft zusätzliche Materialien benötigt. Da der ZFA zugleich am Behandlungsplatz gebraucht wird, ist es hier sinnvoll, zu dritt zu sein. Der Zahnarzt wird von einem ZFA am Stuhl assistiert, der ebenfalls sterile Handschuhe und OP-Kleidung trägt (**sterile Assistenz**). Ein sogenannter **Springer** (in der Regel ein weiterer ZFA; unsterile Assistenz) holt Material und Instrumentarium herbei, welches nicht direkt an der Behandlungseinheit Platz gefunden hat oder das zusätzlich benötigt wird.

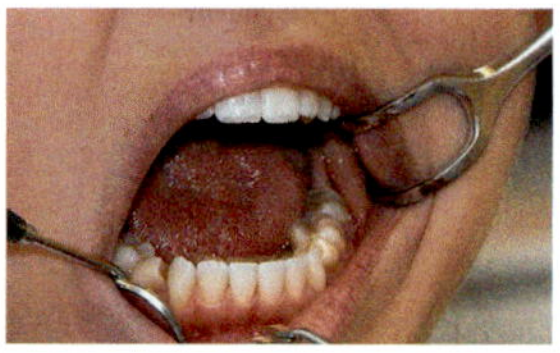

Abb. 2 Abhalten mit einem Middeldorpf-Haken

Abb. 3 Chirurgische Absaugkanüle aus Metall (chirurgischer Sauger)

Dabei ist darauf zu achten, dass der Springer steril verpackte Instrumente und Materialien so anreicht, dass sie steril bleiben. Der Springer öffnet die Verpackung so, dass die Instrumente nicht berührt werden und der assistierende ZFA die Instrumente auf den sterilen Tray legen bzw. dem Chirurgen direkt anreichen kann →Abb. 4. Gleiches gilt für die Entnahme und das Reichen von Instrumenten und Tupfern aus einer sterilen Instrumentenbox mittels einer Kornzange →Abb. 1, S. 107.

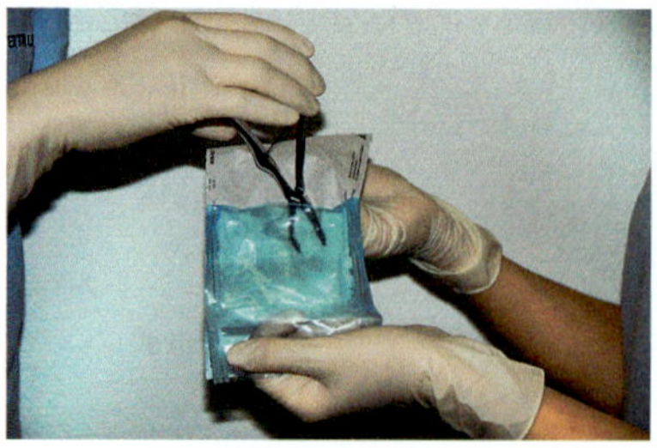

Abb. 4 Korrekte Technik des Anreichens durch den Springer (Prinzip)

2.2.2 Instrumente

Die Art der chirurgischen Behandlung gibt vor, welche Instrumente bei chirurgischen Eingriffen benötigt werden. Im Folgenden sind, nach dem allgemeinen Ablauf der chirurgischen Behandlung geordnet, jene chirurgischen Instrumente aufgeführt, die bei den meisten Eingriffen zum Einsatz kommen →Abb. 2. Weitere Instrumente werden bei den Operationen genannt, bei denen sie bevorzugt benötigt werden (z. B. das Periotom bei der Zahnextraktion).

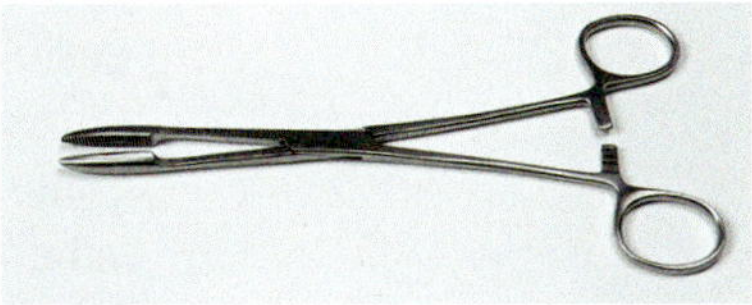

Abb. 1 Kornzange

Grundsätzlich müssen aus hygienischen Gründen alle chirurgischen Instrumente sterilisierbar sein. Die Sterilisation der Instrumente, die Vorbereitung des Behandlungsplatzes und das Bereitlegen des Instrumentariums sind Aufgaben der Zahnmedizinischen Fachangestellten.

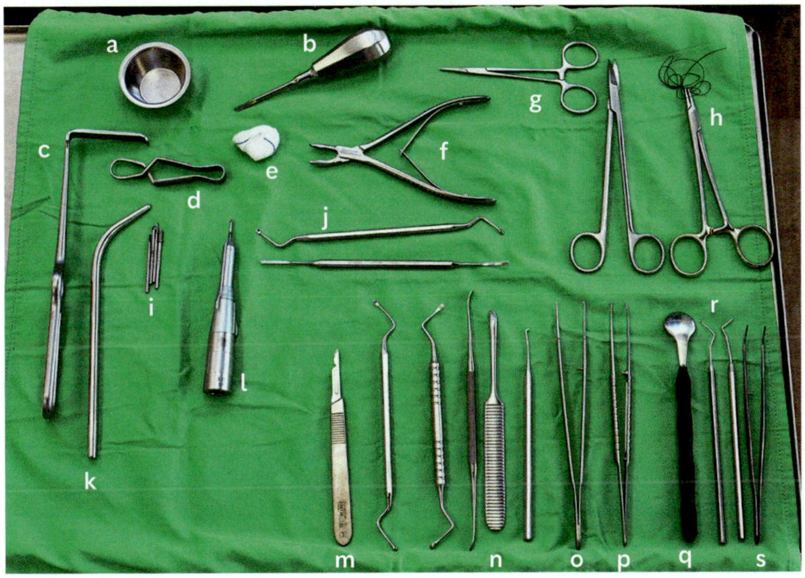

Abb. 2 Standardinstrumentarium für zahnärztlich-chirurgische Eingriffe. a) Steriles Schälchen; b) Hebel nach Bein; c) Langenbeck-Haken; d) Tuchklemme; e) Tupfer; f) Luer-Zange; g) Arterienklemme; h) Nadelhalter; i) Fräsen; j) scharfer Löffel; k) chirurgischer Sauger; l) Chirurgie-Handstück; m) Skalpell mit auswechselbarer Klinge; n) Raspatorium; o) chirurgische Pinzette; p) anatomische Pinzette; q) Mundspiegel; r) Sonde; s) zahnärztliche Pinzette

Skalpelle

Die meisten chirurgischen Eingriffe beginnen mit einer Inzision. Unter Inzision versteht man das Hineinschneiden in ein Gewebe, z. B. in die Gingiva oder Mukosa (Schleimhaut). Eine Inzision wird z. B. auch bei einem Abszess notwendig. Für die Inzision werden chirurgische Messer verwendet. Man nennt sie Skalpelle. Es gibt Skalpelle mit Griff und auswechselbarer Klinge, mit festsitzender Klinge und Einmalskalpelle →Abb. 3. Bei den Skalpellen mit auswechselbarer Klinge wird der Griff nach jedem operativen Eingriff sterilisiert und wieder neu verwendet, die Klingen werden wie Kanülen in durchstichsicheren Behältern, sogenannten Abwurfbehältern, entsorgt. Je nach Einsatzgebiet werden Klingen in unterschiedlichen Formen angeboten.

Abszessbehandlung →S. 128
Abwurfbehälter →LF 3

Merke
Sicherheit geht vor Schnelligkeit
Beim Wechseln der Klingen sollte man zur Vermeidung einer Verletzung die Klingen mit einem Nadelhalter oder mit einem anderen Instrument in den Griff stecken und auf gleiche Art und Weise aus diesem wieder entfernen. Niemals sollte die Hand dafür verwendet werden!

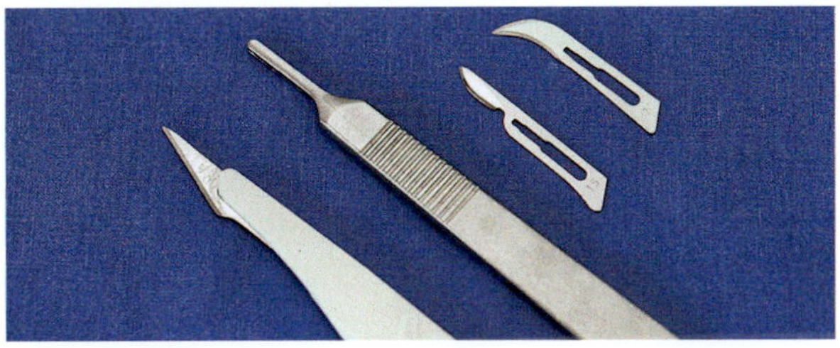

Abb. 3 Einmalskalpell, Skalpellgriff und auswechselbare Klingen

Scheren

Nach der Inzision werden einzelne Gewebe voneinander gelöst (sie werden „dargestellt"). Hierzu werden stumpfe **Präparierscheren** verwendet →Abb. 1.

Exzision →S. 128

Oftmals wird auch Gewebe entfernt. Dies nennt man Exzision. Die Exzision von Schleimhaut wird mit einer spitz zulaufenden **Zahnfleischschere (Schleimhautschere)** durchgeführt →Abb. 2.

Mit einer **chirurgischen Schere** können die Wundränder gesäubert werden →Abb. 3. **Fadenscheren** dienen zum Abschneiden der Fäden →Abb. 4.

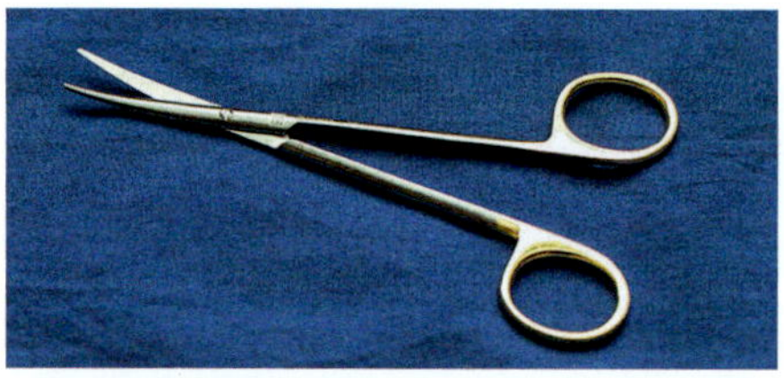
Abb. 1 Präparierschere

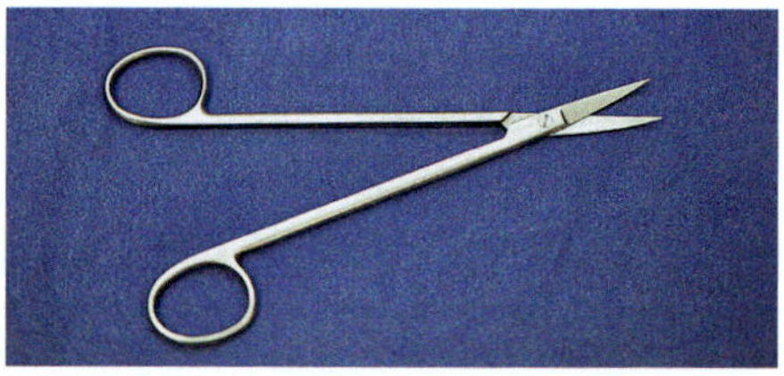
Abb. 2 Zahnfleischschere

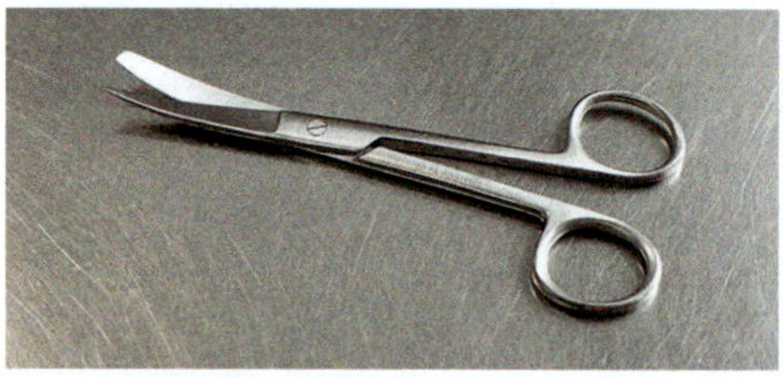
Abb. 3 Chirurgische Schere

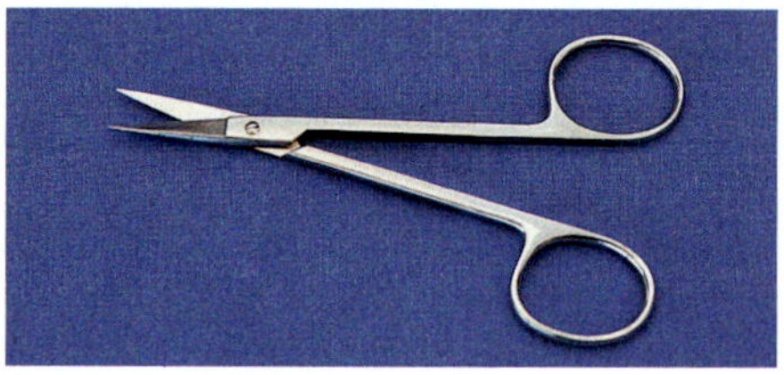
Abb. 4 Fadenschere

Pinzetten

Pinzetten werden zu unterschiedlichen Zwecken benötigt:

– **Chirurgische Pinzetten** zeichnen sich durch kleine Widerhaken am Arbeitsende aus, mit deren Hilfe das Gewebe gefasst und bei der Präparation festgehalten werden kann →Abb. 5, 6.

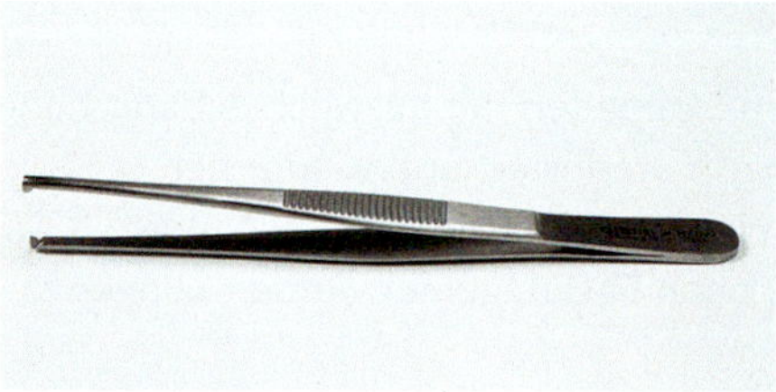
Abb. 5 Chirurgische Pinzette

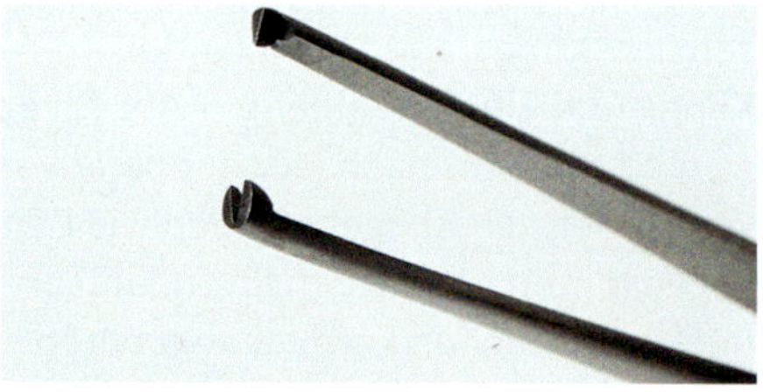
Abb. 6 Chirurgische Pinzette, Spitze (Vergrößerung von Abb. 5)

– Die **anatomische Pinzette** ist stumpf und hat ein geriffeltes Ende. Sie dient z. B. zum Anreichen von Tupfern →Abb. 7.
– Die **zahnärztliche Pinzette** ist abgebogen, spitz zulaufend und zählt zum zahnärztlichen Grundinstrumentarium →Abb. 8. Sie wird benötigt, um z. B. Watterollen in der Mundhöhle zu platzieren.

Abb. 7 Anatomische Pinzette

Abb. 8 Zahnärztliche Pinzette

Offenhalten des OP-Gebietes

Bei fast allen Operationen muss der Zugang zum Operationsgebiet für die Dauer des Eingriffs gewährleistet sein. Hierzu werden unterschiedliche Instrumente benutzt.

- **Scharfe Wundhaken** haben spitze Zinken und ziehen die Wundränder auseinander →Abb. 1.
- Bei den **stumpfen Wundhaken** unterscheidet man den
  - **Wundhaken nach Middeldorpf**, der zum Abhalten der Wange und Lippe dient →Abb. 2, und den
  - **Wundhaken nach Langenbeck**, der auf dem Knochen aufgesetzt wird und üblicherweise den Mukoperiostlappen abhält →Abb. 3.
- Mit dem **Zungenspatel** lässt sich die Zunge abhalten. Er kann glatt oder perforiert sein →Abb. 4.
- Mit dem **Mundsperrer** wird während einer Operation in Narkose der Mund offengehalten. Außerdem dient er dazu, den Mund bei einer Kieferklemme aufzudehnen →Abb. 5.

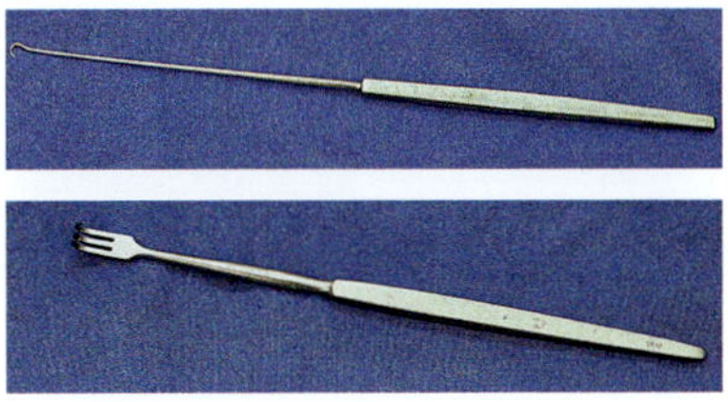
Abb. 1 Scharfe Wundhaken

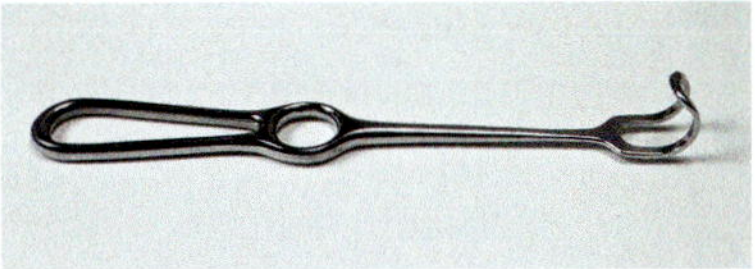
Abb. 2 Middeldorpf-Haken

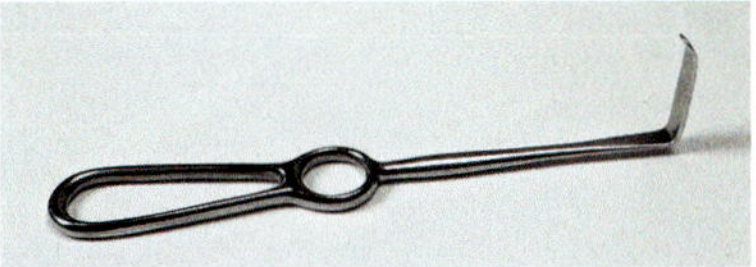
Abb. 3 Langenbeck-Haken

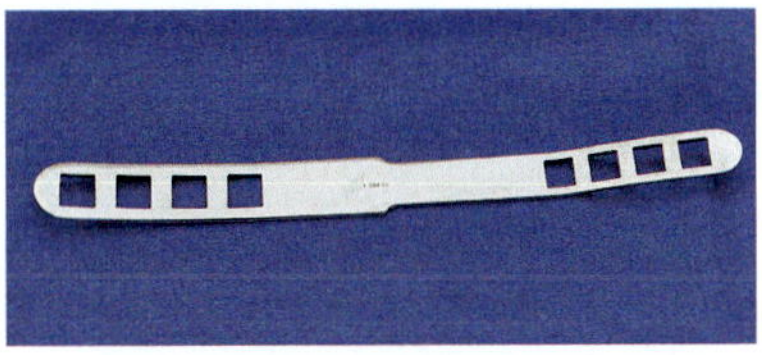
Abb. 4 Perforierter Zungenspatel

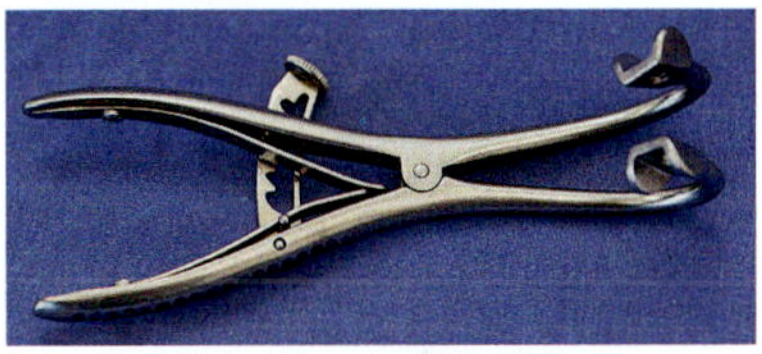
Abb. 5 Mundsperrer nach Denhart

Blutstillung

Während einer OP kann es auch zu starken Blutungen kommen. Dies ist der Fall, wenn Arterien verletzt werden. **Arterienklemmen** dienen dazu, ein spritzendes Gefäß abzuklemmen, um es dann zu unterbinden →Abb. 6. Sie haben am Griff eine Arretierung (Verriegelung), sodass man die arretierte Klemme loslassen und dann die Arterie unterbinden kann.

Für die Blutstillung werden daneben auch **Elektrochirurgiegeräte (Elektrotome)** eingesetzt. Sie arbeiten mit hochfrequentem Strom. Es gibt unterschiedliche Aufsätze in Schlingen-, Kugel- oder Stabform →Abb. 7, 8. Sie kommen zum Einsatz, um eine Blutstillung durchzuführen. Die Blutstillung kommt dadurch zustande, dass durch den Strom das Gewebe erhitzt wird und sich zusammenzieht. Diese Elektrokoagulation wird auch als Kauterisation bezeichnet.

Des Weiteren kann auf elektrochirurgischem Wege Gewebe abgetragen werden. Auch schneidende Vorgänge können so stattfinden. Der Vorteil dieser Geräte ist, dass nur eine geringe Blutung auftritt, die Nachteile sind der unangenehme Geruch und die Gefahr von zu großer Hitzeeinwirkung.

Merke
Wenn ein Patient einen Herzschrittmacher oder ein Cochleaimplantat („implantiertes Hörgerät") trägt, ist der Einsatz eines Elektrochirurgiegerätes sehr sorgfältig abzuwägen, da das Elektrochirurgiegerät den Herzschrittmacher (v. a. ältere Modelle) bzw. das Cochleaimplantat stören kann.

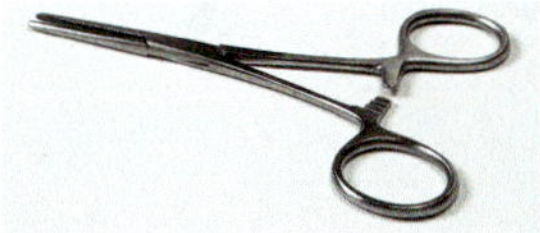
Abb. 6 Arterienklemme nach Kocher (Kocherklemme)

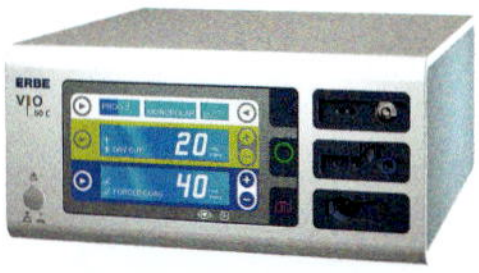

Abb. 7 Elektrochirurgiegerät

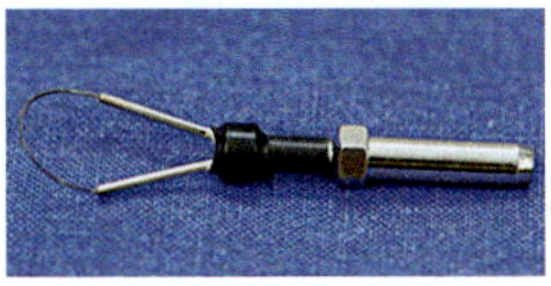
Abb. 8 Elektroschlinge

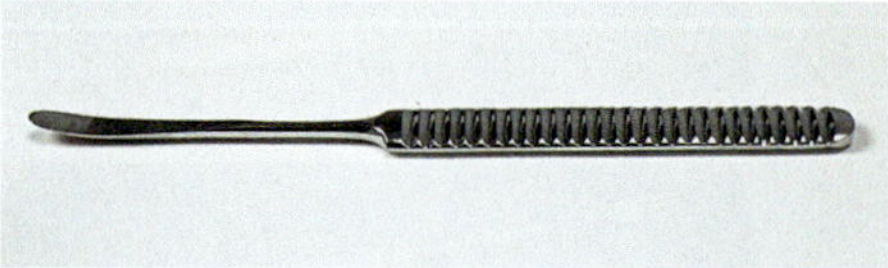

Abb. 1 Raspatorium

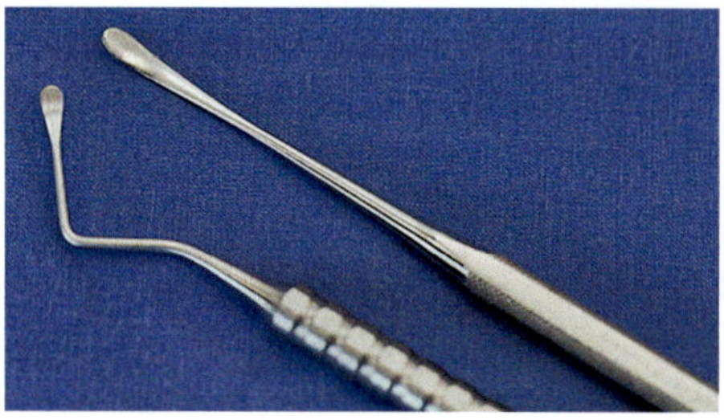

Abb. 2 Elevatorien

Bearbeiten von Knochen

Oftmals ist der Knochen der Bereich, dem der Eingriff gilt. Zur Knochenbearbeitung werden häufig folgende Instrumente benötigt:

- Das **Raspatorium** →Abb. 1 wird u. a. für die Bildung eines Mukoperiostlappens benötigt. Es gibt schmale und breite Raspatorien in unterschiedlicher Größe. Sie sind alle am Arbeitsende scharf.
- Das **Elevatorium** sieht ähnlich aus wie das Raspatorium, läuft vorne aber pfeilartig zu. Die Spitze und Kanten des Elevatoriums sind abgerundet. Mit ihm können z. B. durch einen Unfall eingedrückte Knochenstücke wieder in die ursprüngliche Lage gebracht werden →Abb. 2. Es gibt auch Elevatorien mit einem abgerundeten Ende und einem scharfen Ende, welches dann zum Präparieren des Mukoperiostlappens verwendet wird.
- Die **Hohlmeißelzange** nach **Luer** (Luer-Zange) ist ein Instrument zum schrittweisen Abtragen von Knochen →Abb. 3, 4. Sie wird v. a. zum Glätten von Knochenkanten benutzt, z. B. bei der operativen Zahnentfernung.
- **Knochenfräsen** sind sterile, rotierende Instrumente, mit denen der Knochen unter Kühlung abgetragen und geglättet werden kann →Abb. 5.
- Mit einer **Lindemannfräse** wird bei der operativen Zahnentfernung unter Kühlung die Zahnkrone von der Wurzel abgetrennt →Abb. 6.
- **Chirurgiemotoren** werden bei Operationen häufig eingesetzt. Sie führen dem rotierenden Instrument über ein Schlauchsystem sterile Kochsalzlösung zu →Abb. 7. Durch diese Kühlung wird verhindert, dass der Knochen durch die Reibung zu sehr erhitzt wird. Der Knochen kann mit unterschiedlicher Drehzahl bearbeitet werden. Für die Implantologie gibt es spezielle drehzahlbegrenzte Motoren mit definiertem Drehmoment.

operative Zahnentfernung →S. 119

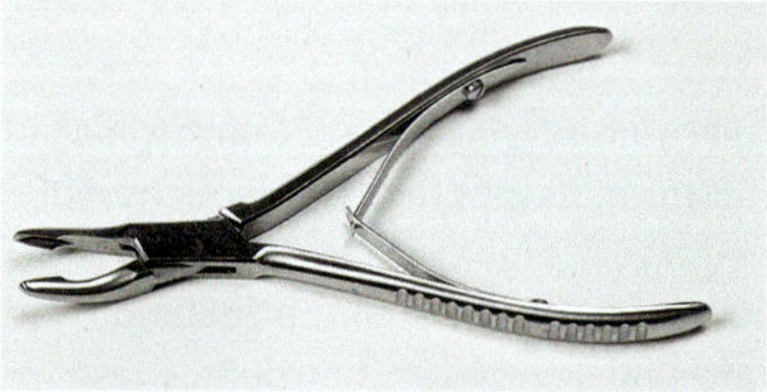

Abb. 3 Luer-Zange

Abb. 4 Luer-Zange (Detail)

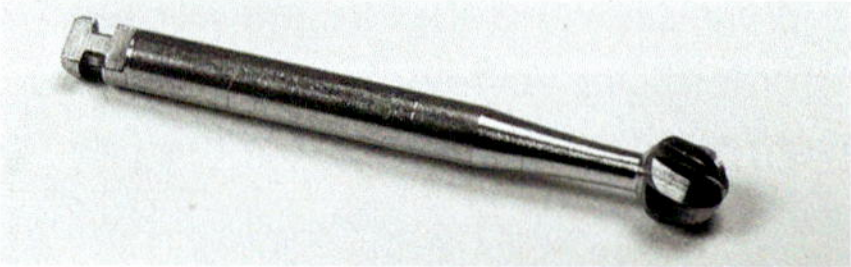

Abb. 5 Kugelförmige Knochenfräse

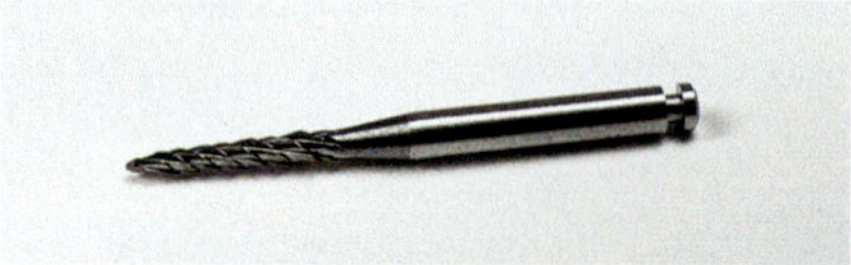

Abb. 6 Lindemannfräse

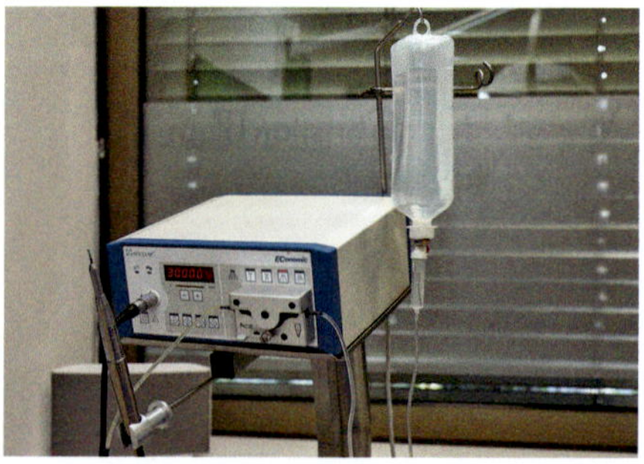

Abb. 7 Chirurgische Einheit mit Kühlung über eine sterile Kochsalzpumpe

- Das moderne **Piezochirurgiegerät** →Abb. 1 ermöglicht atraumatische OP-Verfahren. Es basiert auf Ultraschall und kann punktgenau selektiv Knochen abtragen, ohne umliegendes Weichgewebe zu zerstören. Es wird zur Knochenentfernung in Nervennähe und beim Sinuslift eingesetzt.

Sinuslift →S. 136

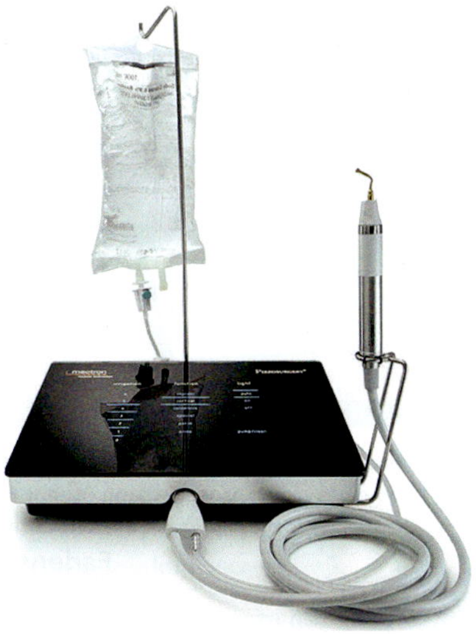
Abb. 1 Piezochirurgiegerät

Naht

Zum Schluss wird die Wunde vernäht. Hierzu wird eine Reihe von Materialien und Instrumenten gebraucht.

Nadeln: Nadeln gibt es in gerader und gebogener Form. Ihrem Querschnitt nach unterscheidet man runde oder kantig geschliffene Nadeln →Abb. 2.

Es gibt Nadeln, bei denen der Faden ins Nadelöhr eingefädelt werden muss und die als **traumatisch** (verletzend) bezeichnet werden, da der doppelte Fadendurchmesser durchs Gewebe hindurchmuss. Das Nadelöhr kann geschlossen oder offen sein.

Beim geschlossenen Nadelöhr wird der Faden durch das ovale Öhr gefädelt. Das Nadelöhr wird hier als Fädelöhr bezeichnet.

Beim offenen Nadelöhr, das als Federöhr bezeichnet wird, rastet der Faden durch Druck über dem Öhr ein.

Daneben existieren **atraumatische** (nicht gewebeverletzende) Nadeln, bei denen der Faden direkt mit der Nadel verschweißt ist und somit keine Vergrößerung des Durchmessers auftritt.

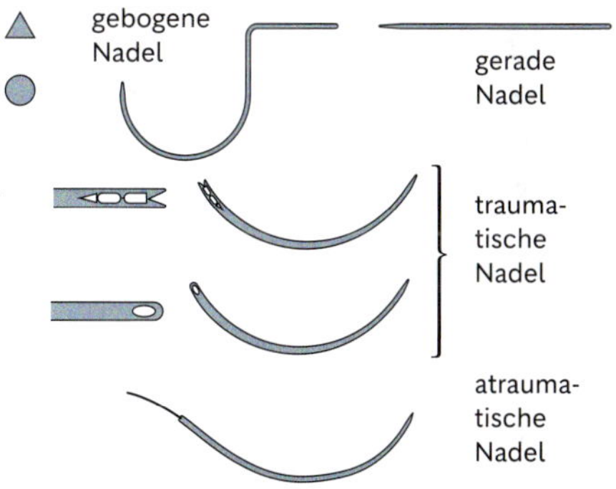

Abb. 2 Chirurgische Nadeln

Nadelhalter und Nadeldose: In der Chirurgie werden die Nadeln nicht mit den Fingern, sondern durch einen **Nadelhalter** →Abb. 3–5 gehalten.
- Offene Nadelhalter lassen sich am Griff nicht schließen.
- Geschlossene Nadelhalter haben eine Arretierung (Verriegelung) und können die Nadel so in einer festen Position halten.

Die Nadeln werden in **Nadeldosen** aufbewahrt, die aus einer Innen- und einer Außendose bestehen.

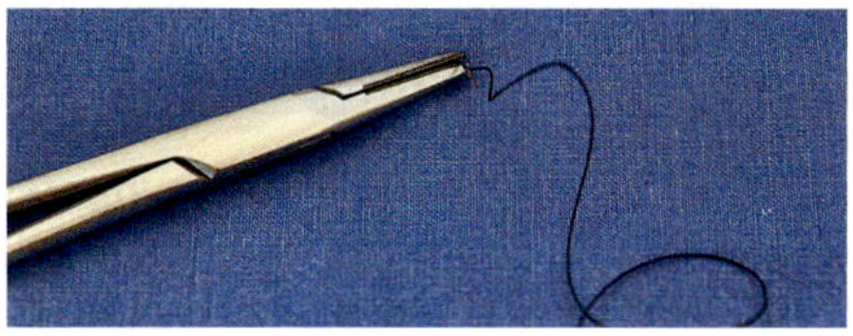
Abb. 3 Nadelhalter (Detail)

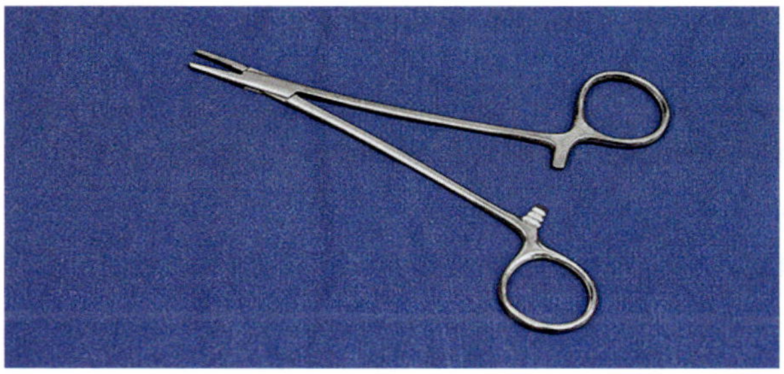
Abb. 4 Geschlossener Nadelhalter

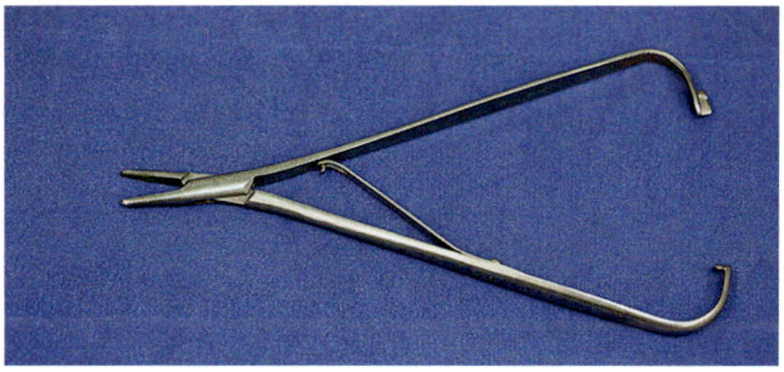
Abb. 5 Nadelhalter mit Feder

3.1.4 Komplikationen einer Zahnextraktion

Mögliche Komplikationen bei einer Zahnextraktion können sein:
- Nachblutung
- Schmerzen
- Schwellung
- Wundheilungsstörungen
- Eröffnung der Kieferhöhle
- Lockerung von Nachbarzähnen
- Fraktur des Zahnes

Blutung, Schwellung, Schmerzen und Wundheilungsstörungen können grundsätzlich nach allen chirurgischen Eingriffen auftreten.

Aufklärung vor chirurgischen Eingriffen →S. 105

Über die möglichen Komplikationen sollte der Patient vor dem Eingriff aufgeklärt werden.

Verhaltenshinweise für den Patienten →S. 112

Nach dem Eingriff kann der Patient durch sein Verhalten zu einem komplikationslosen Verlauf beitragen bzw. die Komplikationsrate klein halten. Deshalb werden dem Patienten nach jedem chirurgischen Eingriff Hinweise zum Verhalten nach chirurgischen Eingriffen an die Hand gegeben.

Nach einer Zahnextraktion kann es zu einer **Nachblutung** kommen. Da dem Blut immer viel Speichel beigemengt ist, kann der Eindruck entstehen, dass die Wunde stark nachblutet. Eine schwache Nachblutung kommt in der Regel durch Aufbeißen auf einen Tupfer bald zum Stillstand. Blutet es trotzdem weiter, sollte sich der Patient in der Praxis wieder vorstellen. Dort können dann zusätzliche Maßnahmen wie eine Naht, Hämostyptika oder eine Verbandplatte angewendet werden.

Hämostyptika →S. 153
Blutgerinnung →S. 214
Anamnese →LF 2

Problematisch sind Zahnextraktionen und andere chirurgische Eingriffe bei Patienten, die **blutgerinnungshemmende Mittel** wie Marcumar®, Xarelto® oder Mittel, die die Verklumpung der Blutplättchen herabsetzen (z. B. ASS = Acetylsalicylsäure, z. B. Aspirin®), einnehmen. Hier ist mit einer erhöhten Blutungsgefahr zu rechnen. Um Komplikationen zu vermeiden, sollte vor einem chirurgischen Eingriff mit dem Hausarzt das kurzfristige Absetzen dieser Medikamente abgeklärt werden. Hier zeigt sich, wie wichtig die aktuelle Erhebung einer Anamnese ist.

Schmerzen treten nach einer Zahnextraktion häufig auf. Sie sind nicht ungewöhnlich. Vorbeugend sollte der Patient ein Rezept für ein Schmerzmittel erhalten.

Dauern die Schmerzen jedoch länger an und sind sie verbunden mit einer Wundheilungsstörung in Form einer trockenen Alveole, so spricht man von einem Dolor post extractionem (Schmerz nach Zahnextraktion). Hier bedarf es einer Vorstellung beim Zahnarzt, der dann durch Anfrischen des Knochens eine Blutung in die Alveole herbeiführen wird.

Eine **Schwellung** des Weichgewebes nach einer Extraktion kann vorkommen und lässt sich durch kühlende Maßnahmen reduzieren.

Wundheilungsstörungen können durch Eindringen von Erregern in die Wunde auftreten und einen Infekt hervorrufen. Im fortgeschrittenen Fall kann es zum Abszess kommen. Eine regelmäßige Mundhygiene und der Verzicht auf Rauchen können dies verhindern.

Bei der Extraktion von Oberkieferzähnen in der Nachbarschaft zur Kieferhöhle kann es zur **Eröffnung der Kieferhöhle** kommen. Es entsteht eine sogenannte Mund-Antrum-Verbindung. Diese muss verschlossen werden.

Verschluss einer Mund-Antrum-Verbindung →S. 122

Durch zu starkes Luxieren (Ausrenken) des Zahnes mit dem Hebel kann es zur **Lockerung der Nachbarzähne** kommen, v. a. auch bei bereits parodontal vorgeschädigten Zähnen.

Sind Zähne stark im Knochen verankert, so kann der Zahn bei der Extraktion **abbrechen** und einen Wurzelrest hinterlassen. Dieser muss dann anschließend mittels einer Osteotomie entfernt werden.

Osteotomie →S. 120

3.2 Operative Zahnentfernung

Die operative Zahnentfernung muss meist bei verlagerten und retinierten (im Knochen zurückgehaltenen) Weisheitszähnen durchgeführt werden. Oft sind auch Eckzähne betroffen, seltener die Prämolaren. Werden Zahnkeime entfernt, spricht man von einer Germektomie.

3.2.1 Indikationen für die operative Zahnentfernung

Ein Zahn muss operativ entfernt werden, wenn
- er durch einfache Extraktion nicht zu entfernen ist,
- ein Wurzelrest im Kieferknochen verblieben ist, der mit einer Bajonettzange oder einem Hebel nicht entfernt werden kann,
- er im Knochen retiniert ist und/oder in einer falschen Position im Knochen liegt (Verlagerung). Hierbei werden unterschieden:
  - Vollständige Zahnretention: Der Zahn hat keine Verbindung zur Mundhöhle →Abb. 1a.
  - Teilretention: Der Zahn hat mit einem Teil die Mundhöhle erreicht. Der andere Teil ist retiniert, da er von einer Schleimhautkapuze bedeckt ist.
  - Verlagerung: Der retinierte oder teilretinierte Zahn ist nicht achsengerecht, sondern „gekippt" im Kiefer verankert →Abb. 1b, 1c.

Manchmal kann ein retinierter Zahn auch erhalten werden. Hierzu wird er freigelegt und dann kieferorthopädisch eingeordnet.

Freilegung von retinierten Zähnen →S. 145

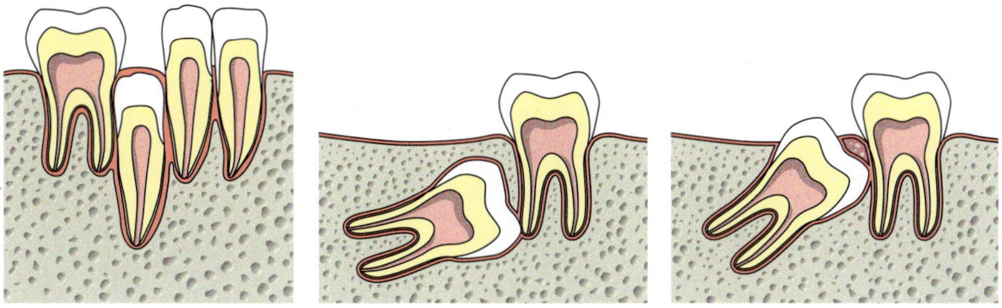

a retiniert **b** verlagert und retiniert **c** teilretiniert und verlagert

Abb. 1 Retinierte und verlagerte Zähne

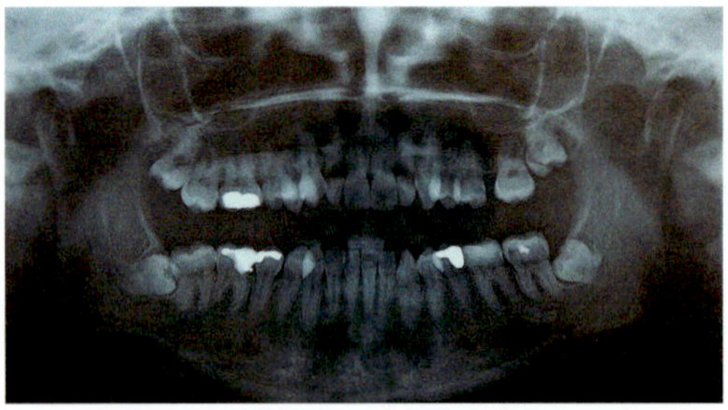

Abb. 1 Orthopantomogramm mit oberen und unteren Weisheitszähnen

3.2.2 Ablauf einer operativen Zahnentfernung

Der Ablauf einer operativen Zahnentfernung wird im Folgenden am Beispiel eines retinierten Weisheitszahnes dargestellt →Abb. 1, 2.

Zunächst muss bei der operativen Zahnentfernung nach dem Setzen der Lokalanästhesie das entsprechende Knochengebiet freigelegt („dargestellt“) werden. Hierfür wird eine Inzision (Schnitt) im Bereich der Schleimhaut bis auf den Knochen durchgeführt →Abb. 3.

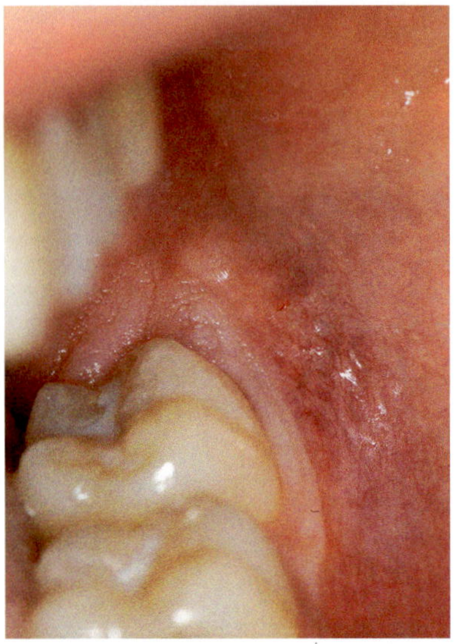

Abb. 2 Weisheitszahnregion des linken UK. Der retinierte Zahn 38 ist nicht zu sehen.

Dann wird die Schleimhaut inklusive des **Periosts** (Knochenhaut) abgehoben. Diesen Arbeitsschritt bezeichnet man als Bildung eines **Mukoperiostlappens** (Schleimhaut-Knochenhaut- Lappen). Der Mukoperiostlappen wird mittels eines Raspatoriums gebildet. Er wird mit einem Haken nach Langenbeck abgehalten →Abb. 4.

Nun kann der Knochen um den Zahn bzw. den Wurzelrest herum unter Verwendung einer Knochenfräse oder eines sterilen Rosenbohrers entfernt werden. Dies nennt man **Osteotomie** →Abb. 5. Zum Schutz des N. lingualis wird das Raspatorium bei der operativen Weisheitszahnentfernung lingual unter das Periost geschoben.

Der Zahn wird dann freigelegt, mit einem Hebel gelockert und schließlich entfernt.

Lässt sich der Zahn trotz Abtragen des Knochens nicht als Ganzes entfernen, muss er geteilt werden →Abb. 1, S. 121. Dafür wird z. B. eine Lindemannfräse verwendet.

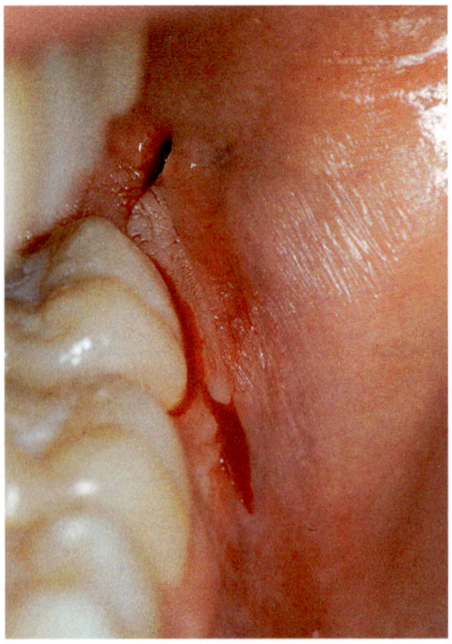

Abb. 3 Unterkiefer links nach der Inzision

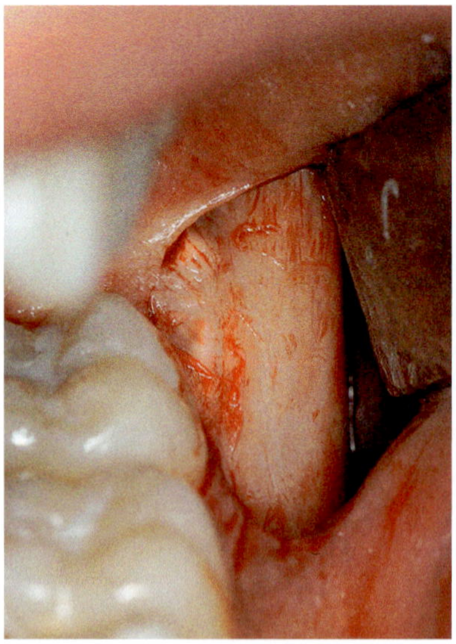

Abb. 4 Vor weiterer Abtragung von Knochen. Der Wundhaken nach Langenbeck befindet sich in Position unter dem Mukoperiostlappen.

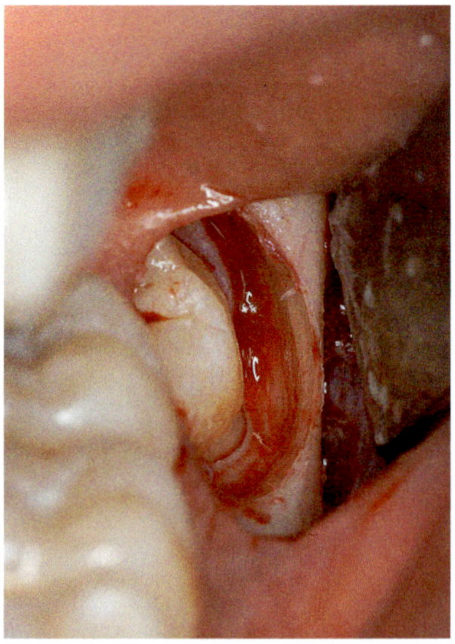

Abb. 5 Zustand nach Osteotomie

N. lingualis →S. 33

Das Zahnsäckchen wird entfernt. Zum Schluss werden verbleibende scharfe Knochenkanten, z. B. mit einer Luer-Zange oder mit Knochenfräsen, geglättet. Die Wunde wird gesäubert und durch eine Naht verschlossen →Abb. 2, 3. Bei der operativen Entfernung eines Zahnkeimes spricht man von einer Germektomie.

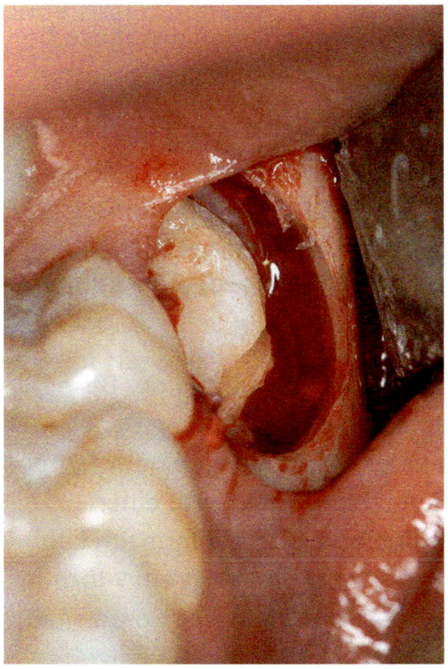

Abb. 1 Lässt sich der Zahn nicht als Ganzes entfernen, muss er geteilt werden.

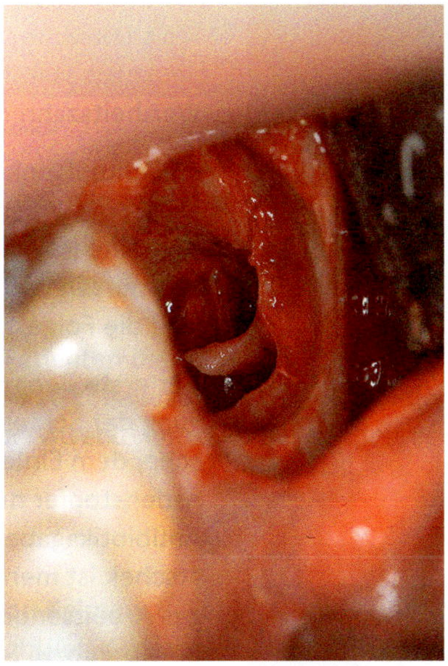

Abb. 2 Wunde nach Zahnentfernung.

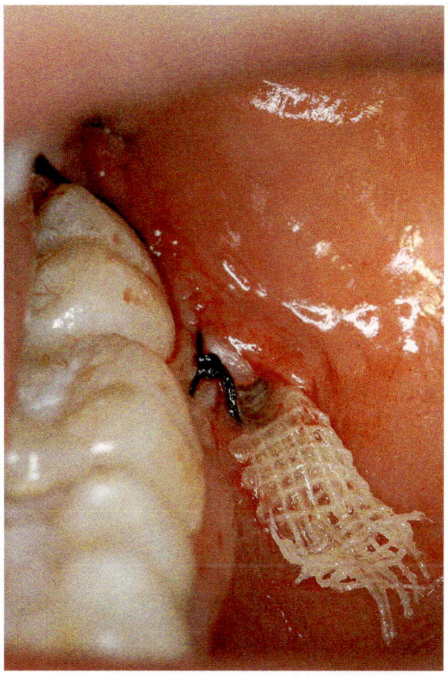

Abb. 3 Mit einer Naht und Tamponade versorgte Wunde

3.2.3 Komplikationen bei der operativen Weisheitszahnentfernung

Wie bei der Extraktion muss auch bei der operativen Entfernung eines oberen Weisheitszahnes geprüft werden, ob eine Mund-Antrum-Verbindung entstanden ist.

Mund-Antrum-Verbindung →S. 122

Bei der Osteotomie im Unterkiefer sollte man den Verlauf des N. alveolaris inferior und des N. lingualis beachten. Beide können verletzt werden. Wird der N. alveolaris inferior verletzt, so kann dies Gefühlsstörungen im Bereich der Unterlippe, des Kinns, der Zähne und der Schleimhaut im Unterkiefer hervorrufen. Bei einer Verletzung des N. lingualis zeigen sich Gefühls- und Geschmacksstörungen an der betroffenen Zungenseite.

N. alveolaris →S. 33

N. lingualis →S. 33

Es ist daher sehr wichtig, durch gute Assistenz den Eingriff zu erleichtern. Insbesondere sollte die Assistenz beim Abhalten von Wange bzw. Zunge darauf achten, dass eine gute Sicht auf das OP-Gebiet gegeben ist und der Mukoperiostlappen nicht gequetscht wird. Zum Schutz des N. lingualis wird das Raspatorium bei der operativen Weisheitszahnentfernung lingual unter das Periost geschoben.

In jedem Falle sollte der Patient vor der Operation über mögliche Komplikationen wie Nervverletzungen, Blutung, Schwellung, Unterkieferbruch und Wundheilungsstörung aufgeklärt werden. Nach dem Eingriff sollte der Patient die Empfehlungen zum Verhalten nach chirurgischen Eingriffen befolgen.

Aufklärung vor chirurgischen Eingriffen →S. 105

Verhaltenshinweise für den Patienten →S. 112

3.6 Abszessbehandlung

Abszessformen →S. 52

Ein **Abszess** ist ein mit **Eiter** (Pus) gefüllter abgekapselter Hohlraum. Je nach Lage werden unterschiedliche Abszessformen unterschieden. So wird z. B. ein Abszess unter der Knochenhaut als subperiostaler Abszess bezeichnet.

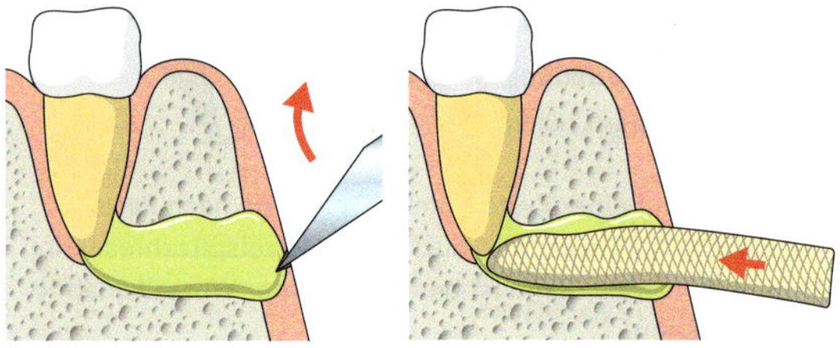

Abb. 1 Behandlung von Abszessen (Prinzip). Abszesseröffnung über die Schleimhaut (Inzision) (links); Offenhalten der Abszesshöhle, hier mittels Tamponade aus Gaze (rechts)

Bei der Behandlung eines Abszesses wird durch eine **Inzision** mit einem Skalpell die Eiterhöhle eröffnet, sodass der Eiter abfließen kann →Abb. 1. Die Abszesshöhle muss dann mit einem Gazestreifen oder einem Kunststoffröhrchen (Drainageröhrchen) offen gehalten werden, damit der Eiter weiter abfließen und die Abszesshöhle sich nicht erneut verschließen kann. Über dieses Drainageröhrchen wird die Abszesshöhle gespült. Nach einigen Tagen kann das Drainageröhrchen entfernt werden. Die Wunde heilt von alleine ohne Naht ab. Zusätzlich kann ein Antibiotikum verordnet werden.

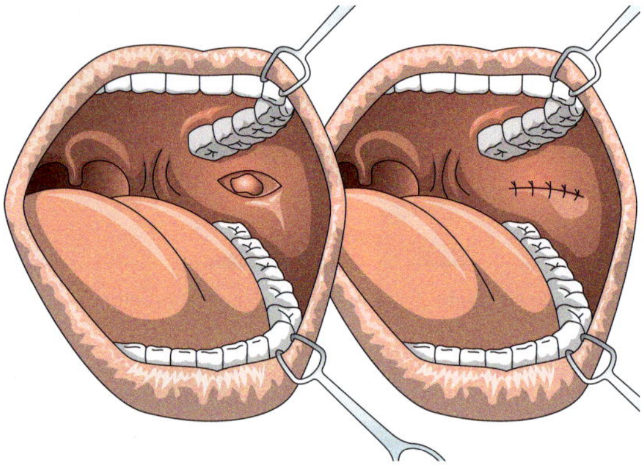

Abb. 2 Exzision. Spindelförmige Schnittführung und Wundverschluss durch eine Naht

3.7 Exzision

Bei einer **Exzision** wird Gewebe entfernt. So wird das Herausschneiden eines Tumors als Exzision bezeichnet →Abb. 2. Dabei wird der Tumor spindelförmig umschnitten und nach dessen Entfernung das Gewebe wieder mit einer Naht verschlossen. Grundsätzlich sollte das exzidierte Gewebe zur feingeweblichen Untersuchung an ein pathohistologisches Labor eingesandt werden.

3.8 Hemisektion (Teilextraktion) und Prämolarisierung

Wenn eine Extraktion eines ganzen Zahnes (z. B. aus prothetischen Gründen) vermieden werden soll, sind zwei Operationsmethoden sinnvoll:
– Hemisektion und
– Prämolarisierung.

3.8.1 Hemisektion (Teilextraktion)

Bei einer **Hemisektion** wird eine krankhaft veränderte Wurzel eines mehrwurzeligen Zahnes entfernt. Die gesunde(n) Wurzel(n) wird bzw. werden erhalten.

Ausgangssituation

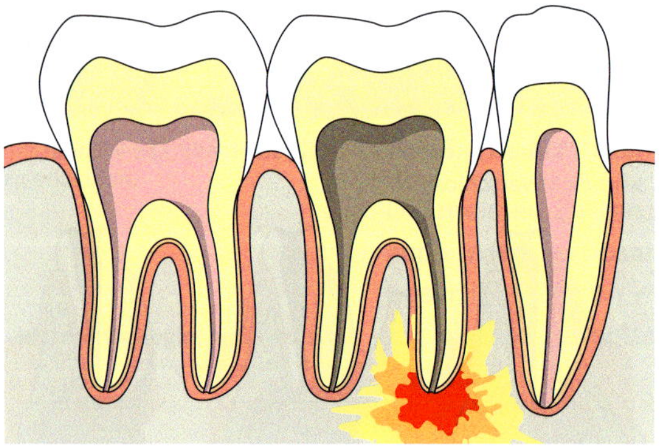

Abb. 3 Molar mit apikaler Entzündung an der mesialen Wurzel

Indikation für eine Hemisektion

Eine Hemisektion ist angezeigt, wenn nur eine Wurzel eines mehrwurzeligen Zahnes beispielsweise von einer apikalen Entzündung betroffen ist →Abb. 3. Insbesondere ist eine Hemisektion angebracht, wenn der Wurzelkanal nicht mittels Wurzelkanalbehandlung aufbereitet werden kann und/oder wenn eine Wurzelspitzenresektion nicht sinnvoll erscheint.

Durch die Hemisektion kann der verbleibende Zahn erhalten und zur prothetischen Versorgung herangezogen werden. So kann der Zahn noch als Pfeiler für einen festsitzenden Zahnersatz dienen.

Ablauf einer Hemisektion

Nach der Lokalanästhesie wird der Zahn längs durchtrennt und die krankhaft veränderte Wurzel inklusive Kronenanteil entfernt →Abb. 1–3.

Die verbliebene Wurzel wird wurzelkanalbehandelt und evtl. mit einer Stiftverankerung versehen. Der Restkronenanteil des Zahnes wird prothetisch mit einer Krone versorgt oder als Stützpfeiler (Pfeilerzahn) für einen festsitzenden Zahnersatz (z. B. eine Brücke) verwendet, sodass ein herausnehmbarer Zahnersatz vermieden werden kann →Abb. 4.

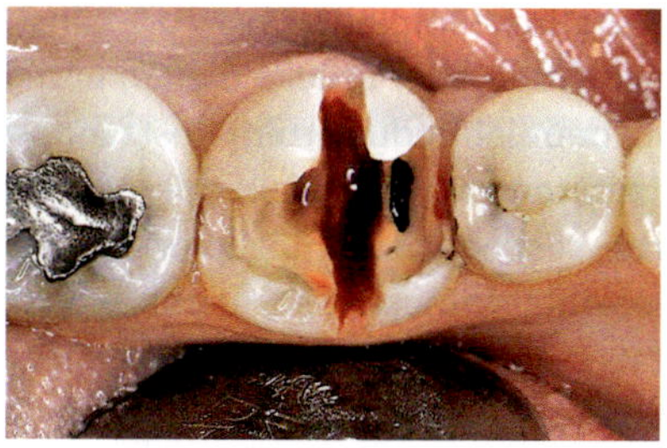

Abb. 1 Getrennter Zahn 46

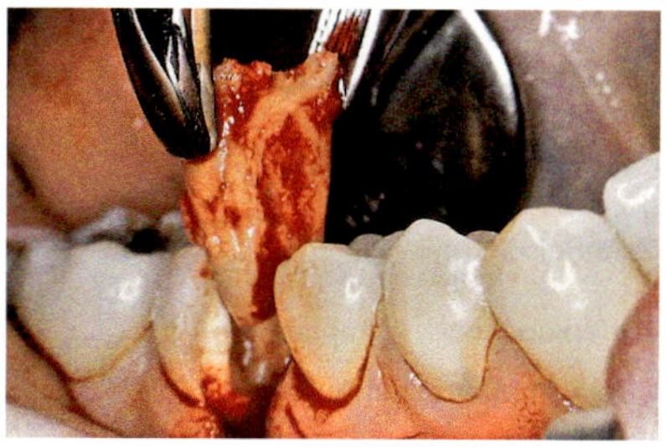

Abb. 2 Entfernung der mesialen Wurzel

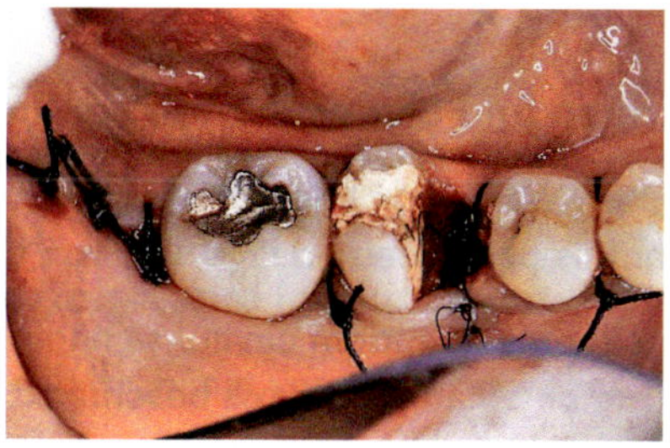

Abb. 3 Endzustand: Situationsnaht nach Hemisektion (gleichzeitig Zustand nach Osteotomie von Zahn 48)

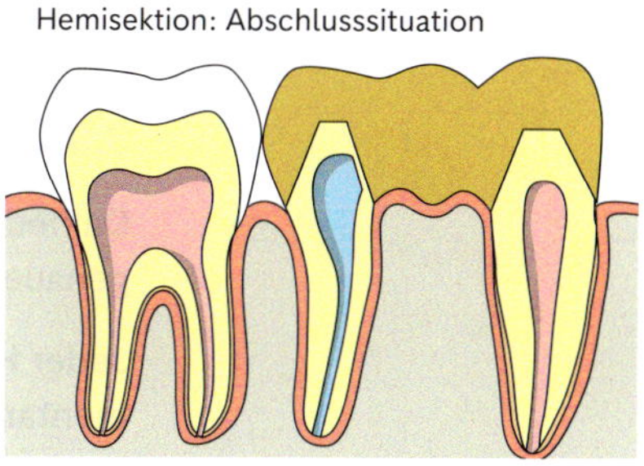

Abb. 4 Der wurzelkanalbehandelte halbe Molar dient als Brückenpfeiler. Die nicht erhaltungswürdige Wurzel wurde entfernt.

3.8.2 Prämolarisierung

Bei der Prämolarisierung wird der Zahn zwar auch längs geteilt, jedoch werden beide Zahnhälften im Kiefer belassen, wurzelkanalbehandelt und meist überkront →Abb. 5, 6. Die Bezeichnung Prämolarisierung rührt daher, dass die späteren Kronen annähernd die Form von Prämolaren haben.

Diese Operationsmethode ist sinnvoll, wenn eine Entzündung in der Furkation (Teilungsstelle der Wurzel) sitzt, v. a. dann, wenn bei parodontal geschädigten Zähnen die Furkation freiliegt. Nach der Trennung des Zahnes kann diese Stelle besser gereinigt werden, sodass die Entzündung ausheilen kann.

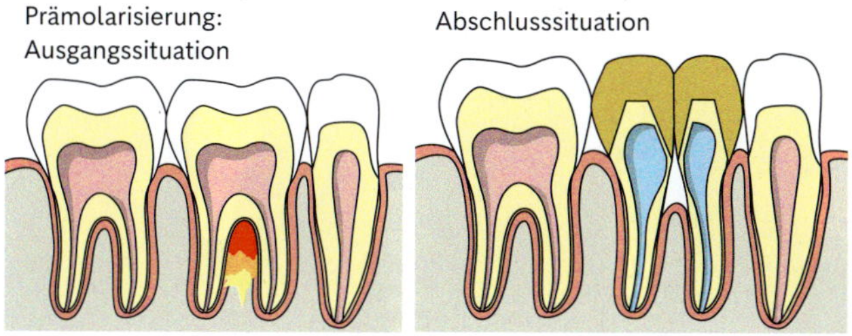

Abb. 5 Molar mit Entzündung im Furkationsbereich (links); wurzelkanalbehandelter geteilter Molar mit zwei Kronen (rechts)

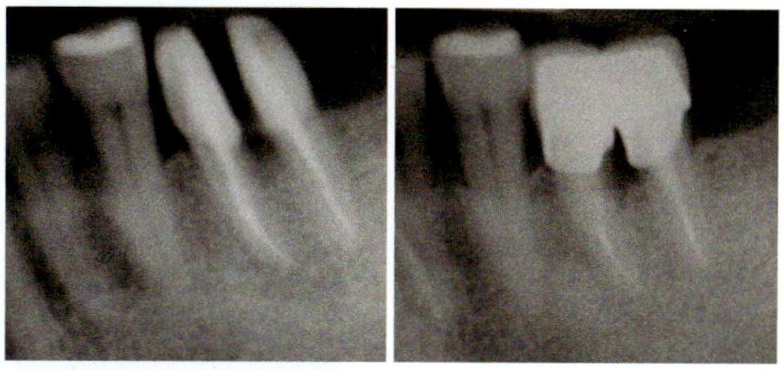

Abb. 6 Prämolarisierung: geteilter und anschließend wurzelkanalbehandelter und überkronter Molar

3.10 Sinuslift

Bei nicht ausreichendem Knochenangebot muss vor der eigentlichen Implantation der Knochen aufgebaut werden. Fehlt im Oberkieferseitenzahnbereich Knochen, also am Boden der Kieferhöhle, so kann dieser nach Anheben des Kieferhöhlenbodens (engl. lifting) eingebracht werden. Dies nennt man Sinuslift. Man unterscheidet dabei den externen vom internen Sinuslift. Beim **externen Sinuslift** wird der Zugang von der Seite geschaffen und ein Knochenfenster präpariert. Dann wird dieser Knochendeckel nach innen eingeschlagen und mit der Kieferhöhlenschleimhaut nach oben gedrückt. Der entstandene Hohlraum wird anschließend mit Knochen aufgefüllt →Abb. 1.

Beim **internen Sinuslift** handelt es sich um ein einfacheres Verfahren, bei welchem über den Bohrkanal des Implantates die Kieferhöhlenschleimhaut mit dem Knochen durch Hammerschläge nach oben gedrückt und Knochen eingebracht wird →Abb. 2.

Das Vorgehen der Anhebung des Kieferhöhlenbodens und des Knochenaufbaus kann gleichzeitig mit der Implantation – sogenanntes einzeitiges Verfahren – oder aber nacheinander, zweizeitig, erfolgen.

Nach der Operation gelten ähnliche Verhaltenshinweise für den Patienten wie nach dem Verschluss einer MAV, d. h. Schnäuzverbot und Nasentropfen.

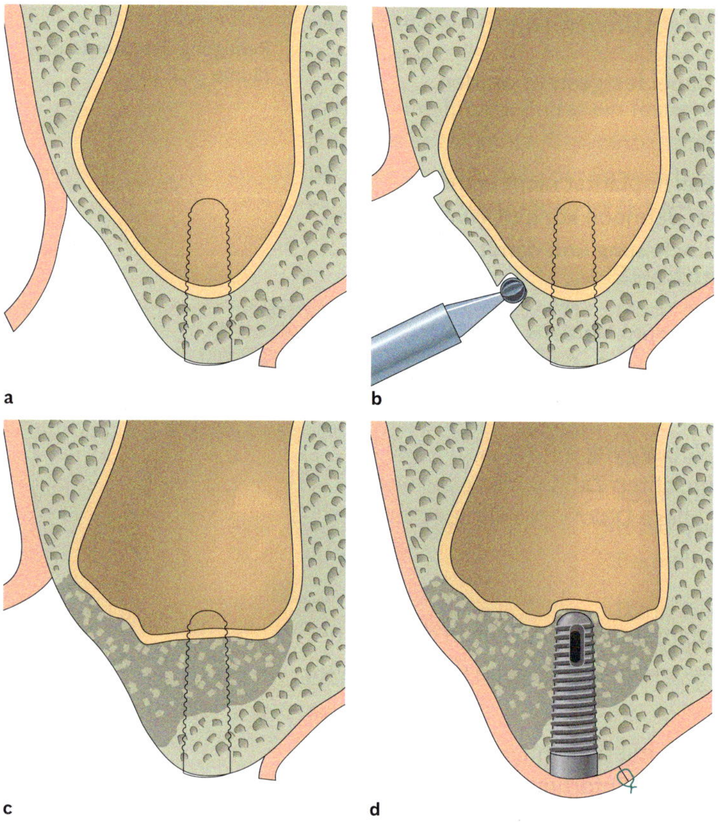

Abb. 1 Externer Sinuslift

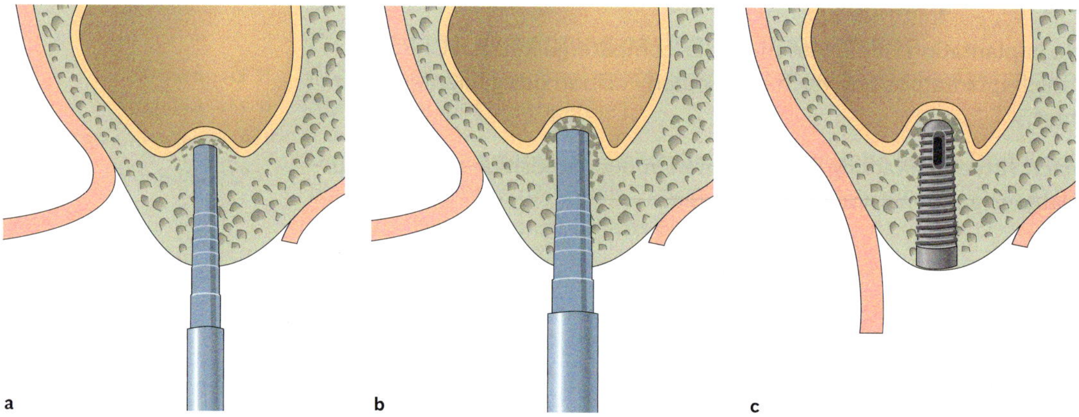

Abb. 2 Interner Sinuslift

3.11 Sequestrotomie

Verletzungen oder Eingriffe am Knochen können beispielsweise zur Entzündung des Knochenmarks führen. Die Knochenmarksentzündung wird Osteomyelitis genannt. Wenn im Rahmen dieser Osteomyelitis ein Knochenareal abstirbt und sich vom Restknochen abgrenzt, so liegt ein Sequester vor. Um die Entzündung in den Griff zu bekommen, muss der Sequester operativ entfernt werden. Dabei wird nach Bildung des Mukoperiostlappens und Darstellung des Knochens eine Sequestrotomie, die Entfernung des Knochensequesters, durchgeführt. Gleichzeitig wird ein Antibiotikum verabreicht.

3.12 Präprothetische Chirurgie

Sämtliche chirurgischen Eingriffe, die vor einer prothetischen Versorgung des Patienten erfolgen und die die Eingliederung eines Zahnersatzes erst ermöglichen bzw. verbessern, gehören zur präprothetischen Chirurgie. Diese Eingriffe können sowohl in Lokalanästhesie als auch in Allgemeinnarkose durchgeführt werden, abhängig von der Größe des Eingriffes.

Teilprothesen →LF 11
Vollprothesen →LF 11

Zu den präprothetischen chirurgischen Eingriffen zählen:
- die Beseitigung eines Schlotterkammes
- die Entfernung störender Bänder
- die Alveolotomie bzw. Knochenresektion
- augmentative (Knochen aufbauende) Verfahren mittels körpereigenem Knochen oder künstlichen Materialien zum Knochenersatz
- die Ausformung des Mundbodens im Sinne einer Mundbodenplastik
- die Ausformung des Mundvorhofs (Vestibulumplastik)

Ein **Schlotterkamm** liegt vor, wenn nach Schwund (Atrophie) des Knochens das Weichgewebe nicht mehr von Knochen unterstützt ist, sodass es auf dem Alveolarkamm beweglich zurückbleibt →Abb. 1. Dieses leicht bewegliche Gewebe führt zu einem schlechten Prothesenhalt und muss daher operativ entfernt werden.

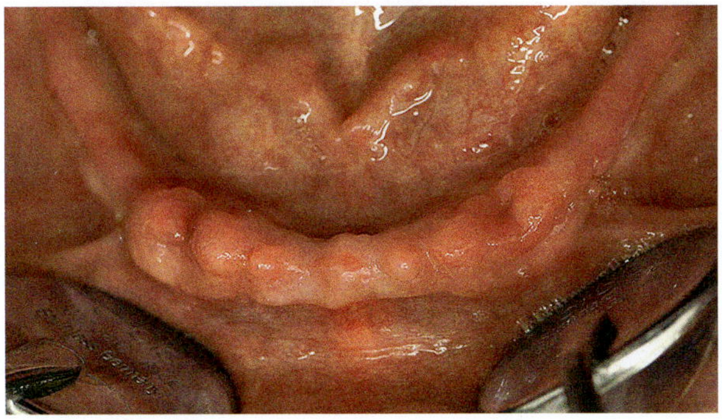

Abb. 1 Starker Schlotterkamm im gesamten Unterkiefer

Hoch inserierende (ansetzende) **Bänder** können den Prothesenhalt gefährden, da sie bei Bewegungen schnell zum Abhebeln der Prothese führen. Sie sollten daher operativ tiefer ins Vestibulum verlagert werden.

Werden Zähne extrahiert, so muss nach der Extraktion eines Zahnes oder der Zähne der Knochen geglättet werden, um später Druckstellen zu vermeiden. Dies kann in der gleichen Sitzung wie die Extraktion oder auch später erfolgen. Der Eingriff findet im Bereich der Alveole statt und wird als **Alveolotomie** bezeichnet.

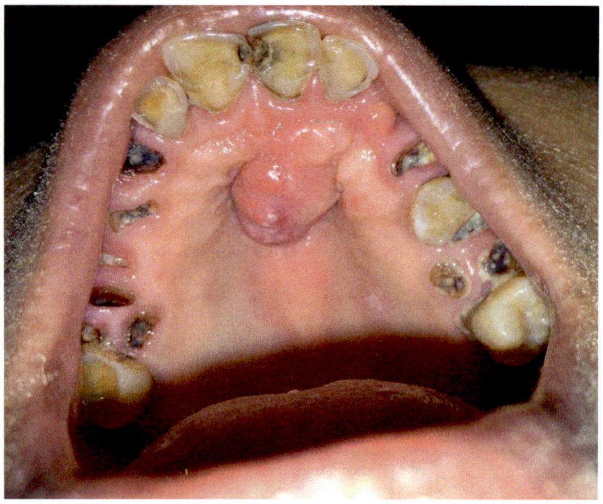

Abb. 1 Gutartiger Knochenvorsprung am Oberkiefer (Torus maxillaris), palatinal; kariöses Gebiss

Wird ein größeres Knochenareal abgetragen, das einen Tumor bzw. einen Knochenvorsprung darstellt, so spricht man von einer **Knochenresektion**. Die Knochenresektion erfolgt vor einer prothetischen Versorgung, um diese überhaupt eingliedern zu können. Beispiele für störende, gutartige Knochenvorsprünge sind im Oberkiefer ein Torus palatinus und im Unterkiefer ein Torus mandibulae, die durch eine Knochenresektion beseitigt werden.

Die **augmentativen Verfahren** gewinnen zunehmend an Bedeutung. Hier wird der atrophierte Kieferkamm mithilfe von Knochentransplantaten aus dem Unterkiefer, dem Becken oder gar aus dem Schädeldach wieder aufgebaut. Daneben dienen auch künstliche Materialien als Knochenersatz.

Mittels Membranen wird das aufgebaute Knochenmaterial vom restlichen Gewebe getrennt und dadurch eine gelenkte Knochenregeneration (engl. guided bone regeneration; GBR) herbeigeführt.

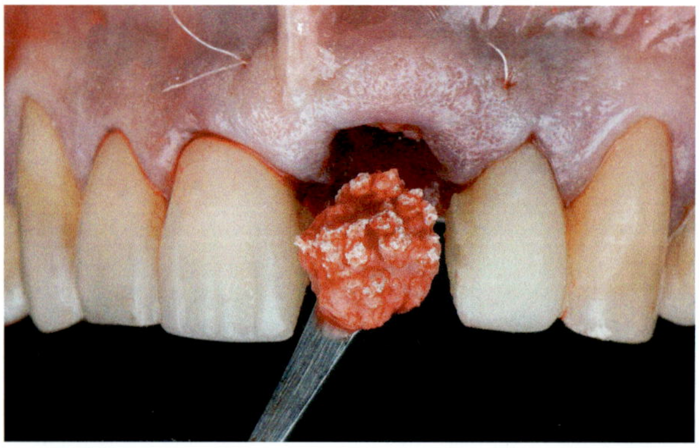

Abb. 2 Einsatz von künstlichem Knochenersatzmaterial bei der Augmentation

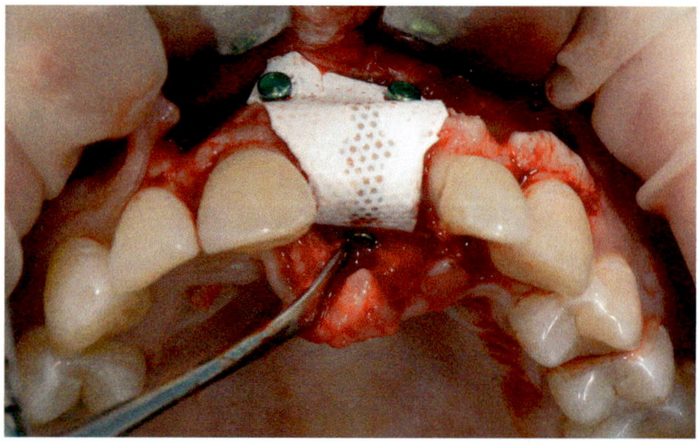

Abb. 3 Membranabdeckung im Rahmen einer Augmentation

Die **Vestibulumplastik** und die **Mundbodenplastik** sind v. a. bei zahnlosen Patienten mit starker Atrophie (Schwund) des Kieferkammes angezeigt →Abb. 1–5, S. 139. Durch die operative Vertiefung des Mundbodens bzw. des Mundvorhofs kann der Prothesenhalt verbessert werden. Im Zuge der Weiterentwicklung der Implantate wird ihnen heute jedoch nicht mehr so viel Bedeutung beigemessen wie noch vor Jahren.

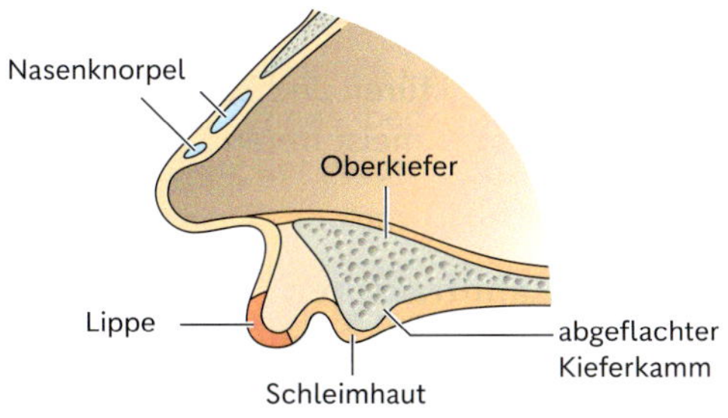

Abb. 1 Vestibulumplastik: Ausgangs- und Endsituation

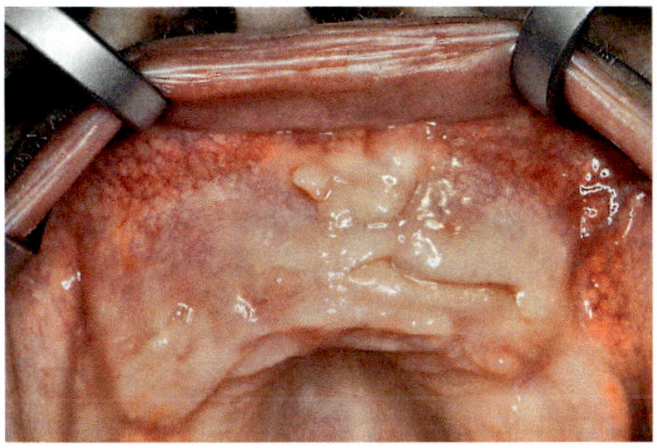

Abb. 2 Vestibulumplastik: Ausgangssituation (Oberkiefer mit zu geringer Tiefe des Vestibulums)

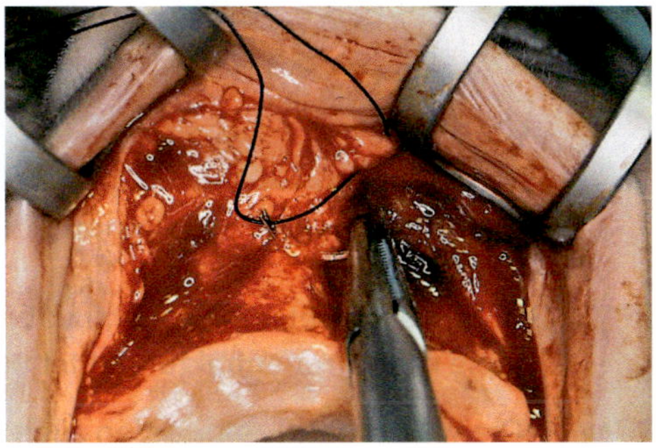

Abb. 3 Vestibulumplastik: Die neue Umschlagfalte wird gebildet.

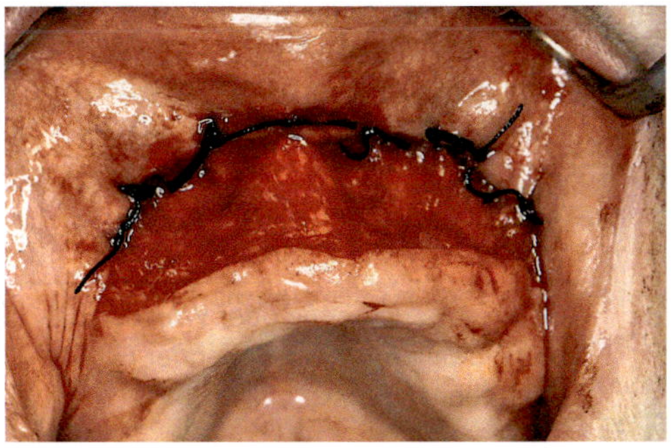

Abb. 4 Vestibulumplastik: Zustand nach Ende der Operation

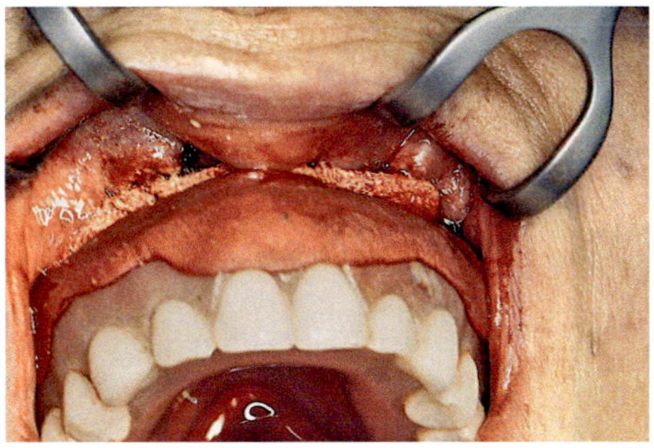

Abb. 5 Vestibulumplastik. Die Prothese wird als Verbandplatte eingesetzt.

3.13 Behandlung von Verletzungen

Verletzungen im Gesichtsbereich sind gar nicht so selten. Verletzungen zieht man sich v. a. durch Unfälle oder Gewalteinwirkung zu. Sie treten im Kindesalter beim Spielen und Sport auf (z. B. beim Fahrradfahren). Im Erwachsenenalter sind es oft Stürze und Verkehrsunfälle. Die Verletzung kann dabei die Zähne, den Knochen und/oder das Weichgewebe betreffen.

Größere Verletzungen des Gesichtsschädels mit Knochenbrüchen werden in einer Praxis oder Klinik für Mund-, Kiefer- und Gesichtschirurgie behandelt. Kleinere Verletzungen wie z. B. Zahnfrakturen können auch in der zahnärztlichen Praxis versorgt werden.

3.14.2 Behandlung von Tumoren

Exzision →S. 128

Die Behandlung von Tumoren hängt wesentlich davon ab, ob sie benigne oder maligne sind.

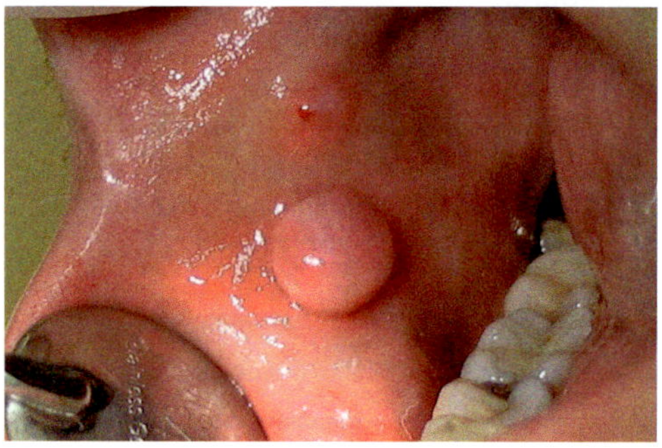

Abb. 1 Fibrom an der Wange. Dieser gutartige Tumor kann durch eine Exzision entfernt werden.

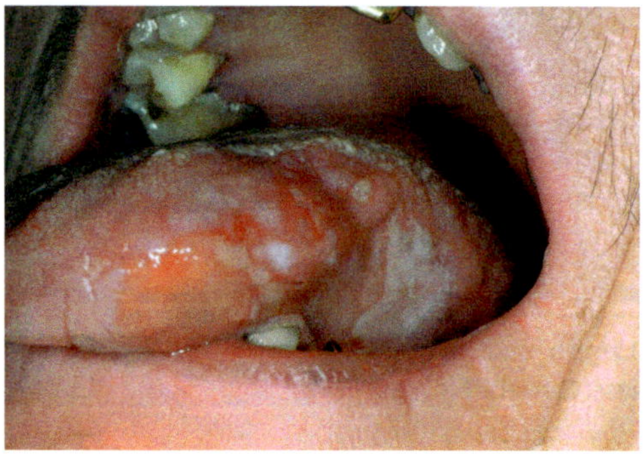

Abb. 2 Maligner Tumor, hier ein Plattenepithelkarzinom am Zungenrand

Bei benignen Tumoren reicht oft ein operatives Ausschälen bzw. eine Exzision aus →Abb. 1. Der Tumor wird als Ganzes entfernt, eine Blutstillung durchgeführt und die Wunde mit Nähten verschlossen.
Bei malignen Tumoren muss der Tumor aufgrund seines infiltrierenden (eindringenden) Wachstums über die Gewebegrenzen hinaus mit einem größeren Sicherheitsabstand radikal entfernt werden. Dabei können Nachbarstrukturen nicht immer geschont werden →Abb. 2.

Neben der **chirurgischen Therapie** von malignen Tumoren gibt es auch noch andere Behandlungsmöglichkeiten wie **Bestrahlung** und **Chemotherapie**. Durch die Bestrahlung werden Zellen abgetötet. Die Chemotherapie wird mit für die Körperzellen giftigen Arzneimitteln (Zytostatika) durchgeführt. Die Behandlung richtet sich dabei u. a. nach der Art und Lokalisation des Tumors sowie danach, wie weit ein Tumor fortgeschritten ist (z. B. ob er Metastasen gesetzt hat).

Bösartige Tumoren werden zunächst operativ entfernt. Danach erfolgt evtl. eine Bestrahlung der betroffenen Region und/oder Chemotherapie, um noch vorhandene Tumorzellen auszuschalten. Manchmal ist es erforderlich, zuerst eine Bestrahlung und/oder eine Chemotherapie vorzunehmen, bevor die operative Entfernung des Tumors erfolgt. Der Tumor wird dadurch kleiner, sodass weniger gesundes Gewebe operativ entfernt werden muss.

Grundsätzlich sollte jedes entnommene Gewebe zur histopathologischen **Untersuchung** an ein auf diese Untersuchung spezialisiertes histopathologisches Labor eingesandt werden. Die histopathologische Untersuchung wird auch als feingewebliche Untersuchung bezeichnet.

Hierbei wird das Gewebe (bzw. die Zellen) auf krankhafte, nur unter dem Mikroskop erkennbare Veränderungen untersucht. Nur die histopathologische Untersuchung kann sicher darüber Auskunft geben, um welche Art von Tumor es sich handelt und ob er maligne oder benigne ist.

3.15 Operationen in Zusammenhang mit der Kieferorthopädie

Diastema →LF 10

In den Schnittbereich zwischen Chirurgie und Kieferorthopädie fällt eine Reihe von Eingriffen. Die häufigsten Eingriffe sind:

- Operation eines Diastemas
- operative Freilegung von Zähnen
- Dysgnathie-Operationen

3.15.1 Operation eines Diastemas

Damit eine Lücke zwischen den beiden mittleren Schneidezähnen des Oberkiefers Diastema mediale) geschlossen werden kann, muss zunächst ein chirurgischer Eingriff vorausgehen.

Dabei werden das meist hoch ansetzende Lippenbändchen gelöst und entfernt und der zwischen den beiden Zähnen liegende Knochen teilweise abgetragen. Die Wunde wird mit einer Naht versorgt. Jetzt kann der Kieferorthopäde den Schluss des Diastemas bewerkstelligen.

Diastema →LF 10
Kieferorthopädie →LF 10

3.15.2 Freilegung von retinierten Zähnen

Wenn Zähne nicht regulär durchbrechen, d. h. nicht so, wie sie sollen, sondern im Knochen retiniert sind, ist eine operative Freilegung notwendig. Die ersten Schritte dieses Eingriffs erfolgen genauso wie bei der operativen Entfernung retinierter Zähne. Bei der Freilegung von Zähnen werden die Zähne jedoch nicht entfernt, sondern die Zahnkrone wird nur sichtbar gemacht und mit einem Bracket versehen. Anschließend kann der Kieferorthopäde den Zahn eingliedern →Abb. 1, 2.

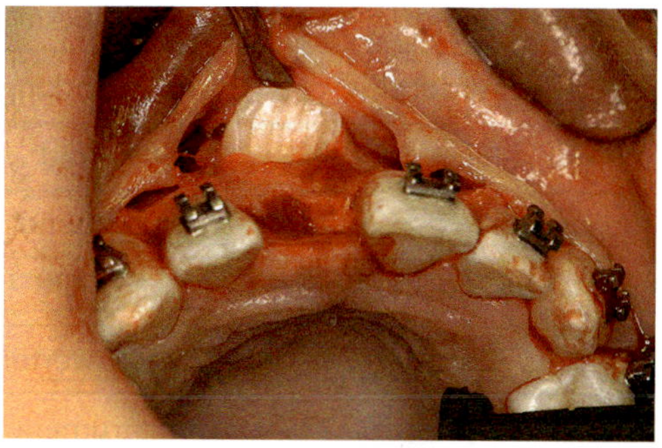

Abb. 1 Freigelegter retinierter Zahn

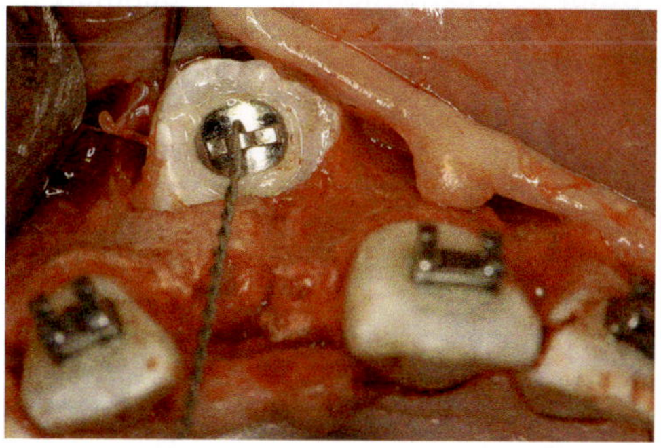

Abb. 2 Eingliedern des Zahnes mithilfe kieferorthopädischer Hilfsmittel

3.15.3 Dysgnathie-Operationen

Bei Fehlstellungen der Kiefer (Dysgnathie) ist nach Abschluss des Kieferwachstums die alleinige kieferorthopädische Behandlung nicht ausreichend. In solchen Fällen kann in Kombination mit einem kieferchirurgischen Eingriff Abhilfe geschaffen werden.
Zunächst wird kieferorthopädisch vorbehandelt.

Dann erfolgt die Dysgnathie-Operation, die von einem Facharzt für Mund-, Kiefer- und Gesichtschirurgie durchgeführt wird.

Der Eingriff erfolgt in Allgemeinnarkose und richtet sich nach dem Ort der Fehlstellung. Steht der Oberkiefer bzw. der Unterkiefer falsch, so wird dieser allein operativ versetzt. Sind beide Kiefer betroffen, so muss sowohl im Ober- als auch im Unterkiefer eine operative Umstellung des Knochens erfolgen.

- Nach Schnittführung und Bildung eines Mukoperiostlappens erfolgt die Darstellung des Knochens.
- Dann wird im Falle des Oberkiefers dieser mit einer Säge vom Gesichtsschädel abgetrennt und in einem entsprechenden Umfang nach vorne, hinten, oben oder unten versetzt. Im Falle des Unterkiefers wird dieser im Kieferwinkelbereich durchtrennt und ebenfalls in die korrekte Position, die einen regelrechten Biss erlaubt, verschoben.
- Die neue Stellung des Kiefers wird mit Platten und Schrauben fixiert.

operative Zahnentfernung →S. 119

Sequester, der	abgestorbenes, vom Restknochen abgegrenztes Knochenstück
Sinus maxillars (= Antrum)	Kieferhöhle; paarig angelegter luftgefüllter Hohlraum in der Maxilla; zählt zu den Nasennebenhöhlen
Sinusitis maxillaris	Entzündung der Kieferhöhle, oft auch kurz als Sinusitis bezeichnet
Sinuslift, der	Anheben des Kieferhöhlenbodens
subgingival	unter dem Zahnfleisch
Suprakonstruktion, die	prothetische Konstruktion über den Implantaten, z. B. Krone, Brücke, Prothese
transgingival	durch das Zahnfleisch hindurch
Tumor, der **Tumoren**, die (Mehrzahl)	Schwellung, Geschwulst, Gewebswucherung
WSR	Abk. für Wurzelspitzenresektion
Zyste, die	mit Flüssigkeit gefüllter Hohlraum, der von einem kapselartigen Zystenbalg aus blutarmem Bindegewebe oder blutreichem Granulationsgewebe umgeben ist
Zystektomie, die	chirurgische Entfernung einer Zyste inklusive des Zystenbalgs; mit anschließender Naht
Zystostomie, die	chirurgische Eröffnung einer Zyste

Aufgaben

1 Ordnen Sie der Extraktion folgender Zähne die entsprechenden Zangen zu: Zahn 11, 15, 16, 27, 41, 34, 47.

2 Bei der Extraktion welcher Zähne ist mit einer Mund-Antrum-Verbindung zu rechnen?

3 Nennen Sie mögliche Komplikationen nach einer Zahnextraktion.

4 Was versteht man unter dem Begriff Dentitio difficilis?

5 Mit welchen Komplikationen sollte nach einer operativen Weisheitszahnentfernung gerechnet werden?

6 Warum sollten Sie bei einer operativen Weisheitszahnentfernung im OK eine Knopfsonde bereitlegen?

7 In welchen Schritten verläuft eine WSR und welche Instrumente benötigt man dazu?

8 Erklären Sie den Unterschied zwischen einer Zystektomie und einer Zystostomie.

9 Wozu dient die Zweitoperation bei zweizeitiger Implantat-OP?

10 Aus welchen Materialien bestehen häufig zahnärztliche Implantate?

11 Worauf müssen Sie bei der Vorbereitung einer Implantation achten?

12 Was versteht man unter einem Sinuslift?

13 Wie sollte man sich nach der Eluxation eines bleibenden Zahnes verhalten?

14 Was versteht man unter benigne und maligne?

15 Erklären Sie den Begriff Knochenaugmentation.

4 Arzneimittellehre

Arzneimittel sind Stoffe, die dazu dienen, Krankheiten zu heilen, zu lindern, zu verhüten und zu erkennen. Arzneimittel nennt man auch Medikamente oder Pharmaka (Einzahl: Pharmakon). Die Pharmakologie ist die Wissenschaft, die sich mit Art und Aufbau der Heilmittel, ihren Wirkungen und Anwendungsgebieten beschäftigt. Ob ein Medikament als Heilmittel wirkt, hängt dabei auch von seiner Dosierung ab. Ein Heilmittel kann bei Überdosierung ins Gegenteil umschlagen und toxisch (giftig) wirken. Allein schon deshalb ist eine korrekte Dosierung eines Arzneimittels notwendig.

Abb. 1 Porträt von Paracelsus

Exkurs

„All Ding' sind Gift und nichts ohn' Gift;
allein die Dosis macht, dass ein Ding kein Gift ist."
Mit dieser Formulierung umschrieb im 16. Jahrhundert Theophrastus Bombast von Hohenheim, genannt Paracelsus, dass jedes Arzneimittel der Gesundheit schaden kann, wenn es in der falschen Dosierung gegeben wird. Umgekehrt können Substanzen, wenn sie in der richtigen Dosis gegeben werden, auch Krankheiten heilen oder wenigstens lindern. Das heißt, die Dosis macht die Wirkung.

4.1 Abgabe von Arzneimitteln

Arzneimittel können auf unterschiedliche Art und Weise zum Verbraucher gelangen. Man unterscheidet:

- **Frei verkäufliche Arzneimittel**. Sie enthalten unbedenkliche Stoffe und können in Drogerien, Supermärkten und in Apotheken ohne Verordnung verkauft werden. Dazu gehören z. B. Tees, Vitaminpräparate, Heilwasser, Zahnspülungen oder Mund- und Rachendesinfektionsmittel.
- **Apothekenpflichtige Arzneimittel** (Abk. Ap). Sie dürfen nur in Apotheken verkauft werden. Man bekommt diese Medikamente ohne Rezept. Es handelt sich dabei beispielsweise um leichte Schmerzmittel, die sich der Patient zur Selbstmedikation besorgt. Obwohl diese Medikamente für jeden käuflich zu erwerben sind, sollten sie nicht über einen längeren Zeitraum eingenommen werden. Zum Beispiel schädigen Schmerzmittel mit dem Wirkstoff Acetylsalicylsäure auf Dauer die Magenschleimhaut und können so Magengeschwüre hervorrufen.
- **Verschreibungspflichtige Arzneimittel** (Abk. Rp). Sie dürfen nur nach Verordnung durch einen Arzt oder Zahnarzt, d. h. nach Vorlage eines Rezeptes, vom Apotheker an den Patienten abgegeben werden. Zu diesen Medikamenten gehören z. B. Antibiotika.
- **Betäubungsmittel** (Abk. Btm). Sie dürfen nur auf speziellen Rezepten, den Betäubungsmittelrezepten, verordnet werden. Zu den Betäubungsmitteln zählen u. a. die starken Schmerzmittel wie Morphium. Sie unterliegen strengen Bestimmungen. Btm-Rezepte müssen z. B. verschlossen aufbewahrt werden.
- Das Betäubungsmittelgesetz (BtMG) und die Betäubungsmittel-Verschreibungsverordnung (BtMVV) regeln, welche Betäubungsmittel verschrieben werden und in welcher Art und Weise sowie in welcher Höchstdosis diese verordnet werden dürfen.

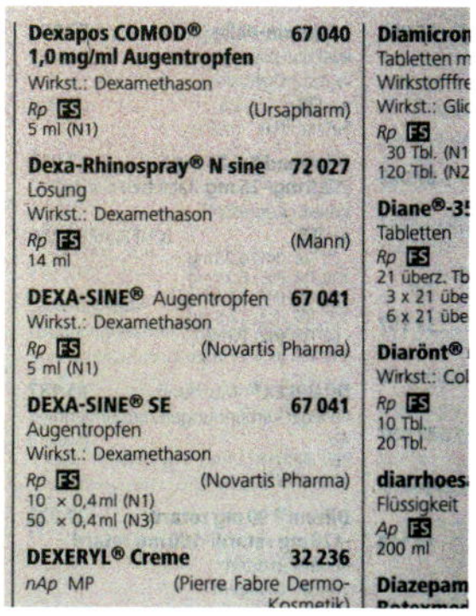
Dexapos COMOD® 1,0 mg/ml Augentropfen **67 040**
Wirkst.: Dexamethason
Rp FS (Ursapharm)
5 ml (N1)

Dexa-Rhinospray® N sine **72 027**
Lösung
Wirkst.: Dexamethason
Rp FS (Mann)
14 ml

DEXA-SINE® Augentropfen **67 041**
Wirkst.: Dexamethason
Rp FS (Novartis Pharma)
5 ml (N1)

DEXA-SINE® SE **67 041**
Augentropfen
Wirkst.: Dexamethason
Rp FS (Novartis Pharma)
10 × 0,4 ml (N1)
50 × 0,4 ml (N3)

DEXERYL® Creme **32 236**
nAp MP (Pierre Fabre Dermo-Kosmetik)

Diamicron
Tabletten m
Wirkstofffre
Wirkst.: Glic
Rp FS
30 Tbl. (N1
120 Tbl. (N2

Diane®-3
Tabletten
Rp FS
21 überz. Tb
3 x 21 übe
6 x 21 übe

Diarönt®
Wirkst.: Col
Rp FS
10 Tbl.
20 Tbl.

diarrhoes
Flüssigkeit
Ap FS
200 ml

Diazepam

Abb. 2 Auszug aus „ROTE LISTE®. Herausgeber und Verlag ROTE LISTE® Service GmbH

Die im Handel befindlichen Arzneimittel sind in der Arzneimittelliste für Deutschland, ROTE LISTE®, aufgeführt, die es als Buch, auf CD-ROM und online gibt.

Video
Vorbereiten einer Infusion

Besonders schnell tritt dieser Effekt bei der lokalen Applikation von Aerosolen (Inhalation) auf. Da die Lungenbläschen von einer Vielzahl kleinster Blutgefäße umspannt sind und die Lungenbläschenwand sehr dünn ist, gelangen inhalierte Wirkstoffe schnell ins Blut und entfalten rasch eine systemische Wirkung.

Bei der **systemischen Applikation** werden die Wirkstoffe über den Blutkreislauf verteilt. Doch wie gelangen die Wirkstoffe überhaupt ins Blut? Es gibt hierbei zwei Wege:
- die **enterale Applikation**
- die **parenterale Applikation**

4.4.1 Enterale Applikation

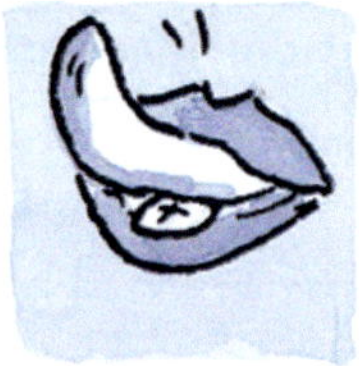

Bei der enteralen Applikation gelangen die Wirkstoffe über den Magen-Darm-Trakt ins Blut. Es gibt drei Formen der enteralen Aufnahme:
- Die **orale Aufnahme** von Medikamenten, z. B. in Form von Tabletten, ist sicherlich die häufigste. Sie wird auch als Aufnahme **per os** (durch den Mund) bezeichnet. Das Medikament wird geschluckt, über die Darmschleimhaut aufgenommen und gelangt dann über den Blutweg zur Leber. Dort wird ein Teil des Wirkstoffes abgebaut, der Rest verteilt sich dann im Körper. Die orale Verabreichungsform ist eine einfache Art der Medikamentenzufuhr. Die Wirkstoffaufnahme kann aber durch Erkrankungen der Magen- oder Darmschleimhaut – wie z. B. durch Durchfall – erschwert sein. Im Übrigen gibt es Medikamente, die die Magenschleimhaut reizen. In diesem Fall sollten die Medikamente nicht auf nüchternen Magen eingenommen werden.
- Bei der **sublingualen Applikation** werden die Medikamente unter die Zunge gelegt und dann über die Mundschleimhaut aufgenommen. Der Wirkstoff gelangt so direkt in die Blutbahn. Dieser Weg ist für Notfallmedikamente besonders sinnvoll.
- Die **rektale Applikation** ist eine Verabreichung über den Mastdarm (Rektum), in Form von Zäpfchen. Hierbei wird die Magenschleimhaut geschont.

4.4.2 Parenterale Applikation

Bei der parenteralen Applikation werden die Medikamente am Magen-Darm-Trakt vorbei verabreicht, d. h., der Magen-Darm-Trakt wird umgangen. Auch die parenterale Applikation kann auf verschiedene Art und Weise erfolgen:
- als **Injektion** (Einspritzung)
  - in die Vene = intravenös (Abk. i.v.)
  - unter die Haut = subkutan (Abk. s.c.)
  - in die Haut = intrakutan (Abk. i.c.)
  - in die Arterie = intraarteriell (Abk. i.a..)
  - in den Muskel = intramuskulär (Abk. i.m.)
  - unter die Schleimhaut = **submukös** (Abk. s.m.)
- als **Infusion**, hier werden Flüssigkeiten bzw. Arzneimittel in die Blutbahn eingeleitet
- als **perkutane** (transdermale) Aufnahme, hier werden Wirkstoffe über die Haut aufgenommen, z. B. bei sog. „Rheumapflastern“ oder Nikotinpflastern

4.5 Arzneimittelgruppen

Arzneimittel werden nach ihren Anwendungsgebieten in Arzneimittelgruppen eingeteilt. Viele Arzneimittelgruppen enden in der Einzahl auf „-um“, in der Mehrzahl auf „-a“ (z. B.: ein Antibiotikum, zwei Antibiotika). Im Folgenden können nicht alle Arzneimittelgruppen aufgeführt werden. Es werden daher nur die für die Zahnmedizin wichtigen Gruppen erwähnt →Tab. 1.

Arzneimittelgruppe	Beispiele (Substanzname bzw. Handelsname)
Antibiotika: Arzneimittel gegen bakterielle Infektionen	Penicillin, Tetracycline
Analgetika: Schmerzmittel	Acetylsalicylsäure = ASS (Aspirin®), Paracetamol (ben-u-ron®), Ibuprofen
Antiseptika: keimhemmende Mittel gegen Wundinfektionen	Chlorhexidin (CHX), Wasserstoffperoxid (H_2O_2)
Lokalanästhetika (LA): Mittel zur örtlichen Betäubung	Ultracain (UDS, UDS forte®), Lidocain (Xylocain®), Mepivacain (Scandicain®)
Thrombozytenaggregationshemmer: Mittel, die die Verklumpung von Blutplättchen hemmen und damit die Blutstillung verlangsamen	Acetylsalicylsäure = ASS (Aspirin®)
Antikoagulanzien: Mittel, die die Blutgerinnung herabsetzen	Marcumar®
Antimykotika: Mittel gegen Pilzinfektionen	Clotrimazol (Canesten®)
Antihypertonika: Mittel gegen hohen Blutdruck	Beta-Blocker, ACE-Hemmer
Antiphlogistika: Mittel gegen Entzündungen und Schmerzen	Ibuprofen, Diclofenac (Voltaren®)
Kontrazeptiva: Mittel zur Empfängnisverhütung	Östrogen-Gestagen-Kombination = „die Pille“
Antitussiva: Mittel gegen Husten	Codein (Paracodin®), Acetylcystein (ACC® akut)
Hypnotika: Schlafmittel	Benzodiazepine, z. B. Diazepam
Hämostyptika: Mittel zur Blutstillung	Tabotamp®
Kortikoide: Kortison und seine Abkömmlinge	Prednison, Prednisolon
Psychopharmaka: Mittel zur Beeinflussung der menschlichen Psyche	Beruhigungsmittel (= Sedativa), Antidepressiva
Vasokonstringenzien: gefäßverengende Mittel	Adrenalin, oft den Lokalanästhetika beigemengt

Tab. 1 Arzneimittelgruppen

4.6 Antibiotikaresistenzen

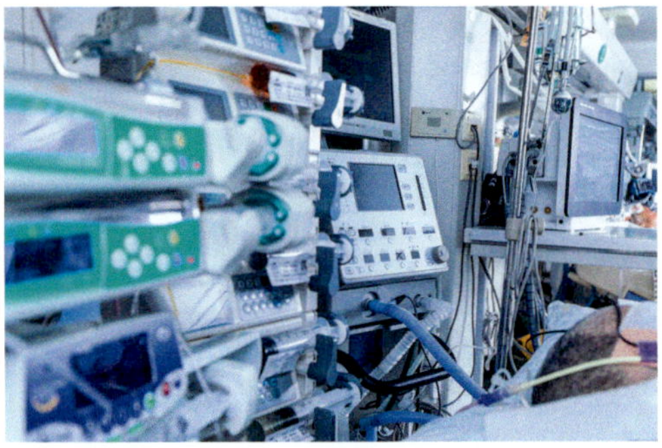

Abb. 1 Intensivstationen können zu Umschlagplätzen für MRSA-Keime werden.

Seit der Entdeckung des Penicillins im Jahr 1928 sind die Antibiotika zu unentbehrlichen Helfern in der Krankheitsbekämpfung geworden. Inzwischen nehmen aber Resistenzen von einzelnen Bakterien gegen Antibiotika (Antibiotikaresistenzen) auch in Deutschland immer mehr zu.

Dazu gehört das Bakterium Staphylococcus aureus. Es kommt bei vielen Menschen in der Nase und auf der Haut vor. Meistens ist es harmlos, es kann aber gelegentlich Infektionen verursachen. Bestimmte Bakterienstämme sind inzwischen gegen viele (lat. multi) Penicillinarten resistent. Man bezeichnet das Bakterium deshalb als MRSA (**m**ulti- bzw. **m**ethicillin**r**esistenter **S**taphylococcus **a**ureus).

Merke

Der MRSA-Keim stellt hauptsächlich in Kliniken eine Bedrohung für immungeschwächte Patienten dar →Abb. 1. In der Zahnarztpraxis ist der MRSA-Keim von geringerer Bedeutung. Dennoch stellt er eine Bedrohung dar – nicht für das Behandlungsteam, sondern für evtl. nachfolgende Patienten, deren Immunsystem geschwächt ist.

4.7 Wirkung und Nebenwirkungen von Arzneimitteln

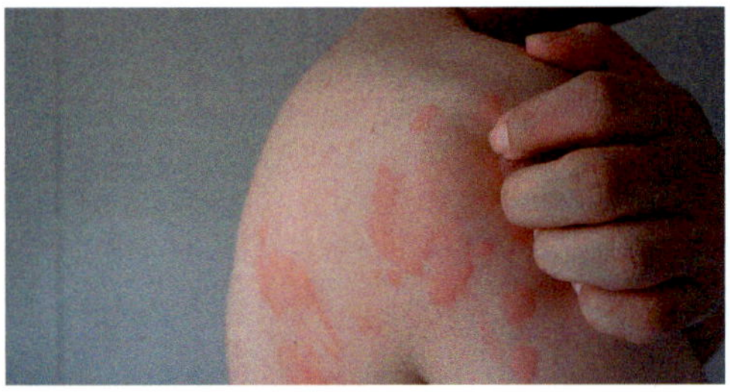

Abb. 2 Juckender Hautausschlag, evtl. mit Bläschenbildung, kann Zeichen für eine Allergie auf ein Arzneimittel sein.

Alle Arzneimittel haben eine Wirkung und eine Nebenwirkung. Die Wirkung der Medikamente ist erwünscht, die Nebenwirkungen sind es meist nicht. Die häufigsten Nebenwirkungen sind Allergien. Dies kann vom harmlosen Juckreiz bis zu lebensbedrohlichen Störungen in Form eines allergischen Schocks reichen.

Weitere Nebenwirkungen können z. B. Magen-Darm-Beschwerden, Leber-, Nierenschäden, Herz-Kreislauf-Störungen sein. Daher sind vor der Medikamenteneinnahme die Gebrauchsinformationen durchzulesen. Aus den Nebenwirkungen ergibt sich dann schon oft die Kontraindikation (Gegenanzeige).

Notfälle →S. 231
Anamnese →LF 2

Kontraindikationen sind Umstände, die die Anwendung des Arzneimittels verbieten. Bei einer Penicillin-allergie z. B. ist ein Penicillin also kontraindiziert. Daher sollte bei der Anamnese immer danach gefragt werden, ob eine Überempfindlichkeit gegen Medikamente vorliegt und, falls ja, gegen welche Medikamente der Patient allergisch ist. Auch Schwangerschaft und Stillzeit stellen wegen der Gefahr einer Embryoschädigung eine häufige Kontraindikation für bestimmte Medikamente dar.

4.8 Aufbewahrung von Medikamenten

Medikamente müssen so aufbewahrt bzw. gelagert werden, dass Verwechslungen vermieden werden und sie ihre Wirkung nicht einbüßen. Dies gilt auch für Kunststoff-, Abform- oder ähnliche Materialien sowie für Desinfektionsmittel. Dazu muss man wissen, wie hoch die korrekte Lagertemperatur, z. B. im Kühlschrank, ist, ob eine lichtgeschützte Aufbewahrung notwendig ist oder ob die Medikamente feuchtigkeitsempfindlich sind.

Für manche Medikamente ist eine gekühlte Lagerung vorgeschrieben. Deswegen muss in der Praxis ein separater Medikamentenkühlschrank (+2 bis +8 °C) vorhanden sein. Medikamente, die nicht gekühlt werden, sollten nicht über 26 °C bzw. in der Sonne gelagert werden.

Medikamente, die kein Licht vertragen, z. B. Wasserstoffperoxid (H_2O_2), müssen lichtgeschützt in dunklen Behältern aufbewahrt und sollten erst kurz vor Gebrauch bereitgestellt werden.

Grundsätzlich sollten Medikamente staubgeschützt in einem entsprechenden Schrank bzw. in Schubladen aufbewahrt werden. Das Haltbarkeitsdatum der Medikamente ist unbedingt zu beachten. Verfallene Medikamente müssen aussortiert und entsorgt werden. Ebenso sind Medikamente oder Materialien, die verfärbt, verändert, zersetzt oder ohne eindeutige Beschriftung sind, zu entsorgen.

Bei feuchtigkeitsempfindlichen Medikamenten, die meist in Pulverform vorliegen, sind die Behälter, in denen sie aufbewahrt werden, nach Entnahme des Materials sofort wieder zu verschließen. Bei der Entnahme von Medikamenten aus ihrer Verpackung ist auf ein hygienisch einwandfreies Vorgehen zu achten. Zum Beispiel sind Kunststoffe, Poliermittel oder Pasten mit einem sterilen Spatel oder durch Ausdrücken des Materials auf einen Papierblock bzw. eine sterilisierte Glasplatte in der benötigten Menge zu entnehmen.

Wenn Medikamente auch Gefahrstoffe sind – z. B. Chemikalien wie Wasserstoffperoxid (H_2O_2) oder Inhalationsanästhetika –, sind bei der Lagerung die Gefahrstoffangaben zu beachten.

Gefahrstoffe →LF 3

Terminologie: Arzneimittellehre

Antibiotikaresistenz, die	Krankheitserreger werden gegen Antibiotika so widerstandsfähig oder unempfindlich, dass diese nicht mehr wirken
Applikation, die	Anwendung, Darreichung
enterale Applikation	Darreichung von Medikamenten über den Magen-Darm-Trakt; umfasst die orale, die sublinguale und die rektale Applikation
Injektion, die	Einspritzung
lokal	örtlich, direkt am Ort; die Bezeichnung bezieht sich auf die Applikation und/oder auf den Ort der Wirkung eines Stoffes, z. B. eines Arzneimittels

parenterale Applikation	Applikation von Arzneimitteln unter Umgehung des Magen-Darm-Traktes, z. B. als Injektion
perkutan (transdermal)	durch, über die Haut
per os (lat.)	durch den Mund, oral; Applikation eines Arzneimittels über den Mund, z. B. in Form von Tabletten
Pharmaka, die **Pharmakon**, das (Einzahl)	Heilmittel, Hilfsmittel
Pharmakologie, die	Arzneimittellehre
rektale Applikation	Darreichung von Medikamenten über den Mastdarm (Rektum), z. B. die Applikation von Suppositorien
Resistenz, die	Unempfindlichkeit, Widerstandsfähigkeit
sublinguale Applikation	Applikationsart, bei der das Medikament unter die Zunge gelegt wird und seinen Wirkstoff an die gut durchblutete Mundschleimhaut abgibt; gehört deshalb zur enteralen und zur systemischen Applikation
submukös	1. unter der Schleimhaut (Lagebezeichnung) 2. unter die Schleimhaut (Applikation von Medikamenten)
Suppositorien, die **Suppositorium**, das (Einzahl)	Zäpfchen
systemisch	ein Stoff wirkt auf den ganzen Körper ein und/oder wird über die Blutbahn im ganzen Körper verteilt
toxisch	giftig

Arzneimittellehre

Aufgaben

1 Was versteht man unter apothekenpflichtigen Arzneimitteln?

2 Wie werden Betäubungsmittel verordnet?

3 Wann wirkt ein Medikament toxisch?

4 Was versteht man unter systemischer Arzneimittelapplikation?

5 Um welche Applikationsform handelt es sich bei der Einnahme von Tabletten?

6 Nennen Sie fünf verschiedene feste Arzneimittelformen.

7 Erklären Sie, worum es sich bei Hämostyptika handelt.

8 Wie müssen Medikamente aufbewahrt werden?

Können Krankheiten im Mund- und Kieferbereich nicht konservativ behandelt werden, sind chirurgische Eingriffe erforderlich. Bei der Abrechnung einer chirurgischen Leistung wird immer das **Ziel** der Maßnahme im Abrechnungstext angegeben. Die einzelnen Schritte, die der Zahnarzt zum Erreichen des Ziels durchführt und die verwendeten Instrumente spielen nur ganz selten eine Rolle.
Zusätzlich abzurechnende Begleitmaßnahmen zur Operation in derselben Sitzung sind nur in Ausnahmefällen abrechenbar. Häufige Zusatzleistungen, die auch abgerechnet werden können, sind

Anästhesien, →S. 76
Röntgenleistungen →LF 4

- Anästhesien,
- Röntgenleistungen,
- Wundversorgung (eingeschränkt),
- Zuschläge für ambulantes Operieren (nur bei Privatpatienten).

Sprechstundenbedarfspunktwert, →LF 2

Die Berechnung von Materialien ist ebenfalls sehr eingeschränkt. Bei Kassenpatienten erfolgt dies über den Sprechstundenbedarfspunktwert. Bei Privatpatienten können Materialien zur Förderung der Blutgerinnung oder zum Verschluss von oberflächlichen Blutungen bei hämorrhagischen Diathesen gesondert berechnet werden.

5 Entfernen von Zähnen

Beim Entfernen von Zähnen unterscheidet man die klassische Extraktion, die Osteotomie, die Teilextraktion und außerdem den plastischen Verschluss einer Kieferhöhle. Auch gehört die primäre Wundversorgung immer zur chirurgischen Abrechnungsposition dazu.

5.1 Zahnentfernungen bei Kassenpatienten

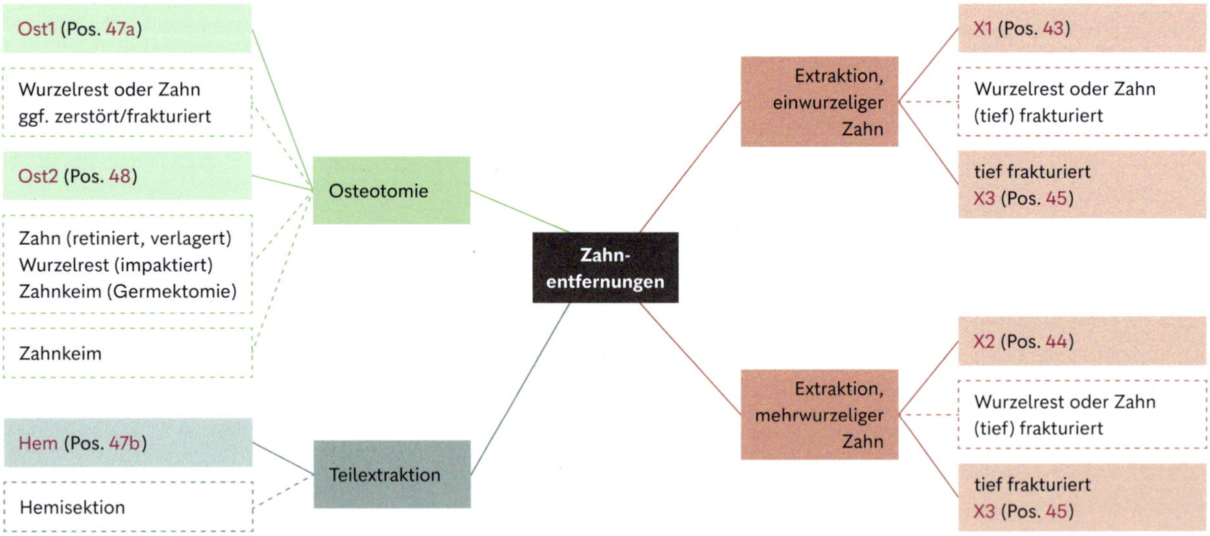

5.1.1 Extraktionen von Zähnen und Wurzelresten

https://www.g-ba.de/downloads/62-492-2784/RL-Z_Behandlung_2021-12-16_iK-2022-03-09.pdf

Ähnlich wie in der Endodontie gibt es auch für Extraktionen eine Richtlinie, die in der chirurgischen Behandlung beachtet werden muss.

Entfernen von Zähnen

BEMA-Pos.	Abk.	Leistung	Bewertungszahl
43	X1	Entfernen eines einwurzeligen Zahns einschließlich Wundversorgung	10
44	X2	Entfernen eines mehrwurzeligen Zahns einschließlich Wundversorgung	15
45	X3	Entfernen eines tief frakturierten Zahns einschließlich Wundversorgung	40

A Grundsätzlich kann nur eine der drei Positionen pro Zahn einmal abgerechnet werden. Folgende Leistungen sind mit der Extraktion abgegolten:
- komplette Entfernung des Zahnes
- Entfernung von Knochensplittern, Granulationsgewebe, kleinen Zysten (durch die Alveole)
- Glätten von Knochen in kleinem Umfang (ein bis drei Zähne pro Kiefer)
- Wundversorgung einschließlich einer Naht

Die Abrechnung der komplikationslosen Extraktion erfolgt nach einer sog. **Schema-F-Extraktion**. Danach werden die bleibenden und die Milchzähne nach den Schemata →Abb. 1 und Abb. 2 in ein- und zweiwurzelige Zähne eingeteilt. Anatomische Besonderheiten (z. B. ein einwurzeliger Zahn 14 oder ein zweiwurzeliger Zahn 25) spielen keine Rolle.

Merke
Eselsbrücke: X in BEMA nach Schema

Abb. 1 Milchzähne: Mit blauen Kästen sind einwurzelige Zähne markiert, die anderen Zähne sind mehrwurzelig.

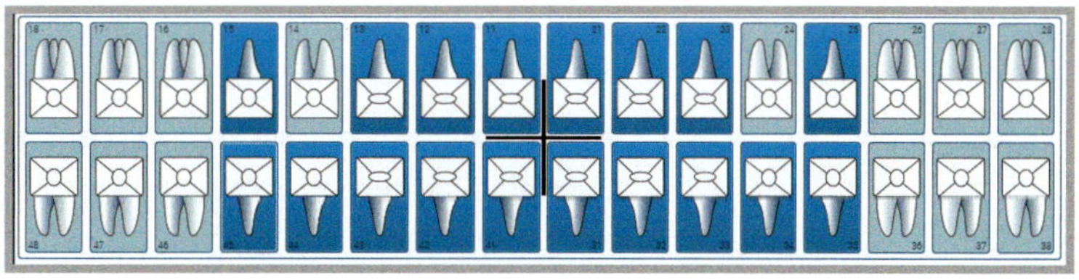

Abb. 2 Bleibende Zähne: Mit blauen Kästen sind einwurzelige bleibende Zähne markiert, die anderen Zähne sind mehrwurzelig.

Die Abrechnung der Position X3 kommt immer dann infrage, wenn ein erhöhter Schwierigkeitsgrad bei der Extraktion vorliegt. Dies ist der Fall, z. B. bei der Anwendung weiterer Hilfsmittel wie spezielle Fräsen, um die Wurzeln des zu extrahierenden Zahnes voneinander zu trennen oder Abtragungen der Knochenlamellen der Alveolen (Zahnfächer) vorzunehmen, oder bei Maßnahmen wie einer Durchtrennung des interradikulären Septums oder einer Extraktion durch Hemisektion. Bei der normalen Extraktion nach X1, X2 oder X3 kommt es **nicht** zur Bildung eines Mukoperiostlappens (Schleimhaut-Knochenhaut-Lappen) bzw. zur eigentlichen Osteotomie, d. h. zum Wegfräsen von Knochensubstanz, um den Zahn extrahieren zu können.
Aus einer geplanten X1- oder X2-Extraktion kann sich während des Eingriffs ergeben, dass eine X3 abgerechnet werden kann, weil z. B. ein vorgeschädigter Zahn während des Extraktionsversuches frakturiert und dadurch erschwerte Umstände entstehen, die dem Leistungsinhalt der BEMA-Position 45 entsprechen. Ein Unterschied zwischen ein- und mehrwurzeligen Zähnen wird hier nicht gemacht.

Merke
In der theoretischen Abrechnung (z. B. in der Schule) wird deshalb in Aufgaben der Begriff „tief frakturierter Zahn" verwendet, wenn X3 abgerechnet werden kann.

Wird eine **Wurzelrestentfernung** ohne große Komplikationen durchgeführt (z. B. bei einem Notfallpatienten durch eine Fremdpraxis), kann die Entfernung so abgerechnet werden, wie die entsprechende Zahnentfernung abgerechnet würde.

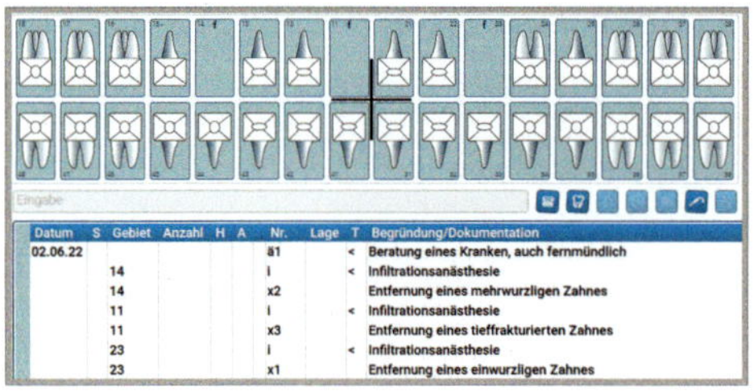

Abb. 1 Eintragung von Extraktionen der Zähne 23, 11 und 14: X1, X2 und X3

Abb. 2 Fehlermeldung im Abrechnungsprogramm: X2 kann nicht an einwurzligen Zähnen abgerechnet werden.

Wird beim Entfernen eines Wurzelrestes der Leistungsinhalt der Position X3 oder der Osteotomie erbracht, kann selbstverständlich die entsprechende Position abgerechnet werden.

Folgt die Entfernung eines Wurzelrestes im zeitlichen Zusammenhang (auch in der nächsten Sitzung) mit der Extraktion des betreffenden Zahnes, so ist sie mit der zutreffenden Position für die eigentliche Zahnextraktion abgegolten.

Die Erstversorgung der Wunde in derselben Sitzung wie die Extraktion (Auskratzung von Granulationsgewebe oder einer kleinen Zyste, Auskratzen der Alveole, Glätten von Knochenkanten, Wundreinigung, Naht, einschließlich einer evtl. normalen Blutstillung) darf nicht gesondert berechnet werden. Ausnahmen sind bei bestimmten Wundversorgungen bzw. Nachbehandlungen möglich.

Wundversorgung →S. 100

Wurde ein Zahn mit einer Extraktion nach Position X2 entfernt und abgerechnet, kann eine spätere Wurzelrestentfernung am selben Zahn in dieser Praxis nicht noch einmal mit X2 oder X3 abgerechnet werden.

Die Erfassung erfolgt immer Zahn bezogen. Die Abrechnung einer Extraktion von z. B. Zahn 25 mit Position X2 lässt kein Programm zu. Auch das BEMA-Prüfmodul meldet einen Fehler, wenn man die Abrechnung erzwingt. Im Normalfall können auch keine Zähne extrahiert werden, die im Befund mit **f** gekennzeichnet sind.

Neben der Abrechnungsposition sollten Besonderheiten der Zahnentfernung dokumentiert werden. Dies ist insbesondere bei der Abrechnung der X3 notwendig. So ist zu notieren, welche Instrumente verwendet wurden und wie lange die Entfernung gedauert hat. Hilfreich ist u. U. auch ein Verweis auf ein Röntgenbild.

Beispiel 1

Datum	Zahn	Behandlungsausschnitt	BEMA-Pos.
A	25	Patient kommt mit Schmerzen in den Notdienst, Beratung; Vitalitätsprüfung (–); Röntgen: Befund an 25: zwei Wurzelreste, Infiltrationsanästhesie, Wurzelreste ohne Aufklappung entfernt, Wundversorgung	Ä 1, 03, ViPr, Rö2 I, X1

Beispiel 2

Datum	Zahn	Behandlungsausschnitt	BEMA-Pos.
A	23, 24	Vitalitätsprüfung, beide (–) Röntgenbild: beide zerstört, Infiltrationsanästhesie palatinal und labial, Extraktion beider Zähne	ViPr, Rö2, I, X1, X2

Entfernen von Zähnen

Beispiel 3

Datum	Zahn	Behandlungsausschnitt	BEMA-Pos.
A	36	Patient kommt mit Schmerzen in den Notdienst: Beratung, Vitalitätsprüfung, Röntgen. Röntgenbild, Befund: stark gekrümmte Wurzeln, tief frakturiert, Beratung, Leitungsanästhesie, Zahn hemisiziert, in Fragmenten entfernt	Ä1, ViPr, Rö2 L1, X3
B		Patient erscheint mit Schmerzen in der Region 36; Entfernung eines kleinen Wurzelrestes vom Zahn 36, welcher in der Alveole verblieben war.	Dokumentation

5.1.2 Osteotomien

Osteotomie heißt wörtlich übersetzt „Knochenschnitt". Neben der Bildung des Mukoperiostlappens („Aufklappung") müssen zusätzlich zur Manipulation am Zahn mit Knochenfräsen oder Knochenmeißeln am Zahn anliegende Anteile des Alveolarknochens abgetragen werden. Zur Entfernung bedarf es mehrerer selbstständiger Arbeitsschritte inklusive der Wundversorgung. Für die Durchführung einer Zahnentfernung durch Osteotomie stehen zwei Abrechnungspositionen zur Verfügung. Die später aufgeführte Position Ost3 steht dagegen nicht im Zusammenhang mit der Entfernung von Zähnen. Oft wird erst die Osteotomie als operative Zahnentfernung gesehen.

BEMA-Pos.	Abk.	Leistung	Bewertungszahl
47a	Ost1	Entfernen eines Zahnes durch Osteotomie einschließlich Wundversorgung	58
48	Ost2	Entfernen eines verlagerten und/oder retinierten Zahnes, Zahnkeimes oder impaktierten Wurzelrestes durch Osteotomie einschließlich Wundversorgung	78

A Auch eine ursprünglich geplante Extraktion nach X1, X2 oder X3 kann zu einer Osteotomie nach Ost1 führen. Eine Osteotomie nach Ost2 hingegen wird in den meisten Fällen geplant sein, da im Röntgenbild die Verlagerung oder Retention erkannt wird. Zahnkeime oder impaktierte Wurzelreste werden immer mit einer geplanten Ost2 entfernt.

Die Wundversorgung ist wie bei den Extraktionspositionen X1 bis X3 in derselben Sitzung immer in den Abrechnungsziffern enthalten. Pro Zahn kann entweder die Position X1 oder eine der Positionen X2, X3, Ost1 oder Ost2 abgerechnet werden.

Das Zahnarztprogramm verlangt nur die Eingabe des Zahns und der BEMA-Position. Oft erscheint ein Hinweis, dass der Zahn im Befund ein **f** trägt. Die Abrechnung ist aber dennoch möglich, da die Möglichkeit besteht, dass der Zahn im 01-Befund nicht sichtbar war, weil er verlagert oder retiniert ist.

Daneben sollte auch dokumentiert werden, welche Instrumente und Materialien verwendet wurden sowie wie lange die Operation gedauert hat. Bei der Dokumentation empfiehlt sich auch ein Hinweis auf das entsprechende Röntgenbild. →Abb. 1

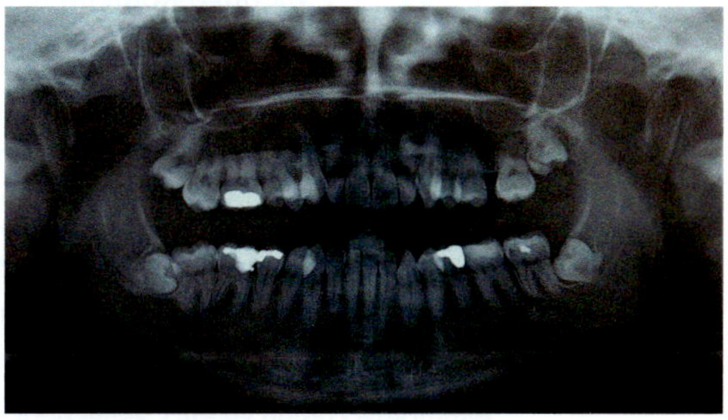

Abb. 1 Retinierte Zähne (hier: Weisheitszähne) werden im Röntgenbild erkannt. Bei der Dokumentation der Ost2 ist ein Hinweis auf die Röntgenaufnahme sinnvoll.

Beispiel

Datum	Zahn	Behandlungsausschnitt	BEMA-Pos.
A	24, 25, 26	Lokale Anästhesien (24, 25, 26) Extraktionen, 24 tief frakturiert, Nasenblastest, Kieferhöhle eröffnet, durch einfache Zahnfleischplastik verschlossen, Wundversorgung	2 x I X1, X2, X3 Pla1
B	36	Röntgenaufnahme: distale Wurzel zerstört und entzündet Vitalitätsprüfung leicht positiv Leitungsanästhesie, Hemisektion und Teilextraktion der distalen Wurzel, Vitalexstirpation der beiden verbliebenen Kanäle mit Wurzelkanalaufbereitung, Röntgenbild und Wurzelkanalfüllung Röntgenkontrollaufnahme Aufbaufüllung zur Überkronung mod (Erhaltung einer geschlossenen Zahnreihe)	Rö2 ViPr L1, Hem, 2 x VitE, 2 x WK, Rö2, 2 x WF, Rö2, F2ZE

5.2 Zahnentfernungen bei Privatpatienten

Grundsätzlich ist der Leistungsumfang für Kassen- und Privatpatienten bei Zahnentfernungen identisch. Ebenso ist die Wundversorgung auch bei der Abrechnung von Behandlungen bei Privatpatienten in den Leistungen der Zahnentfernung enthalten.
Bei Privatpatienten sind im Gegensatz zur Kassenabrechnung jedoch **zusätzlich** bestimmte **Materialien** in Zusammenhang mit Zahnentfernungen abrechenbar:

- Materialien zur Förderung der Blutgerinnung sowie zum Verschluss von oberflächlichen Blutungen bei hämorrhagischen Diathesen
- atraumatisches Nahtmaterial
- eingebrachtes Knochenersatzmaterial
- eingebrachtes regeneratives Material (z. B. Barrieremembran)
- Material zum Schutz wichtiger anatomischer Strukturen (z. B. Nerven)
- einmal verwendbare Explantationsfräsen

Bei der Abrechnung von Zahnentfernungen bei Privatpatienten erhält die Praxis **Zuschläge** für ambulantes Operieren.

5.2.1 Zuschläge für ambulantes Operieren

Bei ambulanten Operationen in der Zahnarztpraxis dürfen die folgenden Zuschläge mit dem einfachen Satz zusätzlich zur Operationsziffer einmal je Behandlungstag abgerechnet werden. Werden mehrere Operationen ambulant durchgeführt, rechnet der Zahnarzt den höher bewerteten Zuschlag ab. Die Zuschläge richten sich nach den Punkten, die es für eine Operation gibt.

GOZ-Pos.	Leistung	Punktzahl
0500	Zuschlag bei nicht stationärer Durchführung von zahnärztlich-chirurgischen Leistungen, die mit Punktzahlen von 250 bis 499 Punkten bewertet sind, oder zu den Leistungen nach den Nummern 4090 oder 4130	400 P

Entfernen von Zähnen

GOZ-Pos.	Leistung	Punktzahl
0510	Zuschlag bei nicht stationärer Durchführung von zahnärztlich-chirurgischen Leistungen, die mit Punktzahlen von 500 bis 799 Punkten bewertet sind	750 P
0520	Zuschlag bei nicht stationärer Durchführung von zahnärztlich-chirurgischen Leistungen, die mit Punktzahlen von 800 bis 1199 Punkten bewertet sind	1300 P
0530	Zuschlag bei nicht stationärer Durchführung von zahnärztlich-chirurgischen Leistungen, die mit Punktzahlen von 1200 und mehr Punkten bewertet sind	2200 P

A Alle Zuschläge dürfen grundsätzlich nur einfach abgerechnet werden.

Werden Operationen nach der GOÄ (insbesondere von Oralchirurgen) abgerechnet, stehen dort auch Zuschläge zur Verfügung: Die Positionen Ä 442 bis Ä 445 werden mit der gleichen Systematik und Punktzahl wie in der GOZ berechnet.

B Der Zuschlag 0500 kann z. B. bei Extraktionen, Osteotomien und plastischen Deckungen nach den Positionen 3020, 3030, 3090 und 3130 berechnet werden. Der Zuschlag 0510 kann z. B. bei Osteotomien und Germektomien nach den Pos. 3040, 3045 und 3270 berechnet werden.

5.2.2 Extraktionen

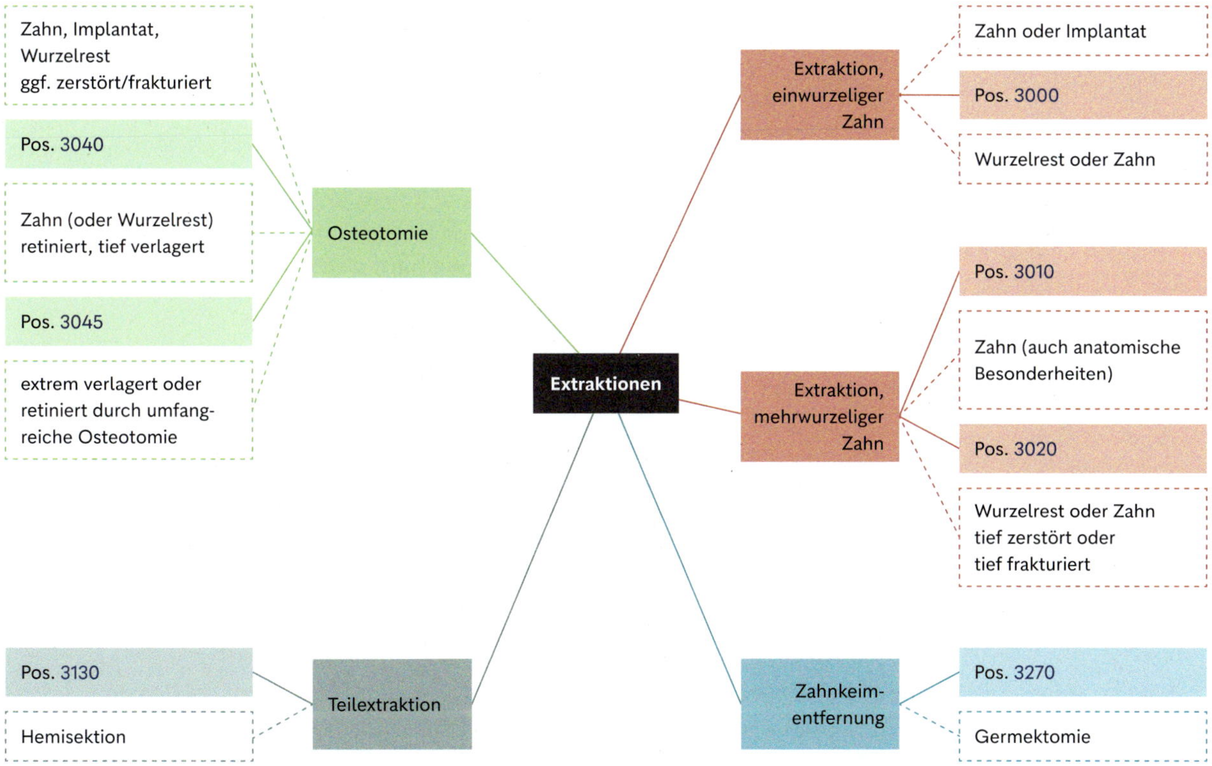

Die der Abrechnung von Extraktionen nach dem BEMA entsprechenden Positionen lauten in der GOZ:

GOZ-Pos.	Leistung	Punktzahl
3000	Entfernung eines einwurzeligen Zahnes oder eines enossalen Implantats	70 P
3010	Entfernung eines mehrwurzeligen Zahnes	110 P
3020	Entfernung eines tief frakturierten oder tief zerstörten Zahnes	270 P

A Grundsätzlich werden diese Positionen nach der tatsächlichen Anzahl der Wurzeln abgerechnet. Auch anatomische Besonderheiten werden berücksichtigt. Da enossale (im Knochen verankerte) Implantate eine Privatleistung sind, erfolgt die Entfernung eines Implantats auch bei Kassenpatienten nach Position 3000. Werden tief zerstörte und tief frakturierte Zähne entfernt, so ist dies nach Position 3020 abzurechnen; außerdem bei erhöhtem instrumentellem und zeitlichem Aufwand (analog zu den Bestimmungen zu BEMA-Pos. X3). Bei Anwendung der Position 3020 kommt der Zuschlag für ambulantes Operieren hinzu.

Entfernung von Wurzelresten →S. 160

Bei der Entfernung von Wurzelresten gelten vergleichbare Bestimmungen wie in der Abrechnung nach dem BEMA.

Merke

Die Entfernung eines tief zerstörten **oder** tief frakturierten Zahnes ist immer mit der Position 3020 abzurechnen.

Nicht abrechenbar ist Position 3010 bei einem einwurzeligen Zahn 24.

Nicht berechenbar sind außerdem die Positionen 3000, 3010 und 3020 am selben Zahn.

Neben dem Zahn sollten die verwendeten Instrumente und Materialien genau dokumentiert werden. Dies gilt insbesondere für die Position 3020.

Beispiel 1

Datum	Zahn	Behandlungsausschnitt	GOÄ/GOZ-Pos.
A	25	Patient kommt am Samstag mit Schmerzen in den Notdienst, lokale Untersuchung, Beratung unter 10 Minuten; Vitalitätsprüfung **(–)**;	Ä 1, Ä 5, Ä D 0070
		Röntgenbild: 25 mit zwei Wurzelresten	Ä 5000
		Infiltrationsanästhesie, Wurzelreste ohne Aufklappung entfernt, Wundversorgung	0090 (Mat.) 3020 + 0500

Beispiel 2

Datum	Zahn	Behandlungsausschnitt	BEMA-Pos.
A	23, 24	Vitalitätsprüfung, beide **(–)**; Röntgenbild: beide nicht erhaltungswürdig, Zahn 24 mit nur einer Wurzel	0070, Ä 5000
		Infiltrationsanästhesie palatinal und labial,	2 x 0090 (Mat.)
		Extraktion beider Zähne	2 x 3000

Beispiel 3

Datum	Zahn	Behandlungsausschnitt	BEMA-Pos.
A	23, 24	Vitalitätsprüfung: (–); Röntgenbild: stark gekrümmte Wurzeln, tief zerstört; Beratung unter 10 Minuten Leitungsanästhesie, Zahn hemiseziert, Knochenseptum mit Fräse durchtrennt, Zahn in Fragmenten entfernt	0070, Ä 5000, Ä 1 0100 (Mat.) 3020, 0500
		Patient erscheint mit Schmerzen in der Region 36; Entfernung eines kleinen Wurzelrestes vom Zahn 36, welcher in der Alveole verblieben war	Dokumentation

5.2.3 Osteotomie und Germektomie

Wenn zu erwarten ist, dass ein Zahn nicht durch eine normale Extraktion zu entfernen ist, oder sich während der Extraktion herausstellt, dass diese nicht durchführbar ist, erfolgt die Entfernung durch Osteotomie. Hierfür stehen drei Abrechnungspositionen zur Verfügung.

Die Abrechnung der Germektomie (Zahnkeimentfernung) ist in einer eigenen Abrechnungsposition abgebildet.

GOZ-Pos.	Leistung	Punktzahl
3030	Entfernung eines Zahnes oder eines enossalen Implantats durch Osteotomie	350 P
3040	Entfernung eines retinierten, impaktierten oder tief verlagerten Zahnes durch Osteotomie	540 P
3045	Entfernung eines extrem verlagerten und/oder extrem retinierten Zahnes durch umfangreiche Osteotomie bei gefährdeten anatomischen Nachbarstrukturen	767 P
3270	Germektomie	590 P

A Die Einteilung in die unterschiedlichen Abrechnungspositionen entspricht zunächst der BEMA-Unterteilung in Ost1 und Ost2. Die Position 3040 kommt auch bei tief verlagerten oder tief retinierten Zähnen zur Abrechnung. Für die ambulante Operation erhalten beide Leistungen Zuschläge.
Für das Entfernen extrem verlagerter oder extrem retinierter Zähne (z. B. im aufsteigenden Ast des Unterkiefers) durch Osteotomie besteht eine eigene Abrechnungsposition, ebenfalls mit einem Zuschlag. Eventuell benötigte Verbandplatten können nach GOÄ 2700 abgerechnet werden.
Ebenso ist die Abrechnung der Germektomie als Entfernung eines Zahnkeimes durch Osteotomie in einer besonderen Position 3040 mit höherer Bewertung geregelt. Auch hier kommt ein Zuschlag für ambulantes Operieren zum Einsatz.

P Bei einer ambulanten Durchführung der Leistung nach Ziffer 3030 kann der Zuschlag 0500 berechnet werden. Bei der ambulanten Durchführung der Leistungen nach den Positionen 3040, 3045 und 3270 kann jeweils der Zuschlag 0510 berechnet werden.

~~P~~ Nicht abrechenbar sind mehrere ambulante Zuschläge in einer Sitzung. Es darf der höchstmögliche gewählt werden.

Die Eingabe im Zahnarztprogramm verlangt nur die Angabe des Zahns und die GOZ-Position. Oft erscheint ein Hinweis, dass der Zahn im Befund ein **f** trägt. Die Abrechnung ist aber dennoch möglich, weil der Zahn im 01-Befund nicht sichtbar war (verlagert oder retiniert).
Auch Instrumente und verwendete Materialien sowie die Länge der Operation werden dokumentiert. Es empfiehlt sich immer ein Hinweis auf das entsprechende Röntgenbild.

Beispiel

Datum	Zahn	Behandlungsausschnitt	BEMA-Pos.
A		Eingehende Untersuchung und Beratung unter 10 Minuten; Befund: 18 im Durchbruch; **z:** 28, 37; **f:** 38	0010, Ä 1
		Röntgen: 18 normaler Wurzelverlauf, 28 tief kariös im Durchbruch und 38 tief verlagert und teilretiniert, 37 tief frakturiert, 48 extrem verlagert	4 x Ä 5000
	18	Medikamentöse Dentitio-difficilis-Behandlung	4020
B	28	Infiltrationsanästhesie, Entfernung, durch Osteotomie, Wundversorgung	0090 (Mat.) 3030 + 0500
C	38	Leitungsanästhesie, Entfernung durch Osteotomie, erneute Leitungsanästhesie durch lange Dauer wegen kompaktem Knochen, Wundversorgung	0100 (Mat.) 3040 + 0510
	37	Entfernung mit Hemisektion, Trennung interradikuläres Septum, Wundversorgung	0100 (Mat.) 3020
C	48	Leitungs- und Infiltrationsanästhesie, Entfernung des extrem verlagerten Zahnes durch Osteotomie (Gefährdung anatomischer Nachbarstrukturen) unter Einsatz des Operationsmikroskops, Wundversorgung, Naht	0090 (Mat.), 0100 (Mat.) 3045 + 0510 + 0110 (Mat.)

5.2.4 Hemisektion und Teilextraktion

Der Leistungsumfang der GOZ-Abrechnungsposition zur Hemisektion und Teilextraktion entspricht genau der entsprechenden BEMA-Position:

GOZ-Pos.	Leistung	Punktzahl
3130	Hemisektion und Teilextraktion eines mehrwurzeligen Zahnes	280 P

P Bei einer ambulanten Durchführung der Leistung nach Position 3130 kann der Zuschlag 0500 berechnet werden.

Eine Prämolarisierung kann nicht unter dieser Position abgerechnet werden. Sie muss analog (z. B.: 3130a) nach der GOZ abgerechnet werden.

5.2.5 Plastische Deckungen

GOZ-Pos.	Leistung	Punktzahl
3090	Plastischer Verschluss einer eröffneten Kieferhöhle	370 P
3100	Plastische Deckung im Rahmen einer Wundversorgung einschließlich einer Periostschlitzung, je Operationsgebiet (Raum einer zusammenhängenden Schnittführung)	270 P

Entfernen von Zähnen

A Der plastische Verschluss einer eröffneten Kieferhöhle wird immer mit der Position 3090 berechnet. Dabei ist es unerheblich, wodurch die Eröffnung verursacht wurde. Dies kann durch eine Extraktion, eine Osteotomie, durch eine Wurzelspitzenresektion oder spontan durch das Verhalten des Patienten (z. B. durch Druck auf die Wunde beim Essen) bewirkt worden sein.

Die plastische Deckung nach Position 3100 ist dann angezeigt, wenn ein einfaches Wiederaneinanderfügen der Wundränder für einen ordnungsgemäßen Wundheilungsverlauf nicht ausreichend ist. In diesen Fällen ist eine Verlagerung des Schleimhautlappens erforderlich. Eine Periostschlitzung ist dabei Grundvoraussetzung. Die plastische Deckung gehört nicht zum Leistungsinhalt der primären Wundversorgung.

P Bei einer ambulanten Durchführung der Leistung nach den Positionen 3090 und 3100 kann der Zuschlag 0500 berechnet werden.

P̸ Die Positionen 3090 und 3100 sind nicht im selben Operationsgebiet berechenbar. Außerdem kann eine einfache Naht nicht als Wundversorgung mit Position 3100 berechnet werden.

Neben dem Zahn bzw. dem Operationsgebiet sollten die durchgeführten Maßnahmen sowie die Materialien genau dokumentiert werden.

Beispiel

Datum	Zahn	Behandlungsausschnitt	BEMA-Pos.
A		Patient erscheint im Notdienst am Sonntag, 10:00 Uhr, lokale Untersuchung wegen Schmerzen in Region 18 und 48, Beratung unter 10 Minuten	Ä D, A 1, Ä 5
		Röntgen: 18 kariös (Kieferhöhlennähe); 48 tief verlagert und retiniert	2 x Ä 5000
	18	Infiltrationsanästhesie, Entfernung durch Osteotomie, Kieferhöhle eröffnet, plastischer Verschluss der Kieferhöhle, Wundversorgung, Naht	0090 (Mat.), 3030, 3090
	48	Leitungsanästhesie, Entfernung des verlagerten Zahnes durch Osteotomie, Wundversorgung durch Periostschlitzung, Naht gelegt	0100 (Mat.), 3040 + 0510, 3100 (Mat.)

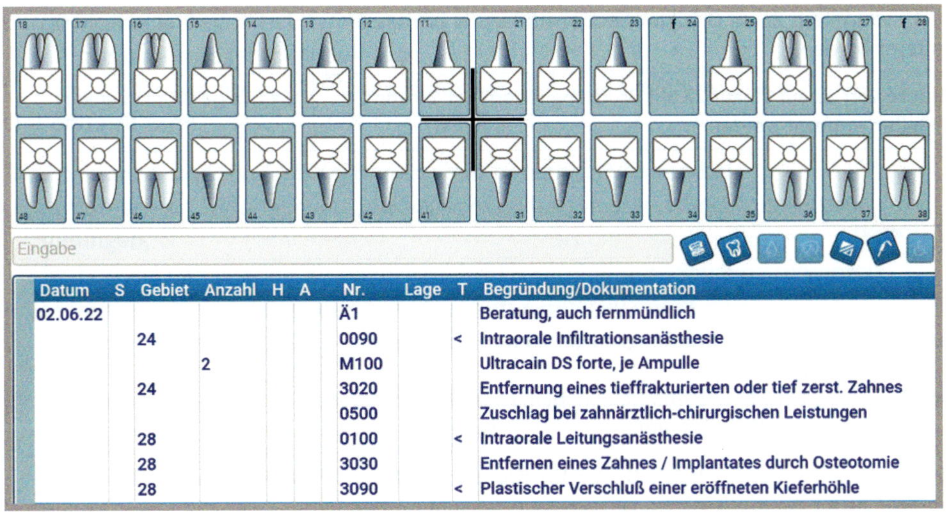

Abb. 1 Erfassen einer plastischen Deckung im PVS für einen Privatpatienten

7 Wundversorgung

Grundsätzlich ist die primäre Wundversorgung, d. h. die Wundversorgung unmittelbar nach dem chirurgischen Eingriff in derselben Sitzung, immer Bestandteil des operativen Eingriffs. Davon kann aber auch abgewichen werden.

7.1 Wundversorgung bei Kassenpatienten

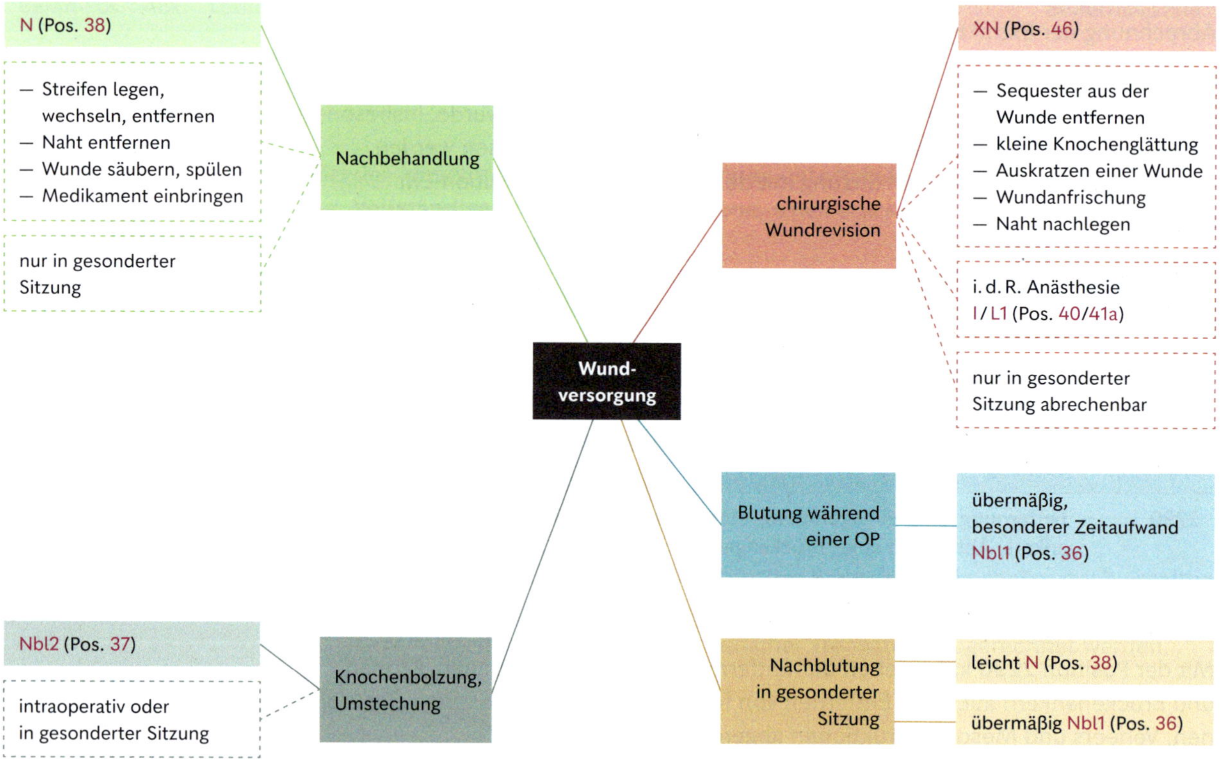

7.1.1 Nachbehandlung

BEMA-Pos.	Abk.	Leistung	Bewertungszahl
38	N	Nachbehandlung nach chirurgischem Eingriff oder Tamponieren oder dergleichen, je Kieferhälfte oder Frontzahnbereich, als selbstständige Leistung, je Sitzung	10

A Neben dem Tamponieren können mit dieser Position weitere Leistungen (oder vergleichbare) als Nachbehandlung **nach chirurgischen Eingriffen** abgerechnet werden, z. B.:

- Streifen (für Tamponade oder Dränage) legen
- Streifen wechseln oder entfernen
- Wunde säubern/spülen
- Naht entfernen
- Stillen einer kleinen Blutung
- Obturator (Mittel zum Verschluss, z. B. von Gaumendefekten) kürzen

Die Abrechnung der Position N unterliegt zwei größeren Einschränkungen:
- Die Abrechnung kann **nur in einer gesonderten Sitzung** (als selbstständige Leistung) nach dem chirurgischen Eingriff erfolgen.
- Die Abrechnung kann **nur einmal** je Kieferhälfte oder Frontzahnbereich je Sitzung berechnet werden.

Für den Anlass „nach einem chirurgischen Eingriff" besteht eine **Ausnahme**: Wird bei erschwertem Zahndurchbruch (dentitio difficilis) ein Streifen unter die Schleimhautkapuze gelegt, so kann Position N (38) werden, obwohl kein chirurgischer Eingriff voranging. Wenn in derartigen Fällen ein haftendes Medikament auf die Schleimhaut aufgebracht wird, ist die Position MU (105) anzusetzen. Werden beide Leistungen erbracht, darf die höherwertige abgerechnet werden.

Für die reine Wundkontrolle ohne eine weitere „Tätigkeit" kann die Position N nicht abgerechnet werden. Als Alternative bietet sich eine Ä1 an, wenn die Abrechnungsbestimmungen dies zulassen.
Im selben Behandlungsgebiet kann außerdem neben Position N in derselben Sitzung keine Leistung nach XN, Nbl1 oder Nbl2 abgerechnet werden.

Hier helfen zahnärztliche Programme: Werden die Zähne eingegeben, rechnet das Programm automatisch die Anzahl der abzurechnenden Positionen N aus. Es sollten alle Zahngebiete angegeben werden, an denen eine Nachbehandlung durchgeführt wurde. Außerdem sind die Maßnahmen sowie eventuelle Materialien und Medikamente zu dokumentieren.

7.1.2 Chirurgische Wundrevision

BEMA-Pos.	Abk.	Leistung	Bewertungszahl
46	XN	Chirurgische Wundrevision (Glätten des Knochens, Auskratzen, Naht), als selbstständige Leistung in einer besonderen Sitzung, je Kieferhälfte oder Frontzahnbereich	21

A Manchmal reichen die einfachen Nachbehandlungen nach Position N (38) nicht aus, um eine Wunde zur Abheilung zu bringen. Umfangreichere Maßnahmen werden erforderlich, wie z. B.
- das Auskratzen und Anfrischen einer Wunde bzw. Alveole („trockene Alveole"),
- das Nachlegen einer Naht (Sekundärnaht),
- eine kleine Knochenglättung am Rand der vorhandenen Wunde (Abgrenzung von KnR und Alv),
- das Entfernen eines Knochensequesters durch die vorhandene Extraktionswunde (ohne Aufklappung).

Hierbei bestehen u. a. zwei größere Einschränkungen:
- Die Abrechnung kann nur in einer gesonderten Sitzung (als selbstständige Leistung) nach dem chirurgischen Eingriff erfolgen.
- Die Abrechnung kann nur vergleichbar mit der Bestimmung zur Position bMF je Kieferhälfte oder Frontzahnbereich je Sitzung einmal erfolgen.

In der Regel erfordert eine XN auch eine Anästhesie.

Neben der Position XN (46) können Leistungen nach den Positionen N, Nbl1 und Nbl2 an derselben Stelle in derselben Sitzung nicht erfolgen.

Beispiel

Datum	Zahn	Behandlungsausschnitt	BEMA-Pos.
A		Eingehende Untersuchung und Beratung; drei Röntgenbilder, Befund: 48 durchgebrochen, verlagert; 36 zerstört, tief frakturiert; 45 zerstört	01 Rö5
B 11:00 Uhr	48 45	Leitungsanästhesie, Entfernung durch Osteotomie, Blutstillung tamponiert, Naht Zahn entfernt, übermäßige Blutstillung (15 Minuten), Tamponade, Wundversorgung	L1, Ost2 X1, Nbl1
B 19:00 Uhr	48 45	Behandlung außerhalb der Sprechzeit, erneute Blutstillung mit Medikament und Tamponade Tamponadenwechsel	03, Nbl1 N
D	36	Leitungsanästhesie, Entfernung des tief frakturierten Zahnes, Blutstillung durch Knochenbolzung, Wundversorgung: Naht	L1, X3, Nbl2
E	36	Erneute Blutstillung und Legen einer Sekundärnaht	XN
F	48, 45, 36	Wundkontrolle o. B.	--

7.2 Wundversorgung bei Privatpatienten

7.2.1 Wundkontrolle, Nachbehandlung, chirurgische Wundrevision

In der GOZ gibt es drei Positionen für die Abrechnung von Wundversorgungen im weitesten Sinn. Darüber hinaus gibt es in der GOÄ eine weitere Position, die verwendet werden kann.

GOZ/GOÄ-Pos.	Leistung	Punktzahl
3290	Kontrolle nach chirurgischem Eingriff, als selbstständige Leistung, je Kieferhälfte oder Frontzahnbereich	55 P
3300	Nachbehandlung nach chirurgischem Eingriff (z. B. Tamponieren), als selbstständige Leistung, je Operationsgebiet (Raum einer zusammenhängenden Schnittführung)	65 P
3310	Chirurgische Wundrevision (z. B. Glätten des Knochens, Auskratzen, Naht), als selbstständige Leistung, je Operationsgebiet (Raum einer zusammenhängenden Schnittführung)	100 P
Ä 2007	Entfernen von Fäden oder Klammern	40 P

A Nach GOZ ist die reine Wundkontrolle ohne Durchführung von Behandlungsmaßnahmen als Position 3290 abrechenbar. Dies erfordert keine Tätigkeit an diesem Wundgebiet. Die Position kann in einer Sitzung maximal viermal und im Laufe der Behandlung öfter abgerechnet werden. Sie ist nur in einer oder mehreren nachfolgenden Sitzungen nach dem operativen Eingriff berechenbar.
Die Nachbehandlungen entsprechen den Tätigkeiten der BEMA-Pos. N. Die 3300 kann auch nicht im Zusammenhang mit dem chirurgischen Eingriff und nur in gesonderter Sitzung je Operationsgebiet abgerechnet werden.
Die Position 3310 der GOZ entspricht den Tätigkeiten im Rahmen der Leistungen von BEMA-Pos. XN. Ihre Abrechnungsbestimmung entspricht der der Position 3300. Ä 2007 kann anstelle von 3300 für Entfernen von Fäden berechnet werden.

Die Positionen 3290, 3300, 3310 und Ä 2007 dürfen nicht nebeneinander im selben Operationsgebiet abgerechnet werden. Ein Operationsgebiet kann dabei neben einer Alveole auch Kieferabschnitte treffen.
Die Abrechnung der Position 3290 neben der 3300 oder 3310 an derselben Stelle wird trotz des Kommentars der BZÄK kritisch gesehen. Es gibt widersprüchliche Gerichtsurteile dazu (Stand 11/2022).

B Gibt es mehrere Wundgebiete im Mund, kann für jedes Wundgebiet eine Leistung nach den Positionen 3300 oder 3310 abgerechnet werden. Jedoch gibt es eine Begrenzung der Abrechenbarkeit von zweimal je Kieferhälfte oder Frontzahngebiet.

Die Angabe der Ausdehnung des Wundgebietes sowie die durchgeführten Maßnahmen sollten unbedingt dokumentiert werden.

7.2.2 Nachblutungen

Für die Abrechnung von Leistungen zur Stillung übermäßiger Blutungen werden in der GOZ zwei Positionen sowie in der GOÄ eine Position aufgeführt.

GOZ/GOÄ-Pos.	Leistung	Punktzahl
3050	Stillung einer übermäßigen Blutung im Mund- und/oder Kieferbereich, als selbstständige Leistung	110 P
3060	Stillung einer Blutung durch Abbinden oder Umstechen des Gefäßes oder durch Knochenbolzung	140 P
Ä 2660	Operative Behandlung einer konservativ unstillbaren Blutung im Mund-Kiefer-Bereich durch Freilegen und Abbinden oder Umstechen des Gefäßes oder durch Knochenbolzung, als selbstständige Leistung	400 P

Merke
Wurzelspitzenresektionen sind unterschiedlich bewertet, nach
- Front- und Seitenzähnen,
- Anzahl der resezierten Wurzelspitzen,
- Anzahl der Zugänge.

Mit der unterschiedlichen Bewertung soll der tatsächlich sehr unterschiedliche Schwierigkeitsgrad und Zeitaufwand der Operation berücksichtigt werden.

A An allen Frontzähnen (13–23, 33–43) wird die Wurzelspitzenresektion als WR1 abgerechnet.
Bei Seitenzähnen (14–18, 24–28, 34–38, 44–48) kommt es auf die Zahl der Wurzelspitzen an, die reseziert werden.

Beispiel
Die Zähne 15, 25, 34, 35, 44 und 45 haben in der Regel eine Wurzelspitze.
Wird diese reseziert, ist jeweils 1 x WR2 abrechenbar.

Bei den übrigen Seitenzähnen kommt es zunächst auf die tatsächliche Anzahl der resezierten Wurzelspitzen an.

Beispiel
An den Zähnen 14 und 24 werden beide Wurzelspitzen durch einen operativen Zugang von vestibulär reseziert.

Abrechnung: jeweils 1 x WR2 und 1 x WR3

Ist ein weiterer operativer Zugang erforderlich, weil man sonst ein größeres Operationsfeld benötigen würde, kann die WR2 erneut berechnet werden.

Beispiel
Zahn 16 hat in der Regel drei Wurzeln, zwei nach vestibulär gelegene, eine nach palatinal gelegene Wurzel. In diesem Fall sind zwei operative Zugänge erforderlich, um nicht ein großes Operationsfeld mit Gefährdung der Kieferhöhle zu eröffnen. Die vestibulären Wurzelspitzen werden durch den vestibulären Zugang reseziert, die palatinale Wurzelspitze über den palatinalen Zugang.

Abrechnung: Die beiden vestibulären Wurzelspitzenresektionen (mesiovestibuläre und distovestibuläre Wurzelspitze) werden als WR2 und WR3 berechnet, die Resektion der palatinalen Wurzelspitze als WR2.

Wurzelbehandlungsmaßnahmen nach den Positionen Trep1 (31), WK (32) und WF (35) (orthograd und retrograd) können während der Wurzelspitzenresektion abgerechnet werden.
Bei retrograden Maßnahmen entfällt die Trep1 (31), weil der Zahn nicht eröffnet werden muss.

Wurzelspitzenresektionen und Zystenoperationen

Beispiel

1. Es wird eine **orthograde** Wurzelbehandlung und eine Wurzelspitzenresektion an 24 vorgenommen. Der Zugang zur zweiten Wurzel wurde durch denselben Zugang erreicht. Ein Röntgenbild wurde gefertigt und eine Vitalitätsprüfung (–) durchgeführt.

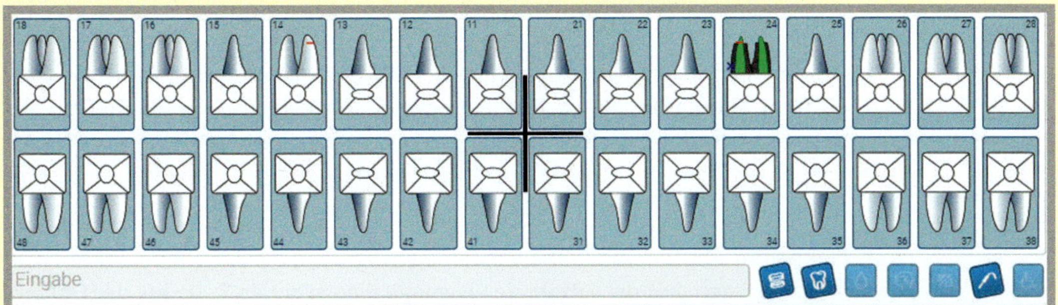

Datum	S	Gebiet	Anzahl	H	A	Nr.	Lage	T	Begründung/Dokumentation
01.06.22		24				rö2		<	Röntgendiagnostik der Zähne, bis zu 2 Aufnahmen
		24				trep1		<	Trepanation eines pulpatoten Zahnes
		24	2			wk		<	Aufbereitung eines Wurzelkanals, je Kanal
		24						<	Säubern der Wurzelkanäle.
		24	2			wf			Wurzelkanalfüllung
		24				i		<	Infiltrationsanästhesie
		24				wr2		<	WSR Seitenzahn einschl. erster resezierter Wurzelspitze
		24						<	Entfernen der mesialen Wurzespitze.
		24				wr3		<	WSR am Seitenzahn für jede weitere Wurzelspitze
								<	Entfernen der distalen Wurzelspitze.
		24				vipr		<	Vitalitätsprüfung eines oder mehrerer Zähne
03.06.22		24				n		<	Nachbehandlung nach chirurgischem Eingriff

2. Es wird eine **retrograde** Wurzelbehandlung an 14 durchgeführt. Die zweite Wurzel kann nur durch einen separaten Zugang erreicht werden. Ein Röntgenbild wurde gefertigt und eine Vitalitätsprüfung (–) durchgeführt.

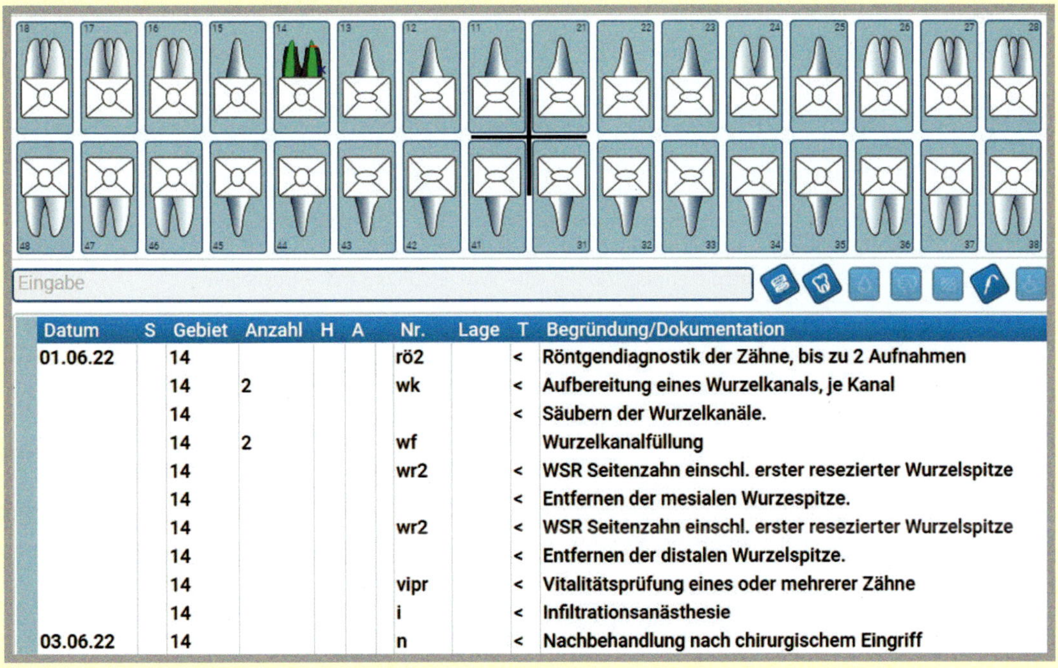

Datum	S	Gebiet	Anzahl	H	A	Nr.	Lage	T	Begründung/Dokumentation
01.06.22		14				rö2		<	Röntgendiagnostik der Zähne, bis zu 2 Aufnahmen
		14	2			wk		<	Aufbereitung eines Wurzelkanals, je Kanal
		14						<	Säubern der Wurzelkanäle.
		14	2			wf			Wurzelkanalfüllung
		14				wr2		<	WSR Seitenzahn einschl. erster resezierter Wurzelspitze
		14						<	Entfernen der mesialen Wurzespitze.
		14				wr2		<	WSR Seitenzahn einschl. erster resezierter Wurzelspitze
		14						<	Entfernen der distalen Wurzelspitze.
		14				vipr		<	Vitalitätsprüfung eines oder mehrerer Zähne
		14				i		<	Infiltrationsanästhesie
03.06.22		14				n		<	Nachbehandlung nach chirurgischem Eingriff

Wird bei einem bereits wurzelbehandelten Zahn im Rahmen der Wurzelspitzenresektion lediglich ein retrograder Verschluss des Wurzelkanals gelegt, ist dieser ein Bestandteil der **54** und darf nicht abgerechnet werden. Eine Wurzelspitzenresektion, die nicht den Richtlinien entspricht, darf nicht zu Lasten der Kasse abgerechnet werden.

B Bei der Wurzelspitzenresektion wird das entzündliche und veränderte Gewebe mit entfernt. Hierunter fallen auch kleine Zysten, die keinen zusätzlichen Operationsaufwand erfordern. Die Berechtigung einer zusätzlichen Abrechnung der BEMA-Pos. 56 erfordert zusätzliche für Zystenoperationen typische chirurgische Maßnahmen.

Neben der Angabe der Zähne spielen insbesondere die Anzahl der resezierten Wurzelspitzen und die Anzahl der Zugänge eine wichtige Rolle bei der Dokumentation.

In besonderen Ausnahmefällen kann der Zahnarzt eine Knochentrepanation (auch als Schröder'sche Lüftung bezeichnet) als erste Alternative zur Wurzelspitzenresektion durchführen. Darunter versteht man die Anbohrung des Kieferknochens. Der hierdurch entstehende Bohrkanal dient der Dränage (Ableitung) eines Infektionsherds aus dem Knochen. Die Schröder'sche Lüftung war früher im Zeichen voller Wartezimmer und möglichst schneller „Entlastung“ des Patienten von den Schmerzen eine Methode der Wahl. Heute kommt sie nur noch in seltenen Fällen zur Anwendung.

BEMA-Pos.	Abk.	Leistung	Bewertungszahl
52	Trep2	Trepanation des Kieferknochens	24

Beispiel

Datum	Zahn	Behandlungsausschnitt	BEMA-Pos.
A	 21 21, 23, 24, 16	Eingehende Untersuchung und Beratung; Befund: f: 18, 28, 38, 48; Wurzelfüllung: 23, 24, 16; Keramikkrone: 21 Vitalitätsprüfung (–) Röntgenbilder, Befunde: 21, 23, 24,16 unvollständige Wurzelfüllungen, Aufhellungen am Apex	01 ViPr Rö5
B	21, 23, 24	Infiltrationsanästhesien wegen Restvitalität; 21: Wurzelspitzenresektion mit retrograder Kanalaufbereitung und Wurzelfüllung; 23 und 24: Wurzelspitzenresektionen aller Wurzelspitzen mit retrograden Verschlüssen, bei 24 durch einen Zugang, Wundversorgung, dabei übermäßige Blutung bei 24 mittels Umstechen gestillt, Rezept ausgestellt	2 x I WR1, WK, WF WR1, WR2 und WR3 Nbl2
B 21:00 Uhr		Telefonische Beratung wegen Nachschmerzen und Medikamenteneinnahme	Ä 1, 03
D	23, 24	Wundsäuberung, gute Wundheilung	N
E	16	Infiltrationsanästhesie, Wurzelspitzenresektion an allen drei Spitzen durch zwei Zugänge, retrograde Verschlüsse, Wundversorgung	I, 2 x WR2 und 1 x WR3
F	16	Stillung einer Nachblutung	Nbl1
	16	Nachschau: gute Wundheilung	--

8.1.2 Zystenentfernung

Bei der Entfernung von Zysten unterscheidet man zwei Operationstechniken, aber vier Abrechnungspositionen:

BEMA-Pos.	Abk.	Leistung	Bewertungszahl
56		**Operation einer Zyste**	
56a	Zy1	durch Zystektomie	120
56b	Zy2	durch orale Zystostomie	72
56c	Zy3	durch Zystektomie in Verbindung mit einer Osteotomie oder Wurzelspitzenresektion	48
56d	Zy4	durch orale Zystostomie in Verbindung mit einer Osteotomie oder Wurzelspitzenresektion	48

A Grundsätzlich unterscheidet man also zunächst nach den beiden Operationstechniken Zystektomie und Zystostomie →Abb. 1, Abb. 2.
Die Positionen Zy1 und Zy2 sind immer dann abzurechnen, wenn gleichzeitig keine zusätzliche Operation im Sinne einer Leistung nach WR oder Ost am Zahn erfolgt →Tab. 1. Um die Zysten zu entfernen, muss eine Aufklappung des Zahnfleisches erfolgen. Da bei Abrechnung einer WR oder Ost die Aufklappung bereits Bestandteil der Leistung ist, werden die damit verbundenen Zy3 und Zy4 geringer bewertet.

Merke
Zystektomie und Zystostomie werden auch als Partsch I-Operation und Partsch II- Operation bezeichnet.

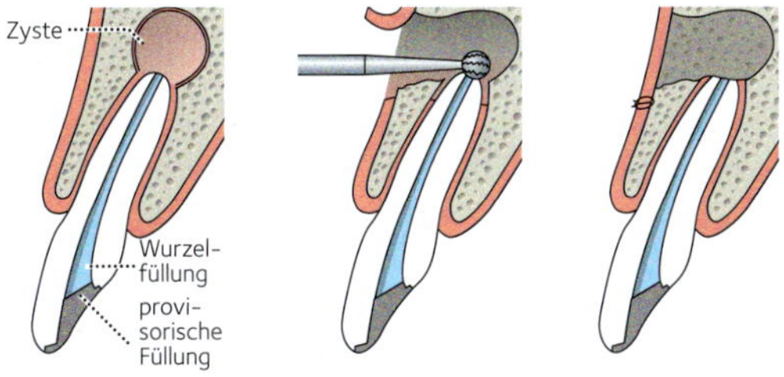

Abb. 1 Zystektomie (Operation nach Partsch II) und Wurzelspitzenresektion: Der Zahn ist in diesem Beispiel bereits wurzelgefüllt.

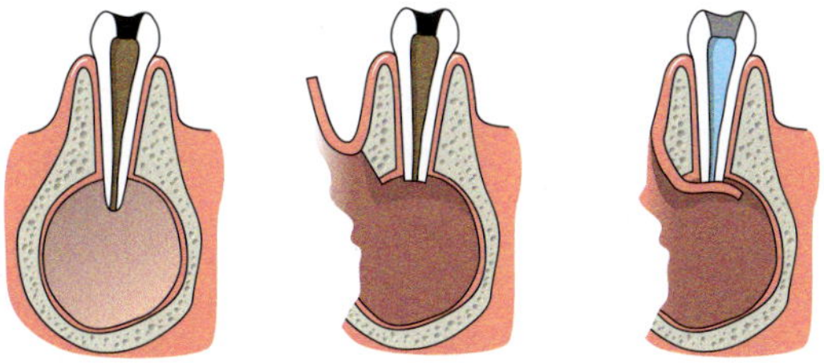

Abb. 2 Zystostomie (Operation nach Partsch I) und Wurzelspitzenresektion: Der Zahn wird in diesem Beispiel während der Wurzelspitzenresektion aufbereitet und mit einer Wurzelfüllung versehen.

Beispiele
1. Nach Extraktion des Zahnes 23 muss eine größere Zyste am Apex durch Aufklappung des Zahnfleisches entfernt werden. **Abrechnung:** X1 und Zy1
2. Während einer Wurzelspitzenresektion an Zahn 24 (mit nur einem Zugang) muss an einer Wurzelspitze eine größere Zyste durch erweiterte Aufklappung entfernt werden. **Abrechnung:** WR2, WR3, Zy3

Operationsverfahren	Zystenentfernung als selbstständige Leistung oder neben einer Extraktion	Zystenentfernung neben einer Wurzelspitzenresektion oder Osteotomie
Zystenentfernung durch Zystektomie	Position Zy1 (56a)	Position ZY3 (56c)
Zystenentfernung durch Zystostomie	Position Zy2 (56b)	Position Zy4 (56d)

Tab. 1 BEMA-Abrechnungspositionen für Zystenentfernungen

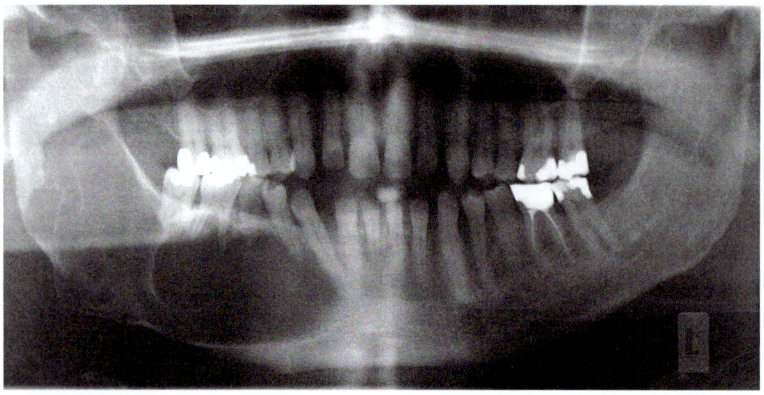

Abb. 1 Im Zusammenhang mit der Entfernung von Zysten sind in der Regel Röntgenaufnahmen notwendig, die zusätzlich berechnet werden können; hier: links unten im Bild große radikuläre Zyste.

Die Entfernung von Zysten durch die Alveole bei einer normalen Extraktion oder bei einer Ost oder WR ohne zusätzlichen Aufwand darf nicht als Zy abgerechnet werden.

Neben der Operationstechnik sollte insbesondere bei der Abrechnung der Zy3 und Zy4 der besondere Aufwand für diese Operation neben der Ost und/oder WR deutlich gemacht werden.

Beispiel

Datum	Zahn	Behandlungsausschnitt	BEMA-Pos.
A		Eingehende Untersuchung und Beratung; Befund: UK Teilprothese 44–48 und 34–38; z: 16	01
	16	Vitalitätsprüfung (-)	ViPr
	16, 11, 24, 44–45	Röntgen, Befunde: 16 tief frakturiert, apikale Zyste; 11: unvollständige WF mit Zyste; 44–45 Residualzyste; 24 unvollständige WF, große Zyste mit Ausdehnung nach 23–21	Rö5
B	11	Infiltrationsanästhesien wegen Restvitalität, Wurzelspitzenresektion mit Resektion der Zyste, Wundversorgung	I, WR1, Zy3
	16	Infiltrationsanästhesie, Extraktion des tief frakturierten Zahnes, Aufklappung zur Entfernung einer Zyste, Wundversorgung	I, X3, Zy1
B 21:00 Uhr	11, 16	Beratung wegen Nachschmerzen und Medikamenteneinnahme, Wundsäuberung bei 11, Naht nachgelegt bei 16	03 N XN
D	11, 16	Wundsäuberung, gute Wundheilung	N
E	24	Infiltrationsanästhesie, Wurzelspitzenresektionen durch einen Zugang, Zystostomie, Tamponade	I, WR2 und WR3 Zy4
F	24	Röntgenaufnahme, Zyste bildet sich zurück, Tamponade erneuert	Rö2, N
G	44–45	Leitungsanästhesie, Zystostomie, Tamponade	L1, Zy2
H	44–45	Röntgenbild, Zyste bildet sich zurück, Tamponade erneuert	Rö2, N

8.2 Wurzelspitzenresektion und Zystenentfernung bei Privatpatienten

8.2.1 Zuschläge für ambulantes Operieren bei GOÄ-Leistungen

Werden in der Zahnarztpraxis chirurgische GOÄ-Leistungen ambulant durchgeführt, können folgende Zuschläge aus der GOÄ zur Abrechnung kommen.

GOZ/GOÄ-Pos.	Leistung	Punktzahl
Ä 442	Zuschlag zu operativen Leistungen, die mit 250 bis 499 Punkten bewertet sind	400 P
Ä 443	Zuschlag zu operativen Leistungen, die mit 500 bis 799 Punkten bewertet sind	750 P
Ä 444	Zuschlag zu operativen Leistungen, die mit 800 bis 1199 Punkten bewertet sind	1300 P
Ä 445	Zuschlag zu operativen Leistungen, die mit 1200 und mehr Punkten bewertet sind	2200 P
Ä 440	Zuschlag für die Anwendung eines Operationsmikroskops	400 P
Ä 441	Zuschlag für die Anwendung eines Lasers (Einfachsatz der betreffenden Leistung)	

8.2.2 Wurzelspitzenresektion

Für die Abrechnung gibt es in der GOZ nur zwei Positionen:

GOZ-Pos.	Leistung	Punktzahl
3110	Resektion einer Wurzelspitze an einem Frontzahn	460 P
3120	Resektion einer Wurzelspitze an einem Seitenzahn	580 P

A Bei beiden Positionen kann der Zuschlag für ambulantes Operieren (0500 oder 0510) abgerechnet werden. Im Vergleich zur BEMA-Abrechnung ist die Berechnung der beiden GOZ-Positionen einfacher: Es wird hier nicht nach Zugängen unterschieden. Bei Seitenzähnen muss nur die Anzahl der resezierten Wurzelspitzen berücksichtigt werden.

Beispiel
Resektion der drei Wurzelspitzen an Zahn 26
Abrechnung: 3 x 3120 sowie Zuschlag 0510, bei Lasereinsatz evtl. auch 0120

P Endodontische Maßnahmen (nach den Positionen 2390, 2410, 2420 und 2440) können zusätzlich berechnet werden. Der retrograde Verschluss kann nach 2050 berechnet werden. Der Zuschlag 0110 kann ebenfalls abgerechnet werden, wenn ein Operationsmikroskop zum Einsatz kommt.

P̸ Das Auskratzen von Granulationsgewebe oder kleinen Zysten in Verbindung mit Wurzelspitzenresektionen ist nicht abrechenbar.

Die Anzahl der resezierten Wurzelspitzen ist anzugeben.

Beispiel

1. Es wird eine **orthograde** Wurzelbehandlung und eine Wurzelspitzenresektion an 24 vorgenommen. Der Zugang zur zweiten Wurzel wurde durch denselben Zugang erreicht. Ein Röntgenbild wurde gefertigt und eine Vitalitätsprüfung **(–)** durchgeführt. OP-Mikroskop wurde verwendet.

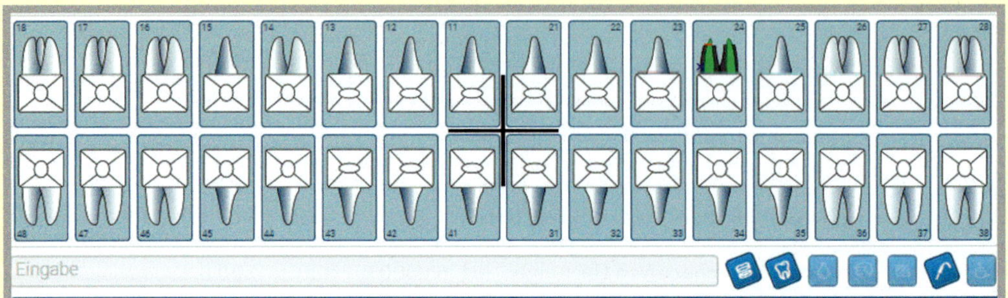

Datum	S	Gebiet	Anzahl	H	A	Nr.	Lage	T	Begründung/Dokumentation
01.06.22		24				0090		<	Intraorale Infiltrationsanästhesie
						M100			Ultracain DS forte, je Ampulle
		24				Ä5000			Strahlendiagnostik Zähne, je Projektion
		24				0070		<	Vitalitätsprüfung eines oder mehrerer Zähne
		24				2390		<	Trepanation eines Zahnes, als selbständige Leistung
		24				VIPR		<	Vitalitätsprüfung eines oder mehrerer Zähne
		24	2			2410		<	Aufbereitung eines Wurzelkanals auch retrograd, je Kanal
		24	2			2440		<	Füllung eines Wurzelkanals
		24	2			3120		<	Wurzelspitzenresektion an einem Seitenzahn
						0510			Zuschlag bei zahnärztlich-chirurgischen Leistungen
						0110			Zuschlag für die Anwendung eines Operationsmikroskops
03.06.22		24				3300			Nachbehandlung nach chirurgischem Eingriff

2. Es wird eine **retrograde** Wurzelbehandlung an 14 durchgeführt. Die zweite Wurzel kann nur durch einen separaten Zugang erreicht werden. Ein Röntgenbild wurde gefertigt und eine Vitalitätsprüfung **(–)** durchgeführt. OP Mikroskop und Laser wurden verwendet

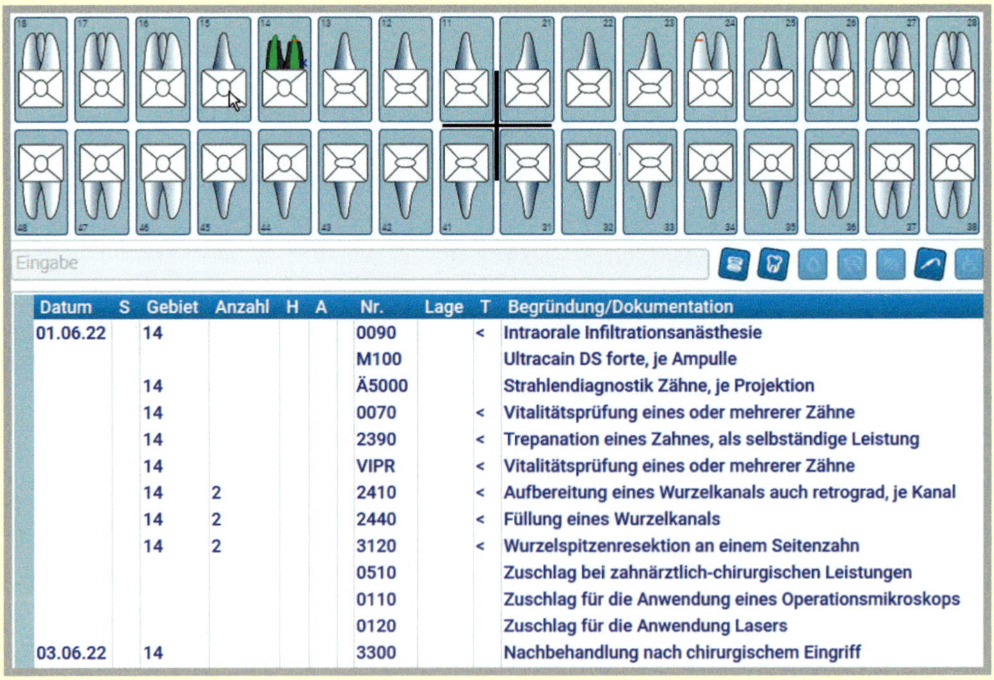

Datum	S	Gebiet	Anzahl	H	A	Nr.	Lage	T	Begründung/Dokumentation
01.06.22		14				0090		<	Intraorale Infiltrationsanästhesie
						M100			Ultracain DS forte, je Ampulle
		14				Ä5000			Strahlendiagnostik Zähne, je Projektion
		14				0070		<	Vitalitätsprüfung eines oder mehrerer Zähne
		14				2390		<	Trepanation eines Zahnes, als selbständige Leistung
		14				VIPR		<	Vitalitätsprüfung eines oder mehrerer Zähne
		14	2			2410		<	Aufbereitung eines Wurzelkanals auch retrograd, je Kanal
		14	2			2440		<	Füllung eines Wurzelkanals
		14	2			3120		<	Wurzelspitzenresektion an einem Seitenzahn
						0510			Zuschlag bei zahnärztlich-chirurgischen Leistungen
						0110			Zuschlag für die Anwendung eines Operationsmikroskops
						0120			Zuschlag für die Anwendung Lasers
03.06.22		14				3300			Nachbehandlung nach chirurgischem Eingriff

8.2.3 Zystenentfernung

Für die Abrechnung der Entfernung von Zysten stehen in der GOZ die Positionen 3190 und 3200 zur Verfügung. Aus der GOÄ kommt bei größeren Zystenentfernungen die Abrechnung der Positionen Ä 2655 bis Ä 2658 in Betracht.

GOZ/GOÄ-Pos.	Leistung	Punktzahl
3190	Operation einer Zyste durch Zystektomie in Verbindung mit einer Osteotomie oder Wurzelspitzenresektion	270 P
3200	Operation einer Zyste durch Zystektomie, als selbstständige Leistung	500 P
Ä 2658	Operation einer ausgedehnten Kieferzyste – über mehr als drei Zähne oder vergleichbarer Größe im unbezahnten Bereich – durch Zystostomie in Verbindung mit der Entfernung retinierter oder verlagerter Zähne und/oder Wurzelspitzenresektion	500 P
Ä 2657	Operation einer ausgedehnten Kieferzyste – über mehr als drei Zähne oder vergleichbarer Größe im unbezahnten Bereich – durch Zystostomie	760 P
Ä 2656	Operation einer ausgedehnten Kieferzyste – über mehr als drei Zähne oder vergleichbarer Größe im unbezahnten Bereich – durch Zystektomie in Verbindung mit der Entfernung retinierter oder verlagerter Zähne und/oder Wurzelspitzenresektion	620 P
Ä 2655	Operation einer ausgedehnten Kieferzyste – über mehr als drei Zähne oder vergleichbarer Größe im unbezahnten Bereich – durch Zystektomie	950 P

P Neben der Position 3290 kann der Zuschlag für ambulantes Operieren nach 0500 abgerechnet werden, neben der Position 3200 der Zuschlag 0510 und neben den Positionen Ä 2658, Ä 2656 und Ä 2657 der Zuschlag Ä 443 sowie neben der Position Ä 2655 der Zuschlag Ä 444.

Die GOZ kennt nur die Zystektomie als selbstständige Leistung oder in Verbindung mit einer Osteotomie oder Wurzelspitzenresektion (analog zu Zy1 und Zy3 in der Kassenabrechnung). Die Entfernung größerer Zysten und die Zystostomie über mehr als drei Zähne können nur in unbezahnten Bereichen über die entsprechenden GOÄ-Ziffern abgerechnet werden. Die Zystostomie im bezahnten Bereich – auch kleiner als drei Zähne – kann nur analog nach § 6 Abs. 1 GOZ abgerechnet werden →Tab. 1.

Analogleistung →LF 2

Bei der ambulanten Operation können zusätzlich die jeweiligen Zuschläge berechnet werden.

Operationsverfahren	Zystenentfernung als selbstständige Leistung	Zystenentfernung neben einer Wurzelspitzenresektion oder Osteotomie
Zystenentfernung durch Zystektomie	3200 (Ä 2655)	3190 (Ä 2656)
Zystenentfernung durch Zystostomie	Analoge Abrechnung (Ä 2657)	Analoge Abrechnung (Ä 2658)

Tab. 1 GOZ-/GOÄ-Abrechnungspositionen für Zystenentfernungen

In den meisten Fällen werden diese Positionen von Fachzahnärzten MKG (Mund-Kiefer-Gesichtschirurgen) abgerechnet. Für die Abrechnung ist die Lage des Fremdkörpers entscheidend.

Die Abrechnung der Entfernung von **Sequestern** erfolgt je nach Lage des Materials:

- Das Entfernen von Knochensplittern, die oberflächlich liegen und ohne Anästhesie entfernt werden können, wird im Rahmen der Wundreinigung als Position N (38) abgerechnet.
- Werden die Splitter aus einer Extraktions-/Operationswunde unter Anästhesie (I oder L) entfernt, wird Position XN (46) abgerechnet. Solche kleinen Sequester können z. B. entstehen, wenn Knochensplitter in einer Alveole zurückbleiben oder gequetschte Knochenteile nachträglich absterben.
- Wenn tief im Kiefer ein Sequester (z. B. nach einer Osteomyelitis) entfernt werden muss, ist es erforderlich, dafür eigens eine Osteotomie durchzuführen. Für die Abrechnung wird Position Ost3 (53) angesetzt.

Beispiel

Datum	Zahn	Behandlungsausschnitt	BEMA-Pos.
A		Patient erscheint im Rahmen der Vorsorge, nachdem vor drei Monaten mehrere Zähne extrahiert wurden; alle Wunden gut verheilt, Schmerzen bei 14, Beratung	Ä 1
	38, 35 26, 27, 18, 14	Röntgen, Befund: 38: teilretiniert; 35: gute Wundheilung; 26, 27: Knochensplitter; 18: gute Wundheilung; 14: Abszess	Rö5
	14	Oberflächenanästhesie, Abszesseröffnung, Tamponade	Inz1
	38	Schleimhautkapuze mit Salbe behandelt	Mu
B	14	Tamponadenwechsel	N
	38	Oberflächenanästhesie, Inzision, Tamponade	Inz1
	26	Infiltrationsanästhesie, Knochensplitter durch die Alveole entfernt	I, XN
C	38	Tamponadenwechsel	N
	14	Nachschau, gute Wundheilung	
	26	Nachschau, gute Wundheilung	
D	38	Leitungsanästhesie, Entfernung durch Osteotomie, übermäßige Nachblutung gestillt (15 Minuten), Wundversorgung	L1 Ost2 Nbl1
E	38	Naht entfernt, Tamponade entfernt	N
F		Eingehende Untersuchung und Beratung, Befund: f: 38, 26, 27, 18, 28; Prothetikplanung erstellt (vier Monate nach letzter 01 im zweiten Halbjahr)	01

9.2 Leistungen bei Privatpatienten

9.2.1 Inzisionen

Abszesseröffnungen werden nach der GOÄ abgerechnet:

GOÄ-Pos.	Leistung	Punktzahl
Ä 2428	Eröffnung eines oberflächlich unter der Haut oder Schleimhaut liegenden Abszesses	80 P
Ä 2430	Eröffnung eines tief liegenden Abszesses	303 P
Ä 2008	Wund- oder Fistelspaltung	90 P

Zur Position 2430 kann der Zuschlag für ambulantes Operieren nach GOÄ (Ä 442) zusätzlich berechnet werden.

Die Abrechnungsbestimmungen sind identisch mit denen der BEMA-Positionen.

Die Wundversorgung ist Bestandteil der chirurgischen Abrechnungsposition. Zur Berechnung der obigen Positionen sollte die Lage und Ausdehnung des Abszesses genau beschrieben sein.

9.2.2 Entfernung von Fremdkörpern und Sequestern

Es existieren keine Abrechnungspositionen in der GOZ; die GOÄ unterscheidet:

GOÄ-Pos.	Leistung	Punktzahl
Ä 1508	Entfernung von eingespießten Fremdkörpern aus dem Rachen oder Mund	93 P
Ä 2009	Entfernung eines unter der Oberfläche der Haut oder der Schleimhaut gelegenen fühlbaren Fremdkörpers	100 P
Ä 2010	Entfernung eines tief sitzenden Fremdkörpers auf operativem Wege aus Weichteilen und/oder Knochen	379 P

Zu diesen Positionen kann der Zuschlag für ambulantes Operieren nach GOÄ (Ä 442) zusätzlich berechnet werden.

Die Abrechnung der **Entfernung von toten Knochensplittern (Sequestern)** erfolgt je nach Lage des Materials:

- Knochensplitter, die oberflächlich liegen und ohne Anästhesie entfernt werden können, rechnet man im Rahmen der Wundreinigung als Pos. 3300 ab.
- Werden die Splitter aus einer Extraktions- oder Operationswunde unter Anästhesie (0090 oder 0100) entfernt, wird Pos. 3310 abgerechnet, z. B. wenn Knochensplitter in einer Alveole zurückgeblieben oder gequetschte Knochenteile nachträglich abgestorben sind.
- Wird ein tief im Kiefer liegender Sequester (z. B. tote Knochensplitter nach einer Osteomyelitis) entfernt, ist es erforderlich, dafür eine Osteotomie aus dem Kieferknochen durchzuführen. Hierfür wird Ä 2651 angesetzt. Dazu ist der Zuschlag für ambulantes Operieren nach Ä 443 berechenbar.

Präprothetische Maßnahmen

A „Kleine“ Exzisionen werden für das Gebiet eines Zahnes mit der Positionen Exz1 (49) und größere Schleimhautexzisionen mit der Position Exz2 (50) berechnet. Wird in der Präparationssitzung eine Exzision von Mundschleimhaut oder Granulationsgewebe, wie z. B. eine Papillektomie, durchgeführt, ist die Leistung nach Position Exz1 (49) abrechnungsfähig. Diese Position kann auch für das Durchtrennen von Zahnfleischfasern (auch mittels elektrochirurgischer Maßnahmen) berechnet werden.

Die Position EXz2 ist auch mehrmals je Kiefer abrechnungsfähig, wenn es sich um getrennte Operationsgebiete handelt.

Neben der Position Exz 1 (49) ist auch die Position bMF (12) berechenbar. In denjenigen Fällen, in denen zum einen das Verdrängen von Zahnfleisch zum Zweck des Erkennens von unter sich gehenden Stellen oder zur Darstellung der Präparationsgrenze und zum anderen das Entfernen oder Durchtrennen von Zahnfleisch(fasern) indiziert ist, können beide Gebührenpositionen nebeneinander abgerechnet werden.

Für das Exzedieren eines Schlotterkammes oder störender Schleimhautbänder oder Muskelansätze kann die Position SMS (57) abgerechnet werden. Dies muss immer dann erfolgen, wenn eine neue Prothese gefertigt werden soll.

P̸ Die Leistungen nach Position 49 und 50 sind in derselben Sitzung nicht für dasselbe Gebiet neben einer anderen chirurgischen Leistung abrechnungsfähig.
Die Position Exz1 (49) kann nicht abgerechnet werden für
- das Verdrängen des Zahnfleisches zum Zwecke der Abformung (bMF),
- das Verdrängen des Zahnfleisches zur Darstellung der Präparationsgrenze (bMF).

Für das Verlegen des Lippenbändchens existiert eine eigene Position (Dia). Weitere Möglichkeiten zur Berechnung von Exzisionen:
- Ä 2401 Probeexzision aus oberflächlich gelegenem Körpergewebe (z. B. Haut, Schleimhaut, Lippe)
- Ä 2402 Probeexzision aus tief liegendem Körpergewebe (z. B. Fettgewebe, Faszie, Muskulatur) oder aus einem Organ ohne Eröffnung der Körperhöhle (z. B. Zunge)
- Ä 2404 Exzision einer größeren Geschwulst (z. B. Ganglion, Fasziengeschwulst, Fettgeschwulst, Lymphdrüse, Neurom)

P Die Versandkosten zur Untersuchung an das Labor können unter Position 602 berechnet werden.

Beispiel 1

Datum	Zahn	Behandlungsausschnitt	BEMA-Pos.
A	26	Karies **m-o-d**, Zahnfleischpolyp ist in die Kavität „eingedrungen“ Infiltrationsanästhesie, Kauterisation (Herausschneiden des Zahnfleischs), Exkavieren und indirekte Überkappung, provisorischer Verschluss	 I, Exz1 Cp
B	26	Vitalitätsprüfung **(+)**, Anästhesie, Präparieren der Kavität, Amalgamfüllung **m-o-d**, dabei Zahnfleisch verdrängt	ViPr, I, F3, bMF

Beispiel 2

Datum	Zahn	Behandlungsausschnitt	BEMA-Pos.
A		Eingehende Untersuchung und Beratung: Patient möchte eine neue Totalprothese, im Bereich des 48 hat sich eine Epulis gebildet, beide Prothesen „wackeln“, sie sitzen auf einem Schlotterkamm	01
B	48	Leitungsanästhesie, Entfernung der Epulis	L1, Exz2
C	18–28 38–48	sechs Infiltrationsanästhesien zwei Leitungsanästhesien Entfernung der Schlotterkämme in beiden Kieferhälften	6 x I, 2 x L1 4 x SMS

10.1.2 Knochenresektionen

Für die Glättung scharfer Knochenkanten – bei umfangreicheren Eingriffen auch Alveolarknochenresektion genannt – stehen zunächst zwei zusätzliche Abrechnungspositionen zur Verfügung:

BEMA-Pos.	Abk.	Leistung	Bewertungszahl
62	Alv	Alveolotomie	36
58	KnR	Knochenresektion am Alveolarfortsatz zur Formung des Prothesenlagers im Frontzahnbereich oder in einer Kieferhälfte, als selbstständige Leistung, je Sitzung	48

Beide Positionen beschreiben die gleiche zahnmedizinische Behandlung: Es erfolgt eine Aufklappung und die Knochenkanten der Alveolen werden reseziert (geglättet). Die Positionen unterscheiden sich in ihren Abrechnungsbestimmungen. Daneben existiert noch die Position XN, die für eine Knochenglättung **ohne Aufklappung** abgerechnet wird. Um die richtige Abrechnungsposition zu bestimmen, muss man die klinische Situation genau kennen.

- Erfolgt die Knochenglättung in derselben Sitzung wie die Operation?
- Muss eine Aufklappung oder eine operative Freilegung des Knochens durchgeführt werden?
- Wie viele Zähne umfasst das Behandlungsgebiet?
- Ist der Kieferkamm bereits ausgeheilt?

Daraus ergeben sich drei unterschiedliche Situationen:

Situation 1	Entfernung scharfer Knochenkanten als chirurgische Nachbehandlung
Abrechnung	Eine kleine Knochenglättung während der OP ist Bestandteil einer Extraktion oder Osteotomie. Hingegen ist eine kleine Knochenglättung ohne besonderen operativen Aufwand (durch eine vorhandene Operationswunde) als Position XN (46) abrechenbar. Diese Position ist abrechenbar je Kieferhälfte oder Frontzahnbereich.

Situation 2	Abtragen des Kieferkammes mit besonderem operativen Aufwand (z. B. Aufklappung) am nicht ausgeheilten Kieferkamm
Abrechnung	Der Kieferkamm gilt ca. sechs Wochen nach der Extraktion oder Osteotomie als ausgeheilt. Bis zu diesem Zeitpunkt werden Resektionen des Kieferkammes nach der Position Alv (62) abgerechnet. In derselben Sitzung wie die Extraktion bzw. Osteotomie ist in einem Gebiet von 1 bis 3 Zähnen keine gesonderte Abrechnung möglich.

Präprothetische Maßnahmen

Situation 3	Abtragen des Kieferkammes nach Aufklappung am ausgeheilten Kiefer
Abrechnung	Wird am ausgeheilten Kieferkamm eine Knochenglättung durchgeführt, ist Position KnR (58) berechenbar.

A Mit der Position Alv sind folgende Abrechnungsbestimmungen verbunden:

- Die Resektion der Alveolarfortsätze in einem Gebiet von vier und mehr Zähnen in einem Kiefer wird als Alv abgerechnet.
- Die Resektion der Alveolarfortsätze über das Gebiet von mehr als acht Zähnen in einem Kiefer ist zweimal nach Alv (62) abrechnungsfähig.
- Die Resektion der Alveolarfortsätze in einem Gebiet mit bis zu drei Zähnen in einem Kiefer ist nur dann abrechnungsfähig, wenn sie in gesonderter Sitzung erbracht wurde.
- Das Gebiet muss nicht zusammenhängend sein.

Für die Abrechnung der Position KnR gelten folgende Bestimmungen:

- Die Leistung nach KnR (58) kann nur abgerechnet werden, wenn sie nicht im zeitlichen Zusammenhang mit dem Entfernen von Zähnen oder einer Osteotomie erbracht wird.
- Eine Leistung nach KnR (58) kann nicht abgerechnet werden, wenn eine Osteotomie in derselben Sitzung in derselben Kieferhälfte oder im Frontzahnbereich erbracht wird.

Die Position Alv an bis zu drei Zähnen kann nicht in der gleichen Sitzung wie der chirurgische Eingriff (z. B. Extraktion) abgerechnet werden.

Die Position KnR ist nur am ausgeheilten Kiefer berechenbar.
Es muss genau dokumentiert werden, in welchem Umfang eine Resektion stattgefunden hat. Es ist außerdem zu notieren, ob sie am ausgeheilten Kiefer erfolgte oder in Zusammenhang mit einer Operation.

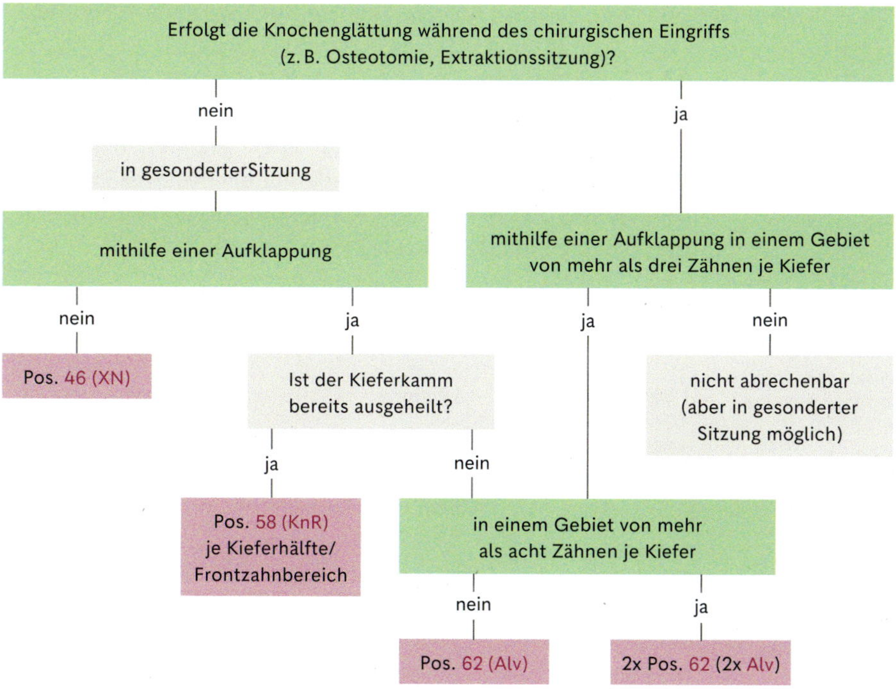

Abb. 1 Entscheidungshilfe für die Abrechnung der Positionen Alv, KnR oder XN

Beispiel 1

Datum	Zahn	Behandlungsausschnitt	BEMA-Pos.
A	12	Infiltrationsanästhesie, Knochenkante durch Wunde geglättet (Zahn war am Vortag extrahiert worden)	I, XN
B	22, 23, 24	Infiltrationsanästhesien, Extraktion der Zähne, Resektion der Alveolarknochen, Wundversorgung	2 x I, 2 x X1, X2
C	25–28	Infiltrationsanästhesien, Extraktion der Zähne 25–27, 28 durch Osteotomie, Resektion der Alveolarfortsätze, Wundversorgung	2 x I, X1, 2 x X2, Ost1, Alv
D		Teilprothese im UK abgenommen, Leitungsanästhesien, Aufklappung, Knochenresektion im Bereich der Regionen 33–36 und 43–46, Wundversorgung	2 x L1, 2 x KnR

Beispiel 2

Datum	Zahn	Behandlungsausschnitt	BEMA-Pos.
A	11, 13, 14, 16, 17, 23, 25, 26, 27, 28	Infiltrationsanästhesien, Extraktion der Zähne, Resektion der Alveolarfortsätze, Wundversorgung, Stillung einer übermäßigen Blutung bei 16 und 25	6 x I, 4 x X1, 5 x X2 2 x Alv, 2 x Nbl1
B	13, 14 16 23, 27	Wundsäuberung Infiltrationsanästhesie, Wunde angefrischt Wundsäuberung	N I, XN N
C	33, 34, 35	Leitungsanästhesie, Zähne extrahiert, Wundversorgung	L1, 3 x X1
D	33, 34, 35	Leitungsanästhesie, Resektion der Alveolarfortsätze unter Aufklappung, Wundversorgung	L1, Alv

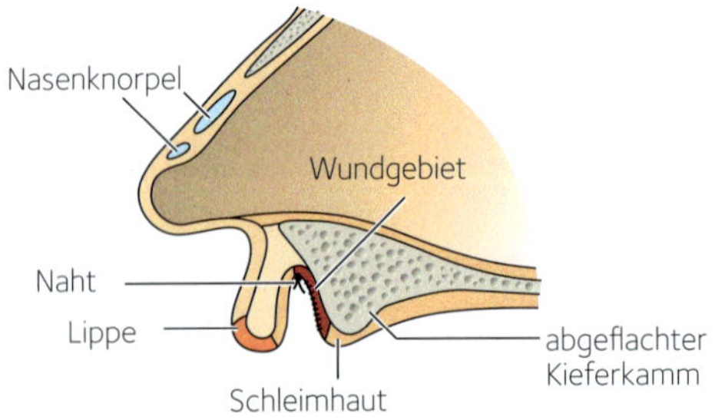

Abb. 1 Kieferkammerhöhung durch eine Vestibulumplastik: OK mit zu geringer Tiefe des Vestibulum. Durch diese relative Kieferkammerhöhung erhält die Prothese wieder ein besseres Lager.

10.1.3 Plastiken

Ist es zu Abbauerscheinungen des Kiefers gekommen, muss durch eine besondere Plastik wieder für ein besseres Prothesenlager gesorgt werden. Zur Abrechnung dieser Leistung existiert die folgende Position Pla2 (59):

Die Alternative zu diesem Eingriff stellen aufbauende Maßnahmen, z. B. durch Implantate, dar.

BEMA-Pos.	Abk.	Leistung	Bewertungszahl
59	Pla2	Mundboden- oder Vestibulumplastik im Frontzahnbereich oder in einer Kieferhälfte	120

A Die Position Pla2 ist je Kieferhälfte oder Frontzahnbereich je Sitzung einmal berechenbar.

Für die reine Beseitigung von Schleimhautbändern gibt es in der GOZ die folgende Position:

GOZ-Pos.	Leistung	Punktzahl
3210	Beseitigung störender Schleimhautbänder, je Kieferhälfte oder Frontzahnbereich	140 P

10.2.2 Knochenresektionen

Für die Abrechnung der Knochenresektion gibt es in der GOZ nur eine Position:

GOZ-Pos.	Leistung	Punktzahl
3230	Knochenresektion am Alveolarfortsatz zur Formung des Prothesenlagers, als selbstständige Leistung, je Kiefer	440 P

P Für ambulantes Operieren ist zusätzlich der Zuschlag Ä 0500 berechnungsfähig. Außerdem ist die Position mit chirurgischen Leistungen nach 3050, 3060, 3090, 3210, 3240, 3250 und 3100 abrechenbar.

A Die Abrechnung der Position 3230 ist nur möglich, wenn die Leistung in einer gesonderten Sitzung erbracht wird. Werden umfangreiche Resektionen während des chirurgischen Eingriffs durchgeführt, kann man den Steigerungssatz von 3230 entsprechend erhöhen.

10.2.3 Plastiken

GOZ-Pos.	Leistung	Punktzahl
3240	Vestibulumplastik oder Mundbodenplastik kleineren Umfangs, je Kieferhälfte oder Frontzahnbereich	550 P
3250	Tuberplastik, einseitig	270 P

A Die Abrechnungsbestimmungen sind mit den BEMA-Bestimmungen fast identisch; allerdings ist bei der Vestibulum- oder Mundbodenplastik ein **kleiner Umfang** gefordert. Das bedeutet, dass bei größerem Umfang anstelle der Position 3240 besser die Position Ä 2675 verwendet werden sollte oder der Steigerungssatz entsprechend erhöht werden kann.

P Bei Position 3240 ist zusätzlich der Zuschlag 0510, bei Position 3250 der Zuschlag 0500 für ambulantes Operieren berechnungsfähig.

Beispiel

Datum	Zahn	Behandlungsausschnitt	BEMA-Pos.
A		Untersuchung und Beratung unter 10 Minuten, Befund: OK: Teilprothese, **z:** 13, 14, 16, 17, 23, 25–28, UK Teilprothese verankert auf 33, 34, 35, Zähne sind zerstört, Schlotterkamm	0010, Ä1
	13, 14, 16, 17, 23, 25, 26, 27, 28	Infiltrationsanästhesien, Extraktion der Zähne, Resektion der Alveolarfortsätze, Wundversorgung, Stillung einer übermäßigen Blutung bei 16 und 25	9 x 0090 (Mat.) 3230 + 0500 2 x 3050
	35	Infiltrationsanästhesie, Kauterisation Zahnfleischpolyp (Herausschneiden des Zahnfleischs)	0090 (Mat.), 3070
B	13, 14	Wundsäuberung	3300
	16	Infiltrationsanästhesie, Wunde angefrischt	0090 (Mat.), 3310
	23, 27	Wundsäuberung	2 x 3300
	35	Wundkontrolle o. B.	3290
C	UK	Schlotterkamm regio 43–47 entfernt	Ä 2670 + Ä 443
	33, 34, 35	Leitungsanästhesie, Zähne extrahiert, Wundversorgung	0100 (Mat.), 3 x 3000
D	33, 34, 35	Leitungsanästhesie, Resektion der Alveolarfortsätze unter Aufklappung, Wundversorgung	0100 (Mat.) 3230 + 0500
E		Leitungsanästhesie, Schleimhautbänder regio 43–47 entfernt	0100 (Mat.), 3210
F		Beginn neue prothetischeVersorgung	

10.2.4 Aufbauende Maßnahmen (Implantate)

Die Planung, Durchführung und Abrechnung einer Implantation richtet sich sehr stark nach den individuellen Verhältnissen im Mund des Patienten und den persönlichen Einflussfaktoren beim Patienten (z. B. Raucher, Mundhygiene, Risikopatient). Ein fast systematischer Abrechnungsablauf (wie z. B. bei einer Wurzelkanalbehandlung) ist daher nicht so einfach möglich, weil es mittlerweile viele Implantatsysteme auf dem Markt gibt, die unterschiedliche Schritte erfordern. Aus diesem Grund werden hier nur die Positionen vorgestellt, die generell der Abrechnung implantologischer Leistungen dienen. Eine exakte Dokumentation in der Implantation ist deswegen auch unerlässlich.

Suprakonstruktionen bei Kassenpatienten →S. 197

Die auf den Implantaten verankerten Kronen, Brücken und Prothesen bezeichnet man als **Suprakonstruktionen.** In Ausnahmefällen werden die Suprakonstruktionen auch für Kassenpatienten bezuschusst. Für die Implantation gelten auch die allgemeinen Bestimmungen des Abschnitts K in der GOZ:

1. Die primäre Wundversorgung (z. B. Reinigen der Wunde, Wundverschluss ohne zusätzliche Lappenbildung, ggf. einschließlich Fixieren eines plastischen Wundverbandes) ist Bestandteil der Leistungen nach Abschnitt K und nicht gesondert berechnungsfähig.
2. Die bei den Leistungen nach Abschnitt K verwendeten Implantate, Implantatteile und nur einmal verwendbaren Implantatfräsen sind gesondert berechnungsfähig.
3. Knochenersatzmaterial sowie Materialien zur Förderung der Blutgerinnung oder der Geweberegeneration (z. B. Membranen), zur Fixierung von Membranen, zum Verschluss von oberflächlichen Blutungen bei hämorrhagischen Diathesen oder, wenn dies zum Schutz wichtiger anatomischer Strukturen (z. B. Nerven) erforderlich ist, atraumatisches Nahtmaterial oder nur einmal verwendbare Explantationsfräsen, sind gesondert berechnungsfähig.

Diagnostik für implantologische Behandlungen

Die implantologische Behandlung beginnt mit einer speziellen Diagnostik, die vor jeder Implantatversorgung durchgeführt werden muss. Die Vielzahl und Komplexität der Maßnahmen sind in der folgenden Position beschrieben:

GOZ-Pos.	Leistung	Punktzahl
9000	Implantatbezogene Analyse und Vermessung des Alveolarfortsatzes, des Kieferkörpers und der angrenzenden knöchernen Strukturen sowie der Schleimhaut, einschließlich metrischer Auswertung von radiologischen Befundunterlagen, Modellen und Fotos zur Feststellung der Implantatposition, ggf. mithilfe einer individuellen Schablone zur Diagnostik, einschließlich Implantatauswahl, je Kiefer	884 P

A Die Leistungsbeschreibung nach der Position 9000 nennt die vor einer Implantation erforderliche Analyse und Vermessung des Kieferknochens. Die ggf. in diesem Zusammenhang eingesetzte individuelle Schablone wird auch als Röntgen(mess)schablone bezeichnet. Mithilfe dieser Schablone, in die Referenzkörper (z. B. Messkugeln) eingearbeitet sind, können radiologische Abstandsmessungen und Positionierungsbefunde für die individuelle Planung der Implantateinbringung genutzt werden. Die Kosten für die zahntechnische Herstellung dieser Schablone sind gesondert berechnungsfähig. Zusätzliche Schablonen sind nach Position 9003 bzw. 9005 berechenbar.
Die Position 9000 ist grundsätzlich einmal pro Kiefer berechenbar; bei zeitgleichen Implantationen im Ober- und Unterkiefer also zweimal.
Die Berechnung der Position 9000 ist auch dann möglich, wenn keine Implantation nachfolgt. Dies kann z. B. in der ablehnenden Haltung des Patienten begründet sein oder aber in der unter den gegebenen Rahmenbedingungen Unmöglichkeit der Durchführung.

P Wird ein CT (Computertomogramm) oder DVT (digitales Volumentomogramm) des Kopfes nach Ä 5370 angefertigt, können die damit verbundenen Analysen (Ä 5377) zusätzlich berechnet werden.

GOZ-Pos.	Leistung	Punktzahl
9003	Verwendung einer Orientierungsschablone/ Positionierungsschablone zur Implantation, je Kiefer	100 P
9005	Verwendung einer auf dreidimensionale Daten gestützten Navigationsschablone/chirurgischen Führungsschablone zur Implantation, ggf. einschließlich Fixierung, je Kiefer	300 P

A Die Leistungen nach den Positionen 9003 und 9005 bilden die Nutzung spezieller Schablonen für die Einbringung des Implantats in den Kieferknochen ab. Die Leistung nach 9003 beschreibt eine Schablone (Orientierungs- oder Positionierungsschablone), die der Positionierung des Implantates nach prothetischen Maßgaben entspricht, d. h., diese Art der Schablone gibt die Implantatposition vor, die für eine nachfolgende Kronenversorgung günstig erscheint.
In Erweiterung hierzu bildet die Leistung nach 9005 die Anwendung einer auf dreidimensionale Daten gestützten Schablone (Navigations- oder chirurgische Führungsschablone) ab. Hierbei wird zusätzlich zu der prothetischen Positionierung des Implantates das individuelle Knochenangebot exakt berücksichtigt.

Merke
Die Schablone nach Leistung 9005 gibt z. B. die Tiefenpositionierung und Winkelstellung des Implantates im Knochenlager vor.

11 Leistungen zur kieferorthopädischen Vorbehandlung

Auch zur Vorbereitung kieferorthopädischer Behandlungen sind oft chirurgische Maßnahmen erforderlich. Insbesondere kommen in Betracht:
- Verlegen des Lippenbändchens
- Freilegung von Zähnen
- Transplantationen und Reimplantation von Zähnen

Andere Maßnahmen bei der Versorgung luxierter Zähne ergeben sich aus den Abrechnungspositionen für Verletzungen des Gesichtsschädels.

11.1 Leistungen bei Kassenpatienten

Das einfache Durchtrennen eines Lippenbändchens (Frenektomie) und seine erneute Fixation werden mit der Position SMS (57) abgerechnet. Das echte Verlegen zum Zwecke des Zusammenfügens der beiden Zähne wird mit der Position Dia (61) berechnet.

BEMA-Pos.	Abk.	Leistung	Bewertungszahl
61	Dia	Korrektur des Lippenbändchens bei echtem Diastema mediale	72

A Die Leistung Dia kann nur abgerechnet werden, wenn das Septum, also der Knochen zwischen den betroffenen Zähnen, durchtrennt wird. Das kieferorthopädische Schließen eines Diastemas ist Bestandteil der Positionen 119a bis d als alleinige Leistung oder im Rahmen einer systematischen kieferorthopädischen Behandlung abrechenbar.

Manchmal liegen Zähne so ungünstig im Kiefer, dass keine Möglichkeit besteht, dass sie regelgerecht in die Mundhöhle durchbrechen können. Häufig betrifft dies die Eckzähne im Oberkiefer. Dafür müssen sie auf einem Röntgenbild geortet und anschließend freigelegt werden. Das Freilegen kann mit der Position 63 berechnet werden. In der kieferorthopädischen Behandlung werden die Zähne dann oft mithilfe eines Häkchens in den Zahnbogen gezogen. Abgerechnet wird dies mit der Position 126.

BEMA-Pos.	Abk.	Leistung	Bewertungszahl
63	Fl	Freilegen eines retinierten oder verlagerten Zahnes zur orthopädischen Einstellung	80
55	RI	Reimplantation eines Zahnes, ggf. einschl. einfacher Fixation an den benachbarten Zähnen	72

A Wird ein in der Alveole befindlicher (ggf. auch stark luxierter) Zahn vom Zahnarzt entfernt und wieder eingesetzt, kann die RI berechnet werden. Neben der Position RI (55) können ggf. die Entfernung des Zahnes, anschließend die Maßnahmen zur Wurzelkanalbehandlung und die zugehörigen Füllungen nach Position F (13) abgerechnet werden, nicht aber die Wurzelspitzenresektion nach Position 54 (WR1 bis WR3).

Bei umfassenden Fixationen, z. B. durch Anwendung einer Schiene, kann zusätzlich die Abrechnungsposition K4 berechnet werden. Das Anlegen von Drahtligaturen, Drahthäkchen oder dergleichen wird nach Ä 2697 berechnet, Stütz-, Halte- oder Hilfsvorrichtungen und die Verbandplatte nach Ä 2700.

Transplantationen, z. B. wenn ein Zahn in die Alveole eines anderen eingesetzt wird, wie das Einsetzen eines Achters in die Alveole eines Sechsers, sind keine Reimplantationen und mit den gesetzlichen Krankenkassen nicht abrechenbar. Die einfache Fixation an den Nachbarzähnen kann nicht zusätzlich abgerechnet werden.

Häufig kommen Patienten mit dem z. B. durch einen Sport- oder Verkehrsunfall herausgeschlagenen Zahn in die Praxis. In diesen Fällen kann der Zahn nach einer Wurzelbehandlung wieder in die Alveole eingesetzt werden. Das ist eine Reposition, die nach Ä 2685 abgerechnet wird. Ausgeschlagene Milchzähne werden in der Regel nicht reimplantiert.
Wird eine Schraube durch den Wurzelkanal im Kieferknochen verankert (transdentale Fixation), ist dies eine außervertragliche Leistung und kann nicht zu Lasten der gesetzlichen Krankenkassen abgerechnet werden.

11.2 Leistungen bei Privatpatienten

In der GOZ finden sich die Leistungsinhalte der BEMA-Leistungen im Zusammenhang mit kieferorthopädischen Behandlungen fast wortgleich.

GOZ-Pos.	Leistung	Punktzahl
3280	Lösen, Verlegen und Fixieren des Lippenbändchens und Durchtrennen des Septums bei echtem Diastema	270 P

A Neben der Position 3280 kann bei ambulanter Behandlung der Zuschlag 0500 zusätzlich berechnet werden.
Die Abrechnungsbestimmungen sind mit denen der BEMA-Pos. 61 identisch. Das einfache Durchtrennen eines Lippenbändchens wird als Position 3210 abgerechnet, für die kieferorthopädischen „Folgeleistungen“ sind weitere Positionen berechenbar.

kieferorthopädische Behandlung bei Privatpatienten →LF 10

GOZ-Pos.	Leistung	Punktzahl
3260	Freilegen eines retinierten oder verlagerten Zahnes zur orthopädischen Einstellung	550 P

A Neben der Position 3260 kann bei ambulanter Behandlung der Zuschlag 0510 zusätzlich berechnet werden.
Auch diese Position ist in ihren Bestimmungen mit BEMA-Pos. 63 identisch: Das Freilegen eines retinierten Zahnes zur orthopädischen Einstellung wird nach Position 3260 berechnet. Für die Befestigung eines Häkchens werden die kieferorthopädischen Positionen 6100 bzw. 6120 abgerechnet. Für eine adhäsive Befestigung kann zusätzlich die Position 2197 berechnet werden. Apparaturen wie z. B. Drahtligaturen können nach Ä 2697 berechnet werden.

1 Einführung

Notfallsituationen können jederzeit, auch in der Zahnarztpraxis, vorkommen.

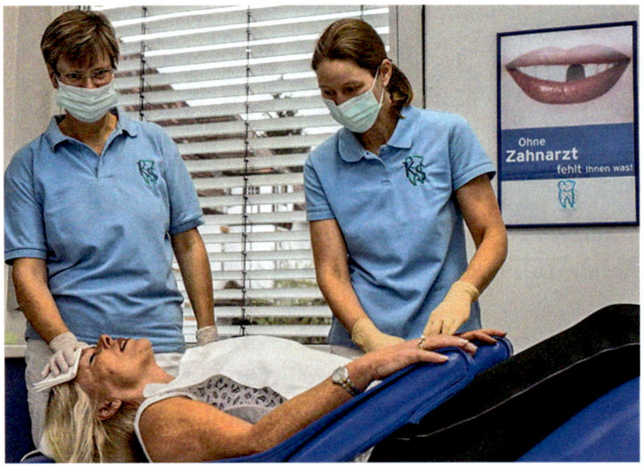

Durch die Angst vieler Patientinnen vor einem zahnärztlichen Eingriff können Stressreaktionen und Panikzustände hervorgerufen werden. Komplikationen treten dann v. a. bei Patientinnen mit Vorerkrankungen, z. B. vorgeschädigtem Herzen, auf. Bei völlig gesunden Patientinnen kann aber auch schon allein der Anblick des zahnärztlichen Instrumentariums Kreislaufprobleme auslösen.

Zu den Notfällen zählen auch Zwischenfälle, die durch den Einsatz bestimmter Medikamente, z. B. Anästhetika, oder durch einen chirurgischen Eingriff verursacht werden.

Anästhetika →S. 36

Komplikationen bei Lokalanästhetika →S. 243

1.1 Vorbeugung von Zwischenfällen

Erstes Ziel ist es, Zwischenfällen vorzubeugen und sie damit erst gar nicht entstehen zu lassen. Die ZFA kann dabei einen wichtigen Beitrag leisten. So sollte sie beruhigend auf die Patientin eingehen und versuchen, ihr die Angst vor dem geplanten Eingriff zu nehmen. Vor den Augen der Patientin sollten Instrumente nicht vorbereitet und Spritzen nicht aufgezogen werden.

Ein freundlicher Umgang mit der Patientin schafft eine positive Praxisatmosphäre, sodass sie sich gut aufgehoben weiß. Für genügend frische, sauerstoffreiche Luft sorgt regelmäßiges Lüften der Behandlungsräume und des Wartezimmers.

Anamnese →LF 2

Während des Eingriffs ist es sinnvoll, dass die ZFA die Patientin beobachtet, um Veränderungen rechtzeitig zu bemerken. Große Bedeutung kommt der Erhebung der Anamnese zu, die in regelmäßigen Abständen erneuert werden muss, um über aktuelle Erkrankungen der Patientin Bescheid zu wissen.

1.2 Voraussetzungen zur korrekten Hilfeleistung

Um Notfallsituationen begegnen zu können, ist es wichtig, die richtigen Maßnahmen schnellstmöglich zu ergreifen. Grundkenntnisse über Blut, Herz, Kreislauf und Atmung sind dabei vonnöten. Im Folgenden wird daher zunächst näher auf diese Themen und damit auf die Physiologie (Lehre von den normalen Lebensvorgängen) des Menschen eingegangen, um dann in einem zweiten Schritt die pathologischen (krankhaften) Vorgänge zu erklären und deren korrekte Behandlungsmaßnahmen abzuleiten.

Terminologie: Einführung

pathologisch	krankhaft
Physiologie, die	Lehre von den normalen Lebensvorgängen

2 Das Blut

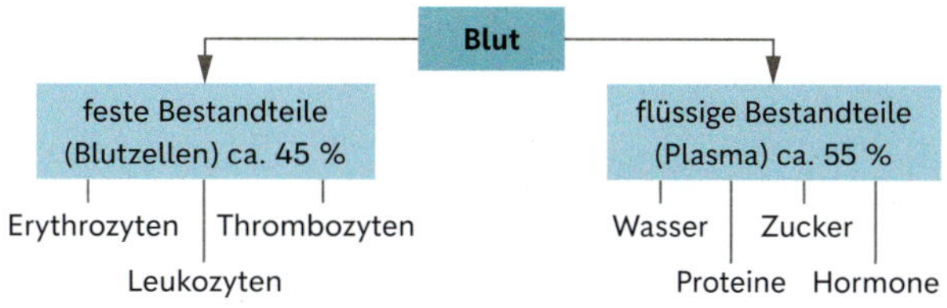

Abb. 1 Bestandteile des Blutes

Blut ist die Flüssigkeit in unserem Körper, die von unserem Herzen ständig durch die Blutgefäße gepumpt wird. Das Blut macht ca. 6–8 % unseres Körpergewichtes aus, das sind bei einem 60 kg schweren Menschen etwa fünf bis sechs Liter.

2.1 Zusammensetzung des Blutes

Blut setzt sich aus flüssigen und festen Bestandteilen zusammen →Abb. 1.

2.1.1 Flüssige Bestandteile des Blutes

Der flüssige Anteil des Blutes ist das **Plasma**. Es macht ca. 55 % des Blutvolumens aus. 90 % des Plasmas sind Wasser. Des Weiteren befinden sich im Plasma ca. 8 % Proteine (Eiweiße) und 2 % Glukose (Traubenzucker), Hormone, Ionen, Harnstoff und Fibrinogen. Das Protein Fibrinogen ist ein Gerinnungsstoff. Plasma ohne Fibrinogen wird **Serum** genannt. Das Serum entsteht als flüssiger Überstand, wenn man Blut in einem Röhrchen gerinnen lässt →Abb. 2.

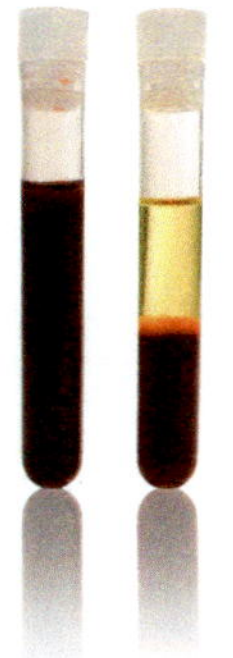
Abb. 2 Blutbestandteile. Das ungeronnene Blut setzt sich zusammen aus Plasma und Blutzellen. Lässt man das Blut längere Zeit stehen, gerinnt es: Fibrinogen verbindet sich mit den Blutzellen und setzt sich ab. Der flüssige Überstand ist das Serum.

2.1.2 Feste Bestandteile des Blutes

Feste Bestandteile im Blut sind die **Blutzellen**. Sie werden im Knochenmark gebildet und machen etwa 45 % des Blutvolumens aus. Man unterscheidet drei verschiedene Arten von Blutzellen →Abb. 3:

- **Thrombozyten** (Blutplättchen)
- **Erythrozyten** (rote Blutkörperchen)
- **Leukozyten** (weiße Blutkörperchen)

Thrombozyten

Die Thrombozyten sind unregelmäßig geformte Zellbruchstücke, die bei der Blutgerinnung eine wichtige Rolle spielen. Normalerweise besitzen Mann und Frau ca. 150 000–300 000/µl.

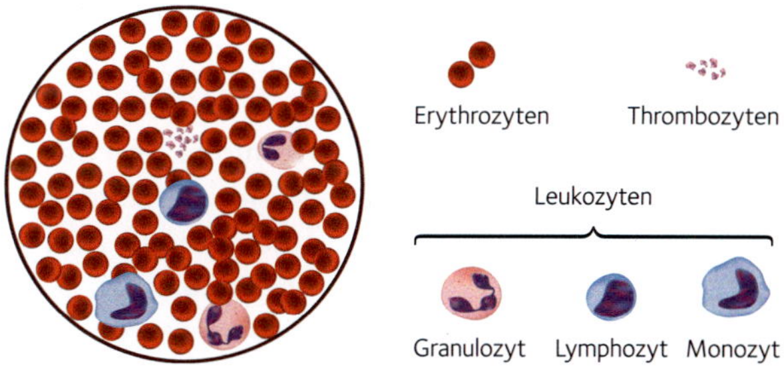

Abb. 3 Schematische Darstellung angefärbter Blutkörperchen

Erythrozyten

Die Erythrozyten sind runde, kernlose, im Zentrum leicht eingedellte Zellen mit einem Durchmesser von ca. 7/1000 mm (= 7 µm), also so klein, dass man sie nur unter dem Mikroskop erkennen kann →Abb. 4.

Sie enthalten den roten Blutfarbstoff Hämoglobin, der Sauerstoff binden kann. Damit sind die Erythrozyten für den Sauerstofftransport zuständig. Im Normalfall besitzt die Frau ca. 4,5 Mio./µl, der Mann ca. 5 Mio./µl. Die Erythrozyten machen damit den größten Anteil der Blutzellen aus. Sie werden etwa 120 Tage alt.

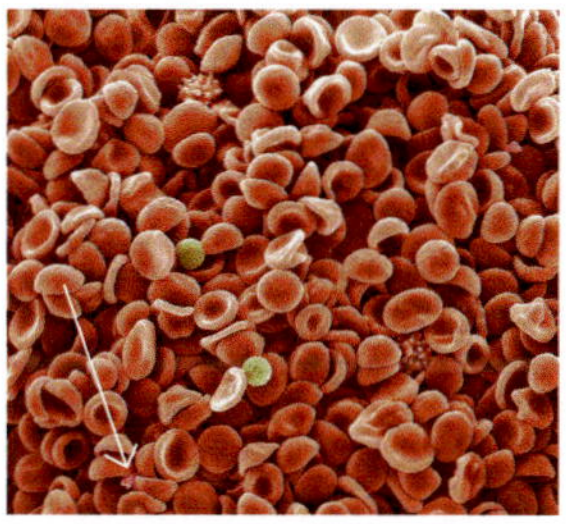
Abb. 4 Elektronenmikroskopische Aufnahme von Blutkörperchen (eingefärbt). Erythrozyten, Leukozyten (gelb) und ein Thrombozyt (pinkfarben; links unten, siehe Pfeil)

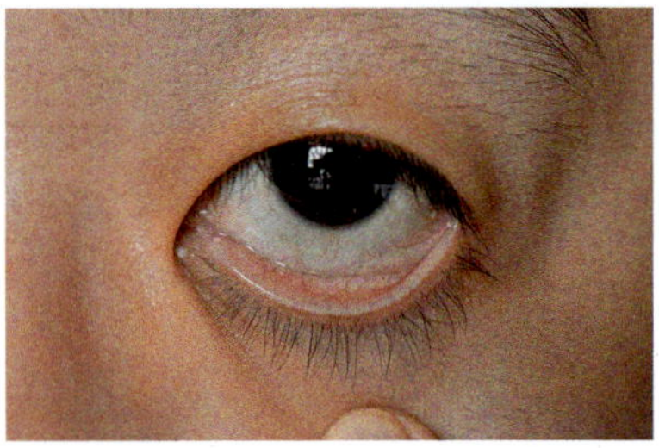

Abb. 1 Die ausgeprägte Blässe der Bindehaut ist für eine Anämie typisch. Die Bindehaut ist weiß-porzellanfarben.

Von **Anämie** (Blutarmut) spricht man, wenn die Zahl der Erythrozyten und das Hämoglobin erniedrigt sind. Die Patientinnen sind müde und blass. Geringe körperliche Anstrengungen führen schon zur Atemnot.

Häufige Ursache einer Anämie ist der Eisenmangel. Zur Hämoglobinbildung ist Eisen nötig. Bei erhöhtem Eisenbedarf während der Schwangerschaft und bei vermehrtem Eisenverlust durch Blutungen ist mit einer Eisenmangelanämie zu rechnen.

Leukozyten

Die Leukozyten sind kernhaltige Zellen, die für die Abwehr zuständig sind. Sie sind ca. doppelt so groß wie die Erythrozyten. Der Mensch besitzt etwa 4000–10 000/µl. Man unterscheidet **Granulozyten, Lymphozyten** und **Monozyten**.

HIV →LF 3

Eine Untergruppe der Lymphozyten sind die **T-Helferzellen**. Sie verdanken ihren Namen der Herkunft vom Thymus, einem Organ, das während der Entwicklung zur Abwehr dient und später zugrunde geht. Diese Zellen helfen bei der Abwehr mit. Sie sind es, die vom HI-Virus befallen und zerstört werden. Sie dienen dem HI-Virus als Wirtszelle. Das HI-Virus programmiert das Erbmaterial der T-Helferzellen so um, dass fortan keine Abwehrfunktion mehr möglich ist, sondern nur noch neue HI-Viren produziert werden. Die Zahl der T-Helferzellen sinkt bei einem AIDS-Kranken so stark ab, dass das Immunsystem deutlich geschwächt wird.

2.2 Aufgaben des Blutes

Das Blut hat neben der Abwehrfunktion und der Gerinnung auch viele wichtige Transportfunktionen.
Es transportiert
- **Gase:** Sauerstoff von der Lunge zu den Geweben bzw. Zellen und Kohlendioxid zurück zur Lunge
- **Nährstoffe, Vitamine, Spurenelemente, Wasser:** von den Verdauungsorganen zu allen Zellen
- **Hormone:** von den Hormondrüsen zu den entsprechenden Organen
- **Wärme:** gut durchblutete Organe sind warm; bei Kälte ziehen sich die Blutgefäße der Haut zusammen, um Wärme zu sparen
- **Abfallstoffe:** zu Leber und Niere
- **Medikamente:** von den Verdauungsorganen zu den Wirkorten

2.3 Das Immunsystem

Video

Immunsystem (spezifische Abwehr)

Wir sind täglich verschiedenen Keimen und Fremdstoffen ausgesetzt. Einige dieser Keime werden von unserem Körper gebraucht, wie z. B. Bakterien zur Verdauung. Andere Erreger aber schaden uns. Diese werden von unserem Abwehrsystem vernichtet. Unser Abwehr- oder auch Immunsystem ist ein komplexes System, das aus einer Vielzahl von Zellen und Organen besteht. Hierbei wird die unspezifische von der spezifischen und die zelluläre von der humoralen Abwehr unterschieden, wobei die einzelnen „Teile" des Systems nicht getrennt vorliegen, sondern eng miteinander vernetzt sind →Abb. 1, S. 213.

Für das Verständnis des Immunsystems sind zwei Begriffe wichtig:

- **Antigene** sind Fremdstoffe oder Erreger, also alle Stoffe, die das Immunsystem als fremd und damit ungewollt erkennt und die eine Immunantwort hervorrufen.
- **Antikörper** sind spezielle Stoffe, die das Immunsystem gegen diese Antigene bildet.

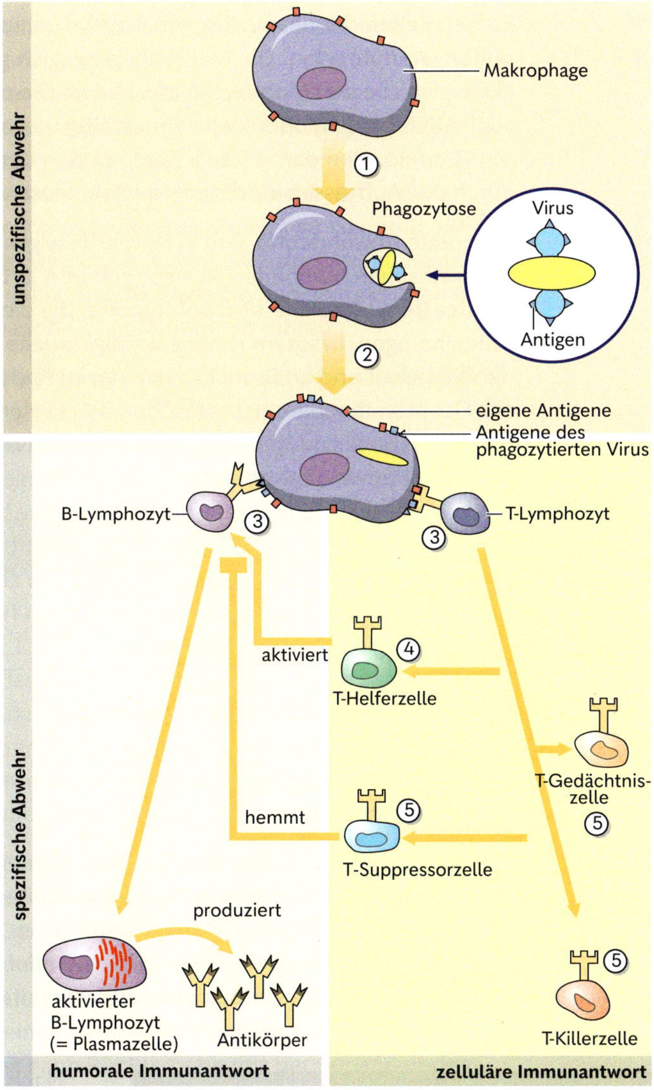

① Makrophage phagozytiert Virus.

② Makrophage präsentiert den Lymphozyten eigene Antigene und die Antigene des phagozytierten Virus.

③ B- und T-Lymphozyten heften sich an den Makrophagen an (Schüssel-Schloss-Prinzip).

④ T-Helferzellen aktivieren B-Lymphozyten zur Bildung von Antikörpern.

⑤ Die Immunabwehr wird außerdem durch T-Killerzellen, T-Suppressorzellen und T-Gedächtniszellen unterstützt.

Abb. 1 Zusammenspiel von unspezifischer und spezifischer Abwehr

Spezifische Abwehr

Die spezifische Abwehr richtet sich gegen ein spezielles Antigen. Das spezifische Abwehrsystem zeichnet sich dadurch aus, dass es in der Lage ist, bestimmte Merkmale der Erreger zu erkennen und zusätzlich eine Gedächtnisleistung zu erbringen.

Die **Zellen** des spezifischen Abwehrsystems sind die T-Zellen, benannt nach dem Thymus. Diese T-Lymphozyten werden in vier Untergruppen unterteilt:

- T-Helferzellen
- T-Killerzellen
- T-Suppressorzellen
- T-Gedächtniszellen (erkennen ein Antigen wieder und können dann bei einem zweiten Kontakt viel schneller darauf reagieren)

Die spezifische **humorale** Abwehr wird von Antikörpern dargestellt. Antikörper sind Eiweiße, die speziell zu bestimmten Antigenen passen. Ein Erreger wird dann durch einen Antikörper vernichtet, wenn der Antikörper zu dem Antigen passt wie ein Schlüssel zum Schloss.

Unspezifische Abwehr

Die unspezifische Abwehr richtet sich gegen unspezifische Erreger, d. h. gegen keine speziellen Erreger. Zur unspezifischen Abwehr gehören die Schutzbarrieren unseres Körpers wie die Haut und die Schleimhäute. Sie verhindern das Eindringen pathogener Erreger und stellen eine Art Schutzwall dar.

Video

Immunsystem (unspezifische Abwehr)

3.3 Blutgefäße

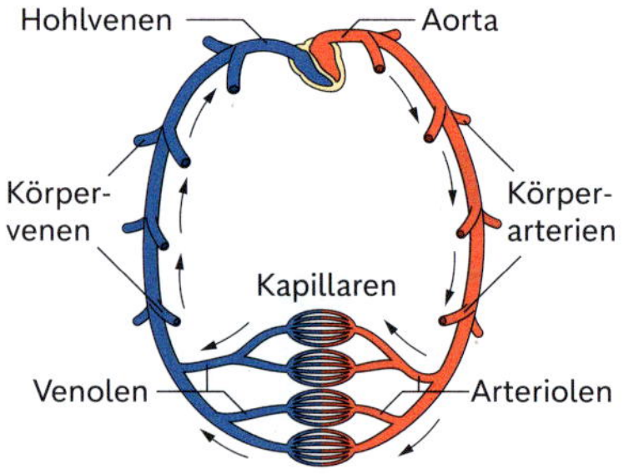

Abb. 1 Geschlossenes System der Blutgefäße

Blutgefäße sind röhrenartige Gebilde, durch die das Blut in unserem Körper fließt. Die Blutgefäße stellen dabei ein geschlossenes System dar. Sie entspringen am Herzen, transportieren das Blut durch unseren Körper und bringen es wieder zurück zum Herzen →Abb. 1.
Grundsätzlich unterscheidet man zwei Arten von Blutgefäßen:

- **Arterien** führen vom Herzen weg und transportieren sauerstoffreiches Blut; Ausnahme: die Lungenarterie, die sauerstoffarmes Blut transportiert.
- **Venen** führen zum Herzen hin und transportieren sauerstoffarmes Blut; Ausnahme: die Lungenvene, die sauerstoffreiches Blut transportiert.

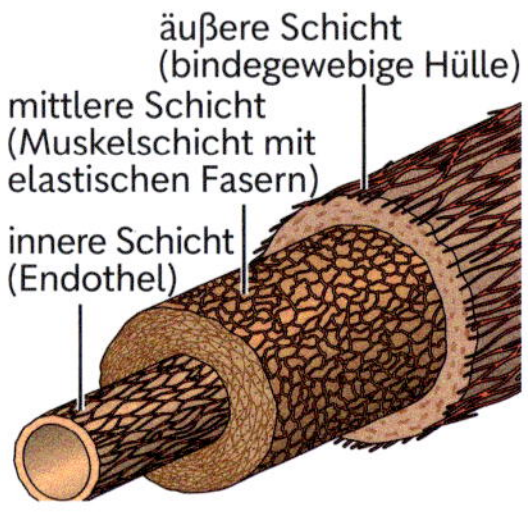

Abb. 2 Aufbau der Gefäßwand

Der Aufbau der Gefäßwand zeigt eine glatte Innenschicht, auch Endothel genannt. Dann folgt eine Muskelschicht, die bei den Arterien stärker ausgeprägt ist und ihnen ermöglicht, sich zu kontrahieren. Die äußere Schicht besteht aus Bindegewebe, das das Gefäß mit dem umgebenden Gewebe verbindet →Abb. 2.

3.3.1 Arterien

Arterien sind Gefäße mit einer starken und elastischen Wand, die das Blut vom Herzen wegführen. Man nennt sie auch Schlagadern. Sie müssen dem hohen Blutdruck, den das Herz bei jedem Herzschlag aufbringt, standhalten. Arterien transportieren sauerstoffreiches Blut aus dem linken Herzen. Einzige Ausnahme ist die Lungenarterie, die sauerstoffarmes Blut transportiert. Gefäße, die sauerstoffreiches Blut führen, werden rot dargestellt, Gefäße mit sauerstoffarmem Blut zeichnet man blau. Die Arterien verzweigen sich weiter und bilden so immer kleinere Gefäße, die sogenannten Arteriolen. Verzweigen sich diese weiter, so spricht man von Kapillaren (Haargefäße), den kleinsten Blutgefäßen.

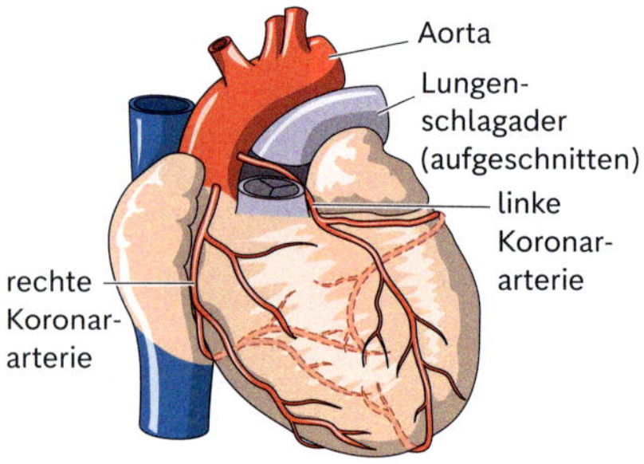

Abb. 3 Herzkranzgefäße

Das Herz schlägt im Durchschnitt 70-mal pro Minute, das sind 4200-mal in der Stunde und 100 000-mal am Tag. Lebt ein Mensch 70 Jahre lang, so hat das Herz über zwei Billionen Mal geschlagen. Um diese immense Leistung erbringen zu können, braucht der Herzmuskel selbst Sauerstoff. Die Herzkranzgefäße, auch **Koronararterien** genannt, bringen sauerstoffreiches Blut von außen an die Herzmuskulatur →Abb. 3. Sind diese Herzkranzgefäße verstopft, z. B. durch Ablagerungen an der Gefäßinnenwand, so gelangt weniger Sauerstoff zum Herzen. Bei einem kompletten Verschluss eines der Herzkranzgefäße spricht man von einem Herzinfarkt.

3.3.2 Kapillaren

Die Kapillaren bilden ein Netzwerk in allen Geweben. Durch ihre große Anzahl und ihren kleinen Durchmesser bilden sie eine riesige Oberfläche. Dort findet der Stoff- und Gasaustausch zwischen dem Gefäßsystem und den Zellen statt. Die Kapillaren transportieren z. B. Sauerstoff und Nährstoffe mit dem Blut und geben diese an die Gewebe und Zellen ab. Das Blut gelangt nach Abgabe des Sauerstoffs über die sogenannten Venolen, die auf die Kapillaren folgen, und dann über die Venen zum Herzen zurück.

Atrium, das

Cor, das

Diastole, die

Endothel, das

EKG, das

Endokard, das

Endokarditis, die

Hypertonie, die

Hypotonie, die

Kapillare, die

Kontraktion, die

Koronararterie, die

Lymphe, die

Manometer, das

Mitralklappe, die

Myokard, das

Perikard, das

Pulmonalklappe, die

Septum, das

Systole, die

Tonsillitis, die

Trikuspidalklappe, di

Vene, die

Ventrikel, der

Aufgaben

1 Erklären Sie die

2 Nennen Sie Unte

3 Wie wird der Pul

4 Wie wird der Blu

5 Was versteht ma

6 Welche Aufgabe

3.3.3 Venen

Venen transportieren sauerstoffarmes Blut zum Herzen zurück. Einzige Ausnahme ist die Lungenvene, die sauerstoffreiches Blut mit sich führt. Die Venen der unteren Körperhälfte münden in die untere Hohlvene (Vena cava inferior), die Venen der oberen Körperhälfte münden in die obere Hohlvene (Vena cava superior). Beide gelangen dann in den rechten Vorhof des Herzens.

Der Aufbau der Venenwand ähnelt im Grundaufbau dem der Arterien. Die Venen sind jedoch viel dünnwandiger, da sie keinem solch hohen Druck wie die Arterien ausgesetzt sind.

Venen müssen ohne viel Muskelkraft das Blut zum Herzen zurückbefördern. Dazu dienen einerseits die Venenklappen, andererseits die Muskelpumpe. Venen sind meist den Arterien benachbart und können so die Muskelkraft der Arterien nutzen →Abb. 2. Durch den Druck der Arterie wird die Vene komprimiert und das Blut wird zum Herzen hin bewegt. Hierbei spricht man von Muskelpumpe, welche durch die Bewegung der Beinmuskulatur noch unterstützt wird →Abb. 1. Die in den größeren Venen vorhandenen Venenklappen verhindern zusätzlich den Rückstrom des Blutes.

Merke
Steht man längere Zeit oder bleibt man längere Zeit an ein und derselben Stelle sitzen, so haben es die Venen schwer, das Blut zum Herzen zu befördern. Es ist daher ratsam, bei längeren Flügen oder Autofahrten oder bei langem Stehen die Beine zu bewegen, um einer Thrombose vorzubeugen. Immobile Patientinnen, z. B. nach einer Operation, erhalten aus diesen Gründen prophylaktisch Antithrombosespritzen.

Thrombose →S. 215

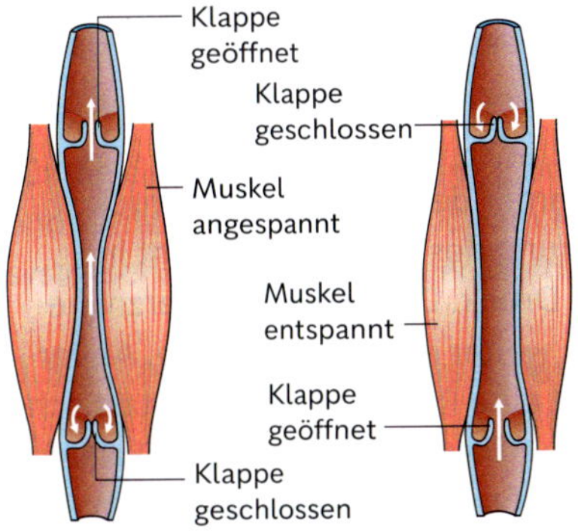

Abb. 1 Unterstützung der Blutbewegung in den Venen durch Venenklappen und Beinmuskulatur

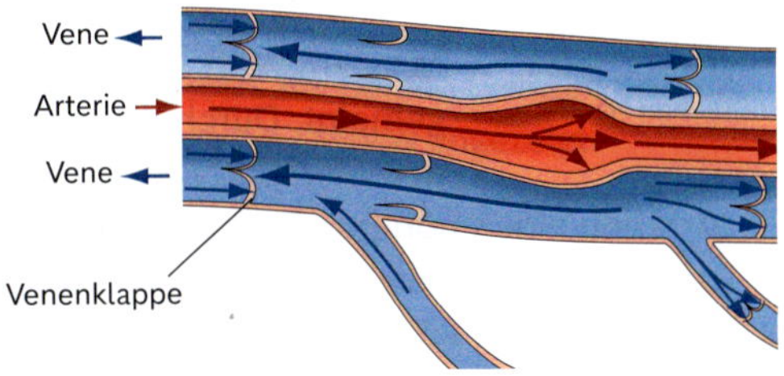

Abb. 2 Die Blutbewegung in den Venen wird durch den Puls der benachbarten Arterien unterstützt.

3.4 Puls und Pulsmessung

Das Herz kontrahiert sich in regelmäßigen Abständen. Dies lässt sich als Puls an den oberflächlich gelegenen Arterien tasten →Abb. 3 und Abb. 1, S.222.

Der Puls gibt die Schläge des Herzens pro Minute an. In Ruhe sind dies 60 bis 80 Schläge pro Minute. Sind wir aufgeregt oder strengen wir uns an, wie z. B. beim Sport, so kann die Herzfrequenz auf Werte über 120 ansteigen.

Die Normalwerte der Herzfrequenz sind altersabhängig. Beispielsweise sind Werte zwischen 60 und 80 Schlägen pro Minute in Ruhe beim Erwachsenen normal, beim Kleinkind sind es 100 Schläge pro Minute und beim Säugling ca. 120 Schläge pro Minute →Tab. 1.

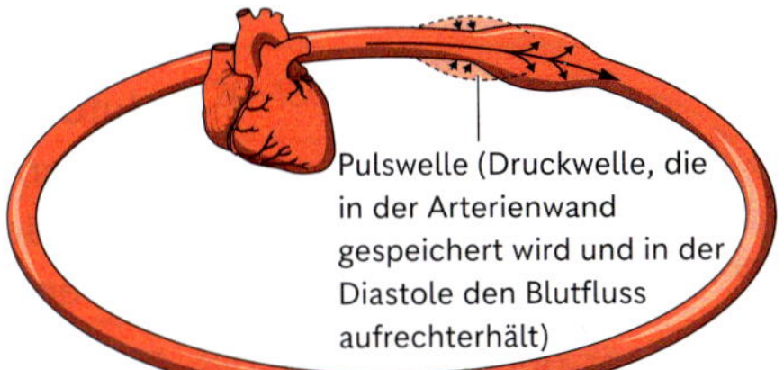

Abb. 3 Druckspeicherung und -abgabe in der Arterienwand

Lebensalter	Normaler Ruhepuls in Schlägen/Minute
Säugling	120
Kleinkind	100
Schulkind	90
Erwachsener	60–80

Tab. 1 Normalwerte der Pulsfrequenz (Ruhepuls)

Beatmung

Bleibt auch nach Freimachen der Atemwege die Atmung aus, so muss die Patientin beatmet werden. Dies kann über eine **Mund-zu-Mund-Beatmung** erfolgen. Dabei werden der Kopf der Patientin in Rückenlage überstreckt und der Unterkiefer angehoben. Dann wird mit der einen Hand die Nase der Patientin verschlossen und mit der anderen Hand der Mund der Patientin geöffnet. Die Helferin atmet ein, verschließt mit ihrem Mund den Mund der Patientin und gibt ihre Atemspende ab →Abb. 1. Jede Atemspende sollte so ausreichend sein, dass sich der Brustkorb der Patientin anhebt. Während der Kopf der Patientin überstreckt und ihr Kinn angehoben bleiben, dreht die Helferin ihren Kopf zur Seite und lässt die Luft ausströmen. Eine erneute Atemspende folgt.

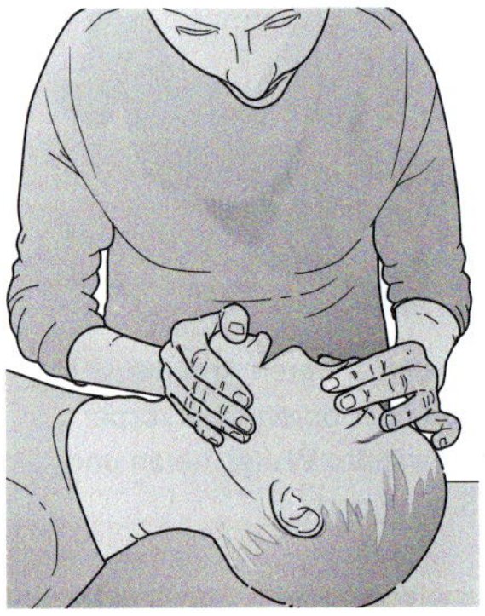

Abb. 1 Mund-zu-Mund-Beatmung

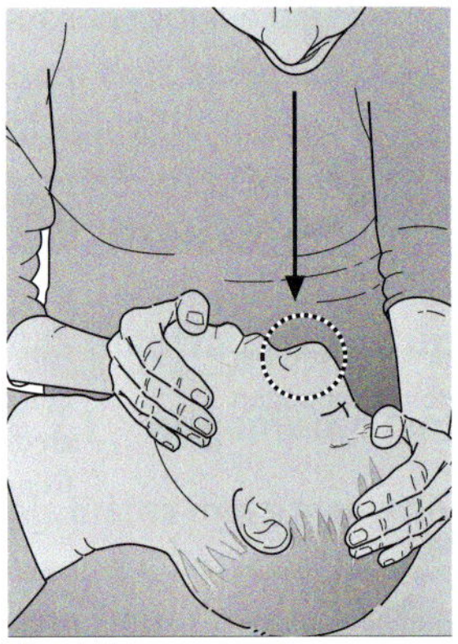

Abb. 2 Mund-zu-Nase-Beatmung

Bei der **Mund-zu-Nase-Beatmung** wird der Mund der Patientin verschlossen und abgedichtet und die Atemspende erfolgt über die Nase der Patientin →Abb. 2. Das Umschließen der Nase der Patientin mit dem Mund der Helferin lässt sich oft leichter bewerkstelligen als das komplette Umschließen des Mundes, sodass im Notfall die Mund-zu-Nase-Beatmung einfacher durchzuführen ist.

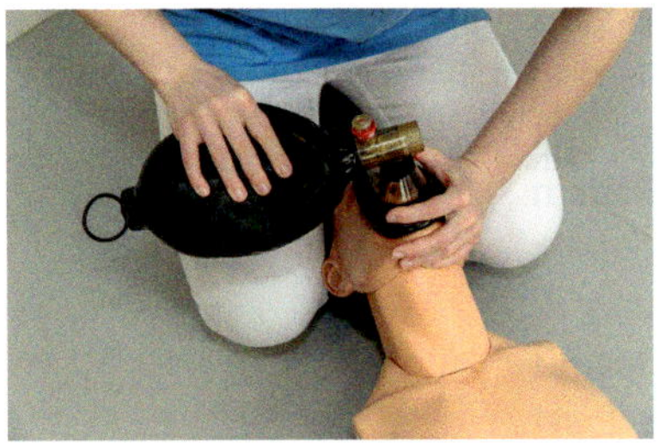

Abb. 3 Beatmung mit Beatmungsbeutel und Maske

Sind ein **Beatmungsbeutel und eine Maske** vorhanden, so kann auch darüber eine Beatmung erfolgen →Abb. 3. Hierbei sollte auch wieder der Kopf der Patientin überstreckt werden. Dann wird die Maske fest über Mund und Nase der Patientin aufgesetzt. Das Kinn der Patientin wird mit derselben Hand umfasst und nach oben gezogen. Mit der anderen Hand wird der Beatmungsbeutel zusammengedrückt und Luft der Patientin zugeführt.

Kreislauf (Circulation)

Falls nach zwei effizienten Atemspenden kein Kreislauf feststellbar ist, muss mit der Herzdruckmassage begonnen werden. Notfallpatientinnen mit Herzstillstand benötigen beides, Beatmung und Herzdruckmassage, eine Kombination, die als Basismaßnahme der kardiopulmonalen Reanimation (CPR) bezeichnet wird. Wichtig ist bei der Herzdruckmassage die **Thoraxkompression** (Zusammendrücken des Brustkorbes; →Abb. 4, 5). Dabei geht es darum, den Brustkorb tief genug einzudrücken, damit das Herz ebenfalls komprimiert wird, sodass Blut gefördert und damit zum Fließen gebracht werden kann.

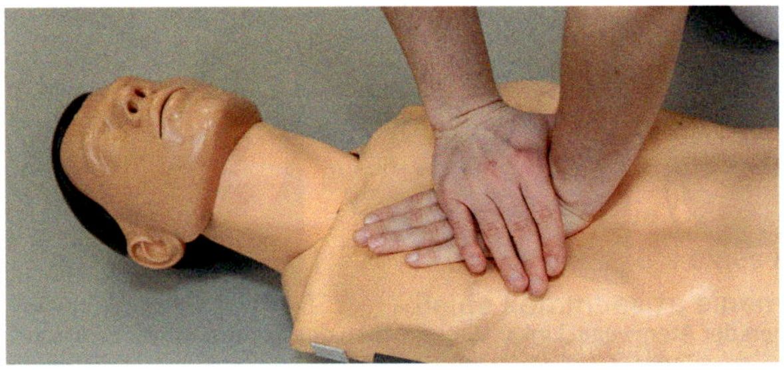

Abb. 4 Durchführung der Thoraxkompression

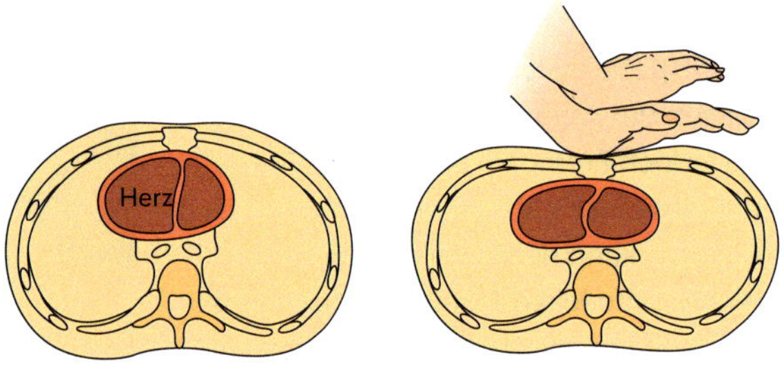

Abb. 5 Effekt der Thoraxkompression

Damit nicht die Unterlage, sondern nur der Thorax (Brustkorb) komprimiert wird, muss die Patientin auf einer harten Unterlage liegen. Mit gestreckten Armen und übereinanderliegenden Händen wird mit dem unteren Handballen Druck auf die Mitte des Brustkorbes ausgeübt, sodass dieser 4–5 cm eingedrückt wird. Der Druckpunkt liegt dabei zwei Querfinger über dem unteren Ende des Brustbeins. Im Notfall reicht es aber aus, in der Mitte der Brust zu komprimieren. Die Frequenz sollte 100 Kompressionen pro Minute betragen.

Als erste Maßnahme führt man 30 Kompressionen durch. Dann muss beatmet werden. Der empfohlene Rhythmus beträgt 30-mal Herzmassage und zweimal beatmen. Ist man bei der Reanimation allein, so muss man zwischen Herzdruckmassage und Beatmung wechseln. Sind zwei Helferinnen vorhanden, so beatmet eine und die andere führt die Herzdruckmassage durch. Nach ca. 20- bis 30-minütiger erfolgloser Reanimation ist eine Fortführung zu überdenken.

Im Jahr 2005 wurden Richtlinien zur kardiopulmonalen Reanimation von der American Heart Association (AHA) und der European Council Resuscitation (ERC) herausgebracht →Abb. 1. Darauf folgten 2006 neue Empfehlungen in Deutschland. Jetzt wird sofort mit der Thoraxkompression begonnen, noch vor der Beatmung, um eine minimale Perfusion (Durchblutung) von Herz und Gehirn zu erreichen. Das Aufsuchen des Druckpunktes bei der Thoraxkompression wird vereinfacht, da sich gezeigt hat, dass das Aufsetzen der Hände in der Mitte des Brustkorbes ausreicht.

Man spricht bei den oben genannten Maßnahmen von den **Basismaßnahmen** der Reanimation oder auch vom basic life support (BLS).

Neben diesen Basismaßnahmen können noch sogenannte **erweiterte Maßnahmen**, advanced life support (ALS), erforderlich sein. Dazu gehört z. B. die **Defibrillation** →Abb. 2. Zeigt eine Patientin ein Kammerflimmern, bei dem der Herzmuskel unkoordinierte schnelle Kontraktionen durchführt, so kann mit der Defibrillation das Flimmern beendet werden.

Der Defibrillator ist ein Gerät, welches durch Stromstöße wieder eine normale elektrische Erregung des Herzmuskels und damit wieder einen normalen Rhythmus herbeiführt. Da damit jedoch noch keine ausreichende Pumpwirkung des Herzens verbunden ist, müssen die Basismaßnahmen weiter durchgeführt werden. Es gibt heute schon halbautomatische und vollautomatische Defibrillatoren, deren Handhabung und Einsatz sogar von einer Laiin machbar sind →Abb. 3. Die vollautomatischen Defibrillatoren geben den Stromstoß automatisch anhand des ermittelten EKGs ab. Die Diagnose der Herzrhythmusstörung und damit die Indikation zur Defibrillation wird dem Anwender dabei abgenommen. Vollautomatische Defibrillatoren sind deshalb oft in öffentlichen Einrichtungen, seltener in Zahnarztpraxen zu finden. Der halbautomatische externe Defibrillator führt die EKG-Analyse selbstständig durch und der Anwender muss nur noch die Schocktaste drücken.

Eine weitere erweiterte Maßnahme ist der Einsatz eines **Schrittmachers**.

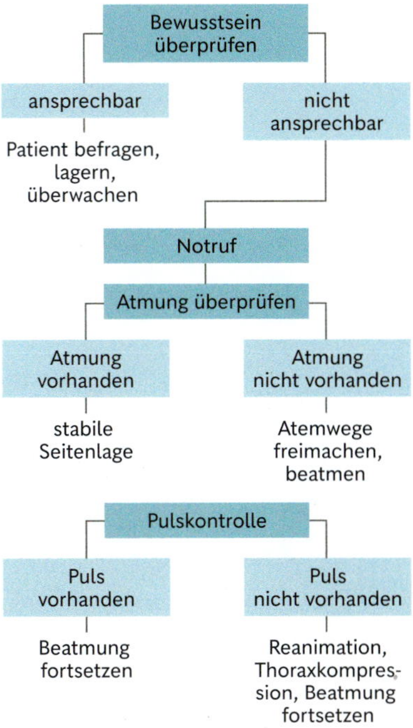

Abb. 1 Erste-Hilfe-Maßnahmen – Verlaufsdiagramm

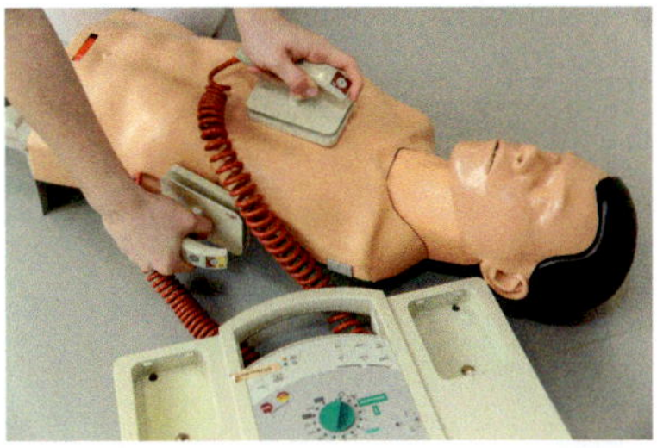

Abb. 2 Defibrillation

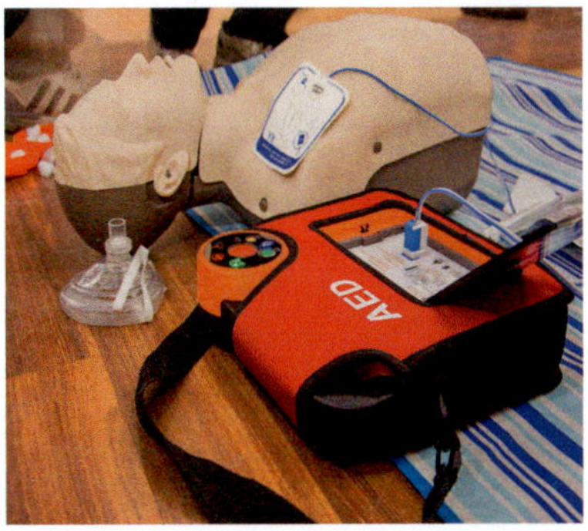

Abb. 3 Automatischer Defibrillator

Basismaßnahmen der Reanimation (basic life support)
– Atemspende (2 ·) – Herzdruckmassage (30 ·)
Erweiterte Maßnahmen (advanced life support)
– Defibrillation – Schrittmacher

Tab. 1 Zusammenfassung: Basismaßnahmen und erweiterte Maßnahmen

Reanimation bei Kindern

Im Prinzip läuft die Reanimation bei Kindern wie bei Erwachsenen ab.

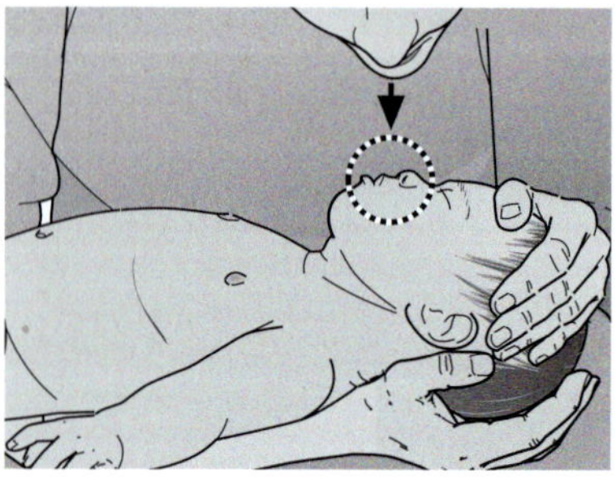

Abb. 1 Mund-zu-Mund-Nase-Beatmung

Aufgrund der kleineren Anatomie von Kindern sind jedoch geringe Abweichungen notwendig. Bei der Reanimation von Kindern wird unterschieden zwischen Säuglingen bis zu zwölf Monaten und Kindern über zwölf Monate bis zur Pubertät. Da bei Kindern häufig die Ursache des Kreislaufstillstandes eine Störung der Atmung ist, wird empfohlen, vor Beginn der Herzdruckmassage fünfmal eine Atemspende zu geben.

Die Beatmung erfolgt über Mund und Nase gleichzeitig →Abb. 1. Die Herzdruckmassage wird bei Kindern nur mit einem Handballen, bei Säuglingen mit zwei Fingern durchgeführt. Eine andere Möglichkeit ist, den Säugling mit beiden Händen zu umfassen und mit den Daumen die Thoraxmassage durchzuführen. Die Drucktiefe entspricht einem Drittel des Brustkorbumfanges.

6.3 Notfälle bei bestimmten Krankheitsbildern

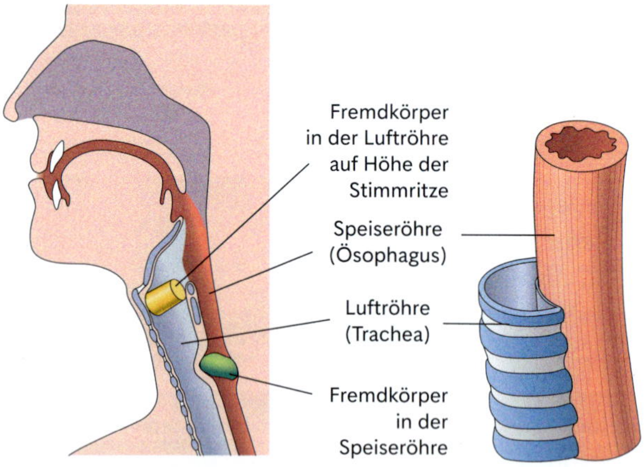

Abb. 2 Fremdkörperaspiration. Unterschieden werden Einengung der Trachea durch einen (großen) Fremdkörper in der Speiseröhre und die Aspiration im engeren Sinne – die Verlegung der Atemwege durch Fremdkörper in der Luftröhre.

Die meisten Notfälle ereignen sich in der Freizeit (beim Sport), zu Hause, im Beruf und auf den Straßen. Da es die unterschiedlichsten Arten von Notfällen gibt, wird im Folgenden auf die Notfälle eingegangen, die in einer Zahnarztpraxis vorkommen können.

6.3.1 Verlegung der Atemwege durch Aspiration

Eine Verlegung der Atemwege kann in der Zahnarztpraxis vorkommen. Es können Fremdkörper wie Abformmaterialien, Kronen, Zähne, Zahnteile oder Wurzelkanalinstrumente aspiriert werden. Es empfiehlt sich gerade deshalb, bei bestimmten zahnärztlichen Maßnahmen wie bei einer endodontischen Behandlung mit Kofferdam zu arbeiten. Typische Symptome sind Hustenanfälle, schnelle Atembewegungen, Würgereiz, Erstickungsgefühl, blasse Haut. Die Erste Hilfe besteht darin, den Patienten zu beruhigen, die Atemhindernisse zu beseitigen, einengende Kleidung zu öffnen und die Patientinnen aufzufordern, auszuhusten.

Eine weitere Maßnahme ist die Gabe von Sauerstoff. Wird die Patientin bewusstlos, zeigen sich Atem- und Kreislaufstillstand, so ist umgehend mit den Basismaßnahmen zu beginnen und die Notärztin zu rufen.

6.3.2 Hyperventilation

Eine Hyperventilation ist eine übermäßige Atmung, bei der die Atemfrequenz auf 40 Atemzüge pro Minute erhöht sein kann. Ursachen sind Angst und psychische Anspannung – nicht untypisch bei Patientinnen in der Zahnartpraxis. Durch das vermehrte Abatmen von Kohlendioxid (CO_2) kommt es zu Kribbeln im Bereich der Haut und Krämpfen mit typischer Pfötchenstellung der Hände bis hin zur Bewusstlosigkeit.
Die Erste Hilfe besteht in einer Beruhigung und Ablenkung der Patientinnen. Die Patientin sollte zu ruhigem, langsamem und normal tiefem Atmen angeleitet werden.
Hilft dies nichts, so muss der Rückatmungsversuch über eine Plastiktüte unternommen werden. Dadurch atmet die Patientin ihre Ausatemluft und damit das zu viel abgeatmete CO_2 wieder zurück. Besser noch als die Therapie einer Hyperventilation ist ihre Vorbeugung. Hier liegt es am Praxisteam, der Patientin die Angst zu nehmen.

6.3.3 Asthma bronchiale

Beim Asthma bronchiale handelt es sich um eine Atemwegserkrankung, die durch eine anfallsartig auftretende Verengung der Atemwege gekennzeichnet ist. Die Ursache kann allergischer und nicht-allergischer Art sein. Die Patientinnen haben v. a. Probleme bei der Ausatmung, die durch eine Atemwegsverengung behindert ist. Sie bekommen Atemnot und Angst. Ihre Haut wird kalt und schweißnass. Sie husten, Puls und Blutdruck steigen. Lebensbedrohlich ist der sogenannte Status asthmaticus, ein Asthmaanfall, der längere Zeit anhält. Die Erste Hilfe besteht in einer Beruhigung der Patientinnen und sitzender Lagerung mit erhöhtem Oberkörper. Oft haben die Patientinnen ihr „Asthmaspray“ dabei, bei dessen Anwendung man ihnen helfen sollte. In diesen Aerosolen sind Medikamente enthalten, die die Bronchien weit stellen.

Abb. 1 Anwendung eines Dosieraerosols („Asthmaspray“)

6.3.4 Synkope

Unter Synkope versteht man eine kurzfristige, meist spontan sich rückbildende Bewusstlosigkeit. Man spricht auch von einer Ohnmacht. Sie kann durch unterschiedliche Faktoren ausgelöst werden. Grundsätzlich ist die Ursache der Bewusstlosigkeit eine Minderdurchblutung des Gehirns. Von **vasovagaler Synkope** spricht man, wenn es durch eine psychische Belastung wie Angst vor einem zahnärztlichen Eingriff zu einer Weitstellung der Gefäße kommt. Dies hat einen verminderten Rückstrom des venösen Blutes zum Herzen zur Folge. Das Gehirn wird nicht mehr ausreichend mit Sauerstoff versorgt. Die Bewusstlosigkeit ist die Folge. Bei der **orthostatischen Synkope** kommt es durch plötzliches Aufstehen nach längerem Liegen zu einer Minderdurchblutung des Gehirns mit Schwindel.

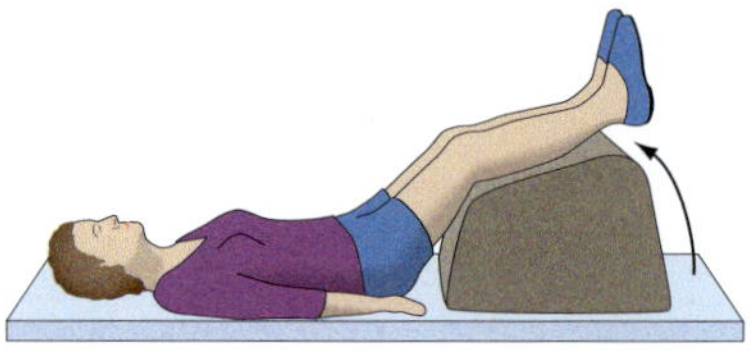
Abb. 1 Autotransfusion

Herzkranzgefäße →S. 280

Die typischen Symptome einer Synkope sind Puls- und Blutdruckabfall (Hypotonie), Blässe, kalter Schweiß und Benommenheit. Die Erste Hilfe besteht in einer Flachlagerung der Patientin. Die Beine sollten dabei erhöht gelagert werden, damit das Blut zum Gehirn zurückfließen kann (Autotransfusion) →Abb. 1. Sauerstoffzufuhr und feucht-kalte Tücher auf Stirn und Nacken helfen zusätzlich. Weitere Maßnahmen sind meist nicht erforderlich. Die Patientin kommt von selbst wieder zu sich. Als vorbeugende Maßnahme ist es sinnvoll, der Patientin die Angst zu nehmen und sie zu beruhigen.

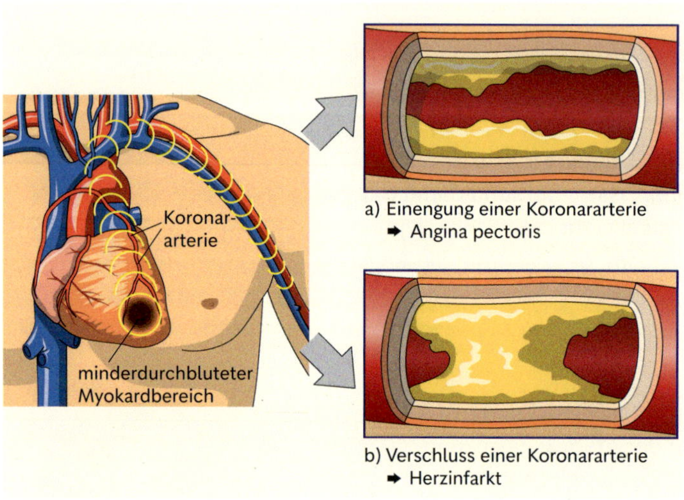

Abb. 2 Koronare Herzkrankheit: Angina pectoris und Herzinfarkt

6.3.5 Koronare Herzkrankheit, Angina pectoris, Herzinfarkt

Bei der koronaren Herzkrankheit sind die Herzkranzgefäße durch eine Arteriosklerose verengt →Abb. 2. Als Risikofaktoren der Arteriosklerose gelten Bluthochdruck, Fettstoffwechselstörungen, Zigarettenrauchen, Diabetes mellitus und Fettsucht. Weitere Risikofaktoren sind Stress und Bewegungsmangel. Lokale Durchblutungsstörungen des Herzmuskels treten jedoch erst bei einer Einengung der Koronararterien auf über 50 % ihres Durchmessers auf.

Bei einer weiteren Einengung kommt es zu einer **Angina pectoris** (Enge auf der Brust).

Sind einzelne oder mehrere Koronararterien vollständig verschlossen, so kann das von diesem Gefäß versorgte Areal nicht mehr mit Sauerstoff versorgt werden. Eine Nekrose (Zelltod) von Herzmuskelgewebe ist die Folge. Man spricht jetzt von einem **Herzinfarkt**. Abhängig vom Ausmaß der Nekrose endet der Herzinfarkt sofort tödlich oder er kann überlebt werden. Die Angina pectoris stellt die Vorstufe des Herzinfarktes dar.

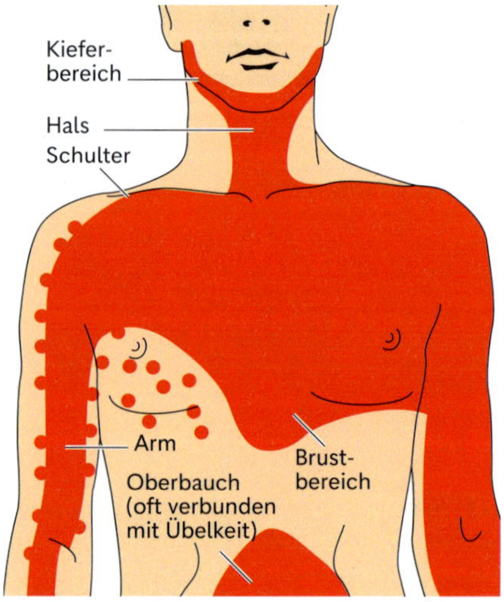

Abb. 3 Schmerzzonen bei Angina pectoris und Herzinfarkt

Folgende **Symptome** sind sowohl bei Angina pectoris als auch beim Herzinfarkt möglich: Die Patientin klagt über Schmerzen und über ein Engegefühl im Bereich der Brust →Abb. 3. Die Schmerzen strahlen häufig in den linken Arm und Hals aus, können aber auch in Bauch und Rücken ausstrahlen. Die Patientinnen zeigen eine schnelle Atmung, eine erhöhte Herzfrequenz, Angst, Unwohlsein und kalten Schweiß.

Beim Herzinfarkt sind die Symptome ausgeprägter; die Schmerzen nehmen das Ausmaß eines Vernichtungsschmerzes an, die Angst reicht bis zur Todesangst. Es kommt zu Übelkeit, Erbrechen, Kurzatmigkeit, Hyperventilation, Blutdruckabfall und Zyanose (Blaufärbung der Haut und Lippen). Die häufigste Frühkomplikation des Herzinfarktes ist das Kammerflimmern, das durch Defibrillation beseitigt werden kann.

Erste Hilfe bei Patientinnen mit Angina pectoris

Die Patientin sollte zur Entlastung des Herzens in halbsitzender Position gelagert werden. Wichtig ist die Beruhigung der Patientin. Die Notärztin muss gerufen werden. Sauerstoff sollte der Patientin zugeführt werden (z. B. Fenster öffnen). Von dem Nitrolingual®-Spray, das diese Patientinnen meist bei sich haben, sollten der Patientin zwei Hübe unter die Zunge gegeben werden →Abb. 1. Diese sublinguale Applikation bewirkt eine schnelle Resorption (Aufnahme) des Medikamentes und damit einen schnellen Wirkungseintritt. Es kommt zur Erweiterung der Koronararterien.

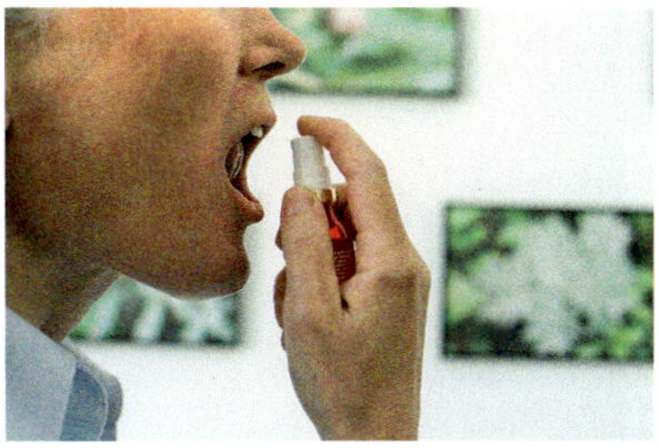

Abb. 1 Anwendung Nitrolingual® N-Spray (Nitro-Spray)

Applikation →S. 151

Erste Hilfe bei Patientinnen mit Herzinfarkt

Man sollte sofort die Notärztin rufen. Die Patientin muss mit erhöhtem Oberkörper gelagert werden. Beengende Kleidung muss geöffnet oder entfernt werden. Die Notärztin wird Sauerstoff und Schmerzmittel zur Senkung des Sauerstoffverbrauchs verabreichen. Die Patientin muss so schnell wie möglich ins Krankenhaus gebracht werden. Überlebt sie einen Herzinfarkt, so wird sie häufig zur Vorbeugung weiterer Infarkte ASS (Acetylsalicylsäure) einnehmen müssen, welches zu einer „Verdünnung des Blutes" beiträgt.

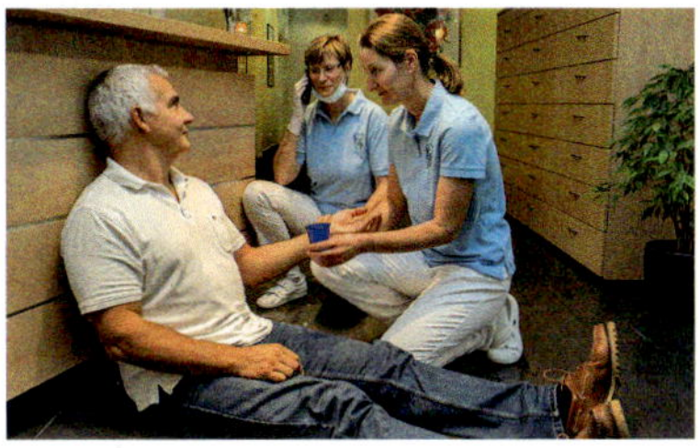

Abb. 2 Erste Hilfe bei Herzinfarkt: Lagern des Patienten mit erhöhtem Oberkörper, Notarzt rufen

6.3.6 Schlaganfall

Der Schlaganfall, früher auch Apoplex bzw. apoplektischer Insult genannt, ist gekennzeichnet durch eine Minderversorgung des Gehirns mit Sauerstoff. Die Ursache kann ein Verschluss einer Hirnarterie oder eine Blutung im Gehirn sein. Die Symptome sind Kopfschmerzen, Schwindel, Seh- und Sprachstörungen, Halbseitenlähmung und Bewusstseinsstörungen. Anfänglich kann auch nur eine verwaschene Sprache ein Hinweis auf einen Schlaganfall sein. Bei Verdacht sollte sofort die Notärztin gerufen werden, da hier schnelle Hilfe entscheidend ist.

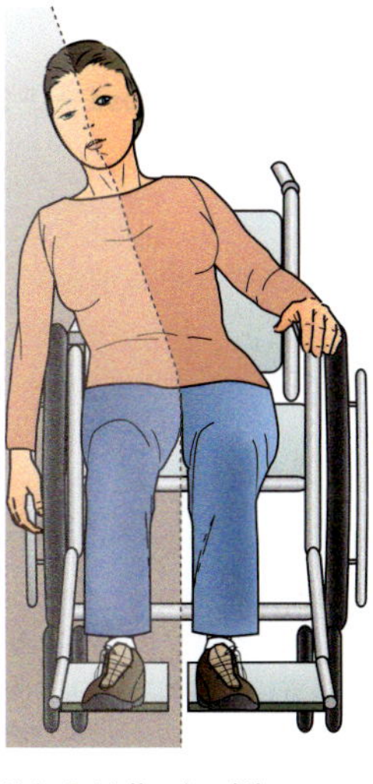

Abb. 3 Halbseitenlähmung

6.3.7 Hypertensive Krise

Unter hypertensiver Krise versteht man einen massiven Blutdruckanstieg auf Werte über 120 mmHg diastolisch. Die systolischen Blutdruckwerte können bis deutlich über 200 mmHg steigen. Bei Belastung, Stress und Angst kann der Blutdruck bei Patientinnen mit bekannter Hypertonie auf solch stark erhöhte Werte ansteigen, also auch oder gerade bei zahnärztlichen Behandlungen. Die Patientinnen klagen über heftigsten, plötzlich einsetzenden Kopfschmerz, Übelkeit, Erbrechen, Schwindel und Sehstörungen. Der Blutdruck ist stark erhöht. Die Patientinnen sollten mit erhöhtem Oberkörper gelagert werden. Bis die Notärztin eintrifft, sollte die Patientin beruhigt, der Blutdruck gemessen und Sauerstoff gegeben werden.

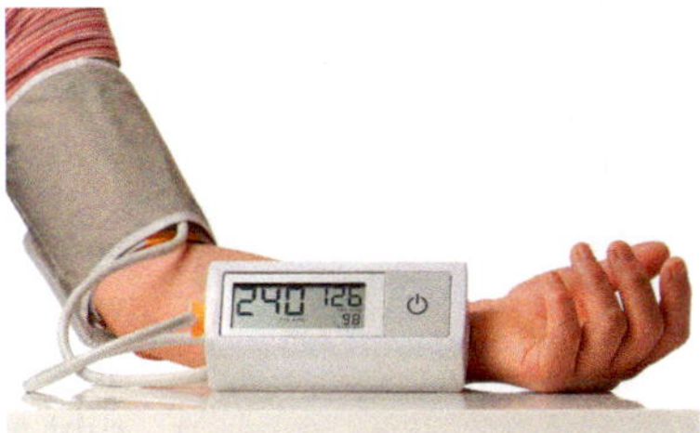

Abb. 4 Eine hypertensive Krise liegt bei diastolischen Blutdruckwerten von über 120 mmHg vor.

6.3.11 Schock

Unter Schock versteht man ein akutes Kreislaufversagen, bei dem der Körper den Durchblutungsbedarf einzelner oder aller Organe nicht mehr decken kann. Es kommt zu einem Sauerstoffmangel im Gewebe, was zu Bewusstlosigkeit bis hin zum Organversagen und damit zum Tode führen kann. Typische **Symptome** eines Schocks sind:
- Blutdruckabfall unter 80 mmHg systolisch
- schneller, immer schwächer werdender Puls
- Blässe
- kalter Schweiß
- ungewöhnliches psychisches Verhalten, Teilnahmslosigkeit

Ein Schock kann viele **Ursachen** haben. Entsprechend werden folgende **Schockformen** unterschieden: **Volumenmangelschock, anaphylaktischer Schock, kardiogener Schock** und **septischer Schock**. Der Volumenmangelschock kommt durch Blutverluste oder auch durch starkes Erbrechen und Durchfall zustande. Beim anaphylaktischen Schock liegt eine allergische Reaktion auf Medikamente, Gifte oder Nahrungsmittel zugrunde. Der kardiogene Schock ist gekennzeichnet durch ein Pumpversagen des Herzens, z. B. bei einem Herzinfarkt. Beim septischen Schock führen Gifte von Mikroorganismen zu einer Gefäßweitstellung.

Anfangs versucht der Körper, durch Adrenalinausschüttung die Durchblutung zu sichern und damit den eingetretenen Zustand zu kompensieren (auszugleichen). Die Dekompensation erfolgt dann jedoch oft plötzlich: Zu einem späteren Zeitpunkt kann jedoch das Gegenteil der Fall sein und der Körper schafft diesen Ausgleich dann nicht mehr.

Die Erste Hilfe besteht darin, die Patientin zu beruhigen und ihn in Schocklage zu bringen →Abb. 1. Bei allen Schockformen bis auf den kardiogenen Schock werden Oberkörper und Kopf flach, die Beine hoch gelagert. Hierdurch kann das in den Beinvenen versackte Blut in den Körperkreislauf zurückgelangen. Dies hilft, den Blutdruck aufrechtzuerhalten.

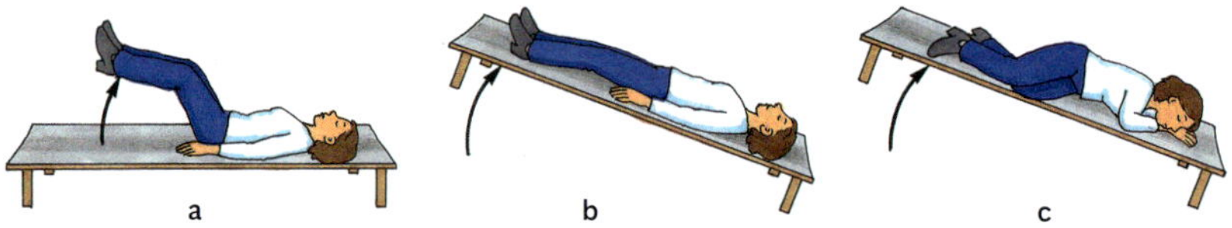

Abb. 1 Schocklage. a) und b) bei ansprechbaren Patienten; c) bei bewusstlosen Patienten

Die Schockursache sollte, sofern möglich, beseitigt werden, z. B. indem bei einer Blutung diese gestillt wird.

6.3.12 Schwangerschaft

Während der Schwangerschaft sollten größere zahnärztliche Eingriffe nicht durchgeführt werden. Grundsätzlich ist der Embryo in den ersten drei Monaten einer Schwangerschaft am anfälligsten für Missbildungen. Bei Lokalanästhetika sollte Adrenalin in keiner höheren Konzentration als 1 : 200 000 verwendet werden. Im letzten Schwangerschaftsdrittel ist auf die Lagerung der Patientin zu achten. Beim sogenannten Vena-cava-Kompressionssyndrom kann bei Rückenlage der Patientin durch den Druck der Gebärmutter auf die untere Hohlvene der Rückstrom des Blutes verschlechtert sein. Röntgenuntersuchungen sind nur bei strenger Indikationsstellung angebracht.

6.4 Notfälle bei zahnmedizinischen Maßnahmen

6.4.1 Komplikationen bei Lokalanästhetika

Lokalanästhetika können systemische Komplikationen, die den gesamten Körper betreffen, hervorrufen. Der den Lokalanästhetika häufig zugesetzte Vasokonstriktor Adrenalin kann einen Blutdruckanstieg, eine Tachykardie (erhöhte Pulsfrequenz) und Herzrhythmusstörungen auslösen. Bei Patientinnen mit koronarer Herzerkrankung, Hypertonie und tachykarden Herzrhythmusstörungen sollte Adrenalin vermieden werden. Adrenalin ist ein Hormon der Nebenniere. Es führt zu einer Gefäßkontraktion und daher zu einem Blutdruckanstieg.
Daneben sind auch allergische Reaktionen auf Lokalanästhetika möglich. Dabei ist es besonders wichtig, diese durch die Erhebung einer aktuellen Anamnese zu vermeiden. Bei einer Überdosierung des Lokalanästhetikums kann es zu Vergiftungen, sogenannten Intoxikationen, kommen.

Lokalanästhetika →S. 216

Anamnese →LF 2

6.4.2 Infektiologische Notfälle

Zu den infektiologischen Notfällen gehören Stich- und Schnittverletzungen mit Instrumenten, welche mit Krankheitserregern (z. B. Hepatitis-B- oder Hepatitis-C-Viren, HI-Viren) kontaminiert sind. Man sollte durch Ausdrücken der Wunde eine verstärkte Blutung herbeiführen und die Wunde desinfizieren. Diese Postexpositionsprophylaxe dient dazu, die Erreger auszuschwemmen. Die Vorstellung bei einer Durchgangsärztin ist notwendig, die auch eine sofortige Blutabnahme zur Feststellung des immunologischen Zustandes durchführt.

Durchgangsarzt →LF 3

6.5 Notfallausstattung

Die Notfallausstattung in einer Zahnarztpraxis sollte allen Mitarbeiterinnen bekannt sein und sich an einem für alle zugänglichen Ort befinden. In einem Notfallkoffer sind dabei die wichtigsten Medikamente und Instrumente vorzufinden. Die ZFA sollte die Instrumente und Medikamente genau kennen, damit im Notfall nicht zu viel wertvolle Zeit mit dem Suchen vergeudet wird. Wichtig ist die Kontrolle der Medikamente und Instrumente. Wurden Medikamente entnommen, so müssen diese schnellstmöglich ersetzt werden. Haben die Medikamente ihr Verfallsdatum überschritten, so müssen sie erneuert werden.
Ein Notfallkoffer →Abb. 1 ist mit folgenden Materialien ausgestattet:

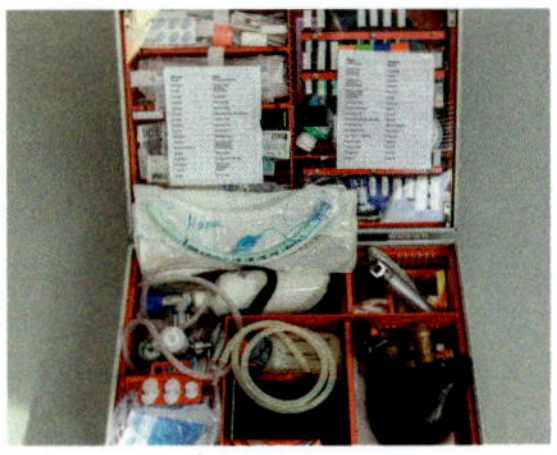

Abb. 1 Notfallkoffer

- Handschuhe versch. Größen
- Stethoskop und Blutdruckmessgerät
- Blutzuckermessgerät
- Taschenlampe
- Beatmungsbeutel und -maske
- Sauerstoff
- Endotrachealtuben (werden in der Trachea zur Beatmung platziert)
- Laryngoskop mit verschiedenen Spateln (wird für das Einbringen eines Endotrachealtubus benötigt)
- Guedel-Tuben zum Freihalten der Atemwege
- Führungsstab, Gleitmittel, Beißschutz (werden u. a. für die Intubation mit einem Endotrachealtubus benötigt)
- Magill-Zange zur Entfernung von Fremdkörpern
- Stauschlauch, Desinfektionsmittel
- Venenverweilkanülen
- Infusionsbestecke
- Tupfer, Pflaster, Verbandschere
- Einmalspritzen
- Blutabnahmeröhrchen
- Notfallmedikamente wie z. B. Adrenalin, Antihistaminika, Betablocker, Kalzium, Kortison, Glukoselösung, Nitro-Spray, Schmerzmittel

LF 7 Medizinische Notfälle begleiten

Terminologie: Notfälle

Allergen, das	Substanz, die Allergien auslöst
Angina pectoris, die	Enge auf der Brust
Apoplex, der	ältere, veraltete Bezeichnung für Schlaganfall
Circulation (engl.)	Kreislauf
Epilepsie, die (griech. epilepsia = Fallsucht)	anfallsartige Funktionsstörung des Gehirns, die mit Bewusstseinsverlust und Krämpfen einhergehen kann
Hyperglykämie, die	zu viel Zucker im Blut
hypertensive Krise, die	massiver Blutdruckanstieg
Hypoglykämie, die	zu wenig Zucker im Blut
kardiopulmonal	Herz und Lunge betreffend
Perfusion, die	Durchströmung einzelner Organe mit Blut
Reanimation, die	Wiederbelebung
Synkope, die	Ohnmacht
Tachykardie, die	zu hohe Pulsfrequenz
Thoraxkompression, die	Ausüben von Druck auf den Brustkorb
Vasokonstriktor, der	Vasokonstringens; Substanz zur Gefäßverengung
Zyanose, die	Blaufärbung der Haut und Lippen

Aufgaben

1 Wie wird die Patientin in die stabile Seitenlage gebracht?

2 Was versteht man unter kardiopulmonaler Reanimation?

3 Wie verhält man sich bei einer Synkope?

4 Welche Maßnahmen ergreifen Sie bei einer Hypoglykämie?

5 Definieren Sie den Begriff Schocklage.

LF 8
Patienten bei parodontologischen Behandlungen begleiten

1 Aufbau der Mundschleimhaut und des Parodontiums
2 Parodontalerkrankungen
3 Behandlung von Parodontalerkrankungen
4 Erkrankungen der Mundhöhle
5 Grundlagen der Parodontologie
6 Abrechnung der PAR-Leistungen bei Kassenpatienten
7 Abrechnung der PAR-Leistungen bei Privatpatienten
8 Privatleistungen bei Kassenpatienten

1 Aufbau der Mundschleimhaut und des Parodontiums

1.1 Aufbau der Mundschleimhaut

Mundhöhle →LF 2

Die Mundhöhle ist von einer weichen **Mukosa** (Schleimhaut; Mucosa) ausgekleidet. Diese wird ständig vom Speichel feucht gehalten. Die Mundschleimhaut muss weitestgehend intakt sein, damit sie ihre Aufgaben erfüllen kann.
Die Schleimhaut besteht meist aus flachen Zellen, die miteinander ein Gewebe bilden (Plattenepithel; →Abb. 1). Bei der Mundschleimhaut sind die Zellen in mehreren Schichten angeordnet. Daher besteht die Mundschleimhaut aus einem sog. mehrschichtigen Plattenepithel.
Der weitaus größte Teil der Mundschleimhaut besteht aus einem unverhornten, mehrschichtigen Plattenepithel. An Stellen, die mechanisch besonders stark belastet werden, ist dieses **Epithel** verhornt. Man spricht daher von einem mehrschichtigen, verhornten Plattenepithel.
Auf der Höhe der Zahnwurzeln geht die Mukosa in die **Gingiva** über. Diese ist verhornt, da sie beim Kauen mechanisch beansprucht wird.

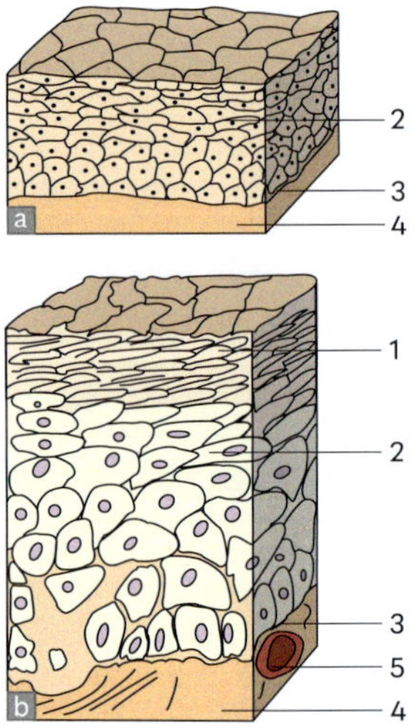

Abb. 1 Plattenepithel.
a) unverhornt; b) verhornt. 1 Hornschuppen, 2 Epithelzellen, 3 Basalmembran, 4 Bindegewebe, 5 Kapillaren

1.2 Aufbau des Parodontiums

Das **Parodontium** (Zahnhalteapparat) hält den Zahn federnd im Alveolarfach. Die Lehre vom Parodontium und seinen Erkrankungen wird als **Parodontologie** bezeichnet.

1.2.1 Gingiva

Die **Gingiva** (Zahnfleisch) ist ein Teil der Mundschleimhaut. Sie gehört jedoch ihrer Hauptfunktion nach zum **Parodontium** (Zahnhalteapparat). Die Mundschleimhaut geht ungefähr in Höhe der Zahnwurzeln in die Gingiva über. Dieser Übergangsbereich wird als **Mukogingivalgrenze** bezeichnet →Abb. 2. Die gesunde Gingiva ist blassrosa, matt glänzend und straff →Abb. 3. Sie bedeckt den oberen Teil der Alveolarfortsätze und den Bereich des Zahnhalses.

Merke
Das **Parodontium** besteht aus:
- Gingiva (Zahnfleisch)
- Cementum (Wurzelzement)
- Desmodont (Wurzelhaut)
- Alveolarknochen (knöchernes Zahnfach)
- Diese Bestandteile bilden eine funktionelle Einheit.

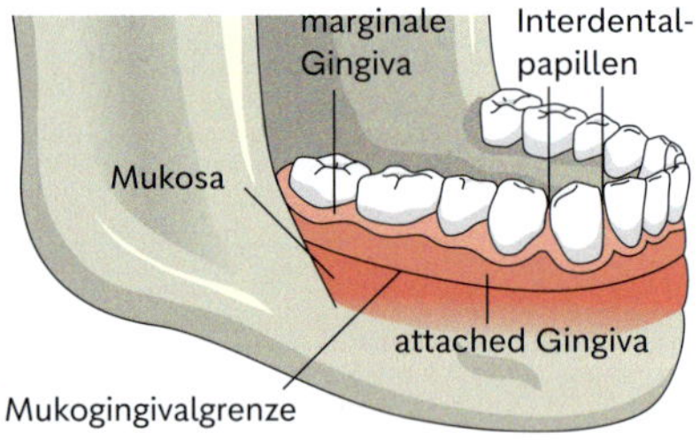

Abb. 2 Mukogingivalgrenze. Sie verläuft jeweils in Höhe der Wurzelspitzen (hier nicht eingezeichnet).

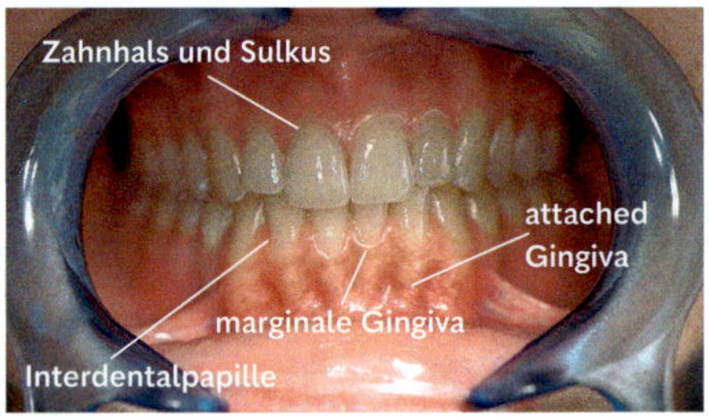

Abb. 3 Gesunde Gingiva

Die Gingiva wird in drei Bereiche eingeteilt:
- Die **marginale Gingiva**; diese wird auch als **freie Gingiva** oder **Gingiva marginalis** bezeichnet.
  - Sie umgibt als Zahnfleischsaum den Zahnhals.
  - Sie liegt den Zähnen girlandenförmig an.

  - Im gesunden Zustand ist sie ca. 1–2 mm tief.
  - Die marginale Gingiva ist von Bindegewebsfasern durchzogen, die u. a. zum Alveolarknochen ziehen.
- Die **attached Gingiva** ist die Gingiva, die mit dem Alveolarknochen fest verwachsen ist. Sie wird auch als **befestigte Gingiva** oder **Gingiva propria** bezeichnet und hat, ähnlich wie eine Orangenschale, eine getüpfelte Oberfläche.
- Die **interdentale Gingiva** füllt mit einer oralen und vestibulären Papille den Interdentalraum (Approximalraum) aus.

Zwischen der marginalen Gingiva und der Zahnoberfläche befindet sich eine ca. 0,5–1 mm tiefe, rillenförmige Vertiefung, die als **Sulkus** (Zahnfleischsulkus, Zahnfleischfurche, Sulcus gingivae) bezeichnet wird. Der Sulkus wird von einer geringen Menge Gewebsflüssigkeit und Speichel durchspült.
Der Boden des Sulkus wird vom **Saumepithel** gebildet →Abb. 1. Das Saumepithel umgibt den Zahn ringförmig, wirkt wie eine Dichtung und schützt so die Wurzelhaut vor Einflüssen aus der Mundhöhle. Außerdem bewirkt das Saumepithel die Anheftung der marginalen Gingiva an der Zahnoberfläche.

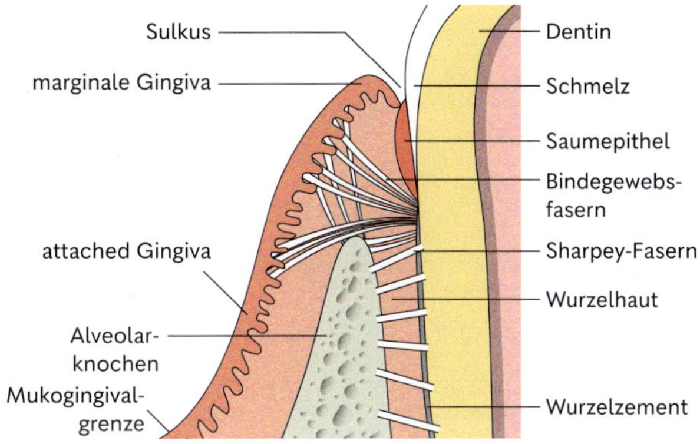

Abb. 1 Parodontium

1.2.2 Wurzelzement

Das Wurzelzement (Cementum) überzieht die ganze Zahnwurzel. An ihm haften die Sharpey-Fasern an, die die Zähne in der knöchernen Alveole (Zahnfach) beweglich-elastisch halten.

Wurzelzement →LF 2

Merke
Die Verbindung der Gingiva mit der Zahnoberfläche durch das Saumepithel und die Verbindung des Alveolarknochens mit dem Wurzelzement durch die Sharpey-Fasern wird als **Attachment** bezeichnet.

1.2.3 Desmodont

Das Desmodont (die Wurzelhaut) ist der Spalt und das darin befindliche Gewebe zwischen Zahnwurzel und Alveolarknochen. Es wird von Blut- und Lymphgefäßen sowie Nervenfasern durchzogen. Durch Tastsinne im Desmodont hat der Mensch ein Gefühl beim Kauen und kann so die Kaukraft anpassen. Im Desmodont befinden sich in Büscheln angeordnete Bindegewebsfasern, die als **Sharpey-Fasern** bezeichnet werden. Zum einen sind diese im Wurzelzement und zum anderen im Alveolarknochen befestigt und halten so den Zahn federnd in der Alveole. Bei Kaudruck geht der Zahn etwas tiefer in die Alveole hinein, die Sharpey-Fasern straffen sich. Somit entsteht eine Zugkraft, die auf den Alveolarknochen wirkt und sich positiv auf den Knochenaufbau auswirkt.

1.2.4 Alveolarknochen

Der Alveolarknochen ist der Alveolarfortsatz des Unterkiefer- bzw. Oberkieferknochens. Er bildet die Alveolen, in denen die Zähne mittels der Sharpey-Fasern federnd aufgehängt sind. Bei einem gesunden Parodontium beginnt der Knochen ca. 1–2 mm unterhalb der Schmelz-Zement-Grenze. Bei einem mehrwurzeligen Zahn werden die Wurzeln durch Knochensepten getrennt →Abb. 2.

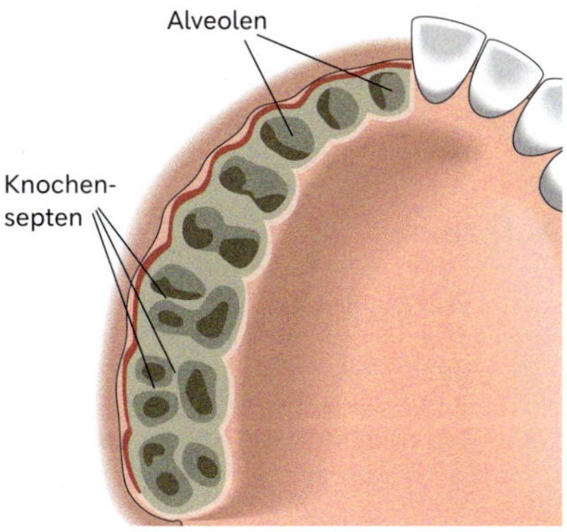

Abb. 2 Knochensepten im Oberkiefer

LF 8 Patienten bei parodontologischen Behandlungen begleiten

Terminologie: Aufbau der Mundschleimhaut und des Parodontiums

Alveole, die	Zahnfach
Approximalraum, der (= Interdentalraum)	Zahnzwischenraum
attached Gingiva (= befestigte Gingiva; Gingiva propria), die	fest anhaftendes Zahnfleisch; mit dem Alveolarknochen fest verwachsene Gingiva
Attachment, das (engl.); **attached**	Befestigung; befestigt, anhaftend
befestigte Gingiva, die	fest anhaftendes Zahnfleisch; s. attached Gingiva
Desmodont, das	Wurzelhaut; von Sharpey-Fasern durchzogener Spalt zwischen Zahnwurzel und Alveolarknochen
Epithel, das	oberste Schicht, Deckschicht
freie Gingiva, die	bewegliches Zahnfleisch; s. marginale Gingiva
Gingiva, die	Zahnfleisch
Gingiva marginalis, die	bewegliches Zahnfleisch; s. marginale Gingiva
Gingiva propria, die	fest anhaftendes Zahnfleisch; s. attached Gingiva
interdentale Gingiva, die	Gingiva der Zahnzwischenräume
interdentale Papille, Interdentalpapille, die	Zahnfleischerhöhung zwischen den Zähnen
Interdentalraum, der (= Approximalraum)	Zahnzwischenraum
marginale Gingiva (= freie Gingiva; Gingiva marginalis)	bewegliches Zahnfleisch; verläuft girlandenförmig am Zahn entlang
Mukogingivalgrenze	Übergangsbereich zwischen Mundschleimhaut und Gingiva
Mukosa, die; **Mucosa**, die	Schleimhaut
Parodontium, das	Zahnhalteapparat, Zahnbett
Parodontologie, die	Lehre vom Zahnhalteapparat und seinen Erkrankungen
Sulkus, der; **Sulcus**, der (= Zahnfleischsulkus, Sulcus gingivae)	Zahnfleischfurche; rillenförmige Vertiefung zwischen marginaler Gingiva und Zahn

Aufgaben

1 Woraus besteht das Parodontium?

2 Beschreiben Sie den Unterschied zwischen der Gingiva propria und der Gingiva marginalis.

3 Was bezeichnet man als Attachment?

2 Parodontalerkrankungen

Parodontalerkrankungen werden allgemein als **Parodontopathien** bezeichnet. Da man sich in der Regel auf die Erkrankungen beschränkt, die vom Zahnfleischrand ausgehen, spricht man von marginalen Parodontopathien. Es werden **entzündliche Parodontalerkrankungen** und **nichtentzündliche Parodontalerkrankungen** unterschieden.
Viele Menschen leiden unter einer Entzündung des Zahnhalteapparates, einer **Gingivitis** oder einer **Parodontitis**. Nach Karies ist Parodontitis die zweithäufigste Volkskrankheit.

Dagegen ist die **Parodontose**, der Rückgang von Alveolarknochen und Zahnfleisch ohne Entzündung, keine häufige Erkrankung. Oft wird der Begriff Parodontose falsch benutzt: Man spricht zwar von einer „Parodontose", meint jedoch die Parodontitis. Im Gegensatz zu Karies haben Parodontalerkrankungen in den letzten Jahren zugenommen. Je älter der Mensch ist, desto häufiger leidet er an einer Parodontitis. Eine Parodontitis kann sich auch auf Allgemeinerkrankungen wie Diabetes, Herz-Kreislauf-Erkrankungen, chronische Atemwegsinfekte negativ auswirken: Über den Blutkreislauf gelangen Milliarden **pathogener** Keime von der Mundhöhle in den Blutkreislauf und verursachen z. B. eine Erkrankung des Herzens, der Lunge oder der Gelenke. Die Parodontitis gilt bei einem Diabetiker oder Herz-Kreislauf-Erkrankten als zusätzlicher Risikofaktor. Sie kann bei Schwangeren sogar zu einer Frühgeburt oder zu einem niedrigeren Geburtsgewicht des Babys führen.

Meist bemerkt der Patient eine parodontale Erkrankung erst im fortgeschrittenen Stadium, da sie oft ohne starke Schmerzen verläuft. Schwellung und Blutung der Gingiva bleiben oft unbemerkt und eine Zahnlockerung tritt erst im fortgeschrittenen Stadium auf.

2.1 Ursachen entzündlicher Parodontalerkrankungen

Es gibt viele Ursachen, die für die Entstehung von entzündlichen Parodontopathien verantwortlich sind. Die Hauptursache sind bakterielle Zahnbeläge.

Video

Die Mundschleimhaut und die verschiedenen Zahnbeläge

2.1.1 Bakterielle Beläge

Die Entstehung von Karies setzt das Vorhandensein von Zahnbelägen voraus. Ebenso ist der Hauptauslöser der entzündlichen Parodontalerkrankungen der bakterielle Belag, bedingt durch eine schlechte Mundhygiene.

Kariesentstehung →LF 4

Entstehung der Plaque

Nach dem Zähneputzen bildet sich eine dünne, eiweißhaltige Schutzschicht aus Speichelbestandteilen, die **Pellikel** (Schmelzoberhäutchen). Dieses Schmelzoberhäutchen ist zunächst bakterienfrei und nicht pathogen. Auf dieser Schicht haften bereits nach kurzer Zeit Bakterien aus der Mundhöhle.

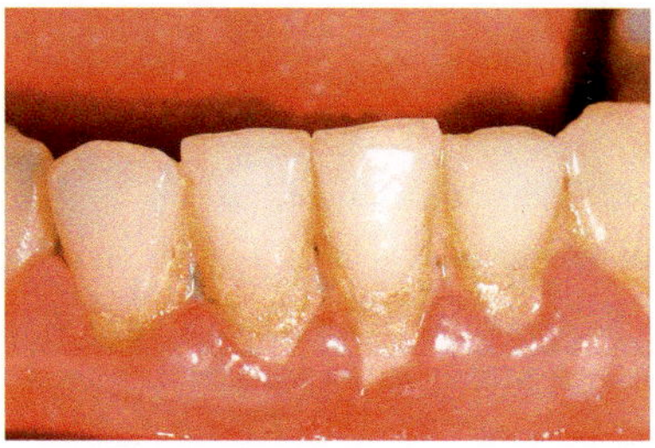

Abb. 1 Plaque (Biofilm)

Verbleiben Nahrungsreste auf den Zähnen, so entsteht ein Bakterienfilm aus pathogenen Keimen. Nach ein bis zwei Tagen bildet sich **Plaque**, ein weicher, weißlich-gelber, aber fest haftender Belag, der nur durch gründliches Zähneputzen zu entfernen ist.

Merke
Plaque ist die Hauptursache für die Entstehung einer Gingivitis oder Parodontitis.

Sie besteht aus einer klebrigen Grundsubstanz, in der viele Bakterienarten leben. Weiter enthält sie Toxine, Speichelbestandteile und Nahrungsreste.

Plaque besteht aus einer klebrigen Grundsubstanz, einer Schleimschicht. Es bildet sich ein strukturiertes Gerüst (eine Matrix) aus Proteinen, in das viele verschiedene Bakterienarten eingebettet sind. Man bezeichnet die Plaque als oralen **Biofilm**.

Die Plaque bietet Schutz für verschiedene Mikroorganismen, sodass diese sich darin gut vermehren können. Den Biofilm kann man nur mechanisch zerstören, also durchs Putzen. Chlorhexidin-Mundspüllösungen können diesen Lebensraum für Bakterien nicht zerstören. Plaque enthält auch die Verdauungssekrete und Toxine der Bakterien sowie Speichelbestandteile und Antigene (regen eine Antikörperbildung des Immunsystems an).

Verbleibt Plaque an den Zähnen, so ändert sich die bakterielle Zusammensetzung. In einer reifen Plaque wird das Wachstum von **anaeroben** (ohne Sauerstoff lebenden) Bakterien gefördert, welche Parodontalerkrankungen hervorrufen.

Von der Plaque zur Gingivitis

Video
Entstehung und Verlauf von Gingivitis und Parodontitis

Verbleibt Plaque auf den Zähnen, so tritt nach fünf bis sieben Tagen eine Gingivitis, eine Entzündung des Zahnfleischsaumes, auf →Tab. 1; Abb. 1, 2. Sie ist eine Abwehrreaktion des Körpers auf die Bakterien.
Durch vermehrte Durchblutung wird die lokale Abwehrsituation gestärkt. Die Blutgefäße erweitern sich, neue werden gebildet und die Gewebeschicht zwischen den Blutgefäßen und der Gingivaoberfläche wird immer dünner und verletzlicher. Daher ist das Hauptsymptom einer Gingivitis die Blutung. Beim Sondieren blutet es, der Fachausdruck lautet **b**leeding **o**n **p**robing, abgekürzt BOP.

Merke
Eine Gingivitis ist eine Entzündung des Zahnfleisches, ohne Verlust des Attachments. Bei gründlicher Mundhygiene bildet sich die Gingivitis ohne bleibende Folgen wieder zurück, sie ist **reversibel**.

Beim Sondieren ist eventuell eine größere Tiefe zu messen, aber die Ursache ist nicht ein Verlust von Attachment (Verlust von parodontalem Stützgewebe), sondern ein geschwollenes Zahnfleisch. Dieses erschwert die Mundhygiene, was wiederum zu einer Verstärkung der Gingivitis führt.

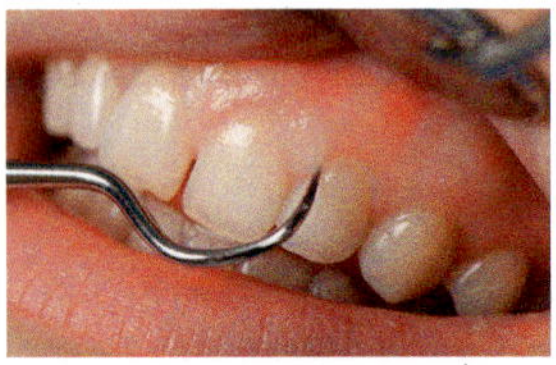

Abb. 1 Gesunde Gingiva

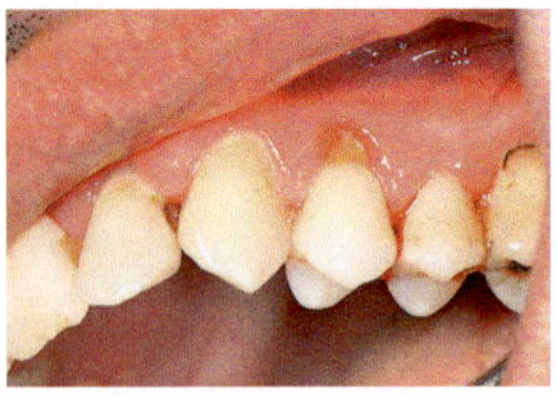

Abb. 2 Gingivitis

Gesunde Gingiva	Kranke Gingiva
blassrosa, matt glänzend, straff	gerötet und geschwollen, glänzend
girlandenförmiger Verlauf der marginalen Gingiva, 0,5-2 mm tiefer Sulkus	Interdentalpapillen sind nicht mehr voll erhalten
keine bis geringe Sulkusflüssigkeit	vermehrte Sulkusflüssigkeit
keine Blutung	blutet nach Sondierung

Tab. 1 Kennzeichen einer gesunden und einer kranken Gingiva

Mögliche Verlaufsform einer Gingivitis

Um die Gingivitis zu bekämpfen, produziert das Immunsystem Abwehrstoffe, die aber nicht nur die Bakterien angreifen, sondern auch die Fasern der Gingiva und später den Alveolarknochen. Die Gingiva liegt dann nicht mehr straff am Zahn an.

- Zunächst löst sich das Saumepithel, sodass Bakterien am Zahn entlang in die Tiefe vordringen können. Der Sulkus vertieft sich und es entsteht eine Zahnfleischtasche, in der sich noch mehr Beläge ansammeln. Es bildet sich ein bakterieller Biofilm in der Tiefe der Tasche. Die sich dann vermehrt bildende Sulkusflüssigkeit gelangt zwar in die Tasche und entfaltet eine gewisse Reinigungswirkung, kann aber die fest anhaftenden Bakterienbeläge nicht entfernen.
- Mit der Zeit werden auch die Sharpey-Fasern angegriffen, sodass die Bakterien und Beläge sich immer tiefer unter das Zahnfleisch schieben. Es entstehen tiefe **Zahnfleischtaschen** und die Zähne erscheinen verlängert.
- Der Alveolarknochen wird angegriffen und abgebaut. Es entstehen **Knochentaschen**. Der Zahn hat keinen festen Halt mehr.

Saumepithel → S. 247

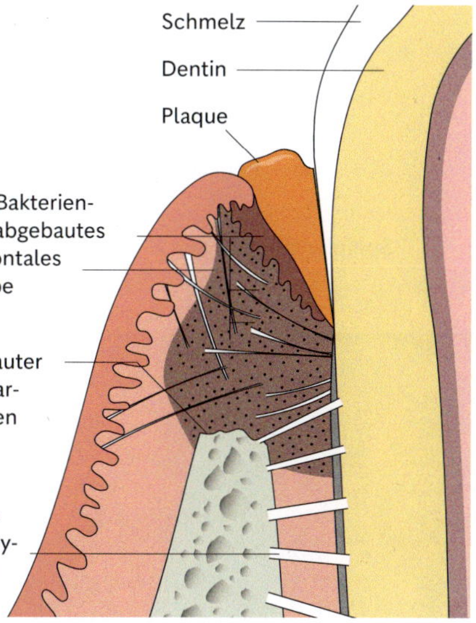

Abb. 1 Parodontitis

Abhängig von der Reaktion des Immunsystems kann so aus einer Gingivitis eine marginale Parodontitis entstehen →Abb. 1, 2. Eine Parodontitis kann aber auch ohne eine vorangegangene Gingivitis entstehen. In seltenen Fällen ist die Immunreaktion so heftig, dass gleich ein Knochenabbau erfolgt.

Wenn die Zähne keinen festen Halt mehr haben, so fangen sie an zu wandern, zu kippen und zu elongieren. Vor allem im Frontzahnbereich im Oberkiefer, wo die Lippen im Gegensatz zur Wangenmuskulatur wenig Widerstand bieten, wandern die Zähne nach vestibulär. Man spricht von einer vestibulären Auffächerung.

Zahnstellungsabweichungen →LF 10

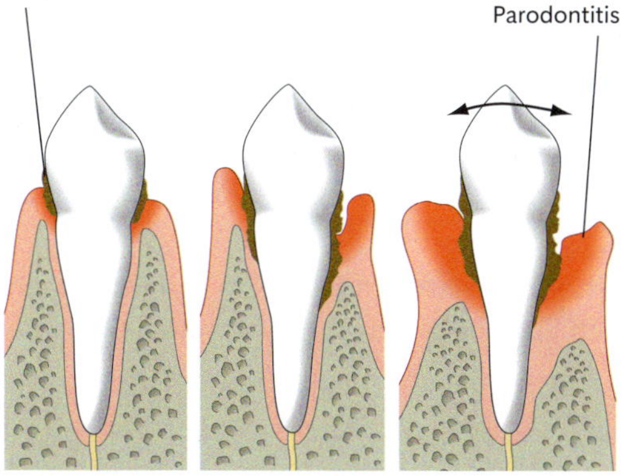

Abb. 2 Verlauf einer chronischen Parodontitis

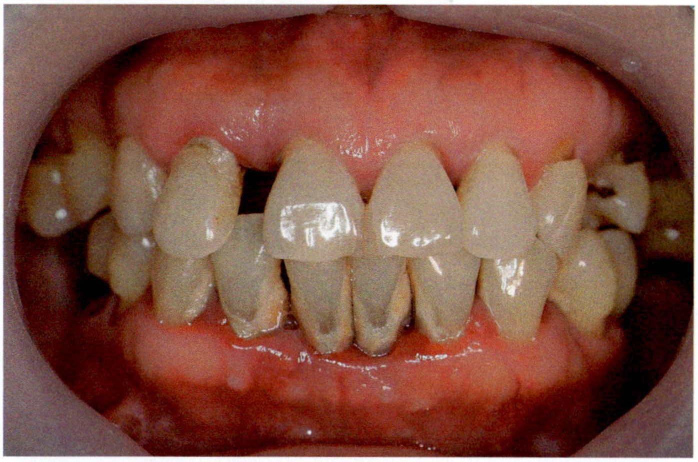

Abb. 3 Schwere Form der Parodontitis. Teile der Zahnwurzeln liegen frei. Zahnstein und Plaque sind sichtbar.

Merke
Eine Parodontitis ist eine Entzündung des ganzen Zahnhalteapparates. Die Gingiva und der Alveolarknochen werden abgebaut. Selbst wenn eine Parodontitis erfolgreich behandelt wurde, ist der ursprüngliche Zustand nicht mehr herstellbar. Der Rückgang von Gingiva und Alveolarknochen ist **irreversibel**.

Speichel →LF 4
Speicheldrüsen →LF 2

Plaque, die oberhalb des Zahnfleischsaumes liegt, wird als **supragingivale** Plaque bezeichnet. Sie kann durch Mineralsalze aus dem Speichel verkalken, dann spricht man von **Zahnstein**. Zahnstein befindet sich bevorzugt in der Nähe der Ausführungsgänge der großen Speicheldrüsen, v. a. im lingualen UK-Frontzahnbereich →Abb. 1 und im vestibulären OK-Molarenbereich.

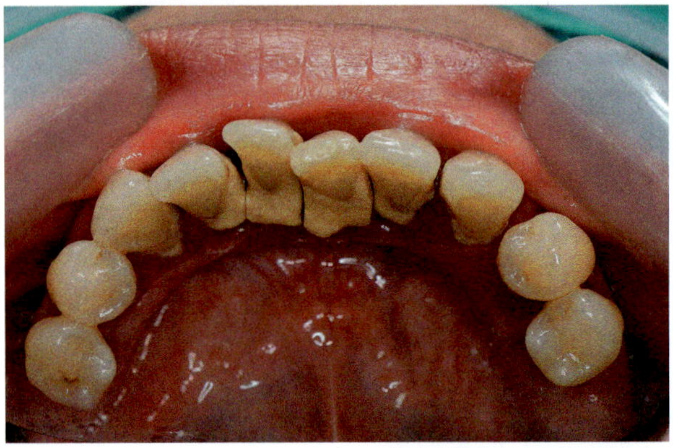
Abb. 1 Zahnstein im lingualen UK-Frontzahnbereich

Breitet sich Plaque unterhalb der Gingiva auf der Wurzeloberfläche aus, so spricht man von **subgingivaler** Plaque. Dabei verändert sich ihre Zusammensetzung durch hinzukommende Blutbestandteile, Bestandteile aus der Sulkusflüssigkeit und durch das Vorhandensein von anaeroben, pathogenen Bakterien. Die Anzahl der anaeroben Bakterien nimmt auf Kosten der aeroben Bakterien zu. Wenn die subgingivale Plaque verkalkt, dann spricht man von **Konkrementen** →Abb. 2, S. 251. Konkremente werden auch als subgingivaler Zahnstein bezeichnet. Sie bilden spitze, harte Kristalle, die durch die Blutbestandteile dunkel eingefärbt sind.

Video
Zusammensetzung und Funktionen von Speichel

Merke
Zahnstein wird gebildet, wenn sich Kalksalze aus dem Speichel in die vorhandene supragingivale Plaque einlagern.

Von **Konkrementen** spricht man, wenn die subgingivale Plaque verkalkt.

Zahnstein und Konkremente bilden eine Retentionsstelle für weitere bakterielle Beläge.

Selbst wenn zu diesem Zeitpunkt wieder eine gute Mundpflege betrieben wird, so kann dennoch eine Ausheilung der Parodontitis ohne eine Entfernung der subgingivalen Beläge und Konkremente durch den Zahnarzt nicht erreicht werden. Erst durch die Zerstörung des bakteriellen Biofilms in den Taschen wird die parodontale Entzündung gestoppt.

Kariesentstehung →LF 4
mikrobiologischer Test →LF 10

Ebenso wie Karies verursachende Bakterien können auch Bakterien von Menschen mit einer Parodontalerkrankung über den Speichel auf andere Menschen übertragen werden.

Exkurs
Patienten mit einer Parodontalerkrankung haben häufig Mundgeruch, der durch die besondere Bakterienzusammensetzung entsteht. Dieser bakterielle Belag befindet sich oft auch auf dem Zungenrücken. Selbst wenn der Patient seine Zunge reinigt, entsteht dieser Geruch immer wieder. Erst wenn die Parodontitis behandelt wurde, verändert sich die Bakterienzusammensetzung im Mund des Patienten. Die pathogenen Keime werden reduziert und der faulige Mundgeruch verschwindet.

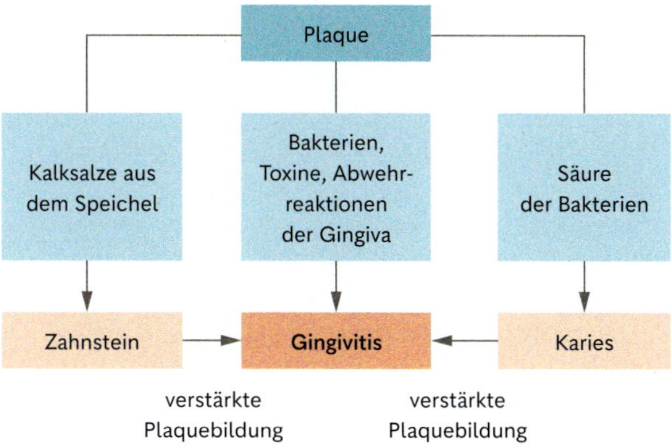

Abb. 1 Entstehung einer Gingivitis aufgrund von Plaque

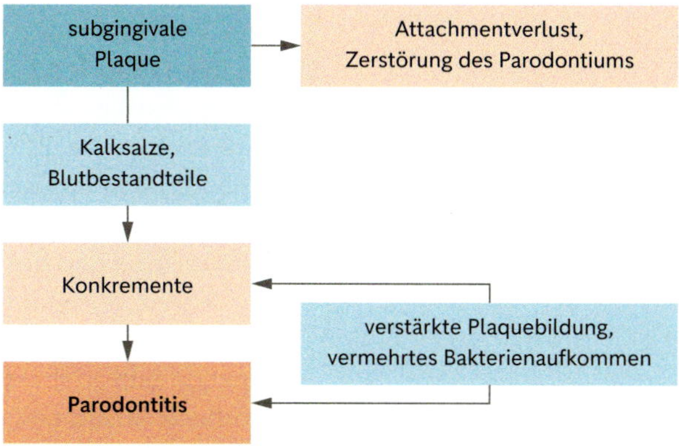

Abb. 2 Entstehung einer Parodontitis aufgrund von Plaque

Merke
- **Symptome Gingivitis:** Rötung, Schwellung, Blutung, ohne Abbau des parodontalen Stützgewebes (ohne Taschenbildung)
- **Symptome Parodontitis:** Attachmentverlust, Zahnfleischtaschen und Knochenabbau (Knochentaschen), später erhöhte Zahnbeweglichkeit und Zahnverlust

Video

Entstehung und Verlauf von Gingivitis und Parodontitis

2.1.2 Weitere Ursachen für entzündliche Parodontalerkrankungen

Manche Faktoren, z. B. Rauchen oder Stress, können allein keine entzündliche Parodontalerkrankung hervorrufen. Sie begünstigen aber die Entstehung von entzündlichen Parodontopathien →Abb. 3.

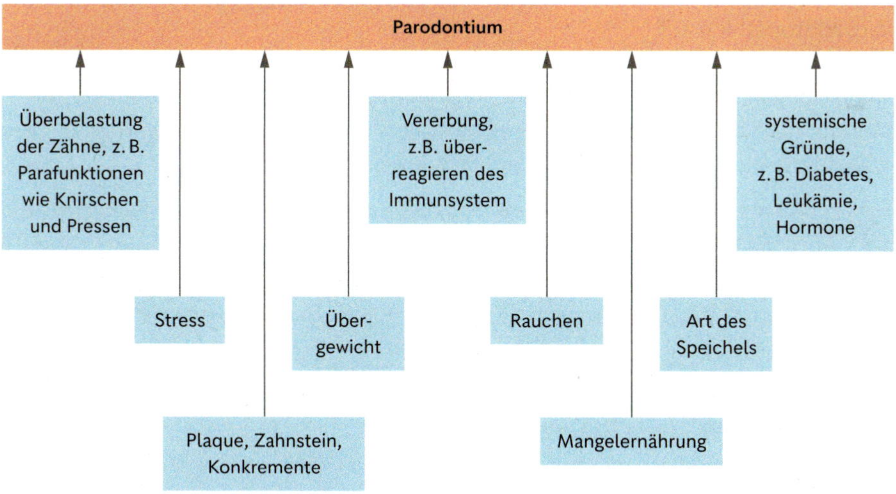

Abb. 3 Entstehung entzündlicher PA-Erkrankungen

Lokale Verstärkung

Dazu zählen folgende Faktoren:
- Vorhandensein von Zahnstein und Konkrementen
- Zahnanatomie (z. B. Furchen, Grübchen) und Zahnstellung (z. B. Engstand, Kippung, Drehung der Zähne)
- Mundatmung; da der Luftstrom die Mundhöhle austrocknet, entfallen die Spülfunktion und die antibakterielle Wirkung des Speichels
- Konsistenz, Zusammensetzung und Menge des Speichels; wenn der Speichel zu viskös ist oder zu wenig Leukozyten mit sich führt, so kann er seine Spülfunktion und antibakterielle Wirkung nicht ausüben
- Prothesenklammern, die dicht an der Gingiva verlaufen, nicht korrekt gestaltete Füllungs- und Kronenränder, schlecht gestaltete Approximalkontakte oder andere raue Stellen bieten eine Oberfläche, an denen Plaque gut haftet
- bereits bestehende Zahnfleisch- und Knochentaschen, in denen Plaque zurückgehalten wird und in deren sauerstoffarmem Milieu pathogene Keime besonders gut wachsen

Aufgaben des Speichels →LF 4

Prädilektionsstellen für Plaque und Karies →LF 10

Verstärkung durch individuelle Veranlagungen

Unter dem Einfluss von Hormonen kann schnell eine Gingivitis entstehen, z. B. in der Pubertät, im Zusammenhang mit dem Menstruationszyklus, während der Schwangerschaft, in den Wechseljahren. Die Gingiva wird stärker durchblutet, sie wird weicher und empfindlicher.

Anamnese →LF 2

Bei Erstellung einer allgemeinen und parodontitisspezifischen Anamnese ist abzuklären, ob der Patient an Allgemeinerkrankungen wie Diabetes mellitus, Leukämie oder HIV leidet. Patienten mit genetischen Veränderungen wie Down-Syndrom (Trisomie 21) und anderen seltenen genetischen Erkrankungen weisen häufiger Parodontopathien auf.

Der Krankheitsverlauf ist stark abhängig von der genetischen Veranlagung (Disposition). Eine angeborene unterschiedliche Immunreaktion auf den Biofilm in der Mundhöhle führt bei manchen Menschen zur Erkrankung, bei anderen nicht, obwohl bei ihnen die gleichen Keime nachgewiesen werden können.

Merke

Entstehung einer chronischen Parodontitis
- Gute Immunabwehr und wenige Bakterien → **gesund**
- Gute Immunabwehr und viele Bakterien aufgrund von Belägen → **Erkrankung**
- Schlechte Immunabwehr und wenige Bakterien → **Erkrankung**

Medikamentöse Verstärkung

Gingivahyperplasie →S. 255

Bei der Einnahme von bestimmten Medikamenten kann eine Gingivawucherung auftreten. Dies allein ruft noch keine entzündlichen Parodontopathien hervor, aber sie erschwert die Mundhygiene und führt sekundär zur Parodontitis. Folgende Medikamente kommen in Betracht:
- Medikamente gegen Epilepsie
- Medikamente, die Reaktionen des Immunsystems unterdrücken, z. B. bei Organtransplantationen
- Medikamente, die bei bestimmten Herzerkrankungen eingesetzt werden
- Medikamente gegen Bluthochdruck
- Kontrazeptiva (Antibabypille)

Verstärkung durch Mangel- oder Fehlernährung

Chronischer Vitamin-C-Mangel, Mangelernährung bei Magersucht oder Alkoholmissbrauch können zu entzündlichen Parodontopathien führen.

Exkurs
Der regelmäßige Verzehr Vitamin-C-haltiger Nahrungsmittel wie Grapefruit, Johannisbeeren, Orangen, Brokkoli, Rosenkohl oder Paprika kann parodontalen Erkrankungen vorbeugen und deren Heilung beschleunigen.

Verhaltensbedingte Ursachen

Rauchen beschleunigt die Entstehung und Schwere von Parodontalerkrankungen erheblich. Bei Rauchern ist eine vermehrte Plaquebildung zu beobachten. Aus dem Tabak kommen Ablagerungen und Giftstoffe. Die Abwehrlage bei Rauchern ist herabgesetzt, die Gingiva wird schlecht durchblutet. Eine Entzündung der Gingiva ist bei Rauchern **nicht** an den klassischen Symptomen zu erkennen: Aufgrund der gefäßverengenden Wirkung des Nikotins ist die Gingiva nicht gerötet und blutet auch nicht. Sie verledert und der Patient spürt keine Schmerzen. Dadurch kann die Erkrankung unbemerkt fortschreiten.

Die Erfolgsaussichten einer Parodontalbehandlung sind bei Rauchern deutlich schlechter als bei Nichtrauchern.

2.2 Nichtentzündliche Parodontalerkrankungen

Bei den nichtentzündlichen Parodontalerkrankungen beobachtet man Erkrankungen, die mit **Hyperplasie** (vermehrte Gewebebildung) einhergehen, und Erkrankungen, die mit **Atrophie** (Gewebeschwund) einhergehen.

2.2.1 Hyperplasien

Bei einer **Gingivahyperplasie** (Gingivawucherung) kommt es zu einer Wucherung des gingivalen Gewebes →Abb. 1. Diese kann sich auf einzelne Zähne beziehen oder generalisiert, also an vielen Zähnen, auftreten. Die Gingiva ist derb sowie zunächst blutungs- und entzündungsfrei.

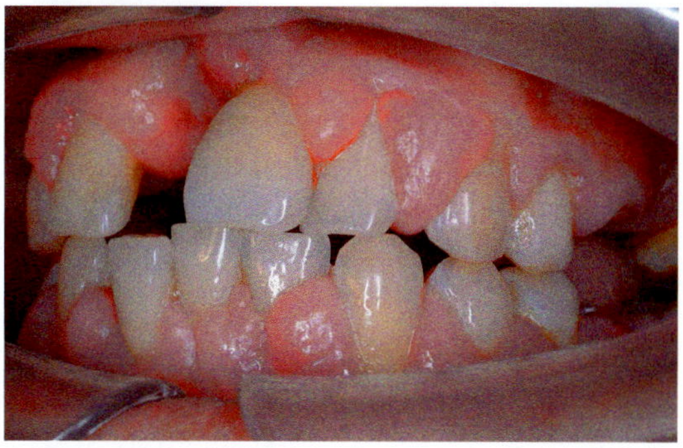

Abb. 1 Gingivahyperplasie

Da das Gewebe in Richtung Zahnkrone wächst, entstehen sogenannte **Pseudotaschen**. Sie stellen eine Verdickung und Vergrößerung des Zahnfleisches dar, welches der Zahnkrone lose anliegt. Es tritt kein Attachmentverlust ein, dennoch ist eine größere Sondierungstiefe messbar.

Als Folge der erschwerten Mundhygiene kann es sekundär zu einer Entzündung der Gingiva kommen. Meist sind es **Medikamente**, z. B. gegen Epilepsie, die eine Gingivahyperplasie auslösen.

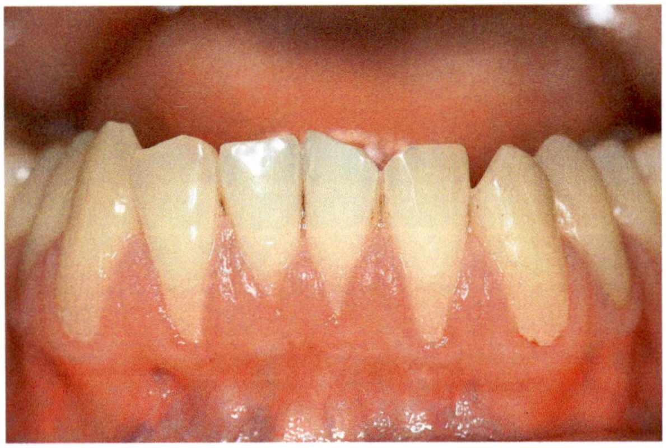

Abb. 1 McCall-Girlanden

2.2.2 Parodontale Atrophien

Eine parodontale Atrophie ist eine Rückbildung des Zahnhalteapparates ohne eine Entzündung.

Rezession

Man spricht von einer parodontalen **Rezession**, wenn der **Gingivarand** direkt auf der Schmelz-Wurzelzement-Grenze oder sogar darunter liegt. Bei einem gesunden Parodontium liegt der Gingivarand ca. 2 mm oberhalb der Schmelz-Wurzelzement-Grenze.

Bei einer Rezession liegt aufgrund des Rückgangs der Gingiva die Wurzeloberfläche meist vestibulär frei. Es sind keine Entzündungszeichen und auch keine erhöhten Sondierungstiefen zu beobachten. Manchmal ist eine wulstartige Verdickung zu sehen, dann spricht man von **McCall-Girlanden** →Abb. 1. Wenn eher ein Spalt in der Gingiva zu erkennen ist, spricht man von einer **Stillman-Spalte**.

Die Ursache einer Rezession ist meist eine falsche Putztechnik oder ein zu starker Zug der Wangen- und Lippenbändchen. Im Rahmen einer kieferorthopädischen Behandlung, bei der Klammern oder Bänder zu nahe am Zahnfleischrand sitzen, kann es zu Rezessionen an diesen Zähnen kommen.

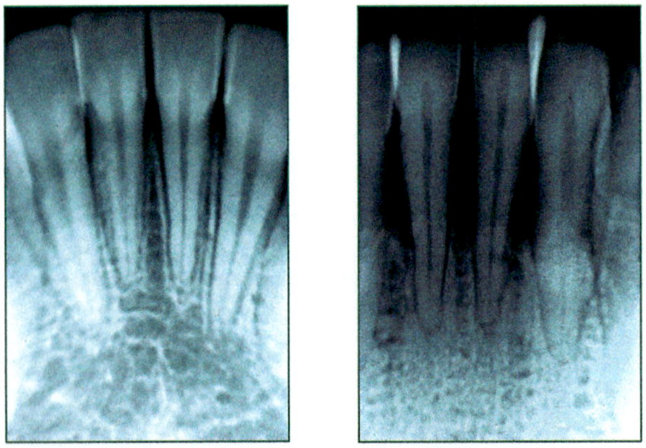

Abb. 2 Alveolaratrophie. Links: gesunder Alveolarknochen; Rechts: atrophierter Alveolarknochen; die Wurzeln liegen frei

Alveolaratrophie

Wenn der Alveolarknochen, auch bei vorhandenen Zähnen, schwindet, dann spricht man von einer **Alveolaratrophie** →Abb. 2. Der gesunde Alveolarknochen beginnt ca. 2 mm unterhalb der Schmelz-Zement-Grenze. Bei einer Atrophie baut er sich, auch interdental, entzündungsfrei und ohne Taschenbildung ab. Die Wurzeloberflächen liegen frei, später ist eine erhöhte Zahnbeweglichkeit festzustellen. Diese Erkrankung tritt v. a. bei älteren Patienten auf und wird volkstümlich mit dem veralteten Begriff Parodontose bezeichnet.

2.3 Klassifikation der parodontalen Erkrankungen

Weiterführende Informationen finden Sie auf den Seiten der Deutschen Gesellschaft für Parodontologie. *www.dgparo.de*

Neue Erkenntnisse in der Erforschung der parodontalen Erkrankungen und deren Behandlung führten dazu, dass die Klassifikation überarbeitet werden musste. Seit 2018 gibt es diese neue Klassifikation parodontaler und peri-implantärer (um ein Implantat herum) Erkrankungen.

Mit dieser Klassifikation können die Behandler die Erkrankung richtig diagnostizieren und anschließend spezifisch behandeln. Auch fließen Faktoren wie das Patientenalter, systemische Erkrankungen und Rauchgewohnheiten in die Diagnosestellung mit ein.

Parodontalerkrankungen

Parodontale Gesundheit, gingivale Gesundheit und gingivale Erkrankung	Parodontale und gingivale Gesundheit
	Gingivitis, hervorgerufen durch schlechte Mundhygiene, Biofilm
	Gingivale Erkrankungen, nicht durch schlechte Mundhygiene hervorgerufen
Parodontitis	Nekrotisierende (Absterben von Gewebe) parodontale Erkrankungen
	Parodontitis, näher charakterisiert durch die Einordnung in „Staging und Grading" aufgrund von individuellen Faktoren
	Parodontitis, basierend auf einer systemischen Erkrankung, z. B. Down-Syndrom
Andere Erkrankungen des Parodontiums	Systemische Erkrankungen mit Auswirkung auf das Parodontium
	Parodontale Abszesse und Parodontitis im Zusammenhang mit endodontischen Erkrankungen
	Mukogingivale Veränderungen, z. B. Rezessionen
	Traumatische (verletzungsbedingte) okklusale Überbelastung der Zähne
	Zahn- und zahnersatzbezogene Faktoren

Tab. 1 Einteilung der parodontalen Erkrankungen. Quelle: Deutsche Gesellschaft für Parodontologie

Terminologie: Parodontalerkrankungen

aerob	mit Sauerstoff lebend
Alveolaratrophie, die	Schwund des Alveolarknochens
anaerob	ohne Sauerstoff lebend
Antigen, das	Stoff, der vom Körper als fremd betrachtet wird. Dadurch wird das Immunsystem angeregt, Antikörper zu bilden.
Atrophie, die	Schwund, Rückbildung
Disposition, die	Bereitschaft, Veranlagung
elongieren	Herauswachsen der Zähne aus der Alveole
Gingivitis, die	Zahnfleischentzündung
Hyperplasie, die	Wucherung des Gewebes, hier der Gingiva
irreversibel	nicht umkehrbar
Konkrement, das	fest haftende Ablagerung von Mineralsalzen, Blutbestandteilen, Bakterien auf der Wurzeloberfläche; auch als subgingivaler Zahnstein bezeichnet
marginal (lat. margo = Rand)	den Rand betreffend
Nekrose, die	lokaler Zell- oder Gewebetod
Parodontitis, die	Entzündung des Zahnhalteapparates
Parodontopathien, die	Gesamtbezeichnung für alle Parodontalerkrankungen

Parodontose, die	entzündungsfreier Rückgang des Alveolarknochens
pathogen	krank machend
Pellikel, die	Schmelzoberhäutchen; dünner bakterienfreier Film aus Speichelbestandteilen und Eiweißen, der sich sofort nach dem Zähneputzen auf die Zahnoberfläche legt
peri-implantär	um ein Implantat herum
Plaque, die	weicher, weißlich-gelber, fest haftender Belag aus Speichelbestandteilen, Nahrungsresten, Bakterien und deren Stoffwechselprodukten; nur durch gründliches Zähneputzen zu entfernen
Retentionsstelle, die	natürliche oder durch Restauration entstandene Stelle, die eine Plaqueansammlung fördert; sog. Schmutznische, die schlecht gereinigt werden kann; z. B. überstehende Kronen und Füllungsränder
reversibel	umkehrbar
Rezession, die	Rückgang, Schwund des Zahnfleisches
subgingival	unter dem Zahnfleisch, unterhalb des Zahnfleischrandes
supragingival	über dem Zahnfleisch, oberhalb des Zahnfleischrandes
Toxin, das	Gift
Zahnstein, der	Plaque, die durch Mineralien aus dem Speichel verkalkt, oft im Frontzahnbereich im UK und distal hinter den 6ern im OK (Bereich der Ausführgänge der Speicheldrüsen)

Aufgaben

1	Nennen Sie eine der Hauptursachen aller entzündlichen Parodontalerkrankungen.
2	Wie sieht eine gesunde Gingiva aus, wie eine kranke?
3	Wie heißen die Beläge oberhalb des Zahnfleischrandes? Wie heißen sie unterhalb des Zahnfleischrandes?
4	Definieren Sie die Begriffe Gingivitis und Parodontitis.
5	Zählen Sie fünf mögliche Ursachen für eine Parodontalerkrankung auf.
6	Erklären Sie, weshalb Raucher häufiger an einer Parodontalerkrankung erkranken.
7	Was ist eine Gingivahyperplasie?
8	Warum führt eine Gingivahyperplasie letztendlich zu einer Entzündung?
9	Nennen Sie zwei Arten von parodontalen Atrophien.
10	Erläutern Sie die Krankheit „Parodontose“.

3 Behandlung von Parodontalerkrankungen

Bei der Behandlung entzündlicher Parodontopathien werden ein gesundes Parodontium und der Erhalt der Zähne angestrebt. Eine vollständige Herstellung der Form und Funktion des Zahnhalteapparates wie vor der Erkrankung ist nicht möglich, da Gewebe zerstört wurde. Ein langfristiges Ziel ist eine gute Mundhygiene, um somit den erreichten gesunden Zustand dauerhaft zu erhalten.

Behandlungsziele sind:
- keine Blutung beim Sondieren, Entzündungsfreiheit
- Rückgang der Zahnfleisch- und Knochentaschen, geringe Sondierungstiefe
- Verhinderung eines weiteren Attachmentverlusts
- Rückgang der Zahnbeweglichkeit
- den Behandlungserfolg langfristig zu sichern

Entscheidend für den Behandlungserfolg ist die kontinuierliche **Mitarbeit** des Patienten. Er muss die Ursachen seiner Erkrankung verstehen und es als dringlich erachten, sich sein weiteres Leben lang um eine gute Mundhygiene zu bemühen.
Dies berücksichtigt die neue Behandlungsstrecke, die seit dem 1. Juli 2021 gilt. Die „sprechende Zahnmedizin" in Form von Aufklärungs- und Therapiegesprächen ist in den BEMA-Leistungskatalog aufgenommen worden. Der Patient wird aktiv in die Therapie eingebunden.

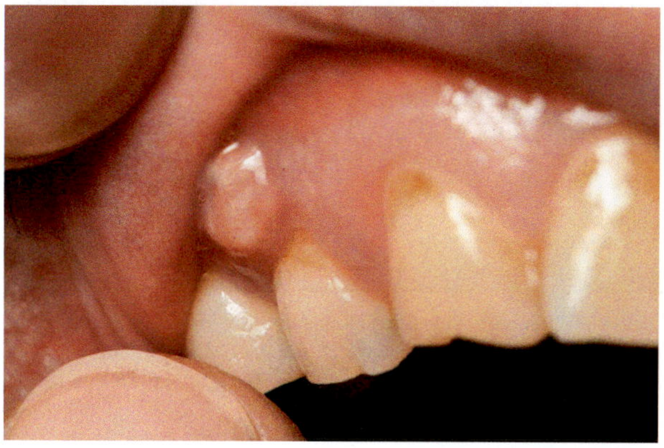

Abb. 1 Parodontalabszess

Parodontalabszesse, nekrotisierende Parodontalerkrankungen, Paro-Endo-Läsionen werden außerhalb der systematischen PA-Behandlung versorgt. Es sind akute Erkrankungen, die sofort behandelt werden müssen. Unbehandelt können sie zu einer Sepsis (sogenannte Blutvergiftung) führen. Die Ursache dieser Symptome wird diagnostiziert und therapiert.

3.1 Erkennen einer behandlungsbedürftigen Parodontalerkrankung mithilfe des Parodontalen Screening-Index (PSI)

Der Parodontale Screening Index (PSI) ist eine Vorsorgeuntersuchung, um parodontale Erkrankungen frühzeitig erkennen zu können. Der PSI wird alle zwei Jahre als Präventionsmaßnahme erhoben.
Er verschafft dem Behandler einen Überblick über die Schwere der Erkrankung und einen möglichen Behandlungsbedarf.
Er ist keine Voraussetzung für das Durchführen einer systematischen Parodontalbehandlung. Während einer systematischen Behandlung der Parodontalerkrankung kann er nicht abgerechnet werden.
Bei der Erhebung des PSI wird das Gebiss in Sextanten (OK und UK jeweils drei) eingeteilt. Mit einer WHO-Sonde wird jeder Zahn innerhalb eines Sextanten an sechs Stellen sondiert →Abb. 2.

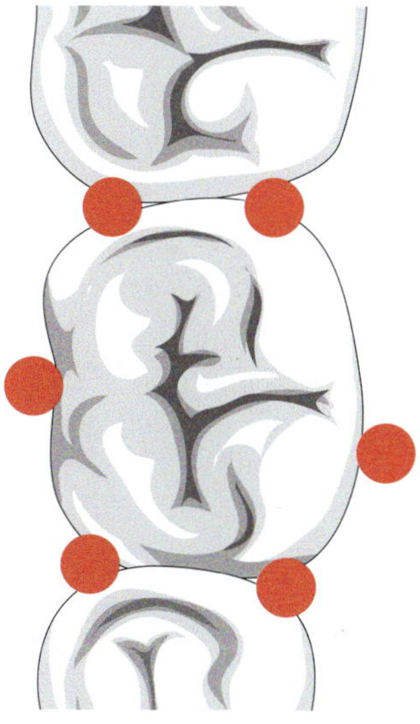

Abb. 2 Vorgeschriebene Sondierungsstellen bei einem Erwachsenen

Sonden →S. 275

Bei einer WHO-Sonde bildet eine kleine Kugel (Durchmesser 0,5 mm) die Spitze; im Bereich von 3,5–5,5 mm Sondierungstiefe ist die Sonde schwarz markiert; bei 8,5 und 11,5 mm ist ebenso eine Skalierung angebracht →Abb. 1. Durch die Kugel an der Spitze wird ein Verletzen des Sulkus verhindert. Die Befunde werden in Code 0 bis Code 4 eingeteilt →Tab. 1, S 321; Abb. 1, S. 261.

Nur der höchste Wert (Code) eines Sextanten wird in ein PSI-Befundschema eingetragen bzw. direkt über die Praxissoftware notiert →Abb. 2, 3.

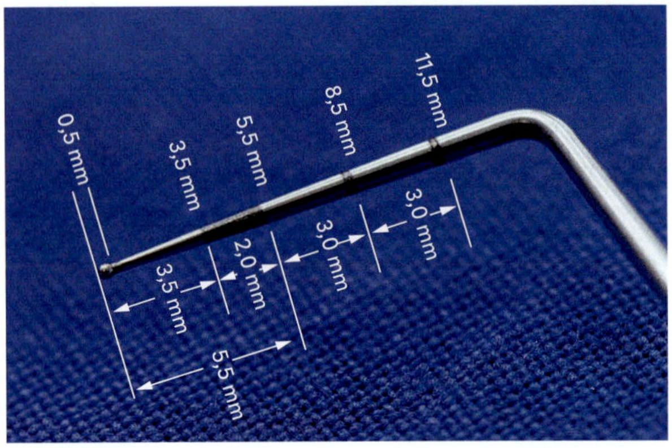

Abb. 1 WHO-Sonde. Eine kleine Kugel mit einem Durchmesser von 0,5 mm bildet die Spitze; im Bereich von 3,5 bis 5,5 mm Sondierungstiefe ist die Sonde schwarz markiert; bei 8,5 und 11,5 mm sind weitere Skalierungen angebracht.

Wird an einer Stelle der Codewert 4 erreicht, geht man direkt zum nächsten Sextanten über, da dies der höchste Wert ist.

Bei Kindern und Jugendlichen untersucht man nur die Zähne 11, 31, 16, 26, 36, 46.

Wenn weitere Auffälligkeiten wie Furkationsbefall, Rezessionen von mindestens 3,5 mm oder Zahnbeweglichkeit vorliegen, so erhält der Sextant zusätzlich ein Sternchen. Beurteilt werden Beläge, Blutung auf Sondieren (engl. **b**leeding **o**n **p**robing = BOP), Sondierungstiefen und überstehende Restaurationsränder.

Dem jeweiligen Codewert →Abb. 1, S. 261 sind Befund und Therapieempfehlungen zugeordnet →Tab. 1, S. 261.

Einteilung von Ober- und Unterkiefer in je drei Sextanten (S1–S3)	**Höchster im Sextanten festgestellter Code**
Oberkiefer 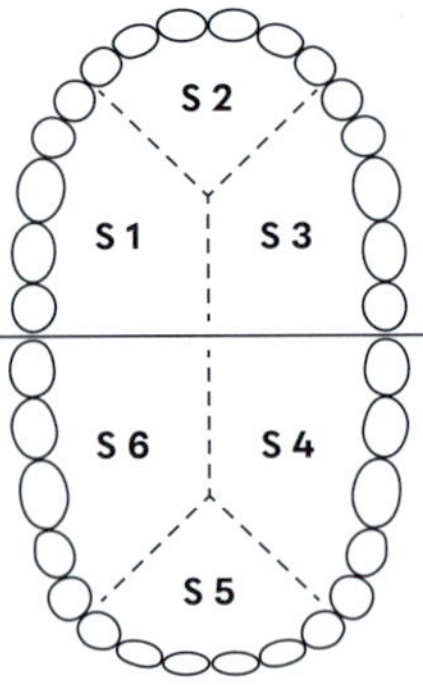	S 1 S 2 S 3
Unterkiefer	S 4 S 5 S 6

Abb. 2 PSI-Befundschema

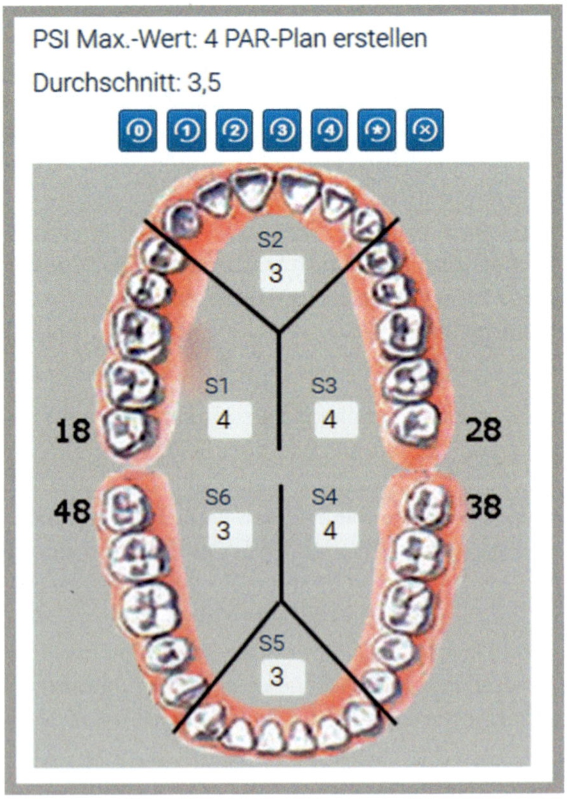

Abb. 3 Erfassung der PSI-Werte in der Praxissoftware

Behandlung von Parodontalerkrankungen

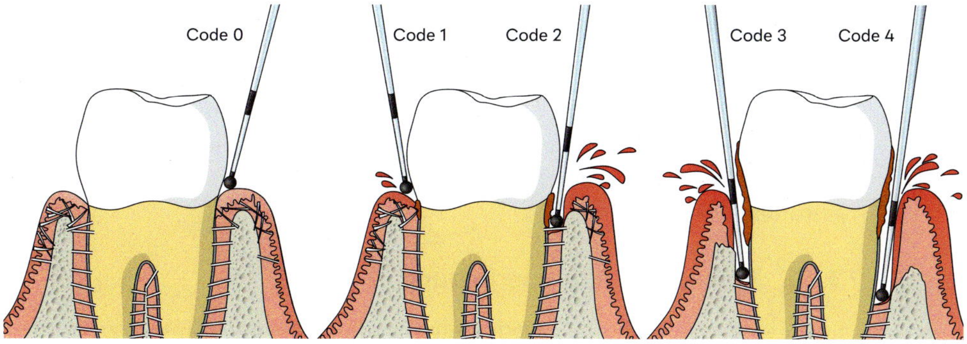

Abb. 1 Die fünf Bewertungsgrade (Code 0 bis 4) des PSI

Bewertungsgrad	Befund	Einschätzung	Therapieempfehlung
Code 0	– das schwarze Band der Sonde bleibt vollständig sichtbar, Sondierungstiefe (ST) kleiner als 3,5 mm – kein Zahnstein und keine defekten Restaurationsränder – keine Blutung	gesundes Parodontium	keine Therapie notwendig, präventive Betreuung
Code 1	– das schwarze Band der Sonde bleibt vollständig sichtbar, ST kleiner als 3,5 mm – kein Zahnstein und keine defekten Restaurationsränder – Blutung auf Sondieren	Gingivitis	Anleitung zur besseren Mundhygiene, PZR
Code 2	– das schwarze Band der Sonde bleibt vollständig sichtbar, ST kleiner als 3,5 mm – defekte Restaurationsränder – Blutung auf Sondieren	Gingivitis	Anleitung zur besseren Mundhygiene, Entfernung aller supragingivaler und gingivalen Beläge, Beseitigung plaqueretentiver Restaurationsränder
Code 3	– das schwarze Band bleibt teilweise sichtbar, ST zwischen 3,5 und 5,5 mm – defekte Restaurationsränder – Blutung auf Sondieren	Parodontitis	systematische Parodontalbehandlung, Entfernung aller supragingivalen und gingivalen Beläge, Anleitung zur besseren Mundhygiene, vollständige parodontale Befunderhebung, wenn ≥ 2 Sextanten einen Code 3 zugewiesen bekommen haben, Therapieplanung
Code 4	– das schwarze Band verschwindet vollständig in der Tasche (ST mehr als 5,5 mm) – defekte Restaurationsränder – Blutung auf Sondieren	Parodontitis	vollständige parodontale Befunderhebung als Basis der weiteren Therapieplanung

Tab. 1 Parodontaler Screening-Index. Mit einem * werden Furkationsbeteiligung, Rezessionen, Zahnbeweglichkeit gekennzeichnet

Die Untersuchungsergebnisse des PSI werden in ein Formblatt eingetragen. Ein Ausdruck des ausgefüllten Formulars wird dem Patienten zur Information ausgehändigt. Der Behandler bespricht die Untersuchungsergebnisse mit dem Patienten. Abhängig vom Befund empfiehlt er eine systematische Parodontalbehandlung.

3.2 Parodontale Behandlungsstrecke zur systematischen Behandlung von Parodontalerkrankungen

Im Jahr 2021 ist eine neue Richtlinie zur systematischen Behandlung von Parodontalerkrankungen in Kraft getreten. Sie entspricht aktuellen wissenschaftlichen Erkenntnissen. Dadurch ist eine neue Behandlungsstrecke notwendig geworden →Abb. 1.

3.2.1 Anamnese, Befunderhebung, Diagnose

Bevor eine systematische Parodontalbehandlung bei der Krankenkasse beantragt wird, werden eine Anamnese und Befunde erhoben und es wird eine Diagnose gestellt. Es muss ein Röntgenbefund vorliegen, der nicht älter als 12 Monate sein darf und aus dem der Knochenabbau zu erkennen ist. Alle Angaben werden in ein Formblatt, den Parodontalstatus, eingetragen. Dieser besteht aus zwei Blättern. Er wird in der Praxissoftware eingegeben. Danach wird er an die gesetzliche Krankenkasse geschickt mit der Bitte um Kostenübernahme.

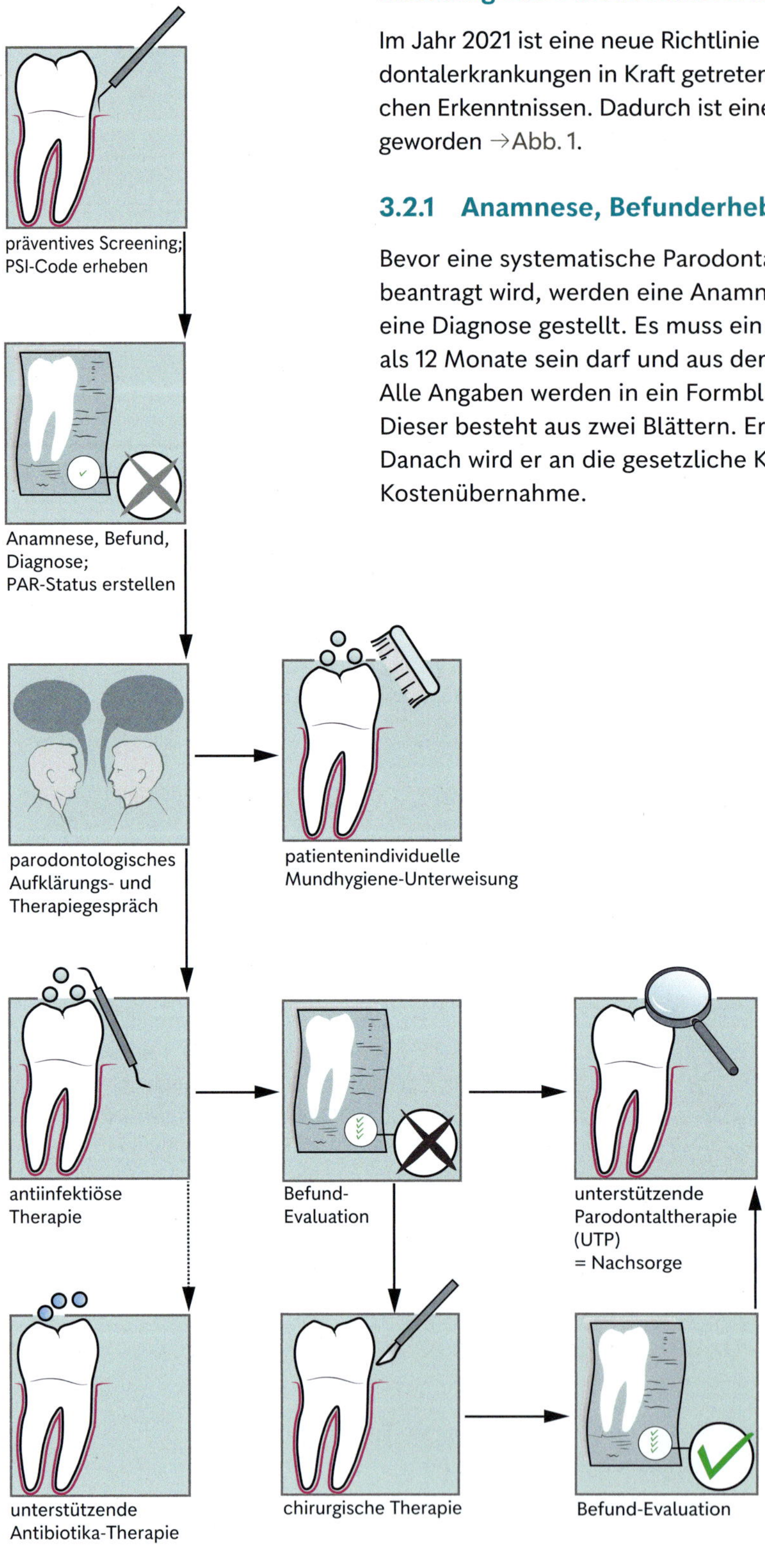

Abb. 1 Behandlungsstrecke

Behandlung von Parodontalerkrankungen

Parodontalstatus, Blatt 1

Blatt 1 wird mit den Stammdaten des Patienten von der Gesundheitskarte bedruckt. Es werden die allgemeine und die parodontitisspezifische Anamnese erfasst. Ebenso erfasst werden die Diagnose, das Stadium und das Ausmaß der Erkrankung.

Im Feld **Allgemeine und parodontitisspezifische Anamnese** werden die Risikofaktoren für Parodontitis erfasst:

- Systemische Erkrankungen wie z. B. Diabetes mellitus, Herzerkrankungen, Einnahme bestimmter Medikamente
- Angaben zum Tabakkonsum (< 10 Zigaretten/Tag, ≥ 10 Zigaretten/Tag)
- Sondierungstiefe von 4 mm oder mehr

Im Feld **Spezielle Vorgeschichte** wird eine frühere PAR-Behandlung erfasst. Anzugeben ist das Jahr, in dem die Therapie stattgefunden hat.

Im Abschnitt **Diagnose** ist anzukreuzen, ob eine allgemeine Parodontitis, eine Parodontitis im Zusammenhang systemischer Erkrankungen vorliegt oder andere das Parodont bestreffende Zustände, z. B. gingivale Vergrößerungen.

Um ein genaueres, patientenindividuelles Bild der Parodontitis zu erhalten, wird eine Einteilung in ein Staging- und Gradingsystem vorgenommen.
Das **Stadium** bzw. das **Staging** gibt den **Schweregrad** der parodontalen Erkrankung wieder. Es gibt vier Stadien; der Patient wird durch das höchste Stadium charakterisiert:

- Stadium I: beginnende Parodontitis
- Stadium II: moderate Parodontitis, Parodontaltaschen bis zu 5 mm
- Stadium III: fortgeschrittene Parodontitis, Furkationsbeteiligung
- Stadium IV: schwere komplexe Parodontitis mit der Gefahr des Verlustes der gesamten Bezahnung

Die Unterscheidung von Stadium III zu IV erfolgt durch die Anzahl der durch Parodontitis verloren gegangenen Zähne, einer Auffächerung der Zähne, Zahnwanderung, ausgeprägte Kammdefekte, Verlust der Bisshöhe usw.

		Stadium I	Stadium II	Stadium III	Stadium IV
Schweregrad	interdental wird der Attachmentverlust an der höchsten Verluststelle gemessen	1–2 mm	3–4 mm	≥ 5 mm	≥ 5 mm
	Knochenabbau im Röntgenbild	< 15 %	15–33 %	> 33 %	
	Zahnverlust aufgrund von Parodontitis	kein Zahnverlust	kein Zahnverlust	≤ 4 Zähne	≥ 5 Zähne
Komplexität	lokal	– Sondierungstiefe 3–4 mm – vorwiegend horizontaler Knochenabbau	– Sondierungstiefe 4–5 mm – vorwiegend horizontaler Knochenabbau	**Zusätzlich zu Stadium II:** – Sondierungstiefe ≥ 6 mm – vertikaler Knochenabbau ≥ 3 mm – Furkationsbeteiligung Grad II oder III	**Zusätzlich zu Stadium III:** komplexe Rehabilitation erforderlich aufgrund von: – gestörter Kaufunktion – sekundärem okklusalen Trauma (Zahnbeweglichkeit ≥ Grad 2) – Zahnwanderung – ausgeprägtem Kammdefekt – < 20 Restzähnen (10 okkludierende Paare)
Ausmaß & Verteilung	wird zur genaueren Beschreibung des Staging verwendet	– lokalisiert < 30 % der Zähne betroffen – generalisiert an Molaren und Schneidezähnen			

Abb. 1 Staging

Auch wenn der Patient erfolgreich behandelt wurde, geht die Einstufung nicht zurück zu einer niedrigeren Stufe, da der Attachmentverlust **nur gestoppt**, aber nicht rückgängig gemacht werden kann. Wenn die Parodontitis z. B. zu Beginn der Behandlung in Stadium II eingestuft wurde, kann sie niemals wieder zum Stadium I zurück.

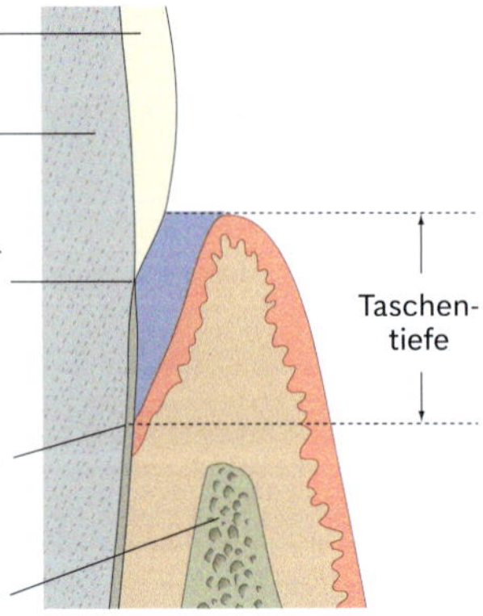

Abb. 1 Messung der Taschentiefe

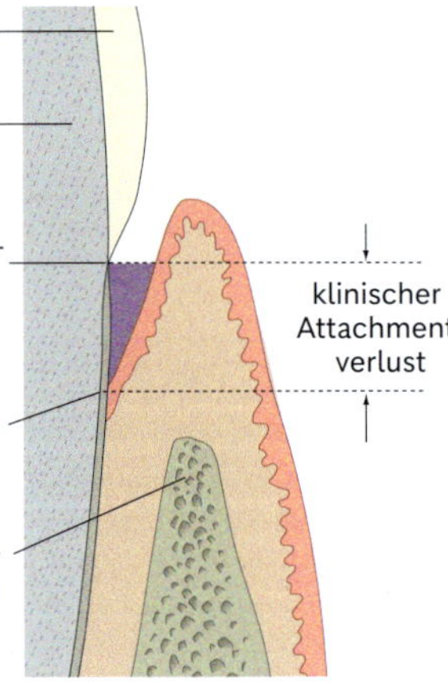

Abb. 2 Klinischer Attachmentverlust

Auf dem PA-Status werden folgende Angaben gemacht:
- Angaben zum Knochenabbau anhand von Röntgenbildern in % oder zum sondierbaren interdentalen Attachmentverlust in mm →Abb. 1, 2. Es werden nur ganze Zahlen angegeben, auf- oder abgerundet auf den näher liegenden Wert.
- Angaben zum Zahnverlust aufgrund von Parodontitis
- Angaben zu erschwerenden Faktoren wie horizontaler oder vertikaler Knochenabbau, zu Fehlfunktionen des Kausystems

Wichtig für die Einschätzung der Schwere der Erkrankung ist der Punkt **Ausmaß/Verteilung** des höchsten Stadiums an den Zähnen:
- Lokalisiert (nur an bestimmten Stellen): < 30 % der Zähne sind betroffen.
- Generalisiert (über das ganze Gebiss verteilt): 30 % oder mehr Zähne sind betroffen.
- Molaren-Inzisiven-Muster (symmetrische Verteilung der Parodontitis an den Molaren und/oder den Schneidezähnen)

Der **Grad** bzw. das **Grading** gibt die **Geschwindigkeit** wieder, mit der die parodontale Erkrankung fortschreitet. Es gibt drei Grade, die das Risiko für eine Progression (ein Fortschreiten) der parodontalen Erkrankung wiedergeben:
- Grad A: niedriges Risiko
- Grad B: mittleres Risiko
- Grad C: hohes Risiko

Folgende Faktoren sind wichtig für die Einteilung in einen Grad:
- Der **Knochenabbauindex** des am stärksten betroffenen Zahnes wird angegeben. Er wird folgendermaßen ermittelt: Die Länge des Knochenabbaus (KA) in mm wird ins Verhältnis zur Wurzellänge gesetzt. Dadurch erhält man einen Wert in % für den Knochenverlust. Dieser Wert wird durch das Alter des Patienten geteilt (KA%/Alter)
- Es werden genaue Angaben zum **Diabetes mellitus** gemacht: Ist der Patient Diabetiker? Welchen HbA_{1c}-Wert hat er? Ein HbA_{1c}-Wert von unter 7 % gilt als mittleres Risiko, ein Wert über 7 % als ein hohes Risiko.
- Das **Rauchverhalten** eines Patienten ist ein wichtiger Faktor: Angegeben wird, ob er Nichtraucher ist, Raucher mit weniger als 10 Zigaretten pro Tag (mittleres Risiko) oder mit 10 und mehr Zigaretten pro Tag (hohes Risiko).

Behandlung von Parodontalerkrankungen

			Grad A: langsame Progressionsrate	Grad B: moderate Progressionsrate	Grad C: rasche Progressionsrate
Primäre Kriterien	eindeutiges Fortschreiten der Parodontitis	röntgenologischer Knochenabbau oder klinischer Attachmentverlust	kein Verlust	< 2 mm über 5 Jahre	≥ 2 mm über 5 Jahre
	kein eindeutiges Fortschreiten	KA (%)/Alter	< 0,25	0,25–1,0	> 1,0
		Phänotyp (Erscheinungsbild)	– erheblicher Biofilm mit geringer parodontaler Destruktion	– Zerstörung proportional zum Biotyp	– Zerstörung unproportional zu Biotyp – Episoden rapider Zerstörung – früher Erkrankungsbeginn (z. B. Molaren-Inzisivi-Muster oder behandlungsresistente Erkrankung)
Modifikatoren	Risikofaktoren	Rauchen	Nichtraucher	Raucher < 10 Zig./Tag	Raucher ≥ 10 Zigaretten/Tag
		Diabetes	kein Diabetiker	HbA1c < 7,0 % bei Patienten mit Diabetes	HbA1c ≥ 7,0 % bei Patienten mit Diabetes

Abb. 1 Grading

Die Einstufung in einen der Grade kann sich verbessern. Wenn ein Patient erfolgreich behandelt wurde und gut mitarbeitet, dann kann aus einem Grad B oder C ein Grad A werden.

Die Praxissoftware errechnet nach der Eingabe der Werte in den Parodontalstatus die Einstufung des Stadiums und des Grades. Von dieser Einstufung hängt es ab, wie die Häufigkeit der Unterstützenden Parodontitistherapie (UPT) in den nächsten zwei Jahren sein sollte.

Unterstützende Parodontitistherapie →S. 269

Parodontalstatus, Blatt 2

Auf der zweiten Seite des Parodontalstatus werden die Ergebnisse der klinischen Befunde eingetragen:

- Gemessene **Sondierungstiefe** (ST) in mm (ganze Zahlen, auf- oder abgerundet auf den näher liegenden Wert) an **mind. zwei Stellen pro Zahn**. Max. sechs Messstellen stehen zur Verfügung
- Eine **Sondierungsblutung** wird mit einem * hinter der angegebenen Sondierungstiefe kenntlich gemacht.
- Der Grad der **Zahnlockerung** wird in das zentrale Feld der Zahnkrone eingetragen:
  - Grad 0 = normale Zahnbeweglichkeit
  - Grad I = gering horizontal
  - Grad II = moderat horizontal
  - Grad III = ausgeprägt horizontal und auch in vertikaler Richtung
- Für die Eingabe des **Furkationsbefalls** (FB) ist oberhalb und unterhalb des Zahnschemas eine Zeile eingefügt, hier wird der höchste Grad des Furkationsbefalls eingetragen:
  - Grad 0 = keine Furkationsbeteiligung sondierbar
  - Grad I = bis zu 3 mm in horizontaler Richtung sondierbar
  - Grad II = mehr als 3 mm in horizontaler Richtung sondierbar
  - Grad III = durchgängig sondierbar

- **Fehlende** Zähne sind durchzukreuzen.
- **Nicht erhaltungswürdige** Zähne sind mit drei oder vier horizontalen Linien durchzustreichen.
- Oberhalb und unterhalb des Zahnschemas befindet sich die Zeile „AIT“ (Antiinfektiöse Therapie, geschlossenes Vorgehen). Jeder Zahn, der eine Sondierungstiefe von ≥ 4 mm an mindestens einer Messstelle hat, wird in dieser Zeile angekreuzt. Er muss behandelt werden.
- In der Zeile „Bemerkungen“ unterhalb des Zahnschemas kann eingetragen werden, wenn der Patient privat behandelt werden möchte. Dies könnte der Fall sein, wenn die Richtlinien nicht erfüllt werden und die gesetzliche Krankenkasse die Kosten nicht übernimmt.
- Im Bereich **„Geplante Leistungen“** ist die Anzahl der AITa und AITb einzutragen und die Häufigkeit der UPT.
- Die Frequenz der UPT innerhalb von zwei Jahren richtet sich nach dem Grad:
  - Grad A: 2 x im Zeitraum von 2 Jahren
  - Grad B: 4 x im Zeitraum von 2 Jahren
  - Grad C: 6 x im Zeitraum von 2 Jahren
- Der PAR-Status wird mit Datum, Unterschrift und Stempel versehen und **digital** an die Gesetzliche Krankenkasse geschickt.
- Die Krankenkasse kann vor der **Genehmigung** einen Gutachter beauftragen.

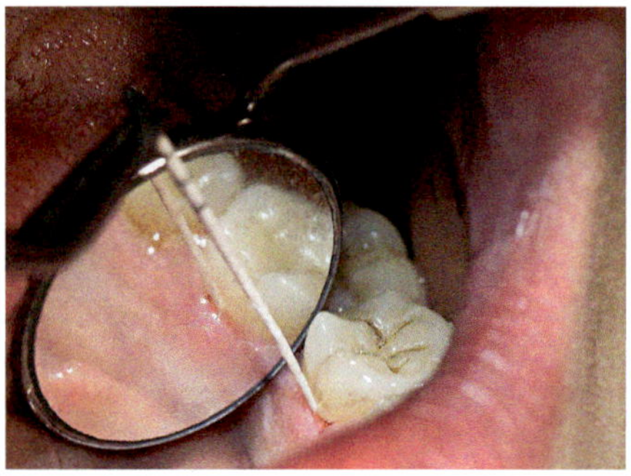
Abb. 1 Entnahme von Sekret mit einer sterilen Papierspitze für eine mikrobiologische Untersuchung

Mikrobiologische Untersuchungen, also die Bestimmung von Bakterienstämmen, sind bei schweren Formen einer Parodontitis möglich →Abb. 1. Es wird eine Markerkeim-Analyse durchgeführt. Das heißt, der Keim wird bestimmt, der für die Erkrankung bei diesem Patienten verantwortlich ist. Ein Antibiotikum kann gezielt eingesetzt werden. Von den gesetzlichen Krankenkassen wird diese Untersuchung als nicht notwendig angesehen, daher auch nicht bezahlt. Es handelt sich um eine Privatleistung.

3.2.2 Parodontologisches Aufklärungs- und Therapiegespräch (ATG)

Wenn der PAR-Status genehmigt vorliegt, kann die parodontale systematische Behandlung beginnen.

Mit dem Aufklärungs- und Therapiegespräch (ATG) wurde die Möglichkeit geschaffen, mit dem Patienten zu sprechen („sprechende Zahnmedizin“). Die folgenden Themen sollten besprochen werden:

- Aufklärung des Patienten über den Befund, die Diagnose und die Gründe seiner Erkrankung
- Es werden Vor- und Nachteile der Behandlung besprochen, alternative Therapien werden erörtert, auch eine Nichtbehandlung.
- Der Patient und der Behandler treffen gemeinsam eine Entscheidung.
- Der Patient wird über gesundheitsbewusstes Verhalten zur Reduktion von Risikofaktoren aufgeklärt, z. B. Rat zur Einstellung des Rauchens.
- Er wird über eine mögliche Wechselwirkung der Parodontitis mit anderen Erkrankungen informiert.
- Nach der Aufklärung stimmt der Patient dem Behandlungsplan zu.

3.2.3 Patientenindividuelle Mundhygieneunterweisung (MHU)

Zur Sicherung des Erfolgs einer parodontalen Behandlung wie der Antiinfektiösen Therapie (AIT) wird der Patient über eine gute Mundhygiene aufgeklärt. Zunächst einmal wird betrachtet, wie die Zahnputzgewohnheiten des Patienten sind und ob er den Grund seiner parodontalen Erkrankung kennt.
Folgende Maßnahmen werden ergriffen:
- Bestimmung des Entzündungszustandes der Gingiva anhand eines Entzündungsindex, z. B. Sulkus-Blutungs-Index (SBI)
- Anfärben der Plaque, um auf kritische Stellen aufmerksam zu machen
- Individuelle Mundhygiene-Instruktionen werden besprochen.
- praktische Anleitung und Empfehlung geeigneter Hilfsmittel
- Es werden langfristige Ziele bezüglich der Mundhygiene erarbeitet.

3.2.4 Antiinfektiöse Therapie (AIT, geschlossene Therapie)

Mit der AIT, einer geschlossenen Kürettage, möchte man Entzündungen des Parodontiums beseitigen. Es sollte keine Blutung auf Sondieren mehr auftreten (bleeding on probing, BOP) und die Sondierungstiefen sollten zurückgehen.
Alle supragingivalen und klinisch erreichbaren subgingivalen weichen und harten Beläge wie Biofilm und Konkremente werden entfernt. Diese Behandlung sollte innerhalb von vier Wochen abgeschlossen sein.
Nur bei schweren Formen der Parodontitis mit schnellem Attachmentverlust ist eine unterstützende systemisch wirkende Antibiotikatherapie angezeigt. Sie sollte im zeitlichen Zusammenhang mit der AIT erfolgen. Eine lokale Antibiotikatherapie kann in Form von PerioChips® erfolgen. Diese werden in die Zahnfleischtasche eingebracht.

Vorgehensweise bei der AIT

Die Gingiva wird nicht aufgeklappt, sondern Küretten werden vorsichtig in die Zahnfleischtasche mit **4 mm oder mehr Sondierungstiefe** eingeführt. Unter Lokalanästhesie wird ohne Sicht auf den Arbeitsbereich kürettiert. Ein Laser und Ultraschallgeräte können zum Einsatz kommen. Ohne Sicht zu säubern erfordert Erfahrung.
Eine glatte Wurzeloberfläche erschwert die Anhaftung von Belägen und Bakterien. Daher werden die Zahn- und Wurzeloberflächen vollständig von weichen Belägen, Zahnstein und Konkrementen gereinigt. Dies nennt man **Scaling**. Anschließend wird die Wurzeloberfläche geglättet (**Root Planing**) →Abb. 1a.

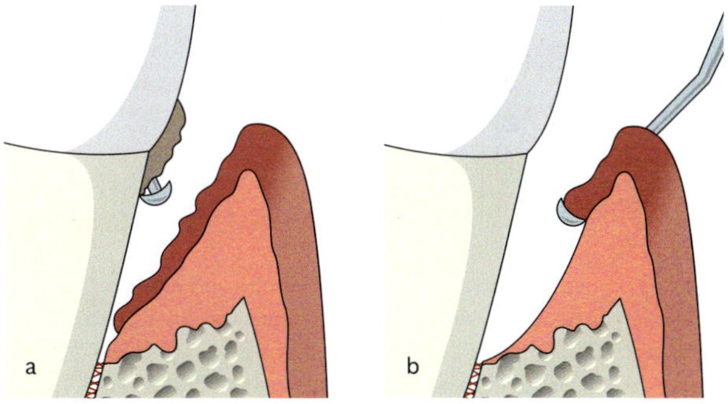

Abb. 1 Geschlossene Therapie. a) Scaling und Root Planing; b) Entfernung von entzündetem Taschengewebe (Weichgewebskürettage)

Eventuell ist eine Weichgewebskürettage des entzündeten Taschengewebes notwendig, da dieses Gewebe nicht mehr gesund anwächst →Abb. 1b.
Da bei der Kürettage Gewebe verloren geht, kann es zu freiliegenden Zahnhälsen und Wurzeloberflächen kommen.

3.2.5 Befundevaluation (BEV)

Drei bis sechs Monaten nach Beendigung der AIT ist das behandelte Gewebe geheilt. Jetzt kann eine Bewertung/Beurteilung der durchgeführten Maßnahmen erfolgen. Die Befundevaluation wird dokumentiert:
- Sondierungstiefen und Sondierungsblutung an min. zwei Stellen pro Zahn
- Zahnlockerung Grad 0–III
- Furkationsbefall Grad 0–III
- Röntgenbefund, Knochenabbau KA (%)/Alter

Es erfolgt ein Vergleich mit den Befunddaten des Parodontalstatus. Das weitere Vorgehen wird geplant und mit dem Patienten gemeinsam besprochen.

3.2.6 Chirurgische Parodontaltherapie (CPT, offenes Vorgehen)

Liegen bei der Befundevaluation noch Taschen mit einer Sondierungstiefe von ≥ 6 mm vor, so besteht die Möglichkeit, an diesen Zähnen eine offene Behandlung durchzuführen. Man nennt dies eine chirurgische Parodontaltherapie (CPT).
Die Entscheidung darüber bespricht der Behandler mit dem Patienten. Der Patient muss diesem chirurgischen Eingriff nach Abwägung aller Risiken einwilligen.
Aus ästhetischen Gründen sollte an den Frontzähnen möglichst keine offene Therapie gemacht werden.
Die Durchführung einer CPT muss der Krankenkasse mitgeteilt werden.
Eine erneute Befundevaluation erfolgt 3-6 Monaten nach Beendigung der chirurgischen Therapie. Die BEV wird wieder mit dem Patienten besprochen.

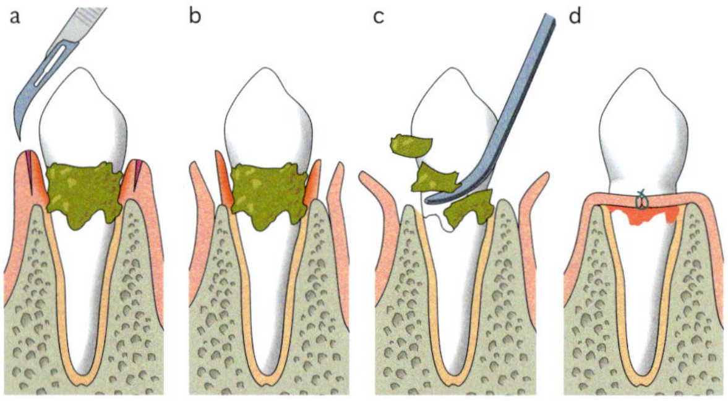

Abb. 1 Offenes Vorgehen. Nach einem Schnitt wird ein Mukoperiostlappen abgeklappt. Dann erfolgt die Kürettage unter Sicht und schließlich der Verschluss durch eine Naht.

Vorgehensweise bei der CPT

Mit dem Skalpell und dem Raspatorium wird ein **Mukoperiostlappen** gebildet, um unter direkter Sicht die entzündeten Stellen und Wurzeloberflächen reinigen und glätten zu können →Abb. 1. Es kann sinnvoll sein, regenerationsfördernde Medikamente, Schmelz-Matrix-Proteine (z. B. Emdogain®), auf die Wurzeloberfläche aufzutragen.
Wenn unregelmäßig konturierte (geformte) Knochentaschen bestehen, so kann mit einer Knochenfräse eine **Begradigung am Alveolarknochen** vorgenommen werden.
Man ist bemüht, den Rückgang der Gingiva aus ästhetischen und aus sensorischen Gründen so gering wie möglich zu halten.
Zum Abschluss der Behandlung wird der Mukoperiostlappen wieder angenäht, eventuell wird ein **Zahnfleischverband** angelegt, z. B. Reso-Pac®.
Stark gelockerte Zähne können nach einer parodontalchirurgischen Behandlung vorübergehend durch eine **Schiene** ruhiggestellt werden. Durch die Schienung werden die Kaukräfte auf alle Zähne verteilt.

Merke
chirurgische Parodontaltherapie (CPT)
- Bildung eines Mukoperiostlappens
- Deep Scaling: Entfernung aller Beläge auf der Wurzeloberfläche
- Root Planing: Entfernen von infiziertem Wurzelzement, Glätten der Wurzeloberfläche
- Weichgewebskürettage: Entfernung von entzündetem Taschengewebe
- ggf. Begradigung des Alveolarknochens
- Naht, evtl. Zahnfleischverband

3.2.7 Unterstützende Parodontitistherapie (UPT)

Im Rahmen der neuen Parodontalbehandlung hat die UPT einen hohen Stellenwert. Sie dient der Nachsorge und der Sicherung der Ergebnisse nach der AIT und ggf. der CPT. Die neu erworbene, gute Mundhygiene soll beibehalten werden, der Patient wird remotiviert. Erneut auftretende Entzündungen der Parodontien können früh erkannt und behandelt werden.
Drei bis sechs Monate nach Abschluss der AIT bzw. CPT wird mit den Maßnahmen für einen Zeitraum von zwei Jahren begonnen.

Merke
UPT
- 3–6 Monate nach abgeschlossener AIT oder CPT erfolgen die Befundevaluation und die UPT
- Ziel der UPT: Sicherung der Ergebnisse der vorangegangenen Therapien
- Mundhygienekontrolle
- Mundhygieneunterweisung
- Vollständige supragingivale und gingivale Reinigung der Zähne von Belägen

Noch vorhandene Zahnfleischtaschen werden sondiert. Bei ST von ≥ 4 mm mit Sondierungsblutung oder ST von ≥ 5 mm ohne Sondierungsblutung werden die **subgingivalen** Beläge an den betroffenen Zähnen entfernt.
Ab dem zweiten Jahr der UPT erfolgt eine Untersuchung des Parodontalzustands. Es wird dokumentiert:
- Sondierungstiefen und Sondierungsblutung
- Zahnlockerung (Grad 0–III)
- Furkationsbefall (Grad 0–III)
- Knochenabbau (%/Alter) im Röntgenbild

Diese Befunde werden mit den vorangegangenen Befunden verglichen. Dem Patienten werden die Ergebnisse erläutert und weitere Maßnahmen werden besprochen.
Die oben genannten Maßnahmen werden für einen Zeitraum von zwei Jahren erbracht. Die Frequenz (Häufigkeit) hängt vom festgestellten Grad der PA-Erkrankung ab →Abb. 1, S. 270:
- Grad A: 1x im Kalenderjahr mit einem Mindestabstand von 10 Monaten
- Grad B: 2x im Kalenderjahr mit einem Mindestabstand von 5 Monaten
- Grad C: 3x im Kalenderjahr mit einem Mindestabstand von 3 Monaten

Eine Verlängerung der UPT über die zwei Jahre hinaus ist bei entsprechender Indikation möglich. Eine Genehmigung der Krankenkasse ist vorher einzuholen. In der Regel wird um sechs Monate verlängert.

Zeitstrahl nach abgeschlossener AIT oder CPT:
nach 3–6 Monaten erfolgt eine BEV. Zeitgleich/zeitnah auch die erste UPT.

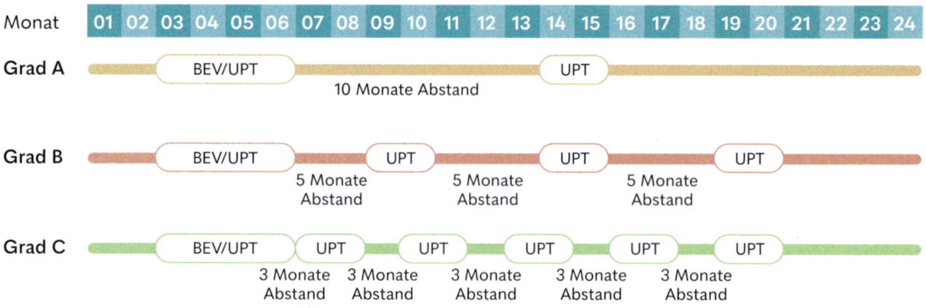

Abb. 1 Frequenz der UPT abhängig vom festgestellten Grad (BEV = Befundevaluation)

3.2.8 Regenerative Parodontitistherapie

Die parodontale Therapie, die den Richtlinien der gesetzlichen Krankenkassen entspricht, hat das Ziel, einen entzündungsfreien Zustand des Parodontiums herzustellen. Es werden aber keine Maßnahmen ergriffen, die eine Neubildung von Zahnfleisch, Wurzelzement, Wurzelhaut und Alveolarknochen ermöglichen. Eine Heilung ist möglich, aber keine **Regeneration** der verloren gegangenen Strukturen des Zahnhalteapparates.

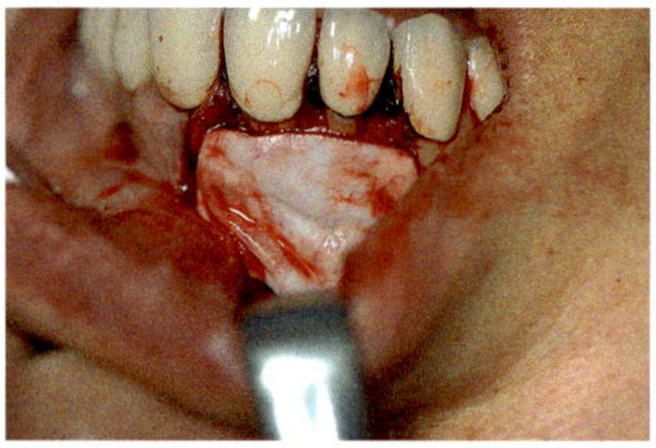

Abb. 2 Resorbierbare Membran

Folgende Maßnahmen dienen der Regeneration:
- Einbringen von Knochenersatzmaterial in tiefe, vertikale Knochentaschen
- Einbringen von Membranen, um das Gewebewachstum zu steuern (Gesteuerte Geweberegeneration = GTR)
- Auftragen von Schmelz-Matrix-Proteinen (SMP) auf die Wurzeloberfläche

Bei tiefen, vertikalen Knochentaschen sollte ein **Knochenaufbau** erfolgen. Dazu wird künstliches Knochenersatzmaterial oder eigener Knochen aus unbezahnten Kieferabschnitten oder Knochen von Rindern eingebracht. Dieser Knochenbrei kann mit dem Blut des Patienten vermischt werden, was eine bessere Knochenregeneration und Bildung von neuem parodontalem Gewebe zur Folge hat. Das Ganze wird mit einer resorbierbaren Membran fixiert →Abb. 2.

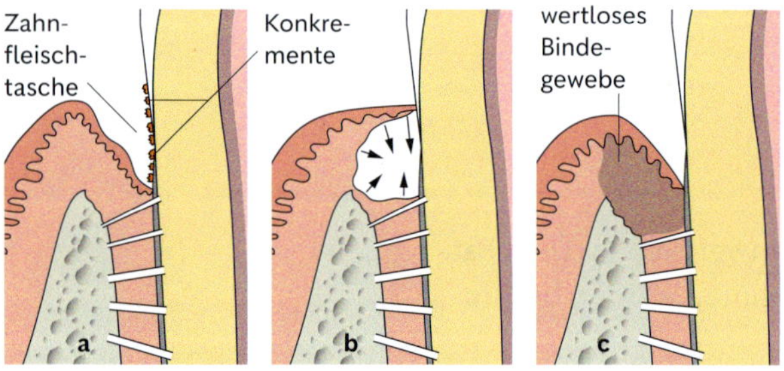

Abb. 3 Heilungsverlauf bei herkömmlicher Parodontitistherapie: a) vor Therapie; b) Sharpey-Fasern und Alveolarknochen wachsen langsamer als das Zahnfleischgewebe; c) die ehemalige Tasche ist mit Zahnfleischgewebe ausgefüllt.

Bei einer herkömmlichen Parodontitistherapie kommt es nicht zu einer Regeneration des zerstörten Zahnhalteapparates →Abb. 3. Denn die Zellen des Zahnfleischgewebes wachsen schneller als die Zellen des Desmodonts und des Knochens. Dadurch entsteht keine neue Anheftung am Wurzelzement, die Sharpey-Fasern werden vom nach unten wachsenden Zahnfleischgewebe verdrängt. Daher ist die Regeneration nur bedingt möglich, d. h., der ursprüngliche Zustand eines gesunden Attachments wird nicht mehr erreicht.

Aus diesem Grund wurde ein Verfahren der **gesteuerten Geweberegeneration** (Guided Tissue Regeneration, GTR) entwickelt. Hierbei wird bei einer chirurgischen Parodontaltherapie (CPT) Knochenersatzmaterial in die Knochentasche eingebracht, eine Membran manschettenartig darübergelegt und mit dem Mukoperiostlappen verschlossen. Die Membran bewirkt, dass die Zellen des Zahnfleischgewebes zurückgehalten werden →Abb. 1a. So werden sie an einem „Tiefenwachstum" gehindert, denn sie können vom Zahnhals her nur bis zur Membran vordringen. Auf diese Weise haben die desmodontalen Zellen Zeit, die Wurzeloberfläche neu zu besiedeln. Die Knochentasche füllt sich mit neuem Knochen auf, die Sharpey-Fasern bilden sich neu →Abb. 1b.

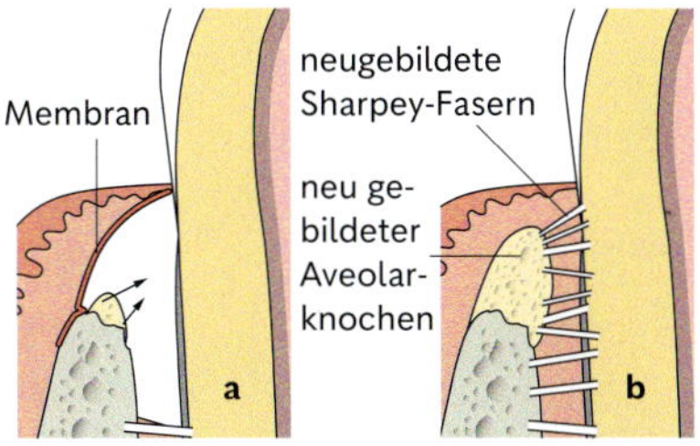

Abb. 1 Gesteuerte Geweberegeneration: a) die Membran hält das Zahnfleischgewebe zurück; b) Knochen und Sharpey-Fasern bilden sich neu.

Auch hier können die Membranen aus resorbierbarem Material bestehen. Der Patient darf in den nächsten vier bis sechs Wochen im Wundgebiet nur sehr vorsichtig mit einer weichen Zahnbürste putzen.

Eine weitere Möglichkeit der regenerativen Parodontitistherapie ist die Anwendung von **Schmelz-Matrix-Proteinen** (SMP, z. B. Emdogain®). SMP werden aus den Zahnanlagen von Schweinen gewonnen. Sie werden nach der Reinigung auf die Wurzeloberfläche aufgetragen. Untersuchungen haben gezeigt, dass als Folge davon neues Wurzelzement, neue Fasern und neuer Alveolarknochen gebildet werden. Somit ist die Bildung von neuem Attachment möglich.

3.2.9 Weitere parodontalchirurgische Verfahren

Furkationsbehandlung

Ist bei einem Zahn die Furkation befallen, so entsteht in diesem Bereich eine Nische, die für den Patienten sehr schwierig oder gar nicht zu reinigen ist. Je nach Grad des Furkationsbefalls gibt es verschiedene Behandlungsmöglichkeiten.
Eine Methode, die bei den unteren Molaren angewendet wird, ist die **Tunnelierung**. Die Furkation wird mit einem Diamantschleifer vorsichtig erweitert. Es liegt dann ein erweiterter durchgängiger Tunnel in bukkal-lingualer Richtung vor. Der Patient kann nun die Furkation mit feinen Interdentalbürstchen reinigen.
Eine andere Maßnahme ist die Prämolarisierung bzw. die Hemisektion der Molaren.

Prämolarisierung →S. 129
Hemisektion →S. 128

Gingivektomie

Durch eine Gingivektomie wird Zahnfleisch **abgetragen** →Abb. 2. Dies kann bei einer Gingivahyperplasie, die zur Entstehung von Pseudotaschen führt, erforderlich sein. Unter dem Einfluss von bestimmten Medikamenten wuchert das Zahnfleisch Richtung Zahnkrone. Es wird mit Skalpell, Gingivektomiemesser, einem Elektrotom oder auch einem Laser entfernt. So kann der Patient seine Zähne wieder besser reinigen, die Schmutznischen sind beseitigt.
Eine Gingivektomie kann auch im Rahmen einer Lappenoperation notwendig werden, wenn Taschen entstanden sind, die über der knöchernen Alveole liegen.

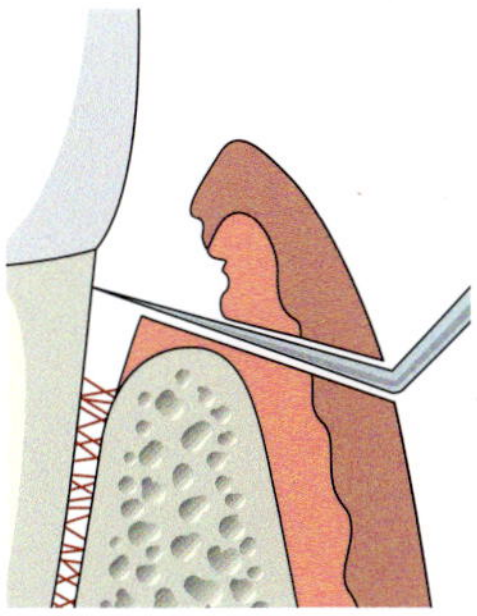
Abb. 2 Abtragen von Zahnfleisch bei der Gingivektomie

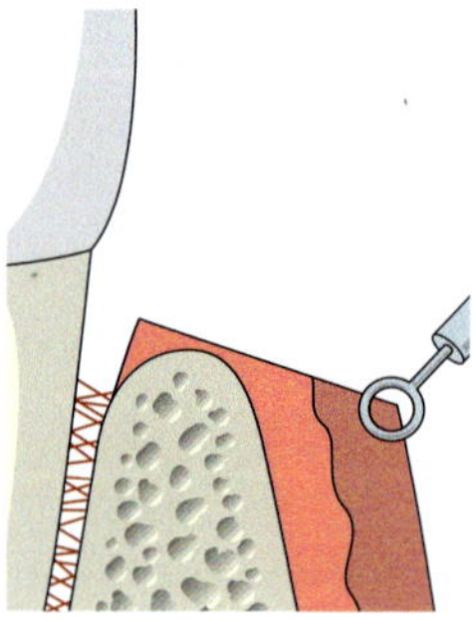

Abb. 1 Gingivoplastik

Gingivoplastik

Diese chirurgische Maßnahme wird durchgeführt, um die natürliche Form der Gingiva wiederherzustellen. Dies kann aus ästhetischen, aber auch aus Mundhygienegründen erfolgen. Bei der Gingivoplastik wie auch bei der Gingivektomie wird Zahnfleisch abgetragen. Allerdings ist die Gingivoplastik eine chirurgische Formung des Zahnfleisches, um wieder einen schönen girlandenförmigen Verlauf zu erhalten →Abb. 1.

Mukogingivalchirurgie

Mukogingivalchirurgische Maßnahmen sind Korrekturen an der Gingiva und den umgebenden Weichgeweben. Dazu zählen:

— Deckung von Rezessionen
— Verbreiterung der attached Gingiva
— Lösen von zu straffen Lippen-, Wangen- und Zungenbändchen oder Muskelfasern

Den Patienten stören Rezessionen, da er einen frühzeitigen Zahnverlust befürchtet und ästhetische Nachteile hat. Aber aufgrund von Rezessionen geht kein Zahn verloren. Allerdings führen Rezessionen zu einer Überempfindlichkeit freiliegender Zahnhälse und Wurzeloberflächen.
Eine mögliche Ursache von Rezessionen ist eine falsche Putztechnik, wie etwa die „Schrubb-Technik". Als Erstes sollte bei einem Patienten mit gingivalen Rezessionen eine Umstellung der Zahnputztechnik auf eine zahnfleischschonende Technik wie die Bass-Technik erfolgen. Auch Fehlkontakte bei Artikulation und Okklusion der betroffenen Zähne sollten behoben werden, da diese ebenfalls Ursache für Rezessionen sein können.

Okklusion → LF 2

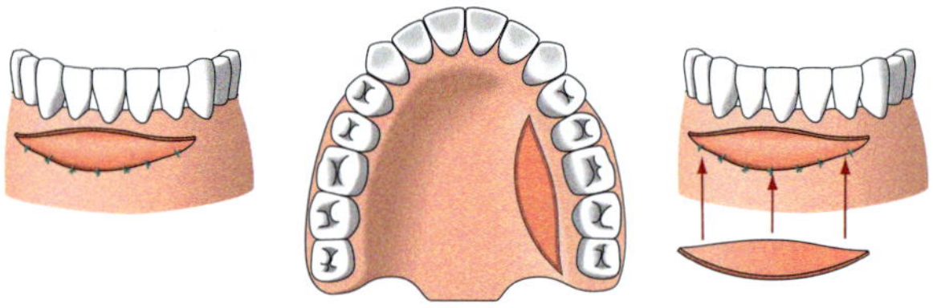

Abb. 2 Transplantation. a) nach Schnitt an der Mukogingivalgrenze: apikale Befestigung des Schleimhautlappens; b) Entnahme eines Transplantats vom Gaumen; c) Anpassen des Transplantats und anschließend Vernähen

Wird dennoch eine Zunahme der Rezessionen beobachtet, so ist ein chirurgischer Eingriff möglich. Es gibt verschiedene Verfahren zur Rezessionsdeckung oder zur Verbreiterung der attached Gingiva.
Eine Möglichkeit ist die Transplantation eines freien Schleimhautstückes, z. B. aus dem Gaumen →Abb. 2.
Eine andere Methode ist die Verschiebung von benachbartem Zahnfleisch an die Stelle der Rezession (Verschiebeplastik).

3.2.10 Medikamente in der Parodontitisbehandlung

Bei den meisten Patienten reicht die Keimreduzierung durch Spülen mit Chlorhexidin (CHX) aus. Nur bei Vorhandensein von besonders aggressiven Bakterienstämmen wie Porphyromonas gingivalis, Aggregatibacter actinomycetem-comitans, Tannerella forsythensis, Treponema denticola, Fusobacterium nucleatum empfiehlt sich der Einsatz von Antibiotika. Diese können lokal oder systemisch angewendet werden. Es ist ratsam, vor Einsatz eines Antibiotikums einen Keimtest zu machen.

mikrobiologischer Test → LF 10

In die Zahnfleischtasche lokal eingebrachte Medikamente sind:

— medikamentengetränkte Fäden
— Gelatinechips
— Gele, Salben, Pasten

Bei Anwendung von **CHX-Präparaten** muss darauf geachtet werden, dass der Patient nicht länger als notwendig damit spült. Nebenwirkungen:
- braune Verfärbungen der Zähne und der Schleimhäute
- Geschmacksstörungen
- Wundheilungsstörungen

3.2.11 Heilungsphase

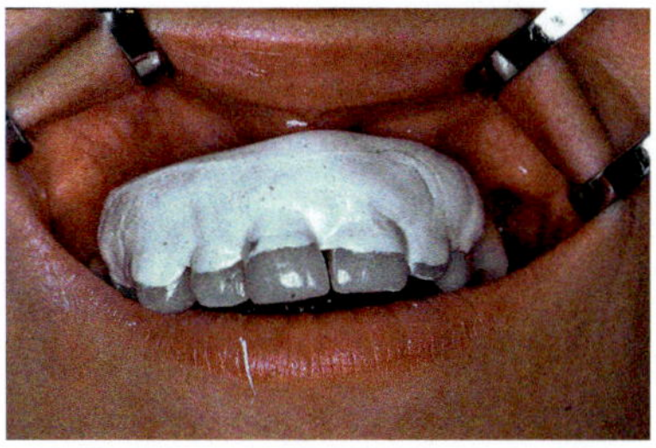

Abb. 1 Zahnfleischverband

Nach einem chirurgischen Eingriff kann es notwendig sein, das Wundgebiet durch einen Zahnfleischverband (z. B. Coe-Pak™, Peripac®) zu schonen →Abb. 1. Das klebrige, noch nicht ausgehärtete Verbandmaterial wird an die Zahnoberfläche und in die Approximalräume gedrückt, ohne unter den Mukoperiostlappen zu geraten. Das Material härtet aus und hält durch die unter sich gehenden Zahnbereiche. Der Verband verbleibt sieben bis zehn Tage am Wundgebiet. Meist fällt er von selber ab. Wegen der erschwerten Mundhygiene und der Bildung von bakteriellen Nischen werden Zahnfleischverbände meist nur bei freien Wundoberflächen angewendet.

unter sich gehende Bereiche eines Zahnes → LF 11

Da der Patient postoperativ in den operierten Bereichen seine Zähne nicht putzen kann, sollte er zweimal täglich mit einer **chlorhexidinhaltigen** Mundspülung spülen. Nach einer parodontalen Behandlung kann es notwendig sein, dass gelockerte Zähne ruhiggestellt werden müssen. Meist möchte man erreichen, dass der Patient besser kauen kann. Dies geschieht durch eine **Schienung** der Zähne:
- **Temporäre** Schienen (temporär = zeitlich begrenzt, vorübergehend) haben eine Tragedauer von einigen Tagen bis zu mehreren Wochen (abnehmbare Kunststoffschienen).
- **Semipermanente** Schienen verbleiben einige Wochen bis zu einigen Monaten an den Zähnen (Verblockung mit Kompositen, Miniplastschienen).
- **Permanente** Schienen (permanent = fortwährend, ständig) werden viele Jahre lang getragen, oft bis zum Zahnverlust (Verblockung durch Brücken, Stege, Elbrecht-Schienen, Miniplastschienen).

3.2.12 Mithilfe des ZFA bei der systematischen PAR-Behandlung

Generell sind Tätigkeiten an den ZFA delegierbar, die zu den vorbereitenden, unterstützenden, ergänzenden Tätigkeiten gehören. Dazu gehört z. B. die professionelle Zahnreinigung (PZR). Aber auch Teile der neuen Behandlungsstrecke in der Parodontitisbehandlung können an qualifiziertes Fachpersonal übertragen werden, unter Beachtung der folgenden Bestimmungen.

Der Zahnarzt muss **beim Delegieren beachten**:
- Der Mitarbeiter ist zur Erbringung der Leistung qualifiziert.
- Der Zahnarzt überzeugt sich persönlich von der Qualifikation des Mitarbeiters.
- Er ordnet die konkrete Leistung an (**Anordnung**).
- Er erteilt die fachliche Weisung (**Weisung**).
- Er überwacht und kontrolliert die Ausführung (**Aufsicht**).
- Dem Patienten ist bewusst, dass es sich um eine delegierte Leistung handelt.
- Der Zahnarzt ist für die delegierte Leistung in gleicher Weise verantwortlich und haftet für diese in gleicher Weise wie für eine persönlich erbrachte Leistung (**Verantwortung**).

Bei der PAR-Behandlung können folgende Tätigkeiten an den ZFA delegiert werden:
- Herstellung von Röntgenaufnahmen
- Entfernung von weichen und harten sowie klinisch erreichbaren subgingivalen Belägen
- Erklärung der Ursache von Karies und Parodontopathien
- Hinweise zu zahngesunder Ernährung
- Hinweise zu häuslichen Fluoridierungsmaßnahmen
- Motivation zu zweckmäßiger Mundhygiene
- Demonstration und praktische Übungen zur Mundhygiene
- Einfärben der Zähne
- Erstellen von Plaque-Indizes und von Blutungs-Indizes

Konkret bedeutet das, dass der ZFA bei der PAR-Behandlung assistiert, Eintragungen in den PAR-Status nach Ansage des Behandlers macht. Der qualifizierte Prophylaxeassistent kann selbständig folgende Tätigkeiten übernehmen:
- Hinweise zur zahngesunden Ernährung geben
- den Patienten zur Mitarbeit motivieren
- Teile der MHU übernehmen, z. B. Anfärben der Plaque, Erheben von Indizes, Mundhygieneanweisungen, praktische Anleitung zur Mundhygiene
- Teile der AIT übernehmen wie z. B. Entfernen von supragingivalen und klinisch erreichbaren subgingivalen weichen und harten Belägen mit anschließender Kontrolle durch den Zahnarzt
- Teile der UPT übernehmen, z. B. Mundhygienekontrolle, Mundhygieneunterweisung, supragingivale und gingivale Reinigung der Zähne, subgingivale Entfernung der Beläge, Messen der Sondierungstiefen, Mitwirkung bei der Erstellung und Dokumentation des klinischen Befundes
- Teile der BEV übernehmen, z. B. Messen der Sondierungstiefen, Mitwirken bei der Befunderhebung, Erstellen von Röntgenaufnahmen

Der ZFA darf auf keinen Fall
- den Patienten untersuchen,
- Diagnosen erstellen,
- den Patienten über Therapieoptionen aufklären,
- Anästhesien legen,
- chirurgische Maßnahmen wie z. B. die CPT ausführen.

3.2.13 Aufgaben des ZFA bei chirurgischen Eingriffen in der PA-Behandlung am Beispiel der chirurgischen Therapie

Exemplarisch für die Assistenz bei allen parodontalchirurgischen Eingriffen wird hier die Mithilfe des ZFA beim offenen Vorgehen aufgezeigt.

Behandlungsschritt	Instrumente/Materialien	Aufgabe ZFA
allgemeine Vorbereitung aseptische Maßnahmen	– Karteikarte, PA-Status, Röntgenbilder – Becher mit chlorhexidinhaltiger Mundspüllösung	– Bereitlegen der Materialien – Patienten spülen lassen
steriles Abdecken Anästhesie	– sterile Tücher und Handschuhe – Spiegel, Anästhetikum, Kanüle, Spritze – Trays mit den Instrumenten für die nachfolgende Behandlung	– Abdecken mit sterilen Tüchern – Anreichen der Spritze – Aufdecken der benötigten Instrumente

Beginn der OP mit Bildung des Mukoperiostlappens	– Sauger, Spiegel, Sonden, Pinzetten, Wangenhalter, Skalpellhalter, Skalpellklinge, Raspatorium	– Anreichen der Instrumente – Abhalten, Absaugen
Kürettage	– Scaler, Küretten, Ultraschallgerät, Laser, Kochsalzlösung, Spritzen mit Kanüle	– Anreichen, Abhalten, Arbeitsgebiet spülen, Absaugen – Sauger zwischendurch durchspülen, damit er nicht verstopft
evtl. Knochenbearbeitung	– Knochenfräse, chirurgisches Winkelstück, Kochsalzlösung, Spritze mit stumpfer Kanüle – evtl. Knochenfeile oder -meißel	– Anreichen, Abhalten – Spülen, Absaugen
Wundversorgung	– Nadelhalter, Nahtmaterial, Schere	– Abhalten
Rezept und Verhaltenshinweise	– vorbereitetes Rezept – Merkblatt mit Verhaltenshinweisen für den Patienten	– evtl. Hinweise zum Verhalten nach der OP erläutern – evtl. Hinweise zu Nahrungsaufnahme und zu Mundhygienemaßnahmen geben

Tab. 1 Übersicht über die Assistenz bei offenen Kürettagen

3.3 Instrumente bei der Parodontalbehandlung

Außer dem Grundinstrumentarium gibt es in der Parodontologie spezielle Instrumente.

3.3.1 Instrumente zur Befunderhebung und Diagnostik

Für die Kontrolle und Untersuchung von Taschen haben sich Sonden bewährt, die folgende Merkmale aufweisen:
- gut ablesbare, farbig gekennzeichnete Skala
- angerundetes Sondenende
- runder, schlanker Schaft mit mindestens 10–12 mm Messstrecke →Abb. 1.

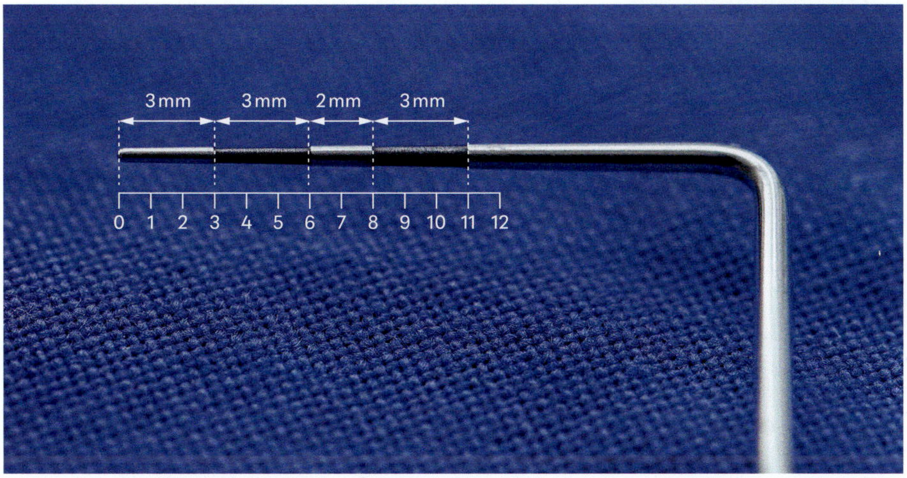

Abb. 1 PA-Sonde (Parodontometer) zum Erstellen des PA-Status, Markierungen in 3-3-2-3-mm-Schritten

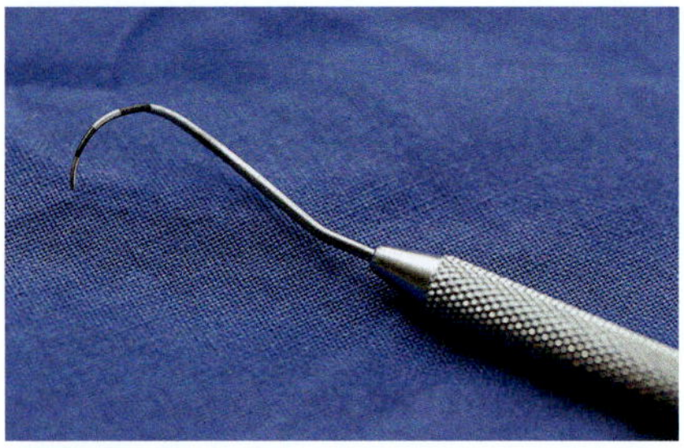

Abb. 1 Gebogene Parodontalsonde (Furkationssonde)

Neben den Handsonden gibt es auch **computerunterstützte Messsysteme** (z. B. FloridaProbe®).

Eine elektronische Messsonde misst mit einem gleichbleibenden Druck von 20 g die Taschentiefe. So erreicht man ein sehr genaues Messergebnis, das unabhängig vom Druck ist, den der Behandler ausübt.

Die erfassten Daten werden im Computer gespeichert, ausgewertet und in einem Befund zusammengetragen. Auch kann man die neuen Messergebnisse mit den älteren vergleichen. Kleinste Veränderungen werden angezeigt. So kann der Zahnarzt genau erkennen, ob eine begonnene Therapie den gewünschten Erfolg bringt.

Die Sondierung von Furkationen (Wurzelteilungsstellen) erfolgt mit einer **gebogenen Parodontalsonde** →Abb. 1.

3.3.2 Instrumente zur Belagsentfernung

professionelle Zahnreinigung →LF 10

Für das Säubern der supra- und subgingivalen Beläge werden Handinstrumente und maschinell betriebene Instrumente verwendet. Zur Politur dienen Reinigungs- und Polierpasten, die mit rotierenden Bürsten und Gummikelchen aufgetragen werden.

Handinstrumente

Handinstrumente werden immer noch sehr häufig eingesetzt. Sie ermöglichen ein Gefühl für subgingival liegende Beläge und eine Rückmeldung bei der Entfernung. Es gibt eine große Anzahl an verschieden geformten Handinstrumenten, man sollte sich aber der Einfachheit halber auf wenige Formen beschränken, die dennoch den unterschiedlichen anatomischen Gegebenheiten der Zähne gerecht werden.

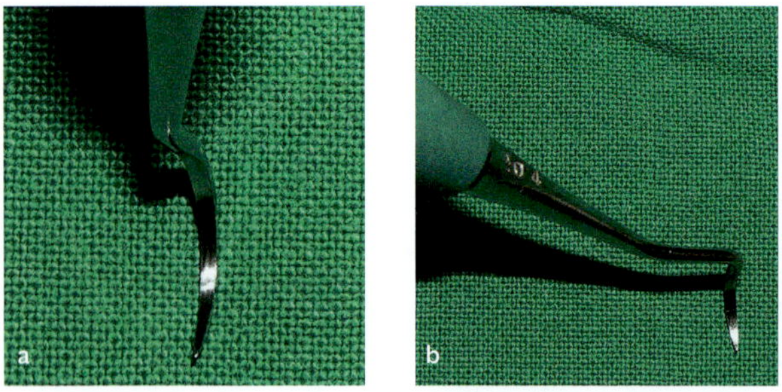

Abb. 2 Scaler. a) Frontzahnscaler; b) Seitenzahnscaler

Scaler: Zur supragingivalen Zahnreinigung werden Scaler eingesetzt →Abb. 2. Das Arbeitsende läuft spitz zu, ist sichelförmig und beidseitig geschliffen. Der Querschnitt ist dreieckig. Aufgrund seiner Spitze würde der Scaler beim subgingivalen Arbeiten die Gingiva verletzen. Es gibt auch Scaler, die haken-, meißel- oder hauenförmig gestaltet sind.

Die Schmelzoberfläche wird durch die Bearbeitung mit dem Scaler aufgeraut. Deshalb muss zum Abschluss immer eine Politur stattfinden.

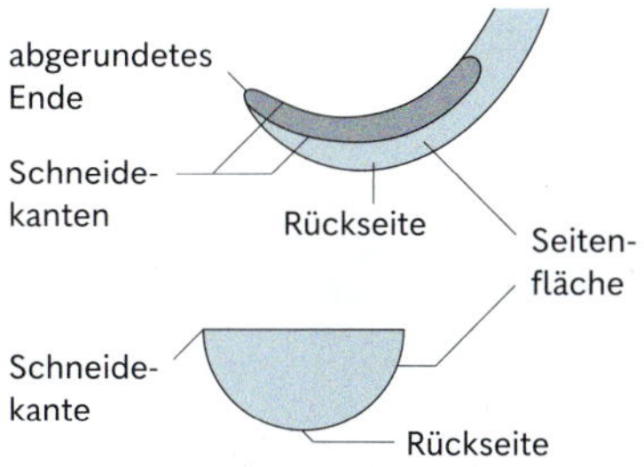

Abb. 1 Merkmale von Küretten

Küretten: Zur subgingivalen Entfernung von Konkrementen, infiziertem Wurzelzement und entzündetem Taschenepithel werden Küretten verwendet. Sie haben eine zierliche Form mit einem abgerundeten Ende, im Querschnitt sind sie halbrund →Abb. 1. Küretten werden im Vergleich zu Scalern in noch mehr Ausführungen angeboten. Man unterscheidet zwischen Universalküretten und Spezialküretten.

Universalküretten können aufgrund ihrer Form an verschiedenen Zahnflächen eingesetzt werden.

Die **Columbia-Kürette** ist ein Beispiel für eine Universalkürette →Abb. 2. Das Arbeitsende steht in einem 90°-Winkel zum Schaft. Sie ist wie der Scaler beidseitig scharf, hat also zwei Arbeitsseiten. Dies ermöglicht, dass mit der einen Seite die Wurzeloberfläche, mit der anderen Seite gleichzeitig das entzündete Taschenepithel kürettiert werden kann.
Da die Kürettenspitze abgerundet ist, kann sie den Taschenboden nicht verletzen.

Abb. 2 Columbia-Kürette

Spezialküretten: Zu den Spezialküretten gehört die **Gracey-Kürette** →Abb. 3. Sie ist nur einseitig scharf geschliffen, sodass sie mit der stumpfen Kante die Tascheninnenseite nicht verletzen kann. Außerdem ist sie zahnflächenspezifisch gestaltet und daher effektiver beim Reinigen.
Zum Arbeiten mit Gracey-Küretten können vier bis sieben verschieden geformte Instrumente bereitgelegt werden.

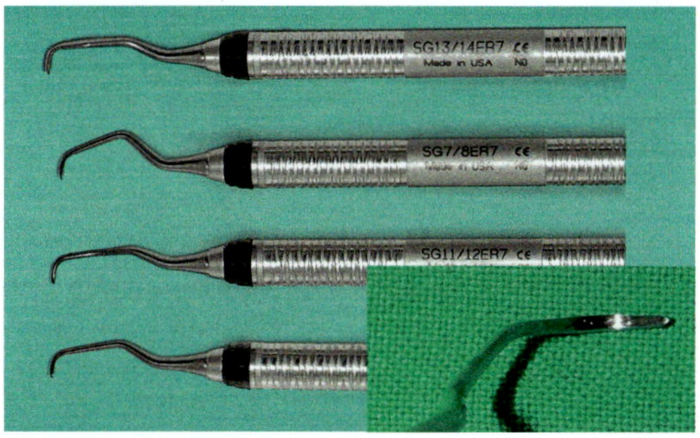

Abb. 3 Gracey-Küretten

Die Fläche des Arbeitsendes ist schräg gestellt, es entsteht ein Neigungswinkel von 60–70°. Wenn man von vorn auf die Spitze des Instrumentes schaut, so ist die nach unten abfallende Seite die Arbeitskante.

Scaler und Küretten müssen regelmäßig geschliffen werden. Dazu gibt es motorgetriebene Schleifgeräte (z. B. PerioStar®). Zum Schutz des Personals werden die Instrumente nach der Behandlung desinfiziert und sterilisiert. Danach werden sie geschliffen und zum Schutz der Patienten erneut sterilisiert.

Maschinell betriebene Instrumente

Neben den Handinstrumenten kommen häufig **Ultraschallgeräte** (z. B. Cavitron®) und **Schallgeräte** (Airscaler, z. B. Soniflex®) zur Entfernung von supra- und subgingivalen harten Belägen zum Einsatz. Bei beiden Gerätetypen wird die Arbeitsspitze des Instruments entweder durch Ultraschall oder durch Luft in sehr schnelle Schwingungen versetzt. Es gibt verschiedene Ansätze, die ähnlich geformt sind wie ein Scaler, die aber nicht geschärft sind. Durch die hochfrequenten Schwingungen pro Sekunde bilden sich Bläschen. Durch deren plötzliches Aufplatzen entsteht ein mechanischer Reinigungseffekt (Kavitation). So zerplatzen die Ablagerungen und lösen sich vom Untergrund.

Das EVA®-System ist nicht zur Belagsentfernung geeignet, sondern als Feile zur Glättung der Wurzeloberfläche. Ebenso das auf Ultraschallbasis betriebene Vector®-System.

Um eine Schädigung der Zahnsubstanz und der Gingiva oder andere Nachteile zu vermeiden, müssen folgende Punkte beachtet werden:

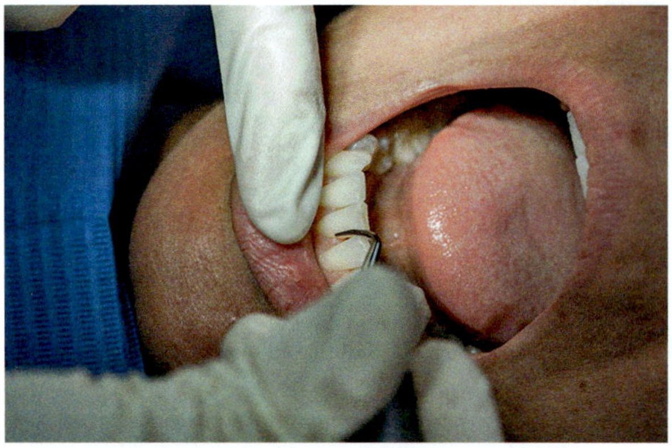

Abb. 1 Verwendung eines Ultraschallgerätes in der UK-Front

- Das Gerät darf nur mit **ausreichender Wasserkühlung** benutzt werden, da sonst durch zu große Hitze die Zahnhartsubstanz und das Weichgewebe geschädigt werden.
- Herkömmliche Geräte dürfen **nicht in tiefen Taschen** verwendet werden, da hier die notwendige Kühlung nicht möglich ist.
- Für tiefe Taschen sind sogenannte Slimline®-Arbeitsansätze erforderlich.
- Beim Arbeiten muss die Instrumentenspitze **ständig in Bewegung** gehalten werden, da sonst eine Schädigung der Zahnhartsubstanz möglich ist. Die Spitze ist nicht direkt auf den Zahn zu richten, sondern das Arbeitsende sollte **flächig** an die Zahnoberfläche gelegt werden →Abb. 1.
- Vorsichtig ist bei **verblendetem Zahnersatz** zu verfahren, da er abgesprengt werden könnte.
- Bei Patienten mit älteren **Herzschrittmachern oder mit Cochleaimplantaten („implantierten Hörgeräten“)** sollte auf den Einsatz von Ultraschall- und Schallgeräten verzichtet werden, da diese Geräte durch Ultraschall- und Schallgeräte gestört werden können.
- Wegen des entstehenden keimhaltigen **Aerosols** bei Schall- und Ultraschallanwendung sollte der Patient vor der Behandlung mit einer chlorhexidinhaltigen Mundspüllösung spülen.

Die Reinigung mithilfe maschinell betriebener Instrumente erfolgt schneller als die Reinigung mit Handinstrumenten und ist kräfteschonender.

Kavitation →S. 277

Bei maschinell betriebenen Instrumenten kann statt Wasser als Kühlmittel eine CHX-Lösung verwendet werden. Dadurch werden nicht nur mechanisch Konkremente entfernt, sondern auch Bakterien abgetötet und deren Toxine aus den Taschen hinausgeschwemmt. Auch wird durch Ultraschallwellen der bakterielle Biofilm zerrissen (Kavitation).

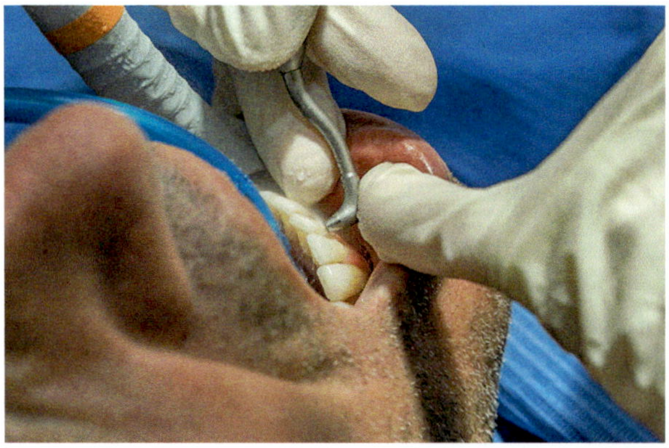

Abb. 2 Korrektes Ansetzen eines Pulverstrahlgerätes an den UK-Frontzähnen

Pulverstrahlgeräte: Für die Belagsentfernung in der UPT gibt es Pulverstrahlgeräte (Air-Polishing-Geräte), die mit glycinbasiertem oder erythritolbasiertem Pulver und CHX arbeiten. Dadurch erfolgt eine mechanische und chemische Biofilmentfernung. Dieses Gemisch ist sehr fein und nur gering abrasiv. Kombiniert mit einer Subgingivaldüse (Perio-Flow®-Handstück) ist eine subgingivale Anwendung möglich. Die Säuberung von Taschen ist effizienter und schonender als mit Handinstrumenten möglich, die Behandlungsdauer wird verkürzt.

Polierinstrumente: Den Abschluss der Belagsentfernung bildet die Politur der aufgerauten Zahnoberflächen. Diese werden geglättet, damit sich neuer Belag nicht so schnell wieder festsetzen kann. Durch die Politur werden auch restliche Verfärbungen entfernt. Die Politur erfolgt mit maschinell getriebenen rotierenden **weichen Bürstchen** und **Gummikelchen** sowie fluoridhaltiger **Polierpaste** verschiedener Abrasivität →Abb. 1, 2. Polierstreifen können zur Politur der Interdentalräume eingesetzt werden.

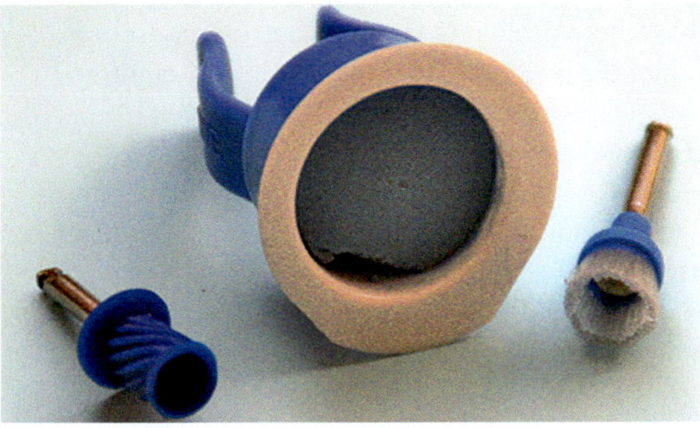

Abb. 1 Gummikelch, Polierpaste, Bürstchen

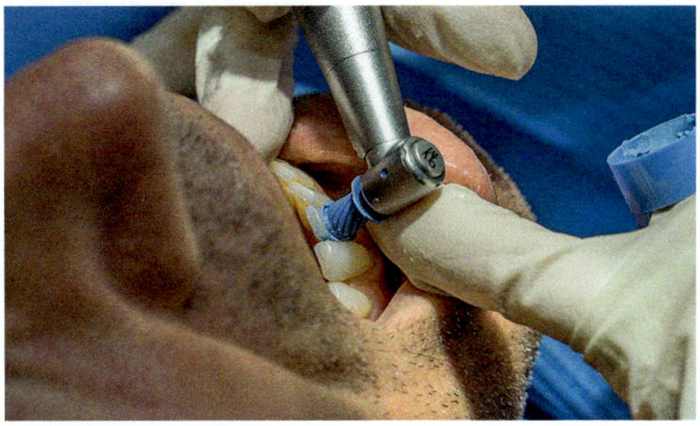

Abb. 2 Politur mit Gummikelch und Polierpaste

3.3.3 Spezielle Instrumente für die Parodontalchirurgie

Neben den genannten Instrumenten können weitere benötigt werden:
- **Taschenmarkierungspinzetten** dienen der Markierung des Taschenbodens vor einer Gingivektomie. Mit dem geraden Ende wird die Tiefe der Tasche getastet und mit dem Häkchen wird von außen an der Gingiva ein Blutungspunkt zur Orientierung bei der Schnittführung gesetzt.
- **Gingivabeil** und **Papillenmesser** können bei der Gingivektomie und Gingivoplastik eingesetzt werden.
- **Universal-Skalpellhalter** mit sichelförmigen und geraden Skalpellen werden bei der Gingivektomie eingesetzt.
- **Elektrochirurgiegeräte** arbeiten mit hochfrequentem Strom. Elektrochirurgiegeräte (Elektrotome) können schneiden, Gewebe abtragen (z. B. bei einer Gingivahyperplasie) und Blutungen stillen →Abb. 3. Der Vorteil dieser Geräte ist, dass nur eine geringe Blutung auftritt, die Nachteile sind der unangenehme Geruch und die Gefahr von zu großer Hitzeeinwirkung. Bei Patienten mit älteren Herzschrittmachern oder mit Cochleaimplantaten („implantierte Hörgeräte") sollte dieses Gerät nicht eingesetzt werden.
- **Laser** werden in der Parodontalbehandlung unterstützend zur Keimreduktion und Blutstillung eingesetzt. Auch können sie zur blutungsarmen Gingivektomie eingesetzt werden.

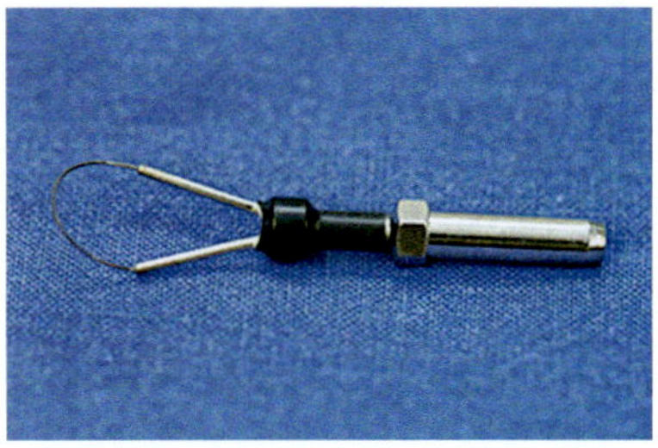

Abb. 3 Elektroschlinge für ein Elektrochirurgiegerät

Elektrochirurgiegerät
→ S. 109

3.3.4 Hygienemaßnahmen in der Parodontologie Instrumentenaufbereitung

Aufbereitung von Medizinprodukten →LF 3

Da die Instrumente in der Parodontologie die Schleimhaut durchdringen und mit Blut und Gewebeflüssigkeiten in Berührung kommen, werden sie den RKI-Richtlinien entsprechend in die Gruppe der kritischen Medizinprodukte eingeordnet.

Allgemeine Hygienemaßnahmen bei parodontologischen Eingriffen

Vorbereitung von chirurgischen Eingriffen →S. 105

Bis auf die PZR zählen alle parodontologischen Eingriffe zu den chirurgischen Behandlungen. Daher müssen hier die gleichen Hygienemaßnahmen ergriffen werden wie in der Chirurgie:

- Das Operationsgebiet wird steril abgedeckt.
- Es wird eine chirurgische Händedesinfektion vor der OP durchgeführt.
- Schutz des Patienten und des Behandlers durch sterile Kleidung, Mundschutz, Schutzbrille, sterile Handschuhe.

Terminologie: Behandlung von Parodontalerkrankungen

Artikulation, die	1) Bewegung des Unterkiefers unter Kontakt zum Oberkiefer 2) Sprechlautbildung; durch Veränderung des Mund-Nasen-Rachen-Raums werden Töne in Sprechlaute umgeformt
delegieren	eine Aufgabe an eine andere Person übertragen
Grading, das	die Geschwindigkeit, mit der die Erkrankung voranschreitet
Kürettage, die (franz. curettage = Auskratzung)	Ausschabung, Auskratzung
Progression, die	das Fortschreiten
Reevaluation, die	kritische Überprüfung des bisher erreichten Therapieergebnisses
Regeneration, die	Wiederherstellung
Rezidivbehandlung, die	Behandlung einer wieder auftretenden Krankheit, die bereits geheilt war; Behandlung eines Rückfalls (Rezidiv)
Sepsis, die	sogenannte Blutvergiftung
Staging, das	Schweregrad der Erkrankung

Aufgaben

1	Nennen Sie die Behandlungsziele bei der Behandlung von Parodontalerkrankungen.
2	Erläutern Sie den Begriff „Sprechende Zahnmedizin“ im Zusammenhang mit Parodontalerkrankungen.
3	Beschreiben Sie, wie der PSI erhoben wird.
4	Beschreiben Sie die Behandlungsstrecke zur Behandlung von Parodontalerkrankungen (8 Punkte).
5	Was wird in einen PA-Plan eingetragen?
6	Beschreiben Sie die Vorgehensweise bei der Antiinfektiösen Therapie.
7	Beschreiben Sie das Vorgehen bei einer chirurgischen Parodontaltherapie.

8	Nennen Sie die Ziele und die Inhalte einer Unterstützenden Parodontitistherapie (UPT).
9	Wovon hängt die Frequenz (Häufigkeit) der UPT ab?
10	Wann ist eine Gingivektomie angezeigt? Welche Instrumente kommen zum Einsatz?
11	Welche Arbeiten können bei der PAR-Behandlung an den ZFA delegiert werden? Nennen Sie drei Tätigkeiten, die er auf keinen Fall übernehmen darf.
12	Nennen Sie die Merkmale einer WHO-Sonde.
13	Wann setzt man einen Scaler und wann eine Kürette ein?
14	Was ist der Unterschied zwischen einer Universalkürette und einer Spezialkürette?

4 Erkrankungen der Mundhöhle

Unsere Haut und Schleimhaut bilden eine **Schutzschicht** für unseren Körper. Die Haut umgibt den Körper von außen, die Schleimhaut (Mukosa) bildet die Innenauskleidung. An den Lippen geht die Haut in die Mundschleimhaut über, die die gesamte Mundhöhle auskleidet. Es gibt Bereiche, an denen die Mukosa verschieblich ist, und andere Bereiche, wo sie fest mit der knöchernen Unterlage (Kieferkamm, harter Gaumen) verbunden und somit unverschieblich (attached) ist.

Aufbau der Mundschleimhaut →S. 246

Aufbau der Mundhöhle →LF 2

Zahnfleischerkrankungen werden nicht zu den Erkrankungen der Mundschleimhaut gezählt. **Allgemeinerkrankungen** zeigen sich häufig durch Veränderungen an der Zunge oder der Mundhöhle, z. B. Scharlach. Daher wird der Patient bei einem unklaren Krankheitsbild gebeten, die Zunge herauszustrecken. Der Arzt inspiziert bei der Anamnese Zunge und Mundhöhle.

Anamnese →LF 2

4.1 Infektionen der Mundhöhle

Entzündungsreaktionen →S. 47

Die Mundhöhle ist der Eingang zum Verdauungs- und Atemtrakt. Krankheitserreger, mechanische, thermische und chemische Reize müssen hier abgefangen werden. Ein gesundes Immunsystem ist dazu in der Lage. Wenn dies nicht der Fall ist, kann es zu Infektionen verschiedener Art kommen. Aber auch eine schlechte Mundhygiene kann zu Infektionen in der Mundhöhle führen. Eine Entzündung der Mundschleimhaut nennt man **Stomatitis**.

4.1.1 Bakterielle Infektionen

Die einfache bakterielle Stomatitis, **Stomatitis simplex**, tritt bei schlechter Mundhygiene oder bei fieberhaften Erkrankungen auf.
Sie kann in eine geschwürige, eitrige Stomatitis, **Stomatitis ulcerosa**, übergehen, bei der das Gewebe faulig zerfällt und einen üblen Geruch (**Foetor ex ore**) verbreitet. Es herrscht Infektionsgefahr! Das Gewebe wird unwiederbringlich zerstört.
Wenn Prothesenträger ihre Prothese nicht täglich reinigen, kann es zu einer bakteriellen Besiedelung der abgedeckten Schleimhautbereiche kommen, zu einer **Stomatitis prothetica** (Prothesenstomatitis; →Abb. 1).

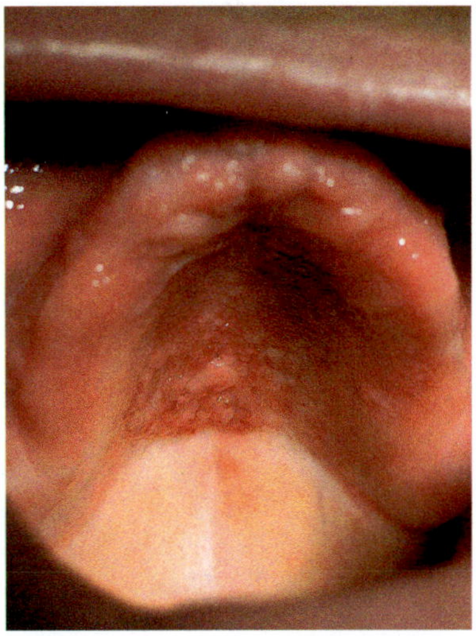

Abb. 1 Stomatitis prothetica (Prothesenstomatitis). Die Mundschleimhaut ist flammend rot.

4.1.2 Infektionen durch Viren

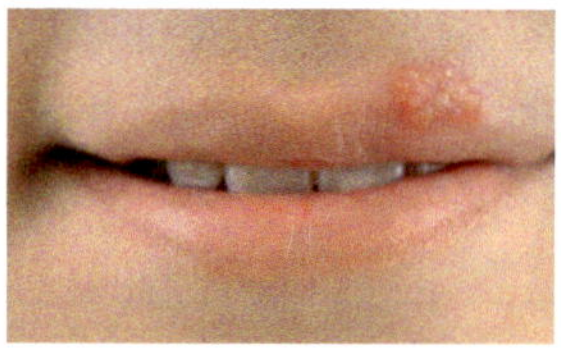

Abb. 1 Herpes simplex labialis

Die häufigste Virusinfektion im Mund und an den Lippen ist die Infektion mit Herpes-simplex-Viren. Meist sind die Lippen betroffen (sog. Lippenherpes, Herpes simplex labialis; auch: Herpes labialis; →Abb. 1). Herpes simplex beginnt mit einem Juckreiz und einem Spannungsgefühl, dann treten gruppenweise angeordnete Bläschen auf, die später eitrig eintrüben. Wenn das Virus einmal in den menschlichen Organismus eingedrungen ist, so verbleibt es dort lebenslang. Begünstigt wird der Wiederausbruch durch zu viel Sonnenbestrahlung, Stress und fieberhafte Erkrankungen. Herpes simplex ist ansteckend.

Eine weitere Virusinfektion ist die Stomatitis aphthosa, auch Gingivostomatitis herpetica genannt. Sie äußert sich mit kleinen grauweißlichen, von einem hochroten Hof umgegebenen Flecken. Überwiegend tritt diese Erkrankung bei Kindern während des Durchbruchs der Milchzähne auf, aber auch zeitlebens bei Erwachsenen bei Allgemeinerkrankungen und Magen-Darm-Störungen. Die Stomatitis aphthosa wird auch als Mundfäule bezeichnet.

4.1.3 Infektionen durch Pilze

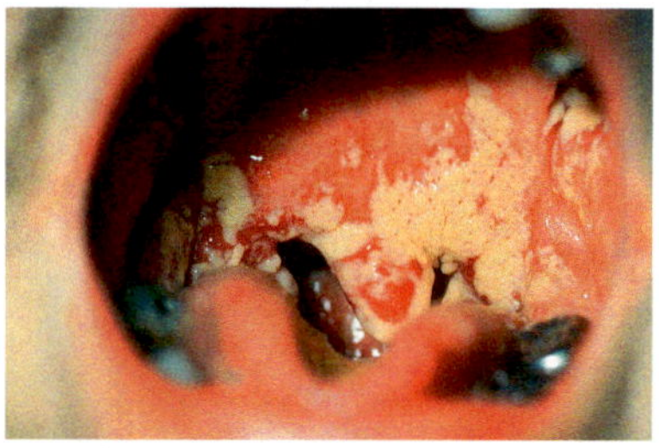

Abb. 2 Mundsoor

Krankheiten, die durch Pilze hervorgerufen werden, werden als **Mykosen** bezeichnet. Bei einer Abwehrschwäche des Immunsystems kann es zu einer Besiedelung der Mundhöhle mit Pilzen, vor allem mit Hefepilzen der Art *Candida albicans*, kommen. Diese Erkrankung wird auch üblicherweise **Soor** genannt und äußert sich durch abwischbare weiße Beläge auf geröteter Schleimhaut, diese sieht wie „gezuckert" aus →Abb. 2.

4.2 Nichtinfektiöse Erkrankungen der Mundhöhle

4.2.1 Aphten

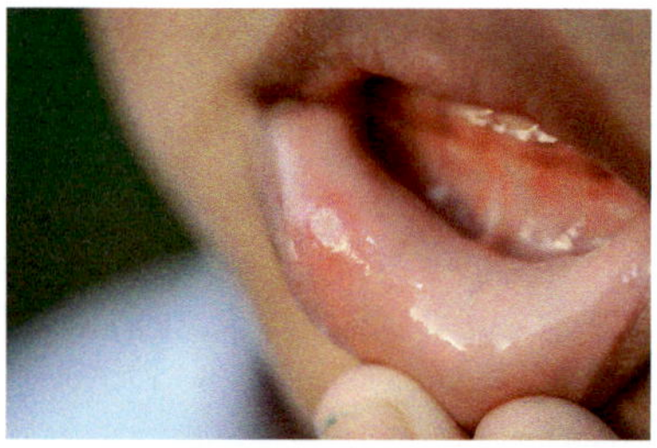

Abb. 3 Aphthe

Bei Aphthen weist die Schleimhaut eine linsengroße, hellgrau bis gelbliche Veränderung auf, die von einem geröteten Hof umgeben ist →Abb. 3. Das Bläschen platzt auf und es entsteht eine sehr schmerzhafte offene Stelle, die nur langsam, aber narbenfrei abheilt. Begleitend können die Lymphknoten unterhalb des Unterkiefers und in der Halsgegend geschwollen sein.

Die Ursache von Aphthen ist unklar.

4.2.2 Druckstelle (Dekubitus)

Meist entsteht eine Druckstelle (Dekubitus) durch Zahnersatz, der neu eingegliedert wurde, oder durch Prothesen, die nicht gut sitzen. Die Schleimhaut ist an dieser Stelle gerötet und schmerzt. Bei Nichtbeseitigung der Ursache kann ein **Ulkus** (Geschwür) entstehen, bei dem die Schleimhaut und evtl. tiefere Gewebeschichten verletzt und eitrig offen sind.

4.2.3 Rhagaden

Die Rhagaden werden auch Schrunden oder Faulecken genannt. Es sind Einrisse in den Mundwinkeln, die schmerzhaft sind und schlecht heilen →Abb. 1.
Der Grund kann ein schlecht sitzender Zahnersatz mit abgesunkenem Biss sein. Die Mundwinkel bleiben dadurch ständig feucht.

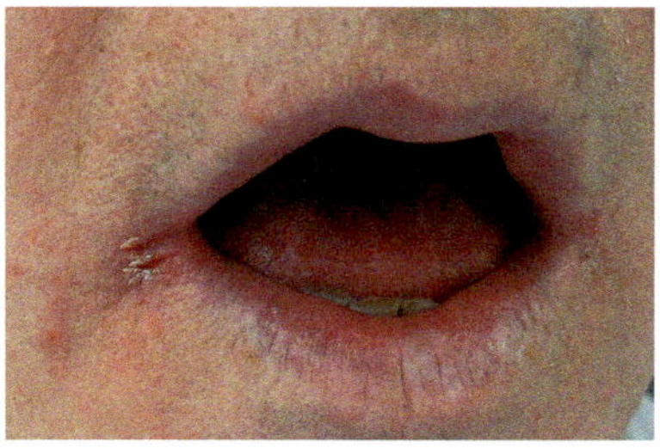

Abb. 1 Rhagade

4.2.4 Reaktionen der Mundschleimhaut auf Arzneimittel oder zahnärztliche Materialien

Lokale **Verätzungen** der Mundschleimhaut durch Medikamente, z. B. Schmerztabletten, treten auf, wenn der Patient die Tablette nicht sofort schluckt, sondern sie im Mund belässt.
Allergien auf Medikamente oder zahnärztliche Materialien rufen Rötungen, Schwellungen und Bläschenbildung hervor. Nach Vermeidung der allergenen Stoffe verschwinden die Symptome.

Übersicht über die wichtigsten Mundschleimhauterkrankungen

Wie bei allen Erkrankungen wird auch bei Erkrankungen der Mundschleimhaut versucht, die primäre Ursache zu beseitigen →Tab. 1. Wenn diese nicht bekannt ist oder sie nicht beseitigt werden kann und/oder wenn die Beschwerden nur gelindert werden sollen, spricht man von einer symptomatischen Therapie.

Erkrankung	Symptome und mögliche Ursachen	Therapie
Stomatitis	Entzündung der Mundschleimhaut durch Bakterien; fauliger Mundgeruch	Verbesserung der Mundhygiene, Stärkung der Immunabwehr Behandeln mit Mundspüllösungen
Stomatitis prothetica	bei mangelhafter Reinigung der Prothese entsteht eine bakterielle Infektion mit Rötung unter der Prothese	tägliche gründliche Reinigung der Prothese
Herpes	Bläschenbildung im Mund oder an den Lippen; tritt nach Erstinfektion mit dem Virus Herpes simplex immer wieder auf, vor allem bei UV-Einstrahlung, bei einer Erkältung, bei Schlafmangel	virushemmende Salbe frühzeitig bei den ersten Anzeichen anwenden (z. B. Zovirax®)
Soor	abwischbare weiße Beläge aus Hefepilzen auf geröteter Schleimhaut; diese sieht wie „gezuckert“ aus; bei geschwächtem Immunsystem	Mundspüllösungen, Antimykotika (Mittel gegen Pilzinfektionen)
Aphthen	linsengroßes, hellgrau bis gelbliches Bläschen, das von einem geröteten Hof umgeben ist; nach Aufplatzen entsteht eine sehr schmerzhafte offene Stelle, die nur langsam, aber narbenfrei abheilt; nicht infektiös; unklare Ursache, evtl. Abwehrschwäche	keine ursächliche Therapie bekannt nur eine abdeckende, schmerzlindernde (evtl. kortisonhaltige) Salbe auftragen oder mit Chlorhexidin spülen

Dekubitus	Druckstelle; meist durch schlecht sitzende Prothese oder einen anderen mechanischen Reiz bedingt; zunächst Rötung, Schwellung, Schmerzen; kann sich zum Ulkus entwickeln	Entlasten durch Beschleifen oder Unterfüttern der Prothese
Rhagaden	Einrisse in den Mundwinkeln, die schmerzhaft sind und schlecht heilen	Bisshöhe des Zahnersatzes korrigieren
Leukoplakie	verhornte weißliche Flecken an der Schleimhaut, nicht abwischbar, i. d. R. schmerzfrei, mögliche Ursache: dauerhafte mechanische Reizung, Alkohol- und Nikotinmissbrauch	Ursache, z. B. störende Prothese, korrigieren, evtl. operative Entfernung, Gewebeuntersuchung, um bösartigen Tumor auszuschließen

Tab. 1 Die wichtigsten Erkrankungen der Mundschleimhaut und die Grundzüge ihrer Behandlung

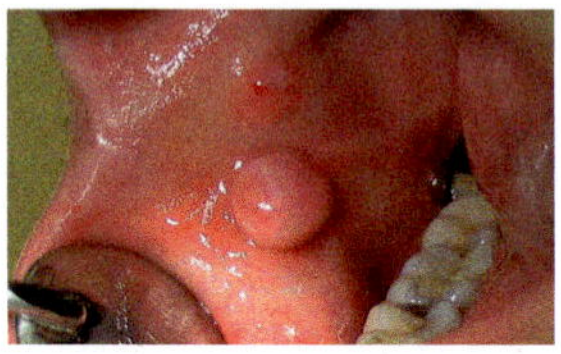

Abb. 1 Fibrom an der Wange

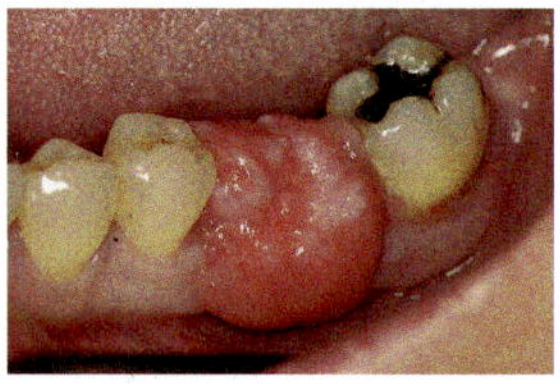

Abb. 2 Epulis

4.3 Tumoren in der Mundhöhle

Wird eine Stelle am Körper immer wieder stark belastet, dann reagiert das Gewebe mit einer Schutzreaktion. Zum Beispiel kann es sein, dass der Patient immer wieder auf die Wangeninnenseite beißt.

Zum Schutz bildet der Körper an dieser Stelle mehr Zellen, sodass eine Schwellung, eine Geschwulst, entsteht. Der Fachausdruck für eine Schwellung ist **Tumor**.

Einen abgekapselten Zellhaufen aus normal aufgebauten Bindegewebszellen der Mundhöhle nennt man **Fibrom** →Abb. 1. Es ist ein gutartiger Tumor.

Eine Wucherung des parodontalen Gewebes kann zur Bildung einer **Epulis** führen, einer knotenförmigen gutartigen Wucherung im Bereich eines Zahnes, am Gingivarand →Abb. 2. Eine Epulis muss möglichst früh entfernt werden, da sonst die Gefahr besteht, dass der Zahn keinen Halt mehr im Zahnhalteapparat hat und extrahiert werden muss. Bei der Entfernung kann es dennoch notwendig sein, dass der Zahn extrahiert werden muss, wenn zu viel Parodontalgewebe verloren gegangen ist.

Heilt ein Ulkus bei einem Prothesenpatienten selbst nach Ausschalten der möglichen Ursachen nicht ab und wird sogar größer, so besteht der Verdacht auf einen bösartigen Tumor.

Hier wachsen, genetisch gesehen, fehlerhafte Zellen heran, eine Mutation hat stattgefunden.

Normalerweise erkennt und beseitigt das umgebende Gewebe Zellen, die bei der Zellteilung entarten. Geschieht dies nicht, entsteht ein unkontrolliert (autonom) wachsender Tumor.

Eigenschaften von Tumoren →S. 143

Benigne (gutartige) Tumoren und **maligne** (bösartige) Tumoren wachsen verdrängend, also auf Kosten von anderem Gewebe. Allerdings sind die benignen Tumoren abgekapselt, die malignen dagegen dringen in das Nachbargewebe, in Blut- und Lymphgefäße ein.
Maligne Tumoren infiltrieren das angrenzende Gewebe. Lösen sich maligne Krebszellen ab, so werden sie mit dem Blutstrom fortgeschwemmt und bilden in neuen Körpergeweben **Metastasen** (Tochtergeschwülste). Dort wächst dann ein neuer Tumor heran. In der Umgangssprache wird ein bösartiger Tumor auch als „Krebs“ bezeichnet. Die Benennung eines bösartigen Tumors enthält die Endung -sarkom oder -karzinom.

4.3.1 Mögliche Ursachen von bösartigem Tumorwachstum

Es gibt Faktoren, die das Entstehen eines bösartigen Tumors wahrscheinlicher machen. Man bezeichnet diese Faktoren als karzinogen (krebsverursachend):
- chronische Entzündungsherde in der Mundhöhle, schlechte Mundhygiene
- Alkohol- und Nikotinmissbrauch
- Belastung durch chemische Stoffe wie Formaldehyd
- Umwelteinflüsse wie Abgase von Autos und Heizungsanlagen
- zu viel Aufnahme von energiereicher Strahlung wie Röntgenstrahlen, UV-Strahlen
- spontane Veränderung des Erbguts ohne erkennbare äußere Ursache; je älter der Patient ist, desto unzuverlässiger arbeitet das Reparatursystem der Gene, dadurch haben die Zellen eine größere Chance zu entarten; daher spricht man auch von Krebs als einer Krankheit des Alters

4.3.2 Mundhöhlenkarzinome

Von allen Krebserkrankungen entfallen ungefähr 5 % auf die Mundhöhle. Hier wiederum ist das am häufigsten vorkommende Karzinom das Plattenepithelkarzinom →Abb. 1.
Mundhöhlenkarzinome haben eine hohe Sterblichkeit zur Folge. Die Karzinome wachsen unauffällig und die Diagnose wird oft zu spät gestellt. Die Mundhöhle ist sehr gut durchblutet, daher tritt sehr früh eine Metastasenbildung auf.
Vor allem ältere männliche Patienten, die rauchen, gern Alkohol trinken und eine schlechte Mundhygiene haben, sind, statistisch gesehen, gefährdet.
Daher sollte bei allen nicht erklärbaren Schleimhautveränderungen, die länger als zwei Wochen bestehen, eine **Probeexzision** durchgeführt werden und das gewonnene Material zur histologischen Untersuchung an ein auf diese Untersuchungen spezialisiertes Labor geschickt werden.
Manchmal reicht auch ein Abstrich aus der betroffenen Region, um zu klären, ob Tumorzellen vorhanden sind.
Die Heilungschancen sind abhängig von der frühzeitigen Entdeckung des Tumors. Besondere Bedeutung hat hierbei die **Leukoplakie**, ein weißer, nicht abwischbarer Fleck auf der Schleimhaut →Abb. 2.
Die Leukoplakie kann eine Krebsvorstufe (Präkanzerose) sein.

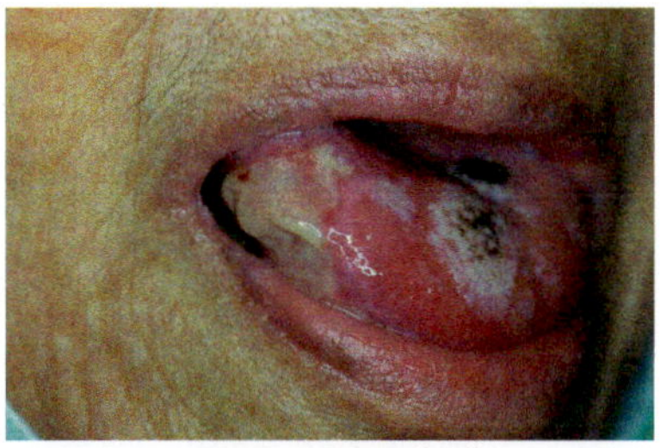

Abb. 1 Plattenepithelkarzinom am Zungenrand.

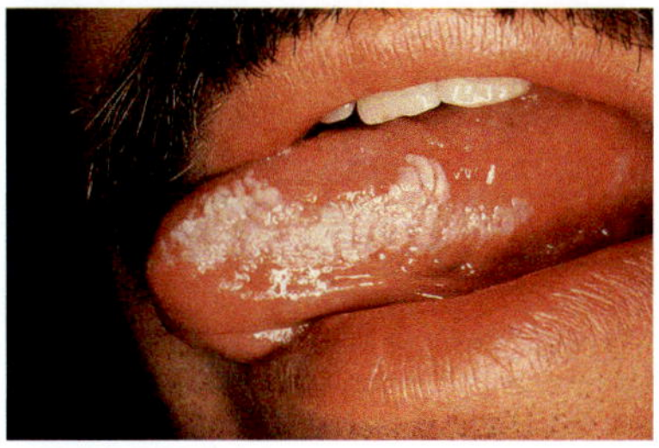

Abb. 2 Leukoplakie

4.3.3 Behandlung von Tumoren

Gutartige Tumoren werden durch eine Exzision operativ entfernt.
Bösartige Tumoren werden zunächst operativ entfernt, man schneidet sie aus dem gesunden Gewebe heraus. Danach erfolgt eventuell eine Röntgenbestrahlung der betroffenen Region, um noch vorhandene Tumorzellen auszuschalten.
Manchmal ist es aber auch erforderlich, zuerst eine Bestrahlung und eine Chemotherapie mit Zytostatika (für Körperzellen giftige Arzneimittel) vorzunehmen, bevor die operative Entfernung des Tumors erfolgt. Der Tumor wird dadurch kleiner, was zur Folge hat, dass weniger gesundes Gewebe operativ entfernt werden muss.

Exzision →S. 128

Terminologie: Erkrankungen der Mundhöhle

benigne (lat. benignus = gütig, von guter Art)	gutartig
Dekubitus, der	Druckstelle mit schmerzhaften Schleimhautveränderungen
Epulis, die	gutartige Geschwulst aus parodontalem Gewebe
Fibrom, das	gutartiger Bindegewebstumor
Foetor ex ore (lat.)	Mundgeruch
histologisch	feingeweblich
infiltrieren	ins Gewebe eindringen
karzinogen (kanzerogen)	bösartige Tumoren („Krebs") verursachend
Leukoplakie, die	weißer, nicht abwischbarer Fleck auf der Schleimhaut; evtl. Präkanzerose
maligne (lat. malignus = bösartig, missgünstig)	bösartig
Metastase, die	Tochtergeschwulst
Mutation, die	spontane Veränderungen des Erbguts
Mykose, die	Pilzerkrankung
Präkanzerose, die	Krebsvorstufe
Probeexzision, die	Entnahme einer Gewebeprobe zur histologischen Untersuchung
Soor, der	Infektion der Mundhöhle mit Hefepilzen
Stomatitis, die	Mundschleimhautentzündung
Tumor, der	Schwellung, Geschwulst, Gewebswucherung
Ulkus, das	Geschwür, eitriger Gewebedefekt der tieferen Gewebeschichten

Erkrankungen der Mundhöhle

Aufgaben

1	Beschreiben Sie eine Art von Stomatitis. Was ist die Ursache dieser Erkrankung?
2	Welche häufig vorkommende Virusinfektion der Lippen kennen Sie? Welche Therapiemöglichkeiten gibt es?
3	Wie äußert sich Soor? Welche Krankheitserreger sind die Verursacher?
4	Nennen Sie die Unterschiede zwischen einem Geschwür und einer Geschwulst.
5	Nennen Sie die drei häufigsten Ursachen für ein Mundhöhlenkarzinom.
6	Welche Behandlungsmöglichkeiten gibt es bei einem malignen Tumor?

5 Grundlagen der Parodontologie

Die Parodontitis ist eine chronisch entzündliche Erkrankung des Parodontiums (Parodont = Zahnhalteapparat). Zum Zahnhalteapparat gehören die folgenden anatomischen Strukturen:
- Gingiva (Zahnfleisch)
- Wurzelzement (Cementum)
- Desmodont (Wurzelhaut)
- Alveolarknochen (Zahnfachknochen)

Diese vier Strukturen „halten" den Zahn im Knochen fest. Daher kommt der Name Zahnhalteapparat.

Bei einer schlechten Mundhygiene kann sich ein bakterieller Zahnbelag (Biofilm) bilden. Dieser kann eine Zahnfleischentzündung (Gingivitis) hervorrufen. Im Laufe der Zeit verändert sich die bakterielle Zusammensetzung des Biofilms. Neben dem Vorhandensein von bestimmten Bakterien, spielen zwei Risikofaktoren (Rauchen und Diabetes mellitus) eine große Rolle bei der Entstehung und Progredienz (Fortschreiten, mit zunehmender Verschlimmerung) einer Parodontitis.

Durch die Entzündung der Gingiva „wandert" der Biofilm unter das Zahnfleisch (subgingival). So kommt es zur Entstehung von Zahnfleischtaschen. Sie begünstigen die Vermehrung von Parodontitis auslösenden Mikroorganismen. Zahnfleischtaschen können durch Sondierung mit einer speziellen Sonde gemessen werden.

Der Körper versucht, sich durch eine Abwehrreaktion gegen diese Keime zu wehren. Dadurch kommt es jedoch zu einem Attachment- und Knochenverlust. Laufen diese Vorgänge lange genug ab und erfolgt keine Behandlung, kann eine Parodontitis zu Zahnlockerungen, Zahnfehlstellungen und Zahnverlust führen.

Die chronische entzündliche Parodontitis gehört neben der Karies zu den beiden häufigsten Erkrankungen in der Zahnmedizin. Mehr als die Hälfte der 35–44-jährigen Patienten sind bereits an einer gemäßigten bis schweren Parodontitis erkrankt. Das Alter spielt dabei eine große Rolle. Je älter ein Patient ist, umso wahrscheinlicher ist das Vorhandensein einer Parodontalerkrankung.
Die Parodontitis hat dabei nicht nur Auswirkungen auf die Zahngesundheit. Zusammenhänge zwischen einer Parodontitis und schweren Allgemeinerkrankungen, wie z. B. Diabetes mellitus, koronare Herzerkrankungen, Schlaganfall oder einer rheumatoiden Arthritis, konnten nachgewiesen werden.

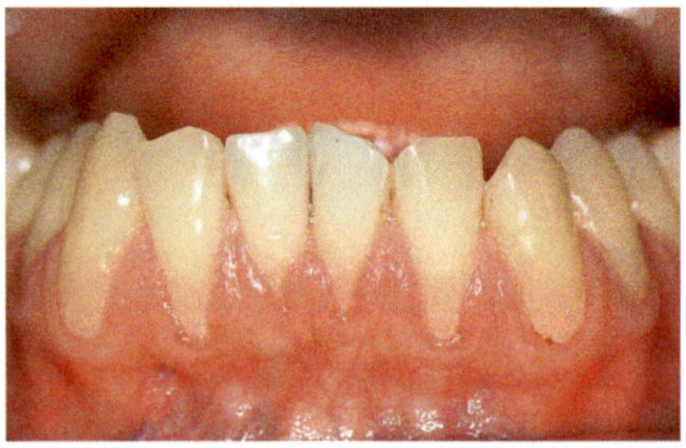

Abb. 1 Geschädigter Zahnhalteapparat durch chronische Parodontitis

6 Abrechnung der PAR-Leistungen bei Kassenpatienten

Video

Parodontitisbehandlung

Am 17.12.2020 wurde die neue, eigenständige **PAR-Richtlinie** zur systematischen Behandlung von Parodontitis und anderer Parodontalerkrankungen im Gemeinsamen Bundesausschuss (G-BA) beschlossen. Sie spiegelt den aktuellen Stand der Wissenschaft wider. Das Leistungsangebot wurde erweitert und an den aktuellen wissenschaftlichen Stand angepasst. Die PAR-Richtlinie ist seit 01.07.2021 in Kraft. Die systematische Behandlung einer Parodontitis und anderer Parodontalerkrankungen werden im BEMA-Teil 5 geregelt.

6.1 Behandlungsbedürftigkeit und Ziele der Behandlung

Damit eine systematische Parodontalbehandlung laut PAR-Richtlinien erfolgen kann, muss eine der folgenden Diagnosen gestellt werden:
- Parodontitis
- Parodontitis als Manifestation systemischer Erkrankungen
- andere, das Parodont betreffende Zustände: generalisierte gingivale Vergrößerungen

Außerdem muss gleichzeitig eine **Sondierungstiefe** (ST) der Zahnfleischtaschen von mindestens 4 mm oder mehr vorliegen. Die Sondierungstiefen müssen mindestens an zwei Stellen (mesioapproximal und distoapproximal) je Zahn in Millimetern gemessen werden.

Das **Ziel** einer systematischen PAR-Behandlung ist es, alle entzündeten Parodontien auszuheilen und so das Voranschreiten der Erkrankung zu beenden. Damit wird ein weiterer Attachment- und Knochenabbau gestoppt und der Verlust von Zähnen infolge einer Parodontalerkrankung verhindert.

Merke
Bei fortgeschrittenem Knochenabbau (>75%) oder einem Furkationsbefall Grad III, mit gleichzeitig vorliegendem Lockerungsgrad III, ist der entsprechende Zahn in der Regel zu extrahieren.

6.2 PAR-Behandlungsstrecke

Die Behandlungsstrecke spiegelt den in der Richtlinie vorgegebenen Behandlungsablauf wider. Der zeitliche Behandlungsablauf ist einzuhalten.

6.2.1 Übersicht über die Behandlungsstrecke

- **Anamnese, Befund, Diagnose, Dokumentation** (Parodontalstatus), Feststellen der **Behandlungsbedürftigkeit**
- **Begutachtung** und **Genehmigung** durch die Krankenkasse. Dies muss durch einen Antrag mittels eFormular 5a und eFormular 5b, gemäß Anlage 14c BMV-Z erfolgen.
- Parodontologisches **Aufklärungs**- und **Therapiegespräch**
- **Konservierend-chirurgische Maßnahmen** (falls erforderlich und noch nicht geschehen)
- Patientenindividuelle **Mundhygieneunterweisung**
- **Antiinfektiöse Therapie** (**AT**, geschlossenes Vorgehen)
  Eventuell erfolgt an dieser Stelle eine Antibiotikatherapie.
  Nach erfolgter AIT kann die erstmalige Abrechnung erfolgen. Alle weiteren Abrechnungen werden monatlich abgerechnet.
- **Befundevaluation** nach drei bis sechs Monaten nach erfolgter AIT

- Falls es notwendig ist, kann eine **chirurgische Therapie** (**CPT**, offenes Vorgehen) durchgeführt werden. Die Notwendigkeit bestimmt der Behandler in Absprache mit dem Patienten. Dies muss der Krankenkasse auf dem eFomular 3c mitgeteilt werden. Nach drei bis sechs Monaten erfolgt danach eine erneute Befundevaluation.
- **Unterstützende Parodontitistherapie** (**UPT**) drei bis sechs Monate nach erfolgter AIT oder CPT) für die Dauer von zwei Jahren. Die Häufigkeit hängt von dem gemessenen Schweregrad (Grading) der Parodontalerkrankung ab. Mit dem eFormular 5d muss eine Verlängerung der UPT beantragt werden.

Bei Versicherten, die einen Pflegegrad haben oder eine Eingliederungshilfe erhalten, kann der Leistungsumfang reduziert werden. Außerdem kann von der zeitlich festgelegten Behandlungsabfolge abgewichen werden.
Dies kann Patienten betreffen, bei denen
- die korrekte Durchführung einer Mundhygiene nicht möglich oder stark eingeschränkt ist
- eine Behandlung in Allgemeinnarkose notwendig ist
- die Kooperation zu der geplanten Behandlung nicht vorhanden oder stark eingeschränkt ist.

Die Abwandlung der Behandlung ist der Krankenkasse vorher anzuzeigen und die patientenbezogene Begründung für die Abwandlung ist in der Patientenkarte zu dokumentieren.

6.2.2 Der Parodontale Screening Index (PSI)

Der PSI dient der Feststellung der parodontalen Behandlungsbedürftigkeit.
Im Anschluss an das Erheben des PSI erhält der Patient das Ergebnis in schriftlicher Form. Darin ist ersichtlich, welche Therapie auf Grund der Befunde folgen soll.
Bei der Erhebung wird das Gebiss in Sextanten eingeteilt →Abb. 1. S. 291.
Mit einer WHO-Sonde wird jeder Zahn an sechs Stellen sondiert. Die Befunde werden in Grade eingeteilt und nur der höchste Wert eines Sextanten wird in das Befundschema eingetragen.

Wird in einem oder mehreren Sextanten ein Grad 3 oder ein Grad 4 gemessen, ist eine systematische PAR-Therapie erforderlich.

BEMA-Pos.	Abk.	Leistung	Bewertungszahl
04		Erhebung Parodontaler Screening-Index	12

A Eine Leistung nach Pos. 04 kann einmal in zwei Jahren abgerechnet werden. Es müssen sieben Quartale ohne Berechnung der Erhebung zwischen den Leistungen nach einer erfolgten 04 liegen, sogenannte „Leerquartale“.

A̸ Der PSI kann nicht während einer systematischen Parodontalbehandlung und anderer Parodontalbehandlungen abgerechnet werden.

Im Anschluss an die Erhebung des PSI, erhält der Patient Informationen über die Untersuchungsergebnisse (mit vorläufiger Diagnose) und ob seine Befunde eine Parodontalbehandlung erfordern. Eventuell wird er auch über die Notwendigkeit weiterer Diagnosemittel, wie z. B. Röntgenbilder, aufgeklärt. Diese Informationen werden in einem Dokument festgehalten, welches der Patient mit nach Hause nimmt. Das Ergebnis des PSI ist zu dokumentieren →Abb. 1. S. 291.

Ergebnisse Parodontaler Screening-Index (PSI)

Klaus	Lemke
Vorname:	Name:

Wir haben bei Ihnen den Parodontalen Screening-Index (PSI) erhoben. Der PSI bietet einen orientierenden Überblick über das mögliche Vorliegen und die Schwere einer parodontalen Erkrankung sowie den möglichen Behandlungsbedarf. Die bei Ihnen in der Untersuchung festgestellten Werte können Sie der nachfolgenden Tabelle entnehmen.

Einteilung von Ober- und Unterkiefer in je drei Sextanten (S 1 – S 6)	**Höchster im Sextanten festgestellter Code**	
Oberkiefer	S 1: 3 S 2: 3 S 3: 3	
Unterkiefer	S 4: 3 S 5: 3 S 6: 3	

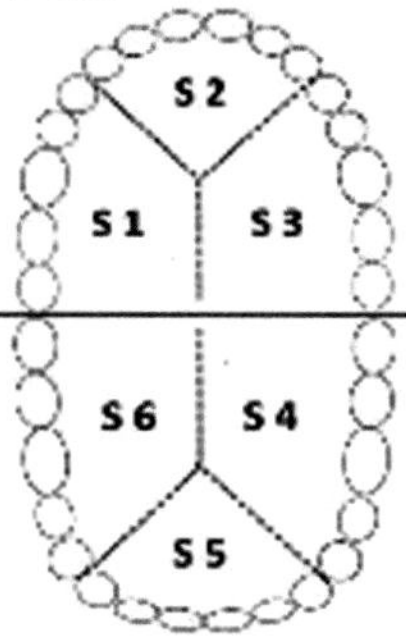

Erläuterung der PSI-Codes

Code	Erläuterung
0	Sondierungstiefe kleiner 3,5 mm, keine Blutung auf Sondierung, kein Zahnstein, keine überstehenden Füllungs-/Kronenränder
1	Sondierungstiefe kleiner 3,5 mm, Blutung auf Sondierung, kein Zahnstein, keine überstehenden Füllungs-/Kronenränder
2	Sondierungstiefe kleiner 3,5 mm, Zahnstein und/oder überstehende Füllungs-/Kronenränder
3	Sondierungstiefe 3,5 bis 5,5 mm
4	Sondierungstiefe größer 5,5 mm

* Auffälligkeiten wie z. B. Zahnfleischrückgang oder Zahnlockerung sind mit einem Stern gekennzeichnet.

Aus den Screening-Ergebnissen ergeben sich die folgenden Diagnosen und Empfehlungen:

PSI-Code	**Diagnose**	**Empfehlungen, möglicher Untersuchungs- und Behandlungsbedarf**
0	Parodontal gesund	Keine Therapie notwendig, regelmäßige Kontrolluntersuchung
1	Zahnfleischentzündung (Gingivitis)	Verbesserung der Mundhygiene
2	Zahnfleischentzündung (Gingivitis), Zahnstein oder überstehende Füllungs- oder Kronenränder	Verbesserung der Mundhygiene, Zahnsteinentfernung oder Glättung überstehender Füllungs- und Kronenränder
3 4	Verdacht auf Parodontitis	Verbesserung der Mundhygiene, parodontale Befunderhebung einschließlich der Anfertigung von Röntgenbildern als Basis der Diagnosestellung und der weiteren Therapieplanung

Wir haben Sie über das Untersuchungsergebnis, den möglichen Behandlungsbedarf sowie – bei Messergebnis Code 3 oder 4 – über die Notwendigkeit, einen klinischen und einen röntgenologischen Befund zu erheben sowie die Diagnose zu stellen, informiert.

Sonstiges/weitere Empfehlung: ______________________

204711
Dr. [illegible]
Zahnarzt
[illegible]
79117 Freiburg

Abb. 1 PSI-Code für den Patienten Klaus Lemke. Das Blatt ist aus dem PVS generiert. Es muss ausgedruckt und dem Patienten mitgegeben werden.

6.2.3 Der Parodontalstatus

Bevor mit einer systematischen Behandlung einer Parodontalerkrankung begonnen werden kann, müssen die Ergebnisse des PSI vorliegen. Zu den wichtigsten Befundparametern zählen
- die Sondierungstiefen,
- der klinische Attachmentverlust (PAL) und
- Bluten auf Sondieren (BOP).

Zusätzlich zu den Ergebnissen des PSI werden Röntgenbilder benötigt. Der Röntgenbefund gibt den röntgenologischen Knochenabbau und die Angabe Knochenabbau (in Prozent zum Lebensalter) wieder.

Mit den Befunden und der entsprechenden Röntgenauswertung kommt man zu einer entsprechenden Diagnose und der dazugehörigen Prognose. Jetzt kann beurteilt werden, ob eine Behandlungsnotwendigkeit vorliegt und welche Therapie voraussichtlich zum Einsatz kommt. Die Diagnose, der Schweregrad (Staging), das Ausmaß sowie die Progression (Grading) werden auf Grundlage der aktuellen PAR-Klassifikation getroffen.

Alle erhobenen Daten werden auf einem Formblatt (eFormularen 5c und 5d der Anlage 14c BMV-Z) vermerkt →Abb. 1, S. 293 und S. 294. Für das Ausfüllen des Parodontalstatus ist die folgende BEMA-Position zu berechnen:

Merke
Die Krankenkasse kann vor der Genehmigung die diagnostischen Unterlagen und den Patienten begutachten lassen. Die Kosten trägt hierfür die Krankenkasse.

Die Auflagen des Gutachters müssen beachtet werden.

BEMA-Pos.	Abk.	Leistung	Bewertungszahl
4		Befunderhebung und Erstellen eines Parodontalstatus	44

Über die Position 4 werden die Anamnese, die Befunderhebung, die Diagnose und die Dokumentation abgerechnet. Die Daten werden gemäß § 3 PAR-Richtlinie in der Praxis dokumentiert.

Der über ein Praxisprogramm ausgefüllte Parodontalstatus wird bei einer notwendigen Parodontalbehandlung zur Genehmigung an die gesetzliche Krankenkasse des Versicherten gesendet. Erst nach der Genehmigung durch die Krankenkasse darf mit der Behandlung begonnen werden.

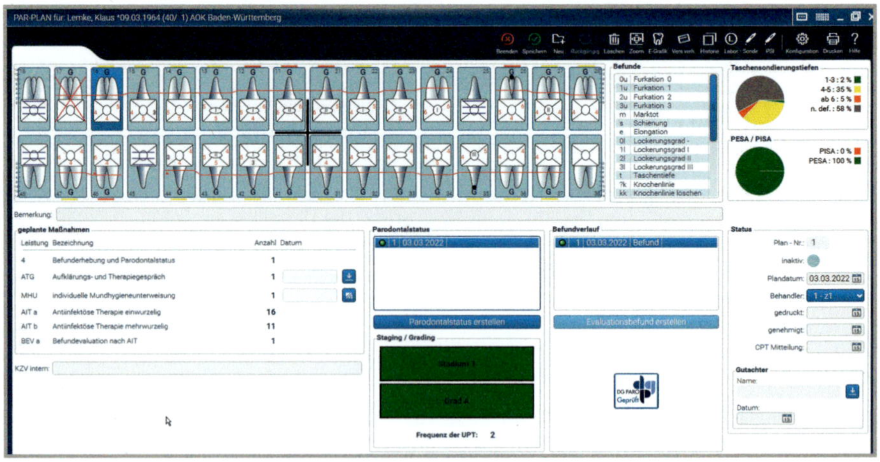

Abb. 1 Parodontalstatus im PVS

Krankenkasse bzw. Kostenträger
AOK Baden-Württemberg
Name, Vorname des Versicherten
Lemke
Klaus geb. am 09.03.64
Berliner Allee 233
D 79115 Freiburg 04/26
Kostenträgerkennung 108018007 Versicherten-Nr. L738426747 Status 1000000
Abrechnungs-Nr. 002204711 Zahnarzt-Nr. 999999991 Datum 03.03.22

PARODONTALSTATUS Blatt 1

1 vom 03.03.2022

1/ 40/ 1

2 **Allgemeine und parodontitisspezifische Anamnese**

☐ Diabetes mellitus ☐ Sonstiges: ____

☒ Tabakkonsum ____

3 **Spezielle Vorgeschichte**

Frühere PAR-Therapie

Angabe des Jahres: ca. ____

4 **Diagnose**

☒ Parodontitis

☐ Parodontitis als Manifestation systemischer Erkrankungen ____

☐ Andere das Parodont betreffende Zustände: generalisierte gingivale Vergrößerungen

5 **Stadium** (Schweregrad, der Patient wird durch das höchste Stadium charakterisiert)

	☒ **Stadium I**	☐ **Stadium II**	☐ **Stadium III**	☐ **Stadium IV**
Röntg. Knochenabbau (KA) (oder interdentaler CAL)	☒ < 15 % ☐ (1–2 mm)	☐ 15–33 % ☐ (3–4 mm)		☐ > 33 % ☐ (≥ 5 mm)
Zahnverlust aufgrund von Parodontitis		☒ Nein	☐ ≤ 4 Zähne	☐ ≥ 5 Zähne
Komplexitätsfaktoren (anzukreuzen, auch wenn nur ein Faktor aus der jeweiligen Gruppe vorliegt)		☒ ST ≤5 mm, vorwiegend horizontaler KA	☐ ST ≥ 6 mm, vertikaler KA ≥ 3mm, FB Grad II oder III	☐ Komplexe Rehabilitation wegen mastikatorischer Dysfunktion erforderlich

6 **Ausmaß/Verteilung** (für das höchste Stadium)

☒ Lokalisiert (< 30% der Zähne) ☐ Generalisiert (≥ 30% der Zähne) ☐ Molaren-Inzisiven-Muster

7 **Grad** (Progression)

	☒ **Grad A**	☐ **Grad B**	☐ **Grad C**
Knochenabbauindex (KA (%)/Alter)	☒ < 0,25	☐ 0,25 – 1,0	☐ > 1,0
Diabetes	☒ Kein Diabetes	☐ HbA 1c <7,0 %	☐ HbA 1c ≥7,0%
Rauchen	☐ Kein Rauchen	☒ < 10 Zig./Tag	☐ ≥ 10 Zig./Tag

8 **Anschrift Krankenkasse**

AOK Baden-Württemberg

Presselstraße 19
70191 Stuttgart

Entscheidung der Krankenkasse

Die Kosten der vorgesehenen systematischen Par-Behandlung

werden übernommen ☐ werden nicht übernommen ☐

Datum, Unterschrift und Stempel der **Krankenkasse**

Abb. 1 Parodontalstatus, Blatt 1 – Stylesheet eFormular 5a

Erklärungen zum PAR-Status Blatt 1:

1 Datum der Befunderhebung

2 Angaben zur allgemeinen und parodontitis-spezifischen Anamnese

3 Angabe einer bereits durchgeführten PAR-Behandlung

4 Ankreuzen der Diagnose

5 Schweregrad der Erkrankung: der marginale Knochenabbau (KA) wird röntgenologisch bestimmt. Ist dies nicht möglich, wird der CAL angegeben.

6 Ankreuzen des Ausmaßes der diagnostizierten Erkrankung

7 Jede Zeile erhält eine Angabe. Berechnung erfolgt am stärksten betroffenen Zahn (KA in % geteilt durch das Alter).

8 Anschrift der Krankenkasse

Quelle: https://www.kzvb.de/fileadmin/user_upload/Abrechnung/Tipps/PAR/PAR-Rili_Alles_auf_einen_Blick.pdf, 54, 55–57 (Auszüge),58

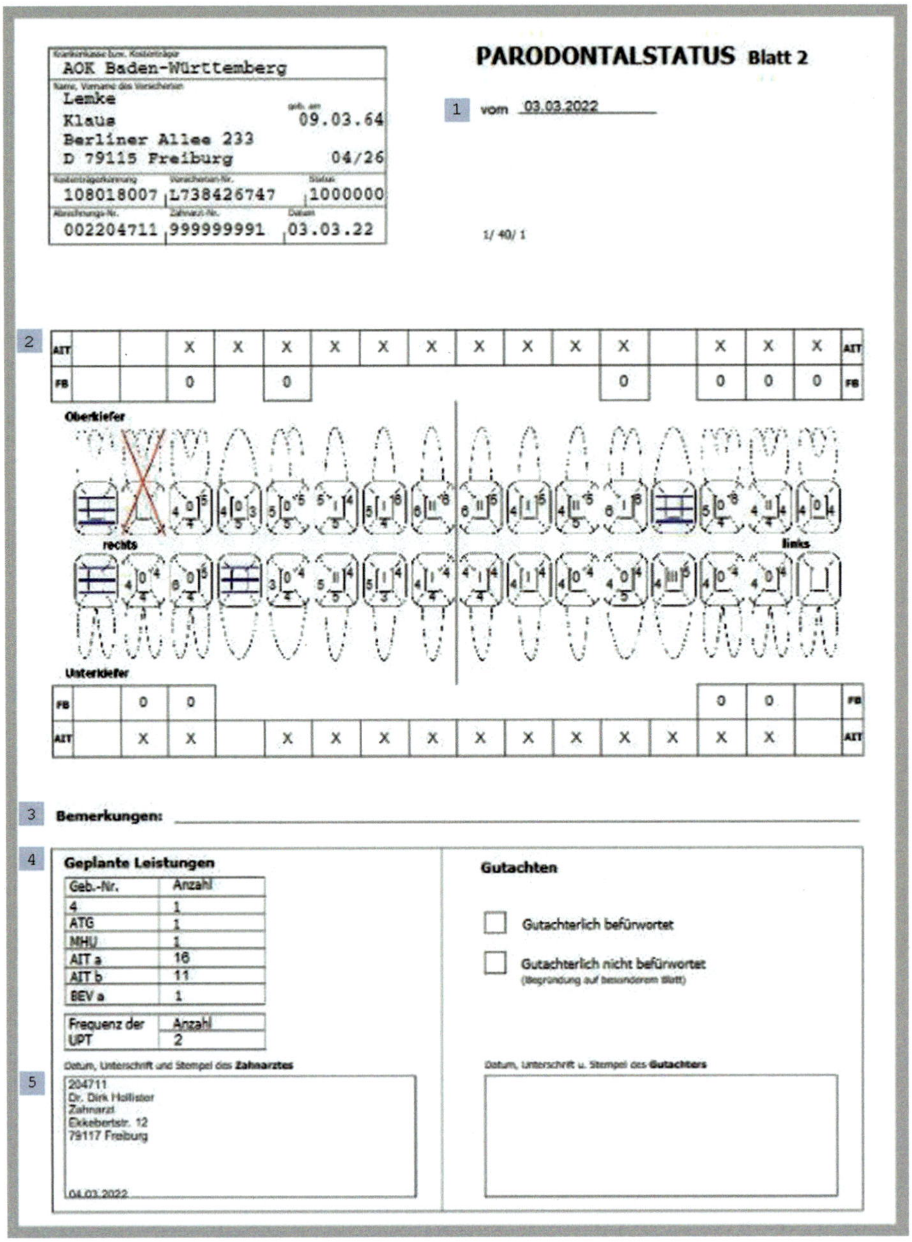

PARODONTALSTATUS Blatt 2

Krankenkasse bzw. Kostenträger
AOK Baden-Württemberg
Name, Vorname des Versicherten
Lemke
Klaus geb. am 09.03.64
Berliner Allee 233
D 79115 Freiburg 04/26
Kostenträgerkennung 108018007 | Versicherten-Nr. L738426747 | Status 1000000
Abrechnungs-Nr. 002204711 | Zahnarzt-Nr. 999999991 | Datum 03.03.22

1 vom 03.03.2022

1/ 40/ 1

2

Oberkiefer – rechts – links – Unterkiefer

3 Bemerkungen:

4 Geplante Leistungen

Geb.-Nr.	Anzahl
4	1
ATG	1
MHU	1
AIT a	16
AIT b	11
BEV a	1

Frequenz der UPT	Anzahl
	2

Datum, Unterschrift und Stempel des Zahnarztes

5
204711
Dr. Dirk Hollister
Zahnarzt
Ekkebertstr. 12
79117 Freiburg
04.03.2022

Gutachten

☐ Gutachterlich befürwortet

☐ Gutachterlich nicht befürwortet
(Begründung auf besonderem Blatt)

Datum, Unterschrift u. Stempel des Gutachters

Abb. 1 Parodontalstatus, Blatt 2 – Stylesheet eFormular 5b

Erklärungen zum PAR-Status Blatt 2:

1 Datum der Befunderhebung

2 Angaben Zahnschema:
- Sondierungstiefen an mindestens zwei Stellen pro Zahn (mesioapproximal und distoaproximal) in Millimetern
- Sondierungsblutung (bei Blutung wird die Sondierungstiefe mit einem Sternchen versehen)
- Zahnlockerungen (Grad 0 bis Grad III)
- Frukationsbefall (Grad 0 bis Grad III)
- fehlende Zähne (durchkreuzen)
- Nicht erhaltungswürdige Zähne (mit drei oder vier horizontalen Linien durchstreichen)
- Antiinfektiöse Therapie (AIT) ankreuzen, wenn an diesem Zahn ein geschlossenes Vorgehen geplant ist. (Sondierungstiefe ≥ 4 mm)

3 Eintragung z. B. einer Therapie von Zähnen, die außervertraglich versorgt werden.

4 Eintragung der Anzahl der Pos. AIT a und AIT b und der Frequenz der UPT: bei Grad A (einmal im KJ): 2; bei Grad B (einmal im KHJ): 4; bei Grad C (einmal im Kalendertertial): 6

5 Angabe des Datums, Unterschrift und Stempel des Vertragszahnarztes.

Quelle: https://www.kzvb.de/fileadmin/user_upload/Abrechnung/Tipps/PAR/PAR-Rili_Alles_auf_einen_Blick.pdf, S. 58–59

6.2.4 Parodontologisches Aufklärungs- und Therapiegespräch (ATG)

Nach durchgeführter Anamnese, Diagnose, Prognose und Therapieplanung wird der Patient über die folgenden Punkte aufgeklärt:

- Befund und Diagnose
- Geplante Therapie mit möglichen Therapiealternativen. Im Anschluss daran wird eine gemeinsame Entscheidung über die nachfolgende Therapie, einschließlich der unterstützenden Parodontitistherapie (UPT), getroffen.
- Aufklärung und Bedeutung über ein gesundes Verhalten und mögliche Risikofaktoren (wie z. B. Rauchen oder bestimmte Allgemeinerkrankungen)
- Aufklärung und Information über die Auswirkungen von bestimmten Erkrankungen, Medikamenten oder das Vorliegen einer Schwangerschaft, auf die parodontale Gesundheit.
- Aufklärung über gegebenenfalls anfallende Kosten.

Durch das Aufklärungsgespräch wird der Patient von Beginn der Behandlung an aktiv in die Therapie mit eingebunden.

BEMA-Pos.	Abk.	Leistung	Bewertungszahl
ATG		Parodontologisches Aufklärungs- und Therapiegespräch	28

Neben der Position ATG ist keine Ä1 in derselben Sitzung abrechnungsfähig.

6.2.5 Konservierend-chirurgische Maßnahmen

Sind konservierende und/oder chirurgische Maßnahmen (z. B. Füllungen, Zahnextraktionen), erforderlich, müssen diese je nach Notwendigkeit **vor** oder **im zeitlichen Zusammenhang** mit der Parodontitistherapie erfolgen.

6.2.6 Patientenindividuelle Mundhygieneunterweisung (MHU)

Die patientenindividuelle Mundhygieneunterweisung erfolgt zeitnah mit der Leistung der antiinfektiösen Therapie (AIT), also kurz vor oder während der Behandlung.

BEMA-Pos.	Abk.	Leistung	Bewertungszahl
MHU		Patientenindividuelle Mundhygieneunterweisung	45

A Die Position MHU enthält die folgenden Leistungen:

- Befragung über parodontale Erkrankungen, die Zahnpflegegewohnheiten und die langfristigen Ziele bezogen auf die Mundgesundheit des Patienten
- Bestimmung des Entzündungsstand des Zahnfleisches (Gingiva)
- Anfärben von Plaque
- Vermittlung, Anleitung und Üben von Mundhygieneinstruktionen, die speziell auf den jeweiligen Patienten abgestimmt sind. Dies erfolgt mit individuell für den Patienten geeigneten Hilfsmitteln.

Neben der MHU ist in derselben Sitzung keine Ä1 abrechenbar.

B Eine Reinigung ist nicht im Leistungsumfang der MHU enthalten.

6.2.7 Antiinfektiöse Therapie (AIT, geschlossenes Vorgehen)

Bei der antiinfektiösen Therapie werden alle supragingivalen und erreichbaren subgingivalen Beläge entfernt. Das bedeutet, dass die Zähne vollständig von Biofilm, Zahnstein und Konkrementen gereinigt werden.
Die subgingivale Reinigung durch die Zahnfleischtasche wird jedoch nur bei einer Sondierungstiefe von 4 mm und mehr durchgeführt.
Durch die möglichst vollständige Reinigung aller Zahnflächen sollen die durch Bakterien verursachten Entzündungen ausheilen. Klinisch kann man den Erfolg beobachten, wenn bei Sondierung kein Bluten oder eine Eiterentleerung durch den Sulkus mehr zu sehen ist.
Für die Behandlung gibt es zwei Positionen. Entscheidend ist, ob es sich um einen einwurzeligen oder mehrwurzeligen Zahn handelt.

BEMA-Pos.	Abk.	Leistung	Bewertungszahl
AIT		Antiinfektiöse Therapie	
AIT a		je behandeltem einwurzeligen Zahn	14
AIT b		je behandeltem mehrwurzeligen Zahn	26

Die gesamte Behandlung aller Quadranten sollte innerhalb von vier Wochen abgeschlossen werden.

A Die AIT kann nur an natürlichen Zähnen (nicht an Implantaten) abgerechnet werden. Nach der vollständigen Erbringung der AIT kann eine erstmalige Abrechnung erfolgen. Alle weiteren Leistungen werden monatlich abgerechnet.

B Die Mundschleimhautbehandlung und die Zahnsteinentfernung sind mit der AIT abgegolten und können nicht zusätzlich abgerechnet werden.

Wird nur eine Lasertherapie durchgeführt (ohne zusätzliche Reinigung) darf die AIT nicht abgerechnet werden.

Alle durchgeführten Maßnahmen sind mit Datum, Zahnangabe und der durchgeführten Behandlung zu dokumentieren.

6.2.8 Adjuvante Antibiotikatherapie

Merke
Die Verordnung von Medikamenten muss mit der Angabe der Dosierung dokumentiert werden.

Bei besonders schweren Formen einer Zahnhalteapparatentzündung kann, falls erforderlich, zusätzlich eine medikamentöse Behandlung mit Antibiotika erfolgen, da hier mit einem besonders aggressivem und schnellem Attachmentverlust zu rechnen ist. Die systemische Behandlung mit Antibiotika soll zeitlich mit der AIT erfolgen.

2.2.9 Befundevaluation

Eine erste Kontrolluntersuchung des Parodontiums erfolgt drei bis sechs Monate nach Beendigung der AIT. Dabei werden erneut Sondierungstiefen (an mindestens zwei Stellen), Blutung auf Sondierung, Zahnlockerungen, Furkationsbefall, Röntgenbefunde, d. h. röntgenologischer Knochenabbau und prozentualer Knochenabbau im Verhältnis zum Patientenalter (%/Alter), erhoben.

Die Befunde nach durchgeführter AIT werden nun mit den Ausgangsbefunden verglichen. Es wird über das weitere therapeutische Vorgehen entschieden und mit dem Patienten besprochen. Außerdem wird dem Patienten erklärt, warum eine weitere Behandlung notwendig ist.

BEMA-Pos.	Abk.	Leistung	Bewertungszahl
BEV		**Befundevaluation**	
BEV a		a) nach AIT	32
BEV b		b) nach CPT	32

Erfolgt eine chirurgische Therapie (CPT), wird eine erneute Befundevaluation nach drei bis sechs Monaten nach CPT durchgeführt.

Die Befunde und das durchgeführte Gespräch mit dem Patienten über das weitere Vorgehen müssen dokumentiert werden.

6.2.10 Chirurgische Therapie

Nach Abschluss der AIT wird geprüft, ob ein weiteres chirurgisches Vorgehen durch das offene Vorgehen (CPT) notwendig ist. Die Entscheidung darüber trifft der behandelnde Zahnarzt gemeinsam mit dem Patienten, es werden dabei alle Risiken und mögliche Komplikationen besprochen.
Allgemein kann man sagen, dass ein chirurgisches Vorgehen ab einer Sondierungstiefe von ≥ 6 mm durchgeführt werden kann. Soll eine chirurgische Therapie erfolgen, muss dies der gesetzlichen Krankenkasse mitgeteilt werden (eFormular 5c). Auch bei der Abrechnung der CPT ist es entscheidend, ob der zu behandelnde Zahn ein- oder mehrwurzlig ist.

BEMA-Pos.	Abk.	Leistung	Bewertungszahl
CPT		**Chirurgische Therapie**	
CPT a		a) je behandeltem einwurzeligen Zahn	22
CPT b		b) je behandeltem mehrwurzeligen Zahn	34

A Drei bis sechs Monate nach durchgeführter CPT erfolgt eine erneute Befundevaluation.

B Die Lappenoperation mit Naht und/oder Schleimhautverbänden sowie das Abtragen von nektonischem Gewebe (Debridement) ist Inhalt der chirurgischen Therapie. Die CPT darf nur nach erfolgter AIT durchgeführt werden.

Mundschleimhautbehandlungen und die Zahnsteinentfernung sind mit der CPT abgegolten und können nicht zusätzlich berechnet werden.

6.2.11 Unterstützende Parodontitistherapie (UPT)

Drei bis sechs Monate nach durchgeführter AIT bzw. CPT geht es mit der unterstützenden Parodontitistherapie (UPT), der Erhaltungsphase weiter. Mit der UPT soll die parodontale Gesundheit der Patienten weiter gesichert werden.

Die wichtigsten Inhalte der UPT sind:

- Fragen nach Veränderungen in der Anamnese, Erhebung eines Plaqueindex, Sondierung mit Feststellung auf Bleeding-on-Probing (BOP), Feststellung von Zahnlockerungen, Furkationsbefall, röntgenologischem Knochenabbau mit Angabe des Knochenabbaus im Verhältnis zum Alter
- Remotivation und Reinstruktion des Patienten
- Entfernung aller supragingivalen und subgingivalen Beläge (subgingivale Instrumentierung ab 4 mm Sondierungstiefe **mit** Blutung **oder** bei Zähnen mit einer Sondierungstiefe ≥ 5 mm)

Die Maßnahmen sollen in einem Zeitraum von zwei Jahren regelmäßig durchgeführt werden. Die Häufigkeit richtet sich nach Grad der Parodontalerkrankung:

- Grad A: einmal im Kalenderjahr, Mindestabstand zehn Monate
- Grad B: einmal im Kalenderhalbjahr, Mindestabstand fünf Monate
- Grad C: einmal im Kalendertertial, Mindestabstand drei Monate

BEMA-Pos.	Abk.	Leistung	Bewertungszahl
UPT a		Mundhygienekontrolle	18
UPT b		Mundhygieneunterweisung (soweit erforderlich)	24
UPT c		Supragingivale und gingivale Reinigung aller Zähne von anhaftenden Biofilmen und Belägen, je Zahn	3
UPT d		Messung von Sondierungsbluten und Sondierungstiefen, abrechenbar bei Versicherten mit festgestelltem Grad B der Parodontalerkrankung gemäß § 4 PAR-Richtlinie im Rahmen der zweiten und vierten UPT gemäß § 13 Abs. 3 PAR-Richtlinie, bei Versicherten mit festgestelltem Grad C im Rahmen der zweiten, dritten, fünften und sechsten UPT gemäß § 13 Abs. 3 PAR-Richtlinie	15
UPT e		Subgingivale Instrumentierung bei Sondierungstiefen von 4 mm oder mehr und Sondierungsbluten sowie an allen Stellen mit einer Sondierungstiefe von 5 mm oder mehr, je einwurzeligem Zahn	5
UPT f		Subgingivale Instrumentierung bei Sondierungstiefen von 4 mm oder mehr und Sondierungsbluten sowie an allen Stellen mit einer Sondierungstiefe von 5 mm oder mehr, je mehrwurzeligem Zahn	12
UPT g		Untersuchung des Parodontalzustands; die hierzu notwendige Dokumentation des klinischen Befunds umfasst die Sondierungstiefen und die Sondierungsblutung, die Zahnlockerung, den Furkationsbefall, den röntgenologischen Knochenabbau sowie die Angabe des Knochenabbaus in Relation zum Patientenalter (%/Alter). Die erhobenen Befunddaten werden mit den Befunddaten der Untersuchung nach Nr. BEV oder nach Nr. UPT d verglichen. Dem Versicherten werden die Ergebnisse erläutert und es wird mit ihm das weitere Vorgehen besprochen. Die Leistung nach Nr. UPT g ist ab dem Beginn des zweiten Jahres der UPT einmal im Kalenderjahr abrechenbar.	32

Eine Verlängerung über die zwei Jahre hinaus ist möglich, wenn dies zahnmedizinisch notwendig ist. Die Verlängerung muss durch die gesetzliche Krankenkasse genehmigt werden und ist in der Regel nicht länger als sechs Monate möglich (eFormular 5d).

A Die UPT kann nur nach erfolgter AIT oder AIT/CPT abgerechnet werden.

A Neben der UPT b kann keine Ä1 in derselben Sitzung abgerechnet werden.

B Mit der UPT c sind während oder im Anschluss erbrachte Mundschleimhautbehandlungen und die Zahnsteinentfernung abgegolten.

Alle durchgeführten Untersuchungen, Kontrollen, Mundhygieneunterweisungen, Messungen, Therapiemaßnahmen, Verordnungen von Medikamenten mit Dosierungsangaben und Inhalte der Patientenberatung müssen dokumentiert werden.

6.3 Nachbehandlungen nach AIT und CPT

Für Nachbehandlungen (auch Nahtentfernungen) nach der antiinfektiösen und chirurgischen Therapie ist die Position 111 zu verwenden.

BEMA-Pos.	Abk.	Leistung	Bewertungszahl
111		Nachbehandlung im Rahmen der systematischen Behandlung von Parodontopathien, je Sitzung	10

A Die Position 111 ist nur im Rahmen einer systematischen Parodontitisbehandlung abrechenbar.

Die Position N (38) kann nicht zusätzlich berechnet werden.

6.4 Einschleifen des natürlichen Gebisses im Rahmen einer PAR-Behandlung

BEMA-Abrechnung		
108	Einschleifen des natürlichen Gebisses zum Kauebenenausgleich und zur Entlastung, je Sitzung	6

A Die Position 108 ist nur im Rahmen einer systematischen Parodontitisbehandlung abrechenbar.

Die Position 108 kann nicht im Zusammenhang mit konservierenden, prothetischen und chirurgischen Leistungen abgerechnet werden.

6.5 Mukogingivale Chirurgie

Einstrahlende Bänder und auch die Mundschleimhaut selbst, können einen Zug auf die Gegend des Zahnbettes ausüben. Es kann daher notwendig sein, diese störenden Faktoren zu beseitigen.
Findet dies in einer extra Sitzung statt, sind die folgenden Positionen abzurechnen:

- Beseitigung störender Schleimhautbänder, Muskelansätze im Frontzahnbereich oder in einer Kieferhälfte, je Sitzung Position SMS (57)
- Mundboden- oder Vestibulumsplastik im Frontzahnbereich oder in einer Kieferhälfte Position Pla2 (59).

6.6 Schienungen

Oft haben Zähne nach einer PAR-Behandlung einen höheren Lockerungsgrad. Um eine zusätzliche Belastung zu vermeiden, können Schienen angefertigt und eingesetzt werden →LF 10.

7 Abrechnung der PAR-Leistungen bei Privatpatienten

7.1 PAR-Behandlungen bei Privatpatienten

Im Teil E der GOZ werden einerseits die parodontologischen Leistungen im engeren Sinne dargestellt, wie z. B. Position 4000. Andererseits finden sich hier auch alle Leistungen zur Zahnsteinentfernung, Mundschleimhautbehandlung und zur Beseitigung, scharfer Kanten.

GOZ-Pos.	Leistung	Punktzahl
4000	Erstellen und Dokumentieren eines Parodontalstatus	160 P

Die Leistung nach Pos. 4000 ist innerhalb eines Jahres höchstens zweimal berechnungsfähig. Als Formblatt wird hier der Parodontalstatus verwendet, der auch bei den gesetzlich versicherten Patienten Anwendung findet. Ein Parodontalstatus muss nur für eine systematische PAR-Behandlung angefertigt werden. Einzelne Positionen aus Teil E der GOZ können dagegen auch ohne vorherigen PAR-Status abgerechnet werden.

7.1.1 Allgemeine Leistungen im Zusammenhang mit einer systematischen PAR-Behandlung

Die folgenden allgemeinen Positionen kőnen bei einer PAR-Behandlung Anwendung finden:

GOZ-Pos.	Leistung	Punktzahl
4005	Erhebung mindestens eines Gingivalindexes und/oder eines Parodontalindexes (z. B. des Parodontalen Screening-Index, PSI)	80 P
4020	Lokalbehandlung von Mundschleimhauterkrankungen ...	45 P
4025	Subgingivale medikamentöse antibakterielle Lokalapplikation...	15 P
4030	Beseitigung von scharfen Zahnkanten, störenden Prothesenrändern und Fremdreizen am Parodontium ...	35 P
4040	Beseitigung grober Vorkontakte der Okklusion und Artikulation durch Einschleifen des natürlichen Gebisses ...	45 P
4050	Entfernung harter und weicher Zahnbeläge, gegebenenfalls einschließlich Polieren an einem einwurzeligen Zahn ...	10 P
4055	Entfernung harter und weicher Zahnbeläge, gegebenenfalls einschließlich Polieren an einem einwurzeligen Zahn	13 P
4060	Kontrolle nach Entfernung harter und weicher Zahnbeläge oder professioneller Zahnreinigung nach der Nummer 1040 ...	7 P

7.1.2 Besondere Leistungen im Rahmen einer systematischen PAR-Behandlung

Über die genannten allgemeinen Leistungen hinaus erfolgt die Abrechnung parodontologischer Leistungen bei Privatpatienten über folgende Leistungspositionen:

GOZ-Pos.	Leistung	Punktzahl
4070	Parodontalchirurgische Therapie (insbesondere Entfernung subgingivalerKonkremente und Wurzelglättung) an einem einwurzeligen Zahn oder Implantat, geschlossenes Vorgehen	100 P
4075	Parodontalchirurgische Therapie (insbesondere Entfernung subgingivalerKonkremente und Wurzelglättung) an einem mehrwurzeligen Zahn, geschlossenes Vorgehen	130 P
4080	Gingivektomie, Gingivoplastik, je Parodontium	45 P
4090	Lappenoperation, offene Kürettage, einschließlich Osteoplastik an einemFrontzahn, je Parodontium	180 P
4100	Lappenoperation, offene Kürettage, einschließlich Osteoplastik an einemSeitenzahn, je Parodontium	275 P

Die Leistungen nach den Positionen 4070, 4075, 4090 und 4100 entsprechen inhaltlich in etwa den Leistungen nach den Pos. AIT und CPT bei Kassenpatienten.

P Neben den Leistungen nach den Positionen 4090 und 4100 sind Leistungen nach 4050 bis 4080 nicht in derselben Sitzung abrechnungsfähig.

GOZ-Pos.	Leistung	Punktzahl
4110	Auffüllen von parodontalen Knochendefekten mit Aufbaumaterial (Knochen-und/oder Knochenersatzmaterial), auch Einbringen von Proteinen zur regenerativen Behandlung parodontaler Defekte, ggf. einschließlich Materialentnahme im Aufbaugebiet, je Zahn oder Parodontium oder Implantat	180 P
4120	Verlegen eines gestielten Schleimhautlappens, je Kieferhälfte oder Frontzahnbereich	275 P
4130	Gewinnung und Transplantation von Schleimhaut, gegebenenfalls einschließlich Versorgung der Entnahmestelle, je Transplantat	180 P
4133	Gewinnung und Transplantation von Bindegewebe einschließlich Versorgung der Entnahmestellle, je Zahnzwischenraum	880 P
4136	Osteoplastik, auch Kronenverlängerung, Tunnelierung o. Ä. je Zahn oder Parodontium, auch Implantat, als selbstständige Leistung	200 P
4138	Verwendung einer Membran zur Behandlung eines Knochendefektes einschließlich Fixierung, je Zahn, je Implantat	220 P
4150	Kontrolle/Nachbehandlung nach parodontalchirurgischen Maßnahmen, jeZahn, Implantat oder Parodontium	7 P

A Diese Gebühr kann nach parodontalchirurgischen Eingriffen (GOZ-Pos. 4070 bis 4138) auch für die reine Kontrolle abgerechnet werden.

7.2 Parodontal Behandlung bei Privatpatienten nach der S3 Richtlinie

Da die GOZ von 2012 einige der modernisierten Leistungen der Deutschen Gesellschaftfür Paraodontologie (DG-Paro) von 2020 nicht ausreichend abdecken konnte, haben sich die Bundesszahnärztekammer und die Privaten Krankenversicherungen (PKV) sowie die Beihilfestellen auf einige Analogabrechnungen für Abrechnungspositionen nach BEMA ausgesprochen.

Analogleistung →LF 2

Die Analogleistung muss in der GOZ nach § 6 Abs. 1 erfolgen. Im Folgenden finden Sie einige Beispiele dazu:

BEMA			GOZ		
Leistung nach S3-Richtlinie	**Position**	**Durchschnittliche Vergütung €**	**Analog-position**	**Faktor**	**Vergütung in €**
Befunderhebung und Erstellung eines Parodontalstatus Ausfüllen des Formblatts	4	ca. 52,00	8000a 4030a	2,3fach	64,68 4,53
Zusätzliche Angabe auf der Rechnung			8000a PAR-Diagnostik, Staging/Grading, Dokumentation 4030a Ausfertigung PAR-Formblatt		
Parodontologisches Aufklärungs- und Therapiegespräch	ATG	ca. 33,00	2110a	2,3fach	41,26
Zusätzliche Angabe auf der Rechnung			2110a Parodontologisches Aufklärungs- und Therapiegespräch (ATG)		
Antiinfektiöse Therapie, einwurzeliger Zahn	AIT a	16,44	3010a	2,3fach 3,5fach	14,23 21,65
Zusätzliche Angabe auf der Rechnung			Subgingivale Instrumentierung (PAR) (AIT)		
Antiinfektiöse Therapie, mehrwurzeliger Zahn	AIT b	30,54	4138a	2,3fach 3,5fach	28,46 43,31
Zusätzliche Angabe auf der Rechnung			Subgingivale Instrumentierung (PAR) (AIT)		
Befundevaluation (BEV) nach AIT/Geb.-Nrn. 4090/4100 GOZ	BEV a und b nach AIT/CPT	37,59	5070 a	2,3fach	51,74
Zusätzliche Angabe auf der Rechnung			Befundevaluation – PAR		
Nichtchirurgische subgingivale Belagsentfernung, einwurzeliger Zahn	UPTe	5,87	0090a	2,3fach	7,67
Zusätzliche Angabe auf der Rechnung			Subgingivale Instrumentierung – UPT		
Nichtchirurgische subgingivale Belagsentfernung, mehrwurzeliger Zahn	UPT f	14,10	2197 a	2,3fach	16,82
Zusätzliche Angabe auf der Rechnung			Subgingivale Instrumentierung – UPT		

Abrechnung der PAR-Leistungen bei Privatpatienten

Bei den folgenden Leistungen handelt es sich lediglich um Empfehlungen der Bundeszahnärztekammer bezüglich der noch ausstehenden Leistungen in der **S3 Leitlinie**.

Bei der „Klassischen Alternative“ muss beachtet werden, dass es sich um den 3,5fachen Satz handelt, der besondere Vereinbarungen mit dem Patienten erfordert.

BEMA			GOZ		
Patientenindividuelle Mundhygiene unterweisung	MHU	ca. 53,00 €	9150a	1,4fach	53,14 €
Klassische Alternative			1000	3,5fach	39,97 €
Mundhygienekontrolle im Rahmen der unterstützenden Parodontitistherapie	UPTa	21,14 €	9160a	1,2fach	22,27 €
Klassische Alternative			1010	3,5fach	19,68 €
Mundhygieneunterweisung im Rahmen der unterstützenden Parodontitistherapie	UPTb	28,19 €	9090a	1,3fach	29,95 €
Klassische Alternative			1000	3,5fach	39,97 €
Untersuchung des Parodontalzustands, vergleichende Auswertung und Patienteninformation im Rahmen der unterstützenden Parodontitistherapie	UPTg	37,59 €	9150a	1fach	37,96 €
Klassische Alternative			4000	3,5fach	31,50 €

Die in der Tabelle nicht enthaltenen BEMA-Positionen:

- PSI (12 Pkt. – ca. 14,00 €) entspricht der Position 4005 3,5fach 15,75 €. (Bei mehr als zwei Leistungen im Rahmen der UPT kann die Gebühr analog berechnet werden.)
- CPTa (22 Pkt. – ca. 25,00 €) entspricht der Position 4090 3,5fach 35,43 €.
- UPTc (3 Pkt. – ca. 3,20 €) entspricht der Position 1040 2,3fach 3,62 €.
- UPTd (15 Pkt. ca. 18,00 €) entspricht der Position 4000 2,3fach 20,70 €. oder 4005 3,5fach 15,75 €.
- CPTb (34 Pkt. ca. 38,00 €) entspricht der Position 4100 3,5fach 54,13 €.

Ein eventueller Honorarunterschied zwischen BEMA- und GOZ-Vergütung kann über die Vereinbarung nach § 2 Abs. 1 GOZ oder § 5 GOZ (Faktorbemessung) erfolgen. Natürlich kann auch hier eine Berechnung als Analogleistung nach §6 Abs.1 erfolgen.

8 Privatleistungen bei gesetzlich versicherten Patienten

Zusätzliche Leistungen, die nicht Bestandteil der Vertragsleistungen sind, müssen über GOZ abgerechnet werden. Auch wenn Zähne behandelt werden, die eine ungünstige Prognose haben (z. B. hoher Lockerungsgrad, fortgeschrittener Knochenabbau), ist die Behandlung nicht nach BEMA abzurechnen. Der Patient erhält eine Privatrechnung und muss vor der Behandlung aufgeklärt und über die entstehenden Kosten informiert werden. Dies erfolgt mit einer Vereinbarung nach § 8 Abs. 7 BMV-Z.

Das gilt für diese Leistungen:
- Planungsmodelle (bei der PAR-Behandlung)
- Desinfektion von Zahnfleischtaschen mit Laser oder Ozon
- Full Mouth Disinfection (FMD) gem. § 6 Abs. 1 GOZ
- Mikrobiologische Diagnostik (§ 10 Abs. 2 PAR-Richtlinie)
- **Lokale** Antibiotikatherapie
- Einsatz von Langzeit-Desinfektionstherapeutika-Chips oder ähnlichen Maßnahmen
- Durchführung eines DNA-Keim-Testes
- Auffüllen von Knochentaschen und Knochendefekten oder Einbringen von Proteinen
- Gesteuerte Geweberegenerationen (GTR) beziehungsweise gesteuerte Knochenregenerationen (GBR). Diese Maßnahmen dürfen außerdem nicht in der gleichen Sitzung gemeinsam mit der CPT durchgeführt werden, da es zu einer Überscheidung der Leistungen zwischen BEMA und GOZ kommt.

Aufgaben

1 Nennen Sie drei Diagnosen, bei denen eine Parodontalbehandlung laut PAR-Richtlinien erfolgen kann.

2 Zählen Sie die einzelnen Schritte bei der Behandlungsstrecke einer PAR-Behandlung nach den Richtlinien auf.

3 Nennen Sie Befunde, die auf dem Parodontalstatus Blatt 2 erhoben und notiert werden müssen.

4 Zählen Sie Leistungen auf, die bei den patientenindividuelle Mundhygieneunterweisungen enthalten sind.

5 Ordnen Sie Abrechnungspositionen zu den folgenden Leistungen bei gesetzlich versicherten Patienten zu:
a Erhebung des Parodontalen Screening-Index
b Befunderhebung und Erstellen eines Parodontalstatus
c Parodontologisches Aufklärungs- und Therapiegespräch
d Patientenindividuelle Mundhygieneunterweisung
e Antiinfektiöse Therapie an 21 und 17
f Befundevaluation nach AIT
g Chirurgische Therapie an 45 und 47

6 Nennen Sie wichtige Inhalte der unterstützenden Parodontitistherapie.

LF 9
Praxisbedarf beschaffen und verwalten

1 Bestellorganisation
2 Lagerorganisation
3 Der Weg zum Kaufvertrag
4 Aktuelle Zahlungsmöglichkeiten
5 Rechnungsstellung und Überwachung der Zahlungsvorgänge
6 Belege in der Zahnarztpraxis

1 Bestellorganisation

Abb. 1 Produktinformation

Will man Patientinnen in einer Zahnarztpraxis behandeln, muss diese über eine entsprechende Praxisausstattung verfügen. Dazu gehören u. a. Einrichtungsgegenstände, sogenannte langlebige Investitionsgüter (z. B. Mobiliar, Rechner, Behandlungseinheit, diverse Instrumente und Maschinen), sowie Verbrauchsmaterialien (z. B. Abformmaterial, Anästhetika).

Für **langlebige Investitionsgüter** ist kein Lager erforderlich. Sie unterliegen aber der Abnutzung und müssen ab und zu neu angeschafft werden.
Wenn diese Gegenstände steuerlich „abgeschrieben" sind, sollte man ihre Funktionstüchtigkeit überprüfen und bei Bedarf eine Neuanschaffung vorbereiten.

Fällt z. B. das Röntgengerät oder der Behandlungsstuhl in der Praxis plötzlich aus, muss in der Regel sofort eine Neuanschaffung oder ersatzweise eine teure Reparatur erfolgen, ohne dass man sich umfassend über einzelne Produkte informieren kann (z. B. Produktvergleich, Serviceleistungen, Preisvergleich, Angebote).
Auch Praxismanagementprogramme oder die Reparaturkarten der Maschine können wertvolle Hinweise auf den Zeitpunkt einer Neuanschaffung geben.

Steuerliche Abschreibung
Die Anschaffungskosten eines langlebigen Wirtschaftsgutes werden über mehrere Jahre steuermindernd von den Einnahmen abgesetzt.

Bei den **Verbrauchsmaterialien** muss hingegen ständig ein Vorrat gelagert werden, da die Dienstleistung an der Patientin im gewissen Rahmen dauerhaft, d. h. jeden Tag bzw. jede Woche, zu gewährleisten ist.

Ziel dabei ist, vom zufallsbedingten Mengeneinkauf (z. B. wegen möglicher Rabatte) zu einer davon unabhängigen gezielt kalkulierbaren Vorratsbestellung zu kommen →Abb. 1.

1.1 Bedarfsbestimmung nach vereinfachter ABC-Methode

Video
Organisation der Materialbestellung

Bei der Einschätzung des Praxisbedarfs an Verbrauchsmaterialien spielt natürlich die Erfahrung eine große Rolle. So kann eine langjährige Zahnmedizinische Fachangestellte relativ genau den Bedarf z. B. an Anästhetika für einen Tag, eine Woche oder einen Monat abschätzen. Auch die Einschätzung der zukünftigen Entwicklung im Bereich der Zahnmedizin muss bei der Praxisbedarfsermittlung Berücksichtigung finden. Werden z. B. in Zukunft Milchzahnfüllungen mit Perleffekt mehr nachgefragt? Auch hier gilt es, den Markt genau zu beobachten.

Insbesondere Berufsanfänger sollten zur Mengen- und Werteinschätzung des Praxisbedarfs die **ABC-Methode** anwenden. Dabei wird untersucht, welche Waren welchen Wert haben. Alle verwendeten Materialien werden in einer Tabelle erfasst und anschließend bewertet. Es ergibt sich zum Beispiel, dass
- 15 % der Materialien ca. **60 %** des Wertes (→ **A**-Materialien),
- 25 % der Materialien ca. **30 %** des Wertes (→ **B**-Materialien) und
- 60 % der Waren nur ca. **10 %** des Wertes (→ **C**-Materialien) ausmachen.

Hieraus folgt, dass man sich intensiv um die A-Materialien kümmern muss, d. h.:
- exakte Bedarfsermittlung
- gründliche Kostenanalyse
- genaue Bestandsüberwachung

Das folgende Beispiel zeigt Preise von Produkten mittlerer Qualität und Größe. Mengenrabatte, Skonto und Ähnliches sind nicht berücksichtigt.

Beispiel

Für eine Praxis gelten für eine Zeitperiode folgende Verbrauchsmengen und Preise:

Anzahl	Einheit	Produkt*	Gesamtpreis
4	Eimer	Alginat (10 kg) zu 170,00 €	680,00 €
140	Tuben	Hydrocolloid	480,00 €
400	Stück	Gummihandschuhe	40,00 €
150	Kapseln	Amalgam	120,00 €
40	Dosen/Spritzen	Composites	2400,00 €
24	Stück	atraumatisches Nahtmaterial	80,00 €
200	Stück	OP-Masken	60,00 €
958			**3860,00 €**

*Innerhalb eines Produkts gibt es große Preis- und Qualitätsunterschiede bei den unterschiedlichen Herstellern.

Hieraus folgt:

Anteil (%)**	Einheit	Produkt	Wertanteil (%)***
0,4	Eimer	Alginat (10 kg) zu 170,00 €	17,6
14,6	Tuben	Hydrocolloid	12,4
41,8	Stück	Gummihandschuhe	1,0
15,7	Kapseln	Amalgam	3,1
4,1	Dosen/Spritzen	Composites	62,1
2,5	Stück	atraumatisches Nahtmaterial	2,0
20,8	Stück	OP-Masken	2,5

$$**\text{Anteil} = \frac{\text{Anzahl} \cdot 100}{958}$$

$$***\text{Wertanteil} = \frac{\text{Preis} \cdot 100}{3860}$$

Es ergibt sich folgende Reihenfolge:

41,8 % der Materialien haben einen Wertanteil von 1,0 %.

20,8 % der Materialien haben einen Wertanteil von 2,5 %.

15,7 % der Materialien haben einen Wertanteil von 3,1 %.

14,6 % der Materialien haben einen Wertanteil von 12,4 %.

4,1 % der Materialien haben einen Wertanteil von 62,1 %.

2,5 % der Materialien haben einen Wertanteil von 2,0 %.

0,4 % der Materialien haben einen Wertanteil von 17,6 %.

Man muss sich also verstärkt um die Composites (A-Materialien) im Einkauf kümmern, da sie einen Wertanteil von über 60 % haben, obwohl sie nur 4,1 % der Materialien in der Praxis ausmachen.

Hauptkostenfaktor einer „normalen" Zahnarztpraxis sind die Fremdlaborkosten. Diese setzen sich aus der Tätigkeit des Zahntechnikers und den verwendeten Materialien zusammen. Sie bilden aber in Zahnarztpraxen „durchlaufende Posten", d. h., der Betrag wird von der Praxis in Rechnung gestellt und an das Fremdlabor weitergegeben.

Ähnliches gilt für Materialien, die den Krankenkassen oder der Patientin in Rechnung gestellt werden können (z. B. Abformmaterialien, Radix-Anker). Manche Materialien können nur bestimmten Patientinnen in Rechnung gestellt werden (z. B. Sprechstundenbedarf). Das oben Beschriebene entbindet die Zahnarztpraxis jedoch nicht von einem wirtschaftlichen Einkauf nach Qualitäts- und Preisgesichtspunkten.

Beim Sprechstundenbedarf handelt es sich um Medikamente und Materialien, die zulasten der Krankenkassen verordnet werden dürfen oder für die bei bestimmten Abrechnungsziffern (z. B. Cp-25, X1-43, Ost1-47a, WR1-54a, IP4) ein Zuschlag zum Punktwert gezahlt wird.

1.2 Bestellzeitpunkt

Merke
Der Bestellzeitpunkt hängt vom Verbrauch, der Lieferzeit und der Lagerfähigkeit ab.

Neben dem Bedarf ist eine Reserve (Sicherheitsmenge) in der Praxis erforderlich, um Unregelmäßigkeiten (z. B. Lieferengpässe des Dentaldepots) zu überbrücken. Hierzu muss geprüft werden, wie viele Materialien in der Praxis überhaupt gelagert werden können und wie lange die einzelnen Materialien haltbar sind.

Nachdem das Material neu eingekauft wurde, ist der Höchstbestand erreicht. Es erfolgt der Verbrauch des Materials. Zu einem gewissen Zeitpunkt muss wieder bestellt werden. Zum Bestellzeitpunkt muss noch genügend Material auf Lager sein, damit die Lieferfrist überbrückt werden kann **(Bestellzeitpunktbestand).** Dieser wird auch als Meldebestand bezeichnet. Er errechnet sich nach dieser Formel:
Meldebestand = täglicher Verbrauch × Lieferzeit + Mindestbestand (Sicherheitsmenge)

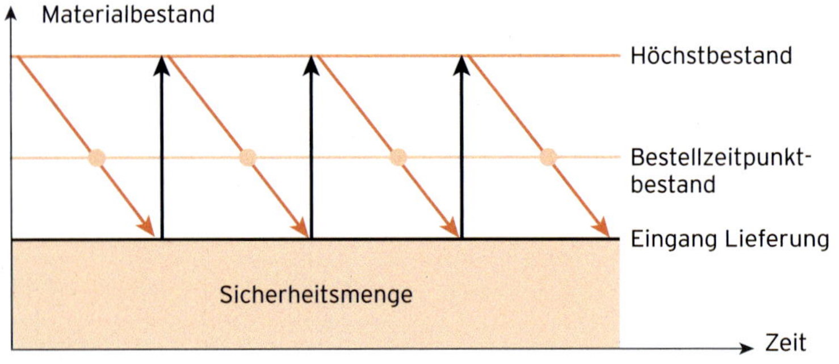

Abb. 1 Organisation der Materialbestellung

Bei Eingang der Lieferung sollte immer noch eine Sicherheitsreserve vorhanden sein →Abb. 1. Diese **Sicherheitsmenge** muss insbesondere wegen der eingeschränkten Haltbarkeit immer mit neuen Waren bestückt werden.

Auch die Preisentwicklung kann den Bestellzeitpunkt beeinflussen (z. B. wenn der Praxis ein Labor angegliedert ist und Gold eingekauft wird).

1.3 Bezugsquellen

Auf der Website „Wer liefert Was?" findet man viele Möglichkeiten der Lieferung von Waren durch Firmen.

www.wlw.de

Viele Zahnarztpraxen arbeiten mit traditionellen Depots zusammen, die sie seit Jahrzehnten zur Zufriedenheit beliefern. Um jedoch nicht in eine zu enge Abhängigkeit von einem Dentaldepot zu geraten, sollten vor allem neue Praxen z. B. Vertreterbesuche, Prospekte, Mustersendungen, Fachzeitschriften, Adressenverzeichnisse, Gelbe Seiten, Kataloge, Internetseiten und Messen nutzen, um ein breites Angebot an Materialien zu bekommen. Dabei wird besonders für die A-Materialien eine intensive Beschaffungsmarktanalyse empfohlen.

Bestellorganisation

Fast alle Anbieter bieten eigene Websites mit Onlineshops an →Abb. 1. Es kann auch eine DVD angefordert oder eine Onlinebestellung auf der Website des Dentaldepots vorgenommen werden. Nach wie vor ist aber auch die telefonische oder eine Faxbestellung möglich.

Allen Einkäufen sollten folgende Überlegungen vorangehen:

- **Rationalisierungsbezogene Überlegungen:** Werden die benötigten Produkte als Systeme (aufeinander abgestimmte Instrumente und Materialien) angeboten? Sie sind der Bestellung einzelner Produkte vorzuziehen (z. B. Wurzelkanalstifte mit Bohrern und Aufbaumaterial).
- **Hygienische Überlegungen:** Sind Arbeitsschutz und Sauberkeit bei der Verwendung der Produkte gewährleistet?
- **Technische Überlegungen:** Ist die Verpackung für die Produkte sicher? Sind sie einfach zu handhaben und welche Maschinenausstattung ist Voraussetzung für ihre Nutzung?
- **Sicherheitsbezogene und Umweltschutzüberlegungen:** Besteht die Gefahr der Toxizität gegenüber anderen Materialien und Arbeitsmitteln? Können die Materialien problemlos entsorgt werden?
- **Personelle Überlegungen:** Welche persönliche Ausbildung ist für die Materialverwendung nötig, welche Fähigkeiten sind vorhanden? Welche persönlichen Vorlieben und Erfahrungen des Behandlers sind zu berücksichtigen?

Meist haben sich in Praxen hierzu schon bestimmte Muster für Produkte herauskristallisiert. Um nicht einer „Praxisblindheit“ zu verfallen, sollten hin und wieder neu entwickelte Materialien ausprobiert werden.

Abb. 1 Onlinebestellmöglichkeit für Zahnarztpraxen im Internet

1.4 Umweltschutz in der Zahnarztpraxis

1.4.1 Müllvermeidung

Schon bei der Bestellung von Waren sollte an die Entsorgung der Waren und der Verpackung gedacht werden. Aufgrund zahlreicher Vorschriften, wie z. B. des Infektionsschutzgesetzes (IfSG), der Gefahrstoffverordnung (GefStoffV), der Abfallnachweisverordnung oder der Hygieneverordnung, produziert eine Praxis Müll, der unvermeidbar ist. Besonders beachtet werden müssen z. B.:
- Watterollen, die mit Speichel kontaminiert sind
- Tupfer und Spritzen
- Lösungen zum Desinfizieren
- Abfälle von Zahnfüllungen (Amalgam!)
- extrahierte Zähne
- Knochenmaterial
- Abdruckmaterial
- alte Röntgenfilme
- Blut und Bakterien, die aus dem Speibecken kommen

Dennoch kann eine gezielte **Planung des Einkaufs** zum Umweltschutz beitragen. Das Praxisteam sollte vor der Bestellung überlegen, auf welche Produkte verzichtet werden kann und welche Produkte ersetzt werden können.

In der Zahnarztpraxis ist es eine besondere Herausforderung, den Plastikmüll zu reduzieren. So fallen jährlich in Zahnarztpraxen und an den Universitäten 350 Millionen Plastikbecher an – aneinandergereiht umrunden sie einmal die Erde. Dennoch können nicht alle Einmalartikel in der Praxis ersetzt werden.

Beispiele für die Müllvermeidung im Praxisalltag:
- Karpulen-System in der Lokalanästhesie, um Einmalspritzen zu vermeiden.
- Porzellangeschirr statt Einmalteller und -becher für die Pausen.
- Mundspülbecher aus nachhaltiger Pappe.
- Bio-Einwegabsaugkanülen und -Müllbeutel.
- Geschenke für (kleine) Patientinnen, z. B. Zahnbürsten, sollten aus Kunststoff bestehen, der aus nachwachsenden Rohstoffen hergestellt wird.
- Kauf von Papierhandtüchern in Pappverpackung.
- Der technische Fortschritt macht es möglich, auf Papier, Abformmaterial und die Entwicklung von Röntgenbildern weitgehend zu verzichten:
  - Die Rechnungen können digital erstellt werden.
  - Abformungen können digital mit Scannern erfolgen.
  - Die Röntgenbilder werden digital erstellt.
  - Die Kartei wird digital geführt.
  - Die Kommunikation mit Patientinnen und Kassen erfolgt über E-Mail/KIM/EBZ.
- Verwendung von Mehrwegtransportboxen für Zahnersatzmodelle.
- Bestellung von Großgebinden.
- Für Desinfektionsmittel können Nachfüllverpackungen verwendet werden.
- Bei Bestellungen auf die Verwendung von kunststofffreiem Polstermaterial achten.

KIM → LF 2
EBZ → LF 2

Die Nachfrage nach umweltfreundlichen Produkten für die Zahnarztpraxis ist in den letzten Jahren gestiegen. Wenn Praxen beim Einkauf darauf achten, Plastik zu reduzieren, können sie einen kleinen Beitrag zu einem ökologischeren Fußabdruck in der Praxis leisten.

Merke
Grundsätzlich ist es immer umweltfreundlicher, Müll zu vermeiden als ihn zu entsorgen.

1.4.2 Nachhaltigkeit in Zahnarztpraxen

Mittlerweile gibt es verschiedene Initiativen im zahnärztlichen Bereich, um bei der Bestellung Ökonomie und Ökologie in Einklang zu bringen. Sie verfolgen drei Ziele:
- **Reduzieren:** Reduktion von Ressourcenverbrauch und Abfallproduktion. Hier ergibt sich ein beträchtliches finanzielles Einsparpotenzial für die Praxis.
- **Ersetzen:** Verbrauchsgüter stellen einen Großteil des Praxisabfalls dar. Hier sind verschiedenste Produkte in langwieriger Recherche identifiziert worden, die den üblichen Verbrauchsmaterialien wie z. B. Handschuhe, Masken, Desinfektionsmittel qualitativ mindestens gleichwertig oder sogar überlegen sind. Zugleich haben diese Produkte weniger negative Auswirkungen auf die Umwelt. Die Mitglieder der Initiative bekommen Zugang zu diesen Produkten und erhalten diese zum Vorzugspreis.
- **Kompensieren:** Jedes Mitglied der Initiative kompensiert 10 Tonnen CO_2-Äquivalente über anerkannte und zertifizierte Projekte.

So kann der individuelle CO_2-Fussabdruck der Praxis berechnet und zusätzlich kompensiert werden. Die Berechnung kann durch spezialisierte Unternehmen erfolgen.

1.4.3 Müllentsorgung

Wundverbände, Kanülen, verschmutzte Unterlagen und Einmalhandschuhe sind nur ein Bruchteil dessen, was täglich an medizinischen Abfällen in der Zahnarztpraxis anfällt. Da diese oft mit Krankheitserregern kontaminierten Abfälle nicht sorglos über den Hausmüll entsorgt werden können, hat die Bund-Länder-Arbeitsgemeinschaft Abfall (LAGA) alle Abfallarten nach deren Gefährlichkeit klassifiziert. Seit 2002 erfolgt diese Klassifikation entsprechend dem Europäischen Abfallverzeichnis (AVV), aktualisiert 2014 →Tab. 1, S. 312.

Eine Übersicht mit den Richtlinien zur Abfallentsorgung im Gesundheitswesen finden Sie unter:
www.abfallmanager-medizin.de
www.laga-online.de

Dementsprechend ist in den Zahnarztpraxen auch die Sammlung, Lagerung und Entsorgung des Praxismülls nach den anfallenden Abfallarten zu organisieren. Achtung bei der Vernichtung von alten Karteikarten. Hier sollte ein Aktenvernichter eingesetzt oder ein Unternehmen beauftragt werden.

Nach der Unfallverhütungsvorschrift BGV C8 kann der Abfall in drei Gruppen unterteilt werden:
- **Gruppe A:** hausmüllähnliche Abfälle
- **Gruppe B:** Abfälle, die mit Blut, Sekreten und Exkrementen behaftet sind
- **Gruppe C:** alle mit meldepflichtigen, übertragbaren Krankheiten kontaminierten Gegenstände und Sondermüll, wie z. B. größere Mengen abgelaufene Medikamente

Die täglichen Abfälle in Zahnarztpraxen zählen zur Gruppe B. Diese Abfälle sollen nach BGV C8 fest umschlossen entsorgt werden. Die Keimbelastung ist meist geringer als bei normalem Hausmüll, weshalb Müll der Gruppe B als unbedenklicher medizinischer Abfall definiert werden kann.

Momentan gibt es erste Lebenszyklusuntersuchungen von Produkten und Prozessen in der Zahnmedizin. Hierbei wird die Umweltbelastung z.B. eines Produktes während des gesamten Lebensweges, also während der Produktion, der Nutzungsphase und der Entsorgung, berechnet. Für Prozesse, z. B. einer Kontrolluntersuchung, einer PA-Behandlung oder einer endodontischen Behandlung gibt es diese Untersuchungen ebenfalls.

Abfallschlüssel	Gefahr	Beschreibung	Abfallbeispiele
AVV 15 01	nein	unproblematischer Müll	Filtermaterialien, Aufsaugmassen, Verpackungsabfall, Wischtücher, Schutzkleidung
AVV 18 01 01	nein	spitze, scharfe Gegenstände →Abb. 1	Spritzen, Kanülen, Skalpelle
AVV 18 01 03	ja	Abfälle mit besonderen Anforderungen in Bezug auf Sammlung und Entsorgung aus infektionspräventiver Sicht	Blut (erregerhaltig), Sekret, Exkret, Virenträger, kontaminierter Abfall aus Operationen (Tupfer, Handschuhe), scharfe Gegenstände, mikrobiologische Kulturen, kontaminierte Spritzen, Körperteile von Erkrankten
AVV 18 01 04	nein	Abfälle ohne besondere Anforderungen aus infektionspräventiver Sicht →Abb. 2	Wundverbände, Wäsche, Drainageflüssigkeiten, Atemschutzmasken, Einwegkleidung, Windeln, Aufwischtücher, Handschuhe
AVV 18 01 06	ja	Chemikalien aus/mit gefährlichen Stoffen	Laugen, Säuren, halogenierte Lösemittel, Formaldehydlösungen, Spül- und Waschwasser, sonstige Lösemittel, Fixierbäder, Entwicklerbäder
AVV 18 01 10	ja	Abfallnachweis erforderlich	Amalgamabfall

Tab. 1 Klassifikation nach dem Europäischen Abfallverzeichnis

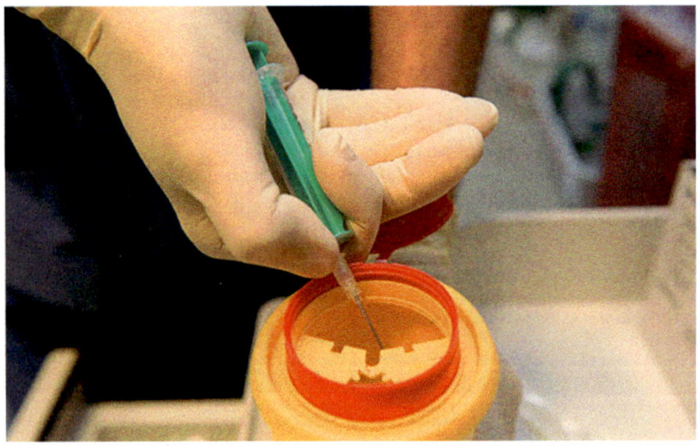

Abb. 1 Abfallbehälter zur Entsorgung spitzer und scharfer Arbeitsgeräte

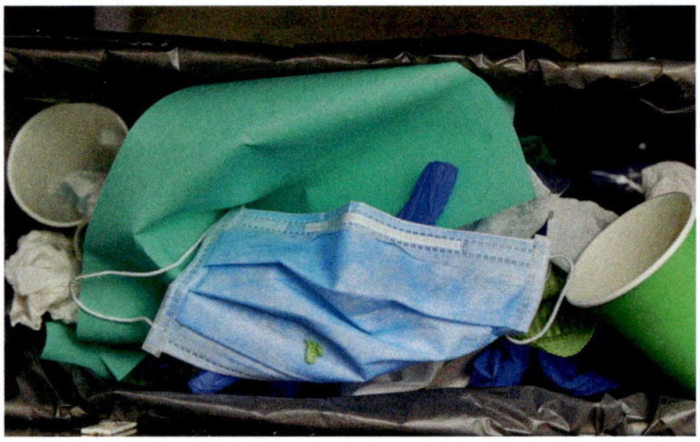

Abb. 2 Abfälle für den Hausmüll

Aufgaben

1 Das Folienschweißgerät funktioniert nicht mehr richtig. Ihre Chefin bittet Sie, verschiedene Angebote für die Teambesprechung zusammenzustellen.

2 Stellen Sie das Rabattsystem eines Dentaldepots Ihrer Wahl vor.

3 Welche Vorteile bieten Ihnen die Dentaldepots Ihrer Ausbildungspraxis?

4 Was könnte Ihre Chefin dazu bewegen, das Dentaldepot zu wechseln?

5 Wie bestellt Ihre Ausbildungspraxis
a Materialien (z. B. Anästhetika)?
b Instrumente (z. B. Wurzelkanalinstrumente, PA-Instrumente, Sonden)?
c Kleinmaschinen (z. B. Amalgammischer)?
d Großmaschinen (z. B. Autoklav, Röntgengerät, Einheit)?

6 Welche Verbrauchsgüter fallen am häufigsten in der Zahnarztpraxis an und welche Probleme ergeben sich?

7 Wie können Sie Umweltgesichtspunkte bei der Bestellung von Verbrauchsgütern berücksichtigen?

8 Erstellen sie eine Checkliste für die Entsorgung der wichtigsten Praxismaterialien.

2 Lagerorganisation

2.1 Aufgaben des Lagers

Hauptaufgabe des Lagers ist der Ausgleich von Schwankungen im Materialverbrauch. Auch das Ausnutzen von günstigen Angeboten mit Mengenrabatt sowie die verbilligten Transport- und Verpackungskosten machen ein Lager erforderlich.

In vielen Praxen ist das Lager nur ein kleiner Raum oder ein Teil eines Raumes, in welchem in Schränken das Material gelagert wird. Dennoch ist es unabdingbar für einen reibungslosen Praxisablauf. Gleichzeitig stellt das Lager aber „totes Kapital" dar. Das bedeutet, dass das Geld, welches für die gelagerten Materialien ausgegeben wurde, keine Zinsen abwirft und darüber hinaus Lagerkosten entstehen.

Die Lagerkosten setzen sich zusammen aus folgenden Punkten:
- Raumkosten (Miete, kalkulatorische Miete, Abschreibung)
- anteilige Steuern
- Kapitalverzinsung der Bestände bzw. Räume
- Risiko des Verderbs, Schwunds, Veraltens des Materials
- Lagerverwaltung (Personalkosten)
- besondere Aufbewahrungskosten für Lagergut (z. B. Aufbewahren im Kühlschrank)

Aus diesem Grund muss bei der Berechnung von Materialkosten immer ein Lagerzuschlag (10 bis 20 %) erfolgen. Einer Privatpatientin darf dieser laut einem Bundesgerichtshof-Urteil nicht in Rechnung gestellt werden.

Je kürzer die Lagerdauer ist, desto geringer sind die Kosten für die Lagerhaltung. Die kostengünstigste Version ist, wenn das Material immer nur dann zur Verfügung steht, wenn es gebraucht wird. In der Industrie wird das Just in Time genannt.

Bei der Lagerorganisation wird auch die Dokumentation immer wichtiger. Gerade bei „sensiblen" Produkten sollte es immer möglich sein, dass man den Weg des Produkts rückverfolgen kann. Ebenfalls kann dann auch genau gesagt werden, bei welcher Patientin welches Material verbraucht wurde. In vielen Praxen setzt sich aus diesen Gründen der Einsatz einer Lagerverwaltungssoftware durch.

Beispiel

Der Alginateinkauf erfolgt in 22 Beuteln à 450 g zu insgesamt 130,38 € zuzüglich MwSt. Für eine Abformung benötigen Sie im Durchschnitt 450 g. Der Lagerzuschlag beträgt 15 %. Zu ermitteln ist der Betrag, der der Patientin für einen Alginatabdruck in Rechnung gestellt wird.

1 Zunächst müssen Sie den Preis inklusive 19 % MwSt. errechnen:

19 % von 130,38 € entsprechen 24,77 €.

130,38 € + 24,77 € = 155,15 €.

2 Das Ergebnis teilen Sie durch die Anzahl der Beutel:

155,15 € : 22 = 7,05 €.

Der Preis für einen durchschnittlichen Alginatabdruck ohne Lagerkosten beträgt 7,05 €.

3 Addieren Sie zu dem oben ermittelten Preis für einen Alginatabdruck einen Lagerzuschlag von 15 %:

15 % von 7,05 € entsprechen 1,05 €

7,05 € + 1,05 € = 8,10 €

Die Praxis kann der Patientin 8,10 € für einen Alginatabdruck in Rechnung stellen.

2.3 Warenwirtschaftsprogramm in der Zahnarztpraxis

Bei der Verwendung eines Warenwirtschaftsprogramms (Lagerverwaltungssoftware) können viele Aufgaben am Rechner gesteuert werden (z. B. Geräte- und Maschinenmanagement, Hygienemanagement, Lagermanagement). Die Vorteile sind:
- jederzeit aktuelle Übersicht über den Materiallagerbestand
- statistische Rückschlüsse auf Materialverbrauch und -kosten
- automatische Bestelllisten, wenn Mindestbestände erreicht werden
- automatische Hinweise auf Materialien, deren Ablaufdatum bald erreicht wird
- automatische Hinweise auf Instrumente, deren Haltbarkeitsdatum der Sterilisation bald erreicht wird
- Zeitersparnis im Bestellwesen
- Zeitersparnis bei der Dokumentation der Sterilisationsvorgänge (mit Hygieneverwaltung)
- bequeme lückenlose und patientenbezogene Material- und Sterilisationsdatenerfassung während der Behandlung der Patientin per Barcode (kombiniert mit Hygieneverwaltung →Abb. 1)

Merke
Den größten Vorteil hat man, wenn das Warenwirtschaftsprogramm mit einem Praxisverwaltungssystem kombiniert wird.

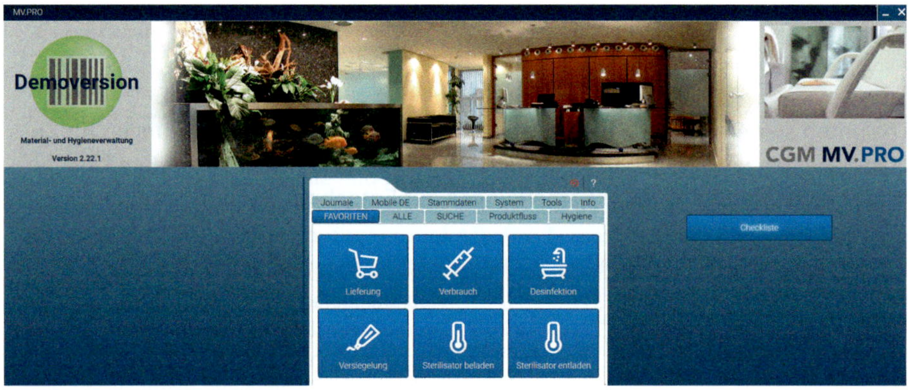

Abb. 1 Warenwirtschaftsprogramm kombiniert mit Hygieneverwaltung

Nach der Einführung eines Warenwirtschaftsprogramms müssen sich alle Mitarbeiterinnen in der Praxis streng daran halten, alle eingehenden und ausgehenden Materialien in der Software anzumelden.

Zum Schutz der Patientinnen sind die Praxen verpflichtet, alle an der Patientin verwendeten Materialien, sterilisierten Instrumente sowie Hygieneprozesse zu dokumentieren. Bei z. B. chargenpflichtigen Materialien muss nachvollziehbar sein, wann welches Material aus welcher Charge bei der Patientin verwendet wurde. So kann bei einem Chargenrückruf des Herstellers die betroffene Patientin ermittelt werden. Ebenso ist die lückenlose Hygieneprozesskette nachzuweisen.

Bei einem Warenwirtschaftsprogramm handelt es sich nicht um ein Medizinprodukt im Sinne der EU-Richtlinie 93/42/EWG und der Verordnung (EU) 2017/745.

2.3.1 Grundsätzliche Vorgehensweise

Fast alle Produktverpackungen enthalten **Barcodes,** in denen Informationen wie Herstellerdaten, Artikelnummer, Charge, Verfallsdatum und Mengenindex enthalten sind →Abb. 1. Der Verband der Deutschen Dental-Industrie in Köln (VDDI) hat sich schon vor geraumer Zeit für die einheitliche Verwendung des HIBC (Health Industrie Bar Code) auf den Verpackungen ausgesprochen. Neben dem HIBC gibt es auch die PZN (Pharmazentralnummern) oder die PPN (Pharmacy Product Number), diese befinden sich auf Medikamenten, sowie die EAN-Barcodes (EAN = European Article Number). Alle diese Barcodes müssen über das Warenwirtschaftsprogramm lesbar sein.

(01)76543217654329

Abb. 1 Beispiel für einen Barcode

In der Zukunft soll die weltweit unverwechselbare Identifikationsmarke UIM (World Wide Unique Identification Mark) eine eindeutige Produktkennzeichnung für Medizinprodukte, medizinische Geräte, Kassetten und Instrumente gewährleisten. Ein Produkt kann über verschiedene sichtbare Markierungen auf Oberflächen (z. B. Datamatrix-Code, eingebettete UIM-Marke) oder mit einem RFID-Transponder gekennzeichnet werden. Durch diese Technologie der Direktmarkierung und der RFID-Technologie ist es möglich, auf miniaturisierte Weise auch kleine Instrumente zu kennzeichnen.

Datamatrix-Code zweidimensionale Markierung aus Quadraten und Rechtecken

RFID Radio-Frequency Identification, ein Funkchip auf dem Produkt

Um dieses Verfahren zu nutzen, ist ein Barcode-Scanner notwendig.

Bei Lieferung eines Produktes scannt man den auf der Packung vorhandenen Barcode ein. Wird ein Produkt zum ersten Mal gescannt, schlägt das System eine Neuanlage vor. Das ist durch implementierte Artikelstammdaten (z. B. AERA-Online) einfach durchführbar. Nach Erfassen der Daten kann für diese Lieferung mit einem Etikettendrucker der Programm-Barcode gedruckt werden. Der Scanner sollte über das WLAN der Praxis betrieben werden können.

Je nach Verpackung (Stück- oder Schüttgut) sind es ein oder mehrere Barcodes. Diese Programm-Barcodes werden bei Verwendung im Programm Verbrauch unter der entsprechenden Patientin per Scannen gespeichert. Für das Erfassen des Verbrauchs kann ggf. auch der Barcode, der bereits auf der Packung vom Hersteller aufgebracht wurde, gescannt werden.

AERA-Online ist die größte unabhängige Einkaufsplattform zur Beschaffung von Dentalmaterialien. AERA ermittelt auf Knopfdruck das gewünschte Produkt bei nahezu allen namhaften Lieferanten, führt einen Preisvergleich durch und listet das Ergebnis auf →Abb. 2. Bei der Produktaufnahme werden Bilder und Sicherheitsdatenblätter zur Verfügung gestellt. Von einer Praxis bevorzugte Dentaldepots können auch aufgenommen werden.

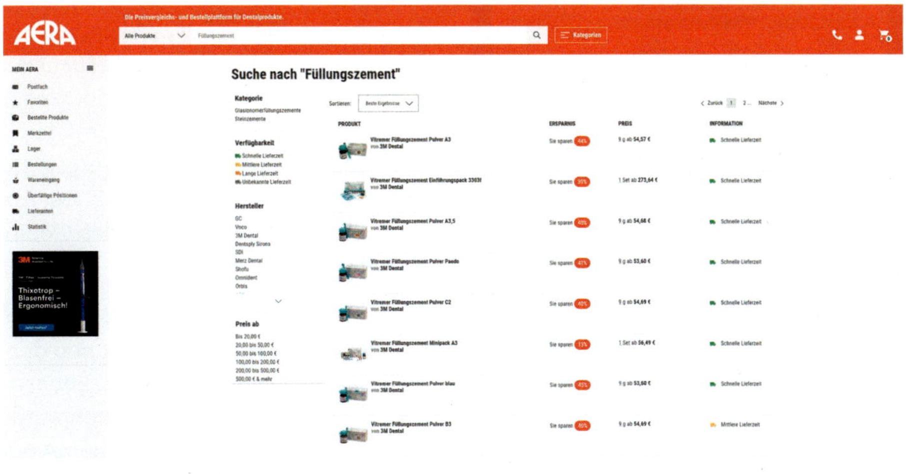

Abb. 2 AERA-Online Bestellplattform

Bei Aufnahme einer Lieferung in das System sollte gleichzeitig der Lagerort zugeordnet werden, z. B. Materialschrank, Behandlungszimmer 1, Kühlschrank. Das Programm kann so das im Raum aktuell befindliche Material ermitteln. Je Produkt können Ist- und Soll-Mengen verwaltet werden. Verschiedene Journale unterstützen bei z. B. Nachbestellungen, Suche von Produkten, Verfallsdatums- oder Bestandsermittlung. Zu jedem Produkt können Gebrauchsanweisungen, Sicherheitsdatenblätter und Fotos archiviert werden. Produkte mit Ablaufdatum werden farblich hervorgehoben →Abb. 1.

Produkt	Raum	Menge	Lieferdatum	Verfallsdatum	Charge
Aspirin® 20 Tbl. N2	Behandlung-1	19	02.03.2018	15.02.2034	775565
Calcicur (Gebrauchsfertige Calciumhydroxidpaste)	Behandlung-1	1	02.03.2018	03.03.2018	
Ceram x mono (Universelles Nanokeramisches Füllungsmaterial)	Behandlung-1	1	02.03.2018	15.02.2034	36565
Chlorhexamed®-Fluid 0,1% 200ml N1	Behandlung-1	1	08.03.2018	15.02.2034	
Eugenolfreier temporärer Zement	Behandlung-1	1	02.03.2018	15.02.2034	200603141
GLUMA Desensitizer	Behandlung-1	1	02.03.2018	15.02.2034	010062
cefixdura® 400mg 5 Filmtbl. N1	Behandlung-2	3	08.03.2018	15.02.2034	
Akzent Plus Glasurmasse	Labor	1	11.11.2021	31.12.2035	234567
Vitablocs Mark II 3D 0M1C/I12 für Cerec/Inlab	Labor	9	11.11.2021	31.12.2035	123456
3M Espe Ketac Cem radiopaque (12ml Liquid)	Lager	1	02.03.2018	15.02.2035	56545
3M Espe Ketac Silver (25g Powder)	Lager	1	08.03.2018	15.02.2034	45465
Compoglass Flow Cavifil	Lager	1	08.03.2018	18.04.2034	515478
De Trey Guttapercha Sticks Weiss	Lager	1	02.03.2018	15.02.2035	5486
Dycal Ivory Tuben (Röntgenopake Calcium-hydroxid Komposition)	Lager	1	02.03.2018	15.02.2035	46465465
Protemp 3 Garant Farbe A3 (Composite für temporäre Kronen und Brücken)	Lager	1	08.03.2018	18.10.2034	112232
Ultracain D-S Zylinderamp. 100x 1,7ml NT	Lager	50	08.03.2018	18.04.2034	54841
Voco CLIP 2x4g Lichthärtendes, provisorisches Einkomponenten-Fllg. Material	Lager	1	02.03.2018	18.10.2034	7701
Xylocain® Adren. 2% 1:100000 100x1,8ml Zyl.Amp. NT	Lager	50	08.03.2018	15.02.2034	23132132
Zinkoxid-Eugenol-Spezialpaste	Lager	1	08.03.2018	15.02.2034	5465486

Abb. 1 Raumzuordnung der Materialien, Material mit nahendem Verfallsdatum ist rot markiert

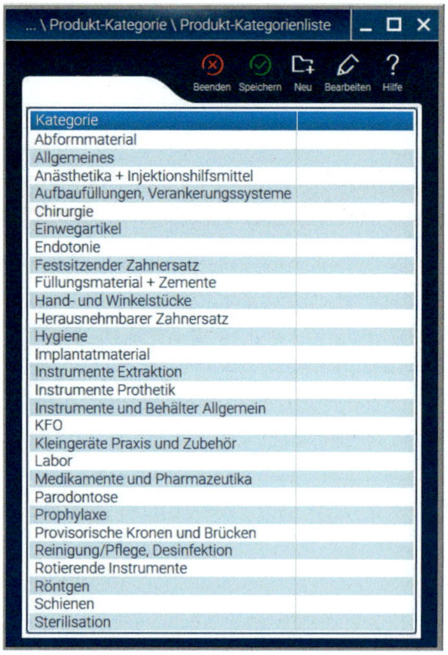

Kategorie
Abformmaterial
Allgemeines
Anästhetika + Injektionshilfsmittel
Aufbaufüllungen, Verankerungssysteme
Chirurgie
Einwegartikel
Endotonie
Festsitzender Zahnersatz
Füllungsmaterial + Zemente
Hand- und Winkelstücke
Herausnehmbarer Zahnersatz
Hygiene
Implantatmaterial
Instrumente Extraktion
Instrumente Prothetik
Instrumente und Behälter Allgemein
KFO
Kleingeräte Praxis und Zubehör
Labor
Medikamente und Pharmazeutika
Parodontose
Prophylaxe
Provisorische Kronen und Brücken
Reinigung/Pflege, Desinfektion
Rotierende Instrumente
Röntgen
Schienen
Sterilisation

Abb. 2 Produktkategorienliste einer Praxis

Raumbezeichnungen werden benötigt, um die aktuellen Lagerorte der Materialien und der PC-Arbeitsplätze zu verwalten →Abb. 1. Beim Scannen einer Lieferung kann auch eine Verteilung auf mehrere Orte erfolgen (2 Päckchen ins Lager und 1 in das Behandlungszimmer).

Manche Produkte sind zu klein, um einen Barcode aufzubringen. Hier muss eine Liste mit Verbrauchscodes erstellt werden. Von dieser Liste werden die Verbräuche dann gescannt und für die Patientin erfasst. Ebenso verfährt man bei sogenanntem Schüttgut, wenn die Entnahme nicht in vorgegebenen Einheiten, sondern in beliebigen Mengen erfolgt (z.B. bei Abformmaterial). Beginnt die Haltbarkeit mit dem Öffnen des Gebindes errechnet das Programm die „Restlaufzeit".

Mit dem Programm können auch die Einkaufspreise und die Verbrauchskosten sofort ermittelt und der Patientin in Rechnung gestellt werden – soweit möglich. Ebenso können bevorzugte Materialien einem Behandler zugewiesen werden. Auch eine Zuweisung zu Abrechnungspositionen nach BEMA oder GOZ sind möglich. In der Produktkategorienliste der Praxis werden alle Materialien gesammelt →Abb. 2.

In manchen Programmen ist auch die Erfassung von Instrumenten mit der entsprechenden Hygienedefinition möglich. Hierdurch können z. B. auch Trays für die Behandlung erstellt werden →Abb. 1.

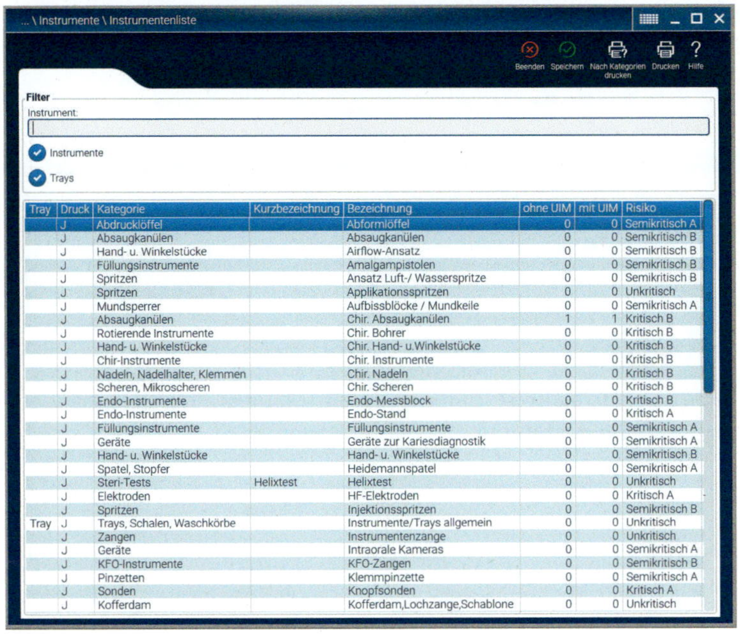

Tray	Druck	Kategorie	Kurzbezeichnung	Bezeichnung	ohne UIM	mit UIM	Risiko
	J	Abdrucklöffel		Abformlöffel	0	0	Semikritisch A
	J	Absaugkanülen		Absaugkanülen	0	0	Semikritisch B
	J	Hand- u. Winkelstücke		Airflow-Ansatz	0	0	Semikritisch B
	J	Füllungsinstrumente		Amalgampistolen	0	0	Semikritisch B
	J	Spritzen		Ansatz Luft-/ Wasserspritze	0	0	Semikritisch B
	J	Spritzen		Applikationsspritzen	0	0	Unkritisch
	J	Mundsperrer		Aufbissblöcke / Mundkeile	0	0	Semikritisch A
	J	Absaugkanülen		Chir. Absaugkanülen	1	1	Kritisch B
	J	Rotierende Instrumente		Chir. Bohrer	0	0	Kritisch B
	J	Hand- u. Winkelstücke		Chir. Hand- u.Winkelstücke	0	0	Kritisch B
	J	Chir-Instrumente		Chir. Instrumente	0	0	Kritisch B
	J	Nadeln, Nadelhalter, Klemmen		Chir. Nadeln	0	0	Kritisch B
	J	Scheren, Mikroscheren		Chir. Scheren	0	0	Kritisch B
	J	Endo-Instrumente		Endo-Messblock	0	0	Kritisch B
	J	Endo-Instrumente		Endo-Stand	0	0	Kritisch A
	J	Füllungsinstrumente		Füllungsinstrumente	0	0	Semikritisch A
	J	Geräte		Geräte zur Kariesdiagnostik	0	0	Semikritisch A
	J	Hand- u. Winkelstücke		Hand- u. Winkelstücke	0	0	Semikritisch B
	J	Spatel, Stopfer		Heidemannspatel	0	0	Semikritisch A
	J	Steri-Tests	Helixtest	Helixtest	0	0	Unkritisch
	J	Elektroden		HF-Elektroden	0	0	Kritisch A
	J	Spritzen		Injektionsspritzen	0	0	Semikritisch B
Tray	J	Trays, Schalen, Waschkörbe		Instrumente/Trays allgemein	0	0	Unkritisch
	J	Zangen		Instrumentenzange	0	0	Unkritisch
	J	Geräte		Intraorale Kameras	0	0	Semikritisch A
	J	KFO-Instrumente		KFO-Zangen	0	0	Semikritisch B
	J	Pinzetten		Klemmpinzette	0	0	Semikritisch A
	J	Sonden		Knopfsonden	0	0	Kritisch A
	J	Kofferdam		Kofferdam,Lochzange,Schablone	0	0	Unkritisch

Abb. 1 Instrumente mit Hygieneeinstufung

2.3.2 Verbrauch buchen – Aufruf aus dem PVS

Den Aufruf der Verbrauchsbuchung nimmt man direkt aus der Behandlungserfassung vor. In der Verbrauchsbuchung werden alle an der Patientin verbrauchten Materialien gebucht oder auch die Benutzung sterilisierter Instrumente dokumentiert →Abb. 2.

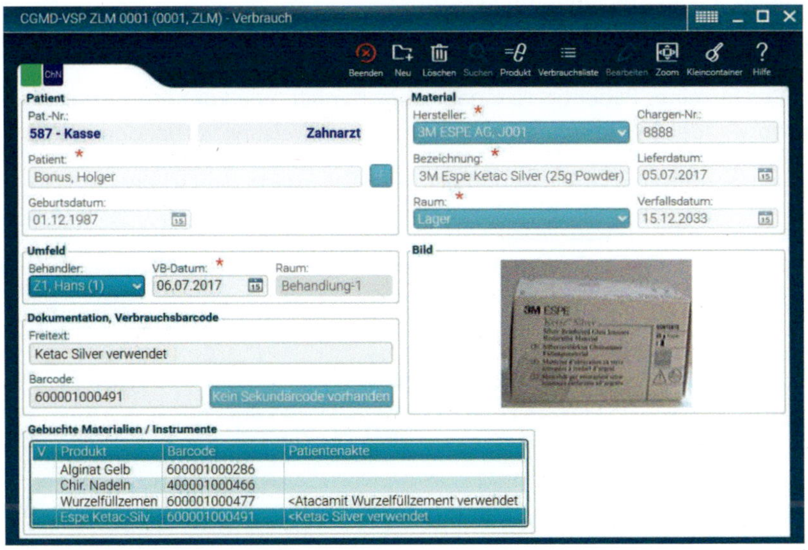

Abb. 2 Verbrauchsbuchung bei Patient

In einer Übersicht ist der Verbrauch der Materialien auf die Patienten bezogen erkennbar →Abb. 1.

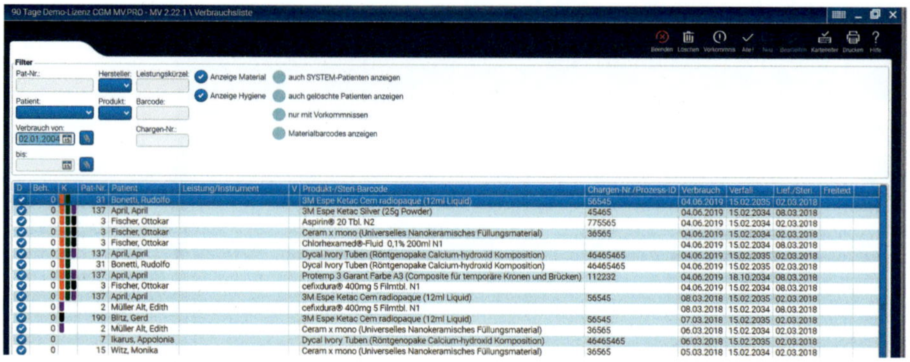

Abb. 1 Materialverbrauch je Patientin

Sobald der Meldebestand erreicht ist, der individuell von einer Praxis eingegeben wird, kann automatisch eine Bestellung durchgeführt werden.

Aufgaben

1 Welche Änderung ergibt sich, wenn bei dem Beispiel auf S. 313 nur 225 g für einen Abdruck benötigt werden?

2 Mit welchem Lageraufschlag werden Materialien in Ihrer Ausbildungspraxis der Patientin bzw. den Kassen in Rechnung gestellt?

3 Wodurch ist der Lageraufschlag gerechtfertigt?

4 Errechnen Sie die Kosten, die Sie einer Patientin für zwei Radix-Wurzelstifte in Rechnung stellen; der Einkaufspreis beträgt 137,54 € ohne MwSt. für 20 Stück.

5 Errechnen Sie die Kosten für die Patientin, wenn 10 Stifte Perma-dor® twin zu 396,56 € ohne MwSt. gekauft und drei Stifte verwendet wurden.

6 Welche Materialien Ihrer Praxis bedürfen einer besonderen Lagerung?

7 Erstellen Sie eine Checkliste für die Entsorgung der wichtigsten Praxismaterialien.

8 Aufgrund einer Anästhesie kommt es bei einer Patientin zu einem Zwischenfall. Wie können Sie zurückverfolgen, welches Anästhetikum verwendet wurde bzw. ob die Gebrauchsanweisung vorhanden ist?

9 Nennen Sie einen Vorteil und einen Nachteil bei der Verwendung eines Warenwirtschaftsprogramms in Ihrer Praxis.

10 Nennen sie mindestens vier Voraussetzungen, damit ein Warenwirtschaftsprogramm auch funktionsfähig ist.

3 Der Weg zum Kaufvertrag

3.1 Anfrage

In der Regel beginnt die Anbahnung eines Kaufvertrags mit einer Anfrage. Die Praxis fragt z. B. nach einem bestimmten Material oder einer Maschine bei einem potenziellen Lieferer nach. Oft ist die erste Anfrage sehr allgemein gehalten. Man erkundigt sich nach einem aktuellen Katalog, den Preislisten oder den Lieferungs- und Zahlungsbedingungen, z.B. telefonisch oder per E-Mail.
Die Anfrage ist rechtlich in keiner Form bindend, d. h., man geht dadurch keine geschäftlichen Verbindungen ein.
Auch wenn nach einer konkreten Anfrage bereits die Lieferung des Gegenstandes erfolgt, ist noch kein Kaufvertrag zustande gekommen.

Eine allgemeine Anfrage ist in Abb. 1 dargestellt. Erfolgt auf die Anfrage die Zusendung des Katalogs oder die Zusendung von Preislisten, hat dies auch für den Verkäufer keine rechtliche Bedeutung, da die Preislisten sich an die Allgemeinheit richten und keine Angebote als Willenserklärungen im rechtlichen Sinne darstellen. Man spricht von Kaufaufforderungen, Anpreisungen oder Werbung.

Willenserklärungen, →LF 1

3.2 Angebotsvergleiche (Skontoberechnung und Zinsvergleich)

Häufig liegen mehrere Angebote für ein Produkt vor und es muss eine Auswahl getroffen werden. Neben den wirtschaftlichen Überlegungen spielen natürlich die Bindung an ein bestimmtes Depot, das „Kauferlebnis" (z. B. auf einer Messe) oder andere, oft psychologische Faktoren eine Rolle. Ein typisches Angebot finden Sie in →Abb. 2.

Video
Angebotsvergleich

Dr. med. Petra Schmittke
ZAHNÄRZTIN
Musterstr. 4
79000 Musterstadt
Tel: 076 1234 | Fax: 076 3455
E-Mail: Petra.Schmidtke@beispiel.de

Dr. Petra Schmittke | Musterstr. 4 | 79000 Musterstadt

Heinrich Hausner OHG
Büroeinrichtungshaus
Musterallee. 140
79000 Musterstadt

09.10.2023

Büroausstattung

Sehr geehrte Damen und Herren,

von einem Bekannten erfuhr ich, dass Sie in Musterstadt eine Filiale eröffnet haben.

In der nächsten Zeit möchte ich mein Arztbüro neu einrichten. Bitte senden Sie mir Ihren Katalog sowie Ihre Preis- und Lieferungsbedingungen.

Gerne können Sie mich nach vorheriger Terminabsprache auch in meiner Praxis besuchen.

Für die baldige Zusendung bedanke ich mich.

Mit freundlichem Gruß

Dr. P. Schmittke

Abb. 1 Anfrage

HEINRICH HAUSNER OHG
BÜROAUSSTATTUNGEN

Heinrich Hausner OHG*Musterallee. 140*79000 Musterstadt

Persönlich
Dr. Petra Schmittke
Zahnärztin
Musterstr. 4
79000 Musterstadt

Ihr Zeichen:
Ihre Nachricht vom: 09.10.2023
Unser Zeichen: Hau/Geb
Unsere Nachricht vom:

Name: Alois Gebhardt
Telefon: 0049 (0) 76 233-33
Telefax: 0049 (0) 76 233-01
E-Mail: alois.gebhardt@example.com

Datum: 15.10.2023

Ihre Anfrage vom 09.10.2023, unser Besuch vom 15.10.2023

Sehr geehrter Herr Dr. Schmittke,

vielen Dank für Ihre Anfrage und dass wir Sie am 15.10. in der Praxis besuchen durften.

Gerne unterbreiten wir Ihnen ein Angebot für Ihre neue Büroeinrichtung in Ihrem Arztzimmer. Herr Gebhardt hat nach den Aufmaßen ein individuelles Angebot für Sie erstellt. Zurzeit können wir Ihnen eine Büroeinrichtung günstig anbieten, die wir auf der „HAGA" in Stuttgart vorgeführt haben. Es handelt sich um die

„Arzt plus 2030" inklusive Schreibtisch, Schreibtischstuhl „Elegance" Besprechungstisch mit drei Sesseln und die beiden im Prospekt abgebildeten Schränke für 10.500,– € inklusive Aufbau

Die nähere Beschreibung entnehmen Sie bitte den beigefügten Informationen.

Im beigefügten Katalog finden Sie unsere Lieferungs- und Zahlungsbedingungen. Interessant ist für Sie vielleicht unser neues Bonussystem: Bei Erreichen der im Katalog genannten Umsatzgrenzen erhalten Sie diese nachträglichen Rabatte am Jahresende bar ausbezahlt!

Wir freuen uns, wieder von Ihnen zu hören.

Mit freundlichen Grüßen

Hausner OHG
i.V. Gebhardt

Anlagen
Katalog
Prospekt

Beschreibung der Ware
Zahlungs- und Lieferbedingungen
Gerichtsstand
Menge und Preis

Heinrich Hausner OHG
Musterallee. 140
79000 Musterstadt

USt.-IdNr.: DE 345533XXX8
Amtsgericht Musterstadt
HRA 4588

Bankverbindung BIC: DE DBB G
Möbel-Bank Musterstadt
IBAN: DE11 9809 0104 9884 9900 00

Abb. 2 Angebot

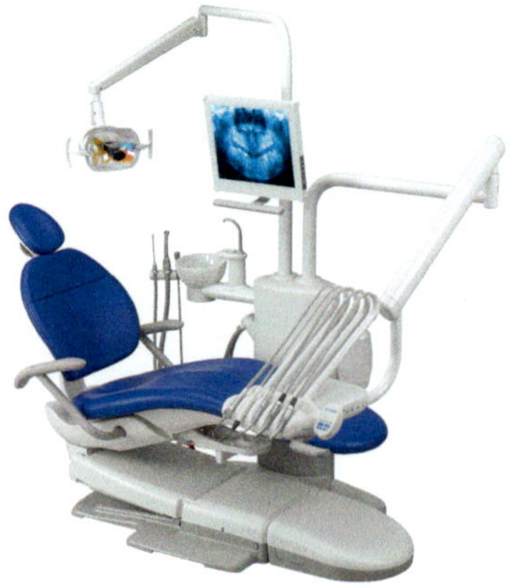

Abb. 1 Behandlungseinheit

Merke
Unter einer Bestellung versteht man eine Willenserklärung an eine bestimmte Person, bestimmte Dinge unter bestimmten Bedingungen zu kaufen.

Im folgenden Beispiel soll ein rein preiswirtschaftlicher Angebotsvergleich durchgeführt werden.

Eine Zahnarztpraxis möchte ein neue Behandlungseinheit →Abb. 1 anschaffen. Der Praxis liegen folgende Angebote vor →Tab. 1:

- Firma MediElek: 19.889,00 € zuzüglich 19 % USt., 6 Jahre Garantie und bei Zahlung innerhalb von 9 Tagen gewährt der Händler 4 % Skonto.
- Praxitec: 23.788,00 € zuzüglich 19 % USt., 10 Jahre Garantie und 10 % Neukundenrabatt, bei Zahlung innerhalb von 10 Tagen gewährt der Händler nochmals 3 % Skonto, 50,00 € Lieferkosten (inklusive Montage) und Lieferzeit 3 Tage.

Angebotsinhalte	MediElek (€)	Praxitec (€)
Listeneinkaufspreis	19.889,00	23.788,00
- Rabatt	-	2.378,80
= Zieleinkaufspreis	19.889,00	21.409,20
- Liefererskonto	795,56	642,28
+ Bezugskosten	-	50,00
= Bezugspreis netto	19.093,44	20.816,92
+ 19 % Umsatzsteuer	3.627,75	3.955,22
= Bezugspreis brutto	22.721,19	24.772,14

Tab. 1 Angebotsvergleich

Praxitec P/T

BESTELLSCHEIN

Kopiervorlage

Vorname, Name:	Fax: 012345/678
Straße:	Sie haben Fragen? Tel: 012345/67890 E-Mail: info@praxitec2020.corn www.praxitec2020.corn
PLZ, Ort:	
Telefon:	
E-Mail:	Alle Preise zzgl. Versandkosten und USt. AGB: siehe unter www.praxitec2020.corn
Kundennummer:	

Menge:	Artikelnummer:	Artikelbezeichnung:	Bemerkungen:

Besondere Hinweise zur Bestellung:	Bestelldatum: Stempel und Unterschrift:

Abb. 2 Bestellschein

In diesem Beispiel ist der günstigere Anbieter MediElek, jedoch bietet Praxitec eine kurze Lieferzeit und eine längere Garantie. Bei teuren technischen Geräten bietet die Garantie, neben der gesetzlichen Gewährleistung von 2 Jahren, einen zusätzlichen Vorteil.

Damit es zu einem Kaufvertrag kommt, muss eine Willenserklärung der Praxis an den Großhändler erfolgen, diese bestimmte Ware zu kaufen. Diese Willenserklärung heißt im Kaufvertrag **Bestellung** (→Abb. 2).

Firmen, die langjährige Kontakte mit der Zahnarztpraxis haben, erhalten häufig direkt eine Bestellung, ohne dass ein spezielles Angebot vorausgeht. Eine Willenserklärung gilt so lange, wie unter normalen Umständen mit einer Antwort gerechnet werden kann. Zum Beispiel kann man bei einer Faxbestellung mit einer Antwort (z. B. Bestätigung) innerhalb von 48 Stunden gerechnet werden. Willenserklärungen unter Anwesenden (auch Telefongespräch oder Onlineverbindung) gelten bis zum Gesprächsende bzw. Abbruch der Onlineverbindung.

3.3 Kaufvertrag

Für den Kaufvertrag gelten die Grundlagen des Vertragsrechts. Die in diesem Zusammenhang bestehende Vertragsfreiheit bietet Abschlussfreiheit und Gestaltungsfreiheit:

- **Abschlussfreiheit:** Jeder kann mit jedem einen Kaufvertrag abschließen und niemand kann zum Vertragsschluss gezwungen werden.
  (Ausnahme: Kontrahierungszwang bei öffentlichen Dienstleistungsunternehmen, z. B. Taxi, Deutsche Bahn; vergleichbar mit der Behandlungspflicht: Patientin kommt mit Schmerzen in die Praxis)
- **Gestaltungsfreiheit:** Man kann den Inhalt und die Art des Kaufvertrags frei gestalten. Bei manchen Kaufverträgen müssen allerdings bestimmte Inhalte vorhanden sein, z. B. bei Ratenkaufverträgen müssen der Effektivzins, die Anzahl der Raten usw. angegeben sein.

Grundlagen des Vertragsrechts, →LF 1

Kontrahierungszwang
die gesetzliche Verpflichtung zum Abschluss eines Vertrages

3.3.1 Abschluss und Erfüllung des Kaufvertrags

Wie aus Abb. 1 ersichtlich, kann die Initiative zum Abschluss eines Kaufvertrags sowohl vom Käufer als auch vom Verkäufer ausgehen:

- Macht der Verkäufer ein Angebot (Antrag) und der Käufer bestellt daraufhin (Annahme), ist der Kaufvertrag geschlossen.
- Macht der Käufer eine Bestellung (Antrag) und der Verkäufer liefert daraufhin oder schickt eine Auftragsbestätigung (Annahme), ist damit der Kaufvertrag geschlossen.

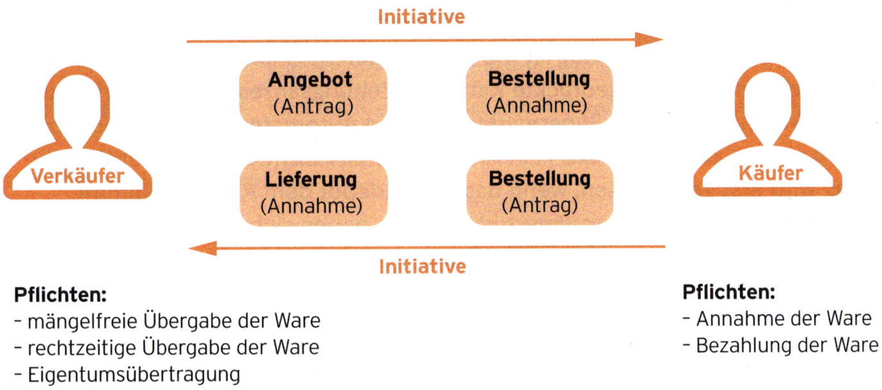

Abb. 1 Abschluss eines Kaufvertrags

Der Kaufvertrag besteht immer aus zwei Geschäften:

- Im **Verpflichtungsgeschäft** verpflichten sich Käufer und Verkäufer zu bestimmten Leistungen.
- Im **Erfüllungsgeschäft** erfüllen Käufer und Verkäufer dann die übernommenen Verpflichtungen.

Die im Kaufvertrag entstandenen Schuldverhältnisse (Verpflichtungen) erlöschen, sobald die geschuldeten Leistungen (Erfüllungen) erfolgt sind.

In Deutschland gibt es zahlreiche Institutionen und Behörden, welche diese Sicherheit gewährleisten, z. B. Gewerbeaufsichtsämter, Eichbehörden und der Wirtschaftskontrolldienst.

Information

Dem Verbraucher müssen objektive Informationen in ausreichendem Maße zur Verfügung stehen, damit er optimal Kaufentscheidungen treffen kann. Als grundlegendes Gesetz in diesem Bereich gilt das **Gesetz gegen den unlauteren Wettbewerb** (UWG). Es untersagt z. B. in § 1 alle Handlungen, die gegen die guten Sitten verstoßen, und in § 3 wird die irreführende Werbung verboten.

Nach dem **Verbraucherinformationsgesetz** (VIG) muss jede Behörde dem Verbraucher die notwendigen vorliegenden Informationen zu einem Produkt bereitstellen. Zusatzinformationen zum Kaufvertrag, die in den allgemeinen Geschäftsbedingungen geregelt sind, hatten in der Vergangenheit immer zu Nachteilen für Verbraucher geführt, weshalb der Gesetzgeber hier ein Schutzgesetz erließ.
In einer Zahnarztpraxis gelten auch immer die gesetzlichen Regelungen zu den allgemeinen Geschäftsbedingungen, sobald Sie mit Patientinnen Vereinbarungen treffen und vorformulierte Klauseln hierfür verwenden.

Diesem Ziel dienen auch die gesetzliche Warenkennzeichnung, die Preisangabenverordnung, die Lebensmittelkennzeichnungsverordnung, das Eichgesetz, die Verordnung über Fertigpackungen und andere Vorschriften.

Angebot von Waren und Dienstleistungen

Wettbewerb, →Wi & So
Monopol, →Wi & So

Die dem Verbraucher angebotenen Waren und Dienstleistungen müssen in ausreichender Menge und Vielfalt, befriedigender Qualität und zu akzeptablen Preisen zur Verfügung stehen. Diesem Ziel dient ein funktionierender Wettbewerb, der in Deutschland durch das **Gesetz gegen Wettbewerbsbeschränkungen** (GWB) gewährleistet wird. Es verbietet die Monopolisierung, Kartellisierung und Fusionierung von Unternehmen, um den Wettbewerb auszuschließen.

Es gibt aber immer noch Bereiche, in denen die Verbraucherschutzverbände einen größeren Wettbewerb fordern, z. B. bei der Briefzustellung oder den Bankgebühren.

Interessenvertretung

Unter diesen Adressen gelangen Sie zu verschiedenen Verbraucherschutzorganisationen:
www.vzbv.de
www.eu-verbraucher.de
www.test.de

Die Interessen der Verbraucher müssen bei der Festlegung und Verwirklichung wirtschaftspolitischer Ziele und Regelungen, die den Verbraucher betreffen, gleichrangig berücksichtigt werden. Die Interessen der Verbraucher werden durch ein eigenes Bundesministerium in Berlin vertreten. Ebenso vertritt die Verbraucherzentrale Bundesverband (VZBV) die Verbraucherinteressen auf Bundesebene in Berlin oder auf europäischer Ebene. Auf Länderebene vertreten die Verbraucherzentralen die Interessen der Verbraucher. Sie haben in größeren Gemeinden Verbraucherberatungsstellen.

Im Jahr 1964 wurde die **Stiftung Warentest** von der Bundesregierung gegründet. Sie führt vergleichende Tests an Waren und Dienstleistungen durch und unterrichtet Verbraucher über die Ergebnisse. Die Zeitschriften „Test" und „Finanztest" werden von ihr herausgegeben.

Entschädigung

Bei berechtigten Reklamationen hat der Verbraucher das Recht auf faire Behandlung seiner Ansprüche und auf angemessenen Ersatz entstandener Schäden. Dies wird in der Bundesrepublik durch die grundsätzlichen Haftungsgesetze gewährleistet und auch durch das **Produkthaftungsgesetz.** Durch das Produkthaftungsgesetz haftet der Händler, Importeur oder Lieferant verschuldensunabhängig mit bis zu 80 Millionen €.

Ausbildung

Der Verbraucher muss durch angemessene Aus- und Weiterbildung in die Lage versetzt werden, Kenntnisse und Fähigkeiten zu entwickeln, um seiner Rolle als mündiger Verbraucher gerecht zu werden. Die oben genannten Institutionen bieten zahlreiche Fortbildungen an, geben Tipps im Internet oder in Foren. Auch im deutschen Fernsehen gibt es mehrere Verbrauchermagazine, z. B. WISO, Markt.

Umwelt

Der Verbraucher hat das Recht auf eine geschützte Umwelt, damit die Lebensbedingungen für die Menschen jetziger und künftiger Generationen erhalten bleiben. Diesem Ziel dient zum Beispiel das Umweltzeichen „Blauer Engel“ →Abb. 1 für besonders umweltfreundliche Produkte (z. B. schadstoffarm, aus 100 % Altpapier).

Abb. 1 Umweltzeichen „Blauer Engel“

Auch Verwertungshinweise wie der „Grüne Punkt“ dienen diesem Ziel. Alle Verpackungen mit dem Grünen Punkt werden zurückgenommen und wiederverwertet.

Aufgaben

1 Die Rechnung des Dentaldepots über 2 500,00 € kann wie folgt bezahlt werden: Sofort mit 2 % Skonto oder nach 30 Tagen ohne Abzug. Der Überziehungskredit bei der Bank wird mit einem Zinssatz von 8 % berechnet. Soll der Skontoabzug in Anspruch genommen werden?

2 Auf Anfrage erhält Ihre Praxis ein Angebot über E-Mail. Da die Chefin momentan nicht in der Praxis ist, können Sie darauf nicht antworten. Gilt das ursprüngliche Angebot noch, wenn Ihre Chefin am nächsten Tag antwortet?

3 Sie faxen für die Praxis eine Bestellung an ein anderes Dentaldepot durch. Nach zwei Stunden hat sich das Dentaldepot noch nicht gemeldet. Gilt Ihre Bestellung noch?

4 Wann kommt ein Kaufvertrag zustande?
a Sie bestellen für die Praxis aus einem gedruckten Katalog.
b Die Praxis hat in einem Anzeigenblatt den alten Rechner der Praxis angeboten. Es ruft ein Unbekannter
c an und möchte den Rechner kaufen.
d Sie möchten eine Ware auf einem Messestand erwerben.
e Im Dentalfachhandel entdecken Sie eine falsche Preisauszeichnung an einer Ware. Sie verlangen die Ware zu diesem Preis.

5 Aus welchen zwei Geschäften besteht ein Kaufvertrag?

6 Die Zahnarztpraxis erhält ein Röntgengerät geliefert, obwohl sie es nur angezahlt hat. Gehört es der Praxis dennoch?

7 Sie haben für die Praxis eine Software im Internet bestellt und heruntergeladen.
a Welche Schritte haben zum Kaufvertrag geführt?
b Ist die Praxis Besitzer, Eigentümer oder beides?
c Welchen Beleg erhält die Praxis für den Kauf?

8 Klären Sie für das Beispiel auf S. 327 folgende Fragen:
a Kann die Praxis vom Kaufvertrag zurücktreten?
b Kann die Praxis Schadensersatz verlangen?
c Handelt es sich um einen geringfügigen Mangel?
d Entscheiden Sie den Fall als Richterin.

9 Klären Sie für das Beispiel auf S. 330 folgende Fragen:
a Kann die Praxis ohne Weiteres vom Kaufvertrag zurücktreten?
b Kann die Praxis Schadensersatz geltend machen?
c Wie hätte die Praxis den gesamten Ärger besser umgehen können?

10 Welche Störung des Kaufvertrags liegt vor?
a Die Praxis Dr. R. Rathe kauft im Fachgeschäft einen Computer im Wert von 1 500,00 €. Er soll in die Praxis geliefert werden. Bei Lieferung nimmt die Praxis ihn nicht ab, weil das bestellte Modell in einer Fachzeitschrift eine schlechte Beurteilung bekam.
b Sie kaufen im Auftrag der Praxis im Fachgeschäft für Berufskleidung mehrere blaue Kittel, die garantiert farbecht auch beim Waschen in der Waschmaschine sein sollen. Beim ersten Waschen stellen Sie starke Abfärbungen fest.
c Eine Zahnarztpraxis kauft eine neue Rezeptionstheke, die zum 01.04. eines Jahres fix geliefert werden soll. Am 02.04. ist die Rezeption noch nicht geliefert.
d Ihre Praxis hat eine Rechnung des Dentaldepots vom 12.03. des Jahres erhalten. Auf der Rechnung steht kein Zahlungsdatum. Am 12.05. desselben Jahres hat Ihre Praxis die Rechnung noch nicht bezahlt.
e Ihre Chefin hat einen neuen Schreibtisch für die Praxis gekauft. Er weist an einer Seite einen Kratzer auf.

11 Entscheiden Sie in den Fällen 11 a bis f, welche Rechte der Käufer oder Verkäufer sinnvollerweise in Anspruch nimmt.

12 Welche Störungen des Kaufvertrags kommen in der Zahnarztpraxis häufig vor?

13 Unterscheiden Sie beide Arten von Schadensersatz bei der Schlechtleistung.

14 Ist in folgenden Fällen die Mängelrüge noch möglich?
a Eine Zahnärztin entdeckt einen Schaden an der Ware, die sie soeben gekauft hat. Sie will dies bei ihrem nächsten Besuch im Dentaldepot reklamieren.
b Sie kaufen im Auftrag der Praxis im Elektrofachgeschäft eine Lampe für das Wartezimmer. Nach acht Monaten funktioniert die Lampe nicht mehr. Der Ein- und Ausschalter ist kaputt.

15 Liegt in folgenden Fällen Lieferungsverzug vor?
a Das Dentaldepot kann nicht liefern, da infolge eines Hochwassers die Waren beschädigt wurden.
b Im Kaufvertrag über ein neues Praxisauto vom 02.08. des Jahres heißt es, dass das Fahrzeug 14 Tage nach Eintreffen beim Händler geliefert werden muss. Am 02.10. des Jahres ist das Auto immer noch nicht geliefert.

16 Eine Patientin zahlt eine Rechnung über 5 500,00 € 30 Tage zu spät. Kann die Praxis 12 % Verzugszinsen von der Patientin fordern? Begründen Sie Ihre Antwort.

17 Eine Zahnarztpraxis hat die Rechnung des Dentaldepots nicht rechtzeitig bezahlt. Wie hoch ist der aktuelle Verzugszinssatz?

4 Aktuelle Zahlungsmöglichkeiten

In unserer Wirtschaft hat sich der bargeldlose Zahlungsverkehr weitgehend durchgesetzt. Auch bei Bezahlung von Kleinbeträgen verdrängen das „Plastikgeld" sowie Onlineüberweisungen immer mehr die bare Zahlung.

Informationen zum Geldverkehr finden Sie unter:

www.zahlungsverkehrsfragen.de

4.1 Bare Zahlung

Kleingeschäfte des täglichen Lebens werden häufig noch mit Bargeld abgewickelt. Die Zahlung kann hier ohne große organisatorische Schwierigkeiten erfolgen, da der Zahlende und der Zahlungsempfänger in direktem Kontakt stehen. Auch in Zahnarztpraxen ist die Barzahlung von Eigenanteilen noch verbreitet.
Die bare Zahlung ist jedoch teuer (z. B. Kosten der Besorgung), zeitaufwendig (das Geld muss zum Zahlungsempfänger gebracht werden) und kann wegen der Verlust- und Diebstahlgefahr risikoreich sein. Barzahlungen können auch eingeschränkt oder meldepflichtig sein, z.B. bei Goldkauf oder Autokauf ab bestimmten Summen. Sogar kleinere Handwerksbetriebe (Bäcker, Friseure) versuchen, die Barzahlung durch Kartenzahlung zu ersetzen.

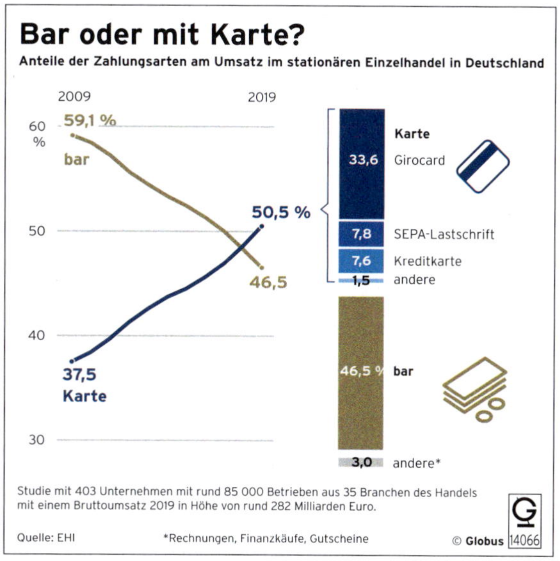

4.2 Halbbare Zahlung

Halbbare Zahlung bedeutet, dass ein Partner bar zahlt oder Bargeld empfängt, während die andere Partei die Zahlung oder den Zahlungseingang bargeldlos abwickelt. Bei der halbbaren Zahlung benötigt zumindest einer der Beteiligten ein Girokonto bei einem Kreditinstitut (Privatbank, Postbank, Sparkasse).

Hier bieten sich verschiedene Möglichkeiten an:
- **Nachnahme:** Die Ware wird dem Empfänger nur gegen Barzahlung ausgeliefert. Die Gutschrift erfolgt auf das Konto des Absenders.
- **Barscheck:** Der Betrag wird bar an den Empfänger des Schecks ausbezahlt und das Konto des Scheckausstellers belastet.
- **Zahlschein:** Ein Zahlschein wird verwendet, wenn der Einzahler eine bare Einzahlung auf das Konto des Empfängers wünscht. Es können dafür kombinierte Formulare für Bareinzahlungen und Überweisungen verwendet werden. Der erste Abschnitt ist der Gutschriftbeleg für die Bank (die Praxis erhält den Text auf dem Bankauszug mitgeteilt), der zweite Abschnitt ist als Beleg (Quittung) für die Patientin (Einzahler) gedacht.

Viele Praxen legen dieses Formular ihren Rechnungen bei. Die Patientin kann dann seinen Rechnungsbetrag entweder bar bei einem Geldinstitut einzahlen oder von seinem eigenen Geldinstitut aus überweisen.

4.3 Bargeldlose Zahlung mit dem Girokonto

Um am bargeldlosen Zahlungsverkehr teilzunehmen, müssen Sie ein Girokonto eröffnen. Hierzu wird bei einem Kreditinstitut ein Kontoeröffnungsantrag gestellt und Sie hinterlegen eine Unterschriftsprobe. Der Antragsteller muss bei Eröffnung voll geschäftsfähig sein, ansonsten muss der gesetzliche Vertreter zustimmen.

4.5 Zahlung mit Karten

4.5.1 Zahlungsverkehrskarte/Girocard

Nach Eröffnung eines Girokontos erhält man eine Zahlungsverkehrskarte. Sie ermöglicht, im Rahmen des Kontoguthabens an jedem Geldautomaten mit Girocard-Symbol Bargeld abzuheben und an elektronischen Kassen bargeldlos zu bezahlen.

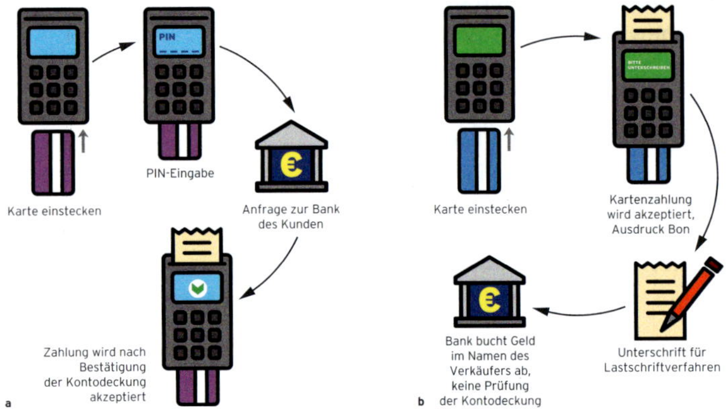

Abb. 1 Ablauf der Zahlung bei POS-Zahlung (a) und ELV-Zahlung (b)

Um Patientinnen Zahlungen mit der Zahlungsverkehrskarte zu ermöglichen, sind in der Zahnarztpraxis zwei Verfahren möglich →Abb. 1:

- **Karte mit Geheimnummer:** Die Zahnarztpraxis benötigt ein Lesegerät für die Karte. Gleichzeitig muss eine Onlineverbindung des Lesegerätes der Praxis zur Bank bestehen. Bei der Bezahlung muss die Patientin eine Geheimnummer, die PIN (= persönliche Identifikationsnummer), in das Lesegerät eingeben, um sich zu identifizieren. Die Zahlung wird dann unmittelbar bestätigt.
- **Elektronisches Lastschriftverfahren (ELV):** Dieses Verfahren ist für die Zahnarztpraxis sehr kostengünstig, weil keine Onlineverbindung zur Bank bestehen muss. Die Patientin benötigt bei diesem Verfahren auch keine PIN. Die Daten der Karte werden über ein Lesegerät in das Terminal der Praxis eingegeben.

Anschließend wird eine Einzugsermächtigung mit den Daten der Karte ausgedruckt, die die Patientin dann unterschreiben muss. Bei der Abfrage wird nicht geprüft, ob das Konto ausreichend gedeckt ist. Das Risiko trägt in diesem Fall allein die Praxis. Aus diesem Grund sollte eine Zahnarztpraxis das Onlineverfahren mit der PIN bevorzugen.

4.5.2 Kreditkarte

Um mit Kreditkarte zahlen zu können, muss man zunächst Mitglied in einem Kreditkartenunternehmen werden (z. B. American Express, Eurocard, Diners Club, VISA, Access, MasterCard). Auf der Kreditkarte sind eine persönliche Nummer, der Name sowie die Gültigkeitsdauer eingeprägt.

Die Karteninhaberin (Patientin) kann nun in sogenannten Vertragsunternehmen (z. B. einer Zahnarztpraxis, die einen Vertrag mit dem Kreditkartenunternehmen geschlossen hat) bargeldlos einkaufen. Es genügt die Vorlage der Karte (manchmal mit Personalausweis) und die Leistung der Unterschrift.

Bei dem Abschluss eines Vertrags mit einem Kreditkartenunternehmen ist zu berücksichtigen, dass die Praxis 3 bis 5 % des Rechnungsbetrags an das Kreditkartenunternehmen abführen muss. Als Vorteil kann angesehen werden, dass man der Patientin einen „exklusiven" Zahlungsweg anbieten kann. Die Zahlungen sind zudem sicher und erfolgen immer am Monatsende. Der Widerruf einer Zahlung mit Kreditkarte ist nicht möglich.

4.6 Onlinezahlung

Verfügt die Patientin bzw. die Praxis über einen Telefonanschluss und eine Verbindung zum Computer mit entsprechender Software, können viele Bankgeschäfte von zu Hause oder der Praxis aus durchgeführt werden.

Abb. 1 TAN-Generator für das Onlinebanking

Mit der Bank muss vereinbart werden, dass man sein Girokonto als Onlinekonto führen möchte. Die Banken haben entsprechende Internetseiten. Über den Computer hat man nach der Anmeldung Zugriff auf das eigene Konto. Die Nutzung dieser Konten ist bei fast allen Banken kostenlos.

Hierzu benötigt man ein spezielles Lesegerät und eine zusätzliche Software, um auf das Bankkonto zugreifen zu können. Mittels einer PIN, dem Fingerabdruck oder einem Bildschirmlesegerät (TAN-Generator) erhält man mit einem speziellen Schlüssel (einer Signaturkarte) Zugriff auf sein Girokonto und kann (fast) alle Geschäfte online erledigen →Abb. 1. Man spricht hier von Zwei-Faktor-Authentifizierung (z.B. Anmeldung im Bankingprogramm mit Passwort, Zugriff auf Konto mit TAN-Generator oder mit TAN über Smartphone oder Bank-App mit Freigabefunktion). Mittels des neuen Personalausweises mit digitaler Signatur können auch Schriftstücke, die die Originalunterschrift erforderlich machen, übermittelt werden. Dies gilt im Moment als das weltweit sicherste Verfahren.

4.7 Neuere Entwicklungen im Zahlungsverkehr

Die Erfindung des digitalen Geldes durch den Amerikaner David Chaum konnte sich bislang noch nicht durchsetzen. Erste Versuche mit „Wallets" (elektronische Geldbörsen im Computer) wurden wieder eingestellt. Der Grundgedanke ist, dass man eine bestimmte Menge Geld in verschlüsselten Dateien im Computer hat, mit denen man dann direkt aus dem Rechner bezahlen kann. Von dieser Idee sind heute noch die Geldkarten oder Girokarten mit Geldfunktion (mit Chip) übrig geblieben. Mittlerweile wurden andere Bezahlsysteme entwickelt, die bereits vielfach für Zahlungen genutzt werden (z. B. Bitcoin oder Ether).

4.7.1 Bezahldienstunternehmen

Mit der Entwicklung zu Internetkäufen sind die Onlinebezahldienstunternehmen entstanden (z. B. PayPal, Google Pay, GiroPay, Klarna, paydirekt). Gerade wenn Käufer und Verkäufer „fern voneinander" sind, beschleunigt diese Bezahlart die Abwicklung des Kaufvertrags. Käufer und Verkäufer müssen Mitglied des Unternehmens werden. Bei diesem wird eine Bankverbindung mit Abbuchungsermächtigung hinterlegt. Sobald ein Käufer im Internet eine Ware kauft und das entsprechende Zahlverfahren wählt, erhält der Verkäufer über seinen Account die Meldung, dass die Ware bezahlt ist. Er kann sie dann sofort auf den Weg bringen →Abb. 1.

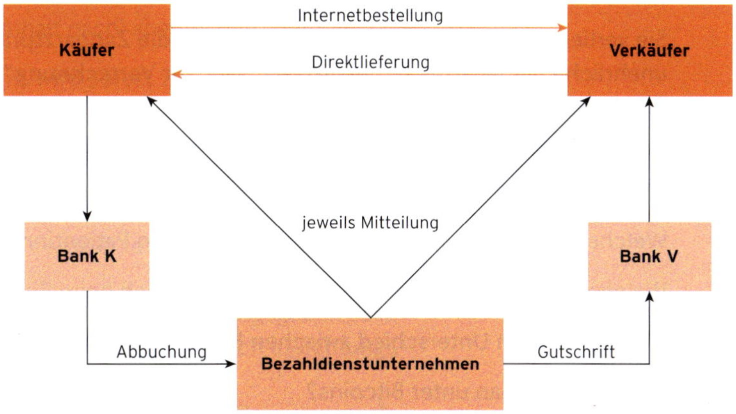

Abb. 1 Kaufabwicklung über einen Bezahldienst

§ 10 Fälligkeit und Abrechnung der Vergütung; Rechnung

(1) Die Vergütung wird fällig, wenn dem Zahlungspflichtigen eine dieser Verordnung entsprechende Rechnung nach der Anlage 2 erteilt worden ist. Künftige Änderungen der Anlage 2 werden durch das Bundesministerium für Gesundheit durch Bekanntmachung veröffentlicht.

(2) Die Rechnung muss insbesondere erhalten:

1. das Datum der Erbringung der Leistung,
2. bei Gebühren die Nummer und die Bezeichnung der einzelnen berechneten Leistung einschließlich einer verständlichen Bezeichnung des behandelten Zahnes und einer in der Leistungsbeschreibung oder einer Abrechnungsbestimmung gegebenenfalls genannten Mindestdauer sowie den jeweiligen Betrag und den Steigerungssatz,
3. bei Gebühren für vollstationäre, teilstationäre sowie vor- und nachstationäre privatzahnärztliche Leistungen zusätzlich den Minderungsbetrag nach § 7,
4. bei Entschädigungen nach § 8 den Betrag, die Art der Entschädigung
5. bei Ersatz von Auslagen nach § 9 Art, Umfang und Ausführung der einzelnen Leistungen und deren Preise sowie die direkt zurechenbaren Materialien und deren Preise, insbesondere Bezeichnung, Gewicht und Tagespreis der verwendeten Legierungen,
6. bei nach dem Gebührenverzeichnis gesondert berechnungsfähigen Kosten, Art, Menge und Preis verwendeter Materialien; die Auslagen sind dem Zahlungspflichtigen auf Verlangen näher zu erläutern.

(3) Überschreitet die berechnete Gebühr nach Absatz 2 Nummer 2 das 2,3fache des Gebührensatzes, ist dies auf die einzelne Leistung bezogen für den Zahlungspflichtigen verständlich und nachvollziehbar schriftlich zu begründen. Auf Verlangen ist die Begründung näher zu erläutern. Soweit im Fall einer abweichenden Vereinbarung nach § 2 auch ohne die getroffene Vereinbarung ein Überschreiten der in Satz 1 genannten Steigerungssätze gerechtfertigt gewesen wäre, ist das Überschreiten auf Verlangen des Zahlungspflichtigen schriftlich zu begründen; die Sätze 1 und 2 gelten entsprechend. Die Bezeichnung der Leistung nach Absatz 2 Nr. 2 kann entfallen, wenn der Rechnung eine Zusammenstellung beigefügt ist, der die Bezeichnung für die abgerechnete Leistungsnummer entnommen werden kann. Bei Auslagen nach Absatz 2 Nr. 5 ist der Beleg oder ein sonstiger Nachweis beizufügen. Wurden zahntechnische Leistungen in Auftrag gegeben, ist eine den Erfordernissen des Absatzes 2 Nr. 5 entsprechende Rechnung des Dentallabors beizufügen; insoweit genügt es, in der Rechnung des Zahnarztes den Gesamtbetrag für diese Leistungen anzugeben. Leistungen, die auf Verlangen erbracht worden sind (§ 1 Abs. 2 Satz 2 und § 2 Abs. 3), sind als solche zu bezeichnen.

(4) Wird eine Leistung nach § 6 Abs. 1 berechnet, ist die entsprechend bewertete Leistung für den Zahlungspflichtigen verständlich zu beschreiben und mit dem Hinweis „entsprechend" sowie der Nummer und der Bezeichnung der als gleichwertig erachteten Leistung zu versehen.

(5) Durch Vereinbarung mit öffentlich-rechtlichen Kostenträgern kann eine von den Vorschriften der Absätze 1 bis 4 abweichende Regelung getroffen werden.

(6) Die Übermittlung von Daten an einen Dritten zum Zwecke der Abrechnung ist nur zulässig, wenn der Betroffene gegenüber dem Zahnarzt in die Übermittlung der für die Abrechnung erforderlichen Daten schriftlich eingewilligt und den Zahnarzt insoweit schriftlich von seiner Schweigepflicht entbunden hat.

Abb. 1 § 10 der GOZ

Die Ausstellung einer Rechnung ist nicht daran geknüpft, dass die Behandlung abgeschlossen sein muss. Ebenso wenig muss sie am Quartalsende erfolgen. Die Rechnung kann theoretisch nach jeder erbrachten Leistung der Zahnarztpraxis erstellt werden. In der Praxis erfolgt die Erstellung in der Regel nach einer abgeschlossenen Behandlung.

5.2 Überwachung der Zahlungseingänge (Forderungen)

5.2.1 Mahnkartei

Corporate Identity, →LF 13

In einer separaten Kartei werden die Karteikarten mit offenstehenden Rechnungen, in der Regel chronologisch, eingeordnet. Es muss jeweils immer nur der Teil der Karteikarten kontrolliert werden, bei denen das Rechnungsdatum (Zahlungsdatum) schon länger zurückliegt. Bei Bezahlung der Rechnung wird die Karteikarte wieder in die Gesamtkartei eingeordnet. Wird eine Patientin gemahnt, kann man wieder Reiter verwenden oder entsprechende Einträge auf der Rückseite mache- Mahnkarteien werden heutzutage nur noch selten genutzt.

5.2.2 Zahlungsüberwachung durch Computer (Offene-Posten-Liste)

Die meisten Praxisverwaltungsprogramme haben einen integrierten Programmteil, der offenstehende Rechnungen sofort in eine „Offene-Posten-Liste" (Mahnkartei) übernimmt. Die Rechnungen sind in der Regel der Zeit nach (chronologisch) geordnet →Abb. 1.

Jederzeit kann man sich auch die Liste ausdrucken lassen, um die Zahlungen zu kontrollieren. Bei Bezahlung der offenstehenden Rechnung muss unbedingt ein Vermerk im Programm über die Bezahlung erfolgen.

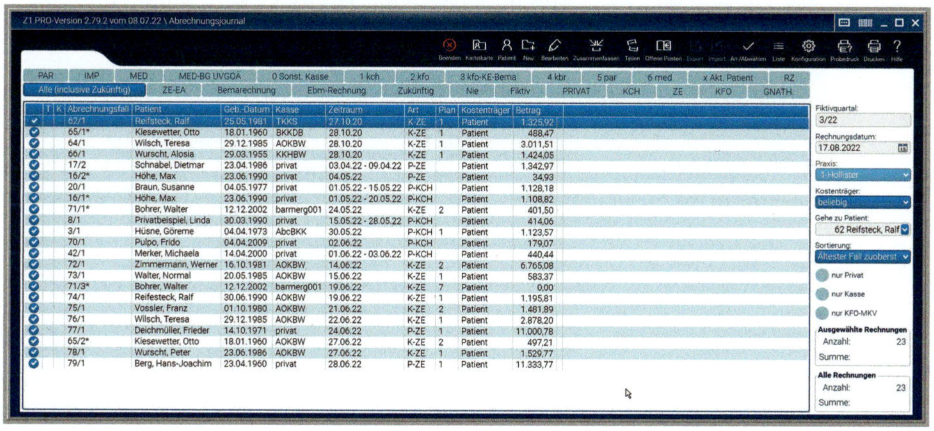

Abb. 1 Offene, gemahnte und zu spät bezahlte Rechnungen

5.2.3 Zahlungsüberwachung durch Dritte

Video

Zahlungsüberwachung durch Dritte

Die Zahnarztpraxis hat mehrere Möglichkeiten der Zahlungsüberwachung:

- privatärztliche Verrechnungsstellen
- freie Rechenzentren
- Inkassounternehmen

Diese Form der Arbeitsentlastung wird von Zahnarztpraxen häufig in Anspruch genommen. Die sichere Onlineübermittlung der Abrechnungsdaten sowie häufig angebotene Zusatzleistungen wie Adressermittlung, Sofortauszahlung oder **Factoring** bieten zusätzliche Vorteile für die Zahnärztin. Bei diesem Verfahren schickt die Zahnarztpraxis dem beauftragten Unternehmen die Abrechnungsdaten (Patientendaten, GOZ-Ziffern). Das Unternehmen erstellt dann eine entsprechende Rechnung und schickt diese an die Patientin.

Die Praxis kann mit einigen Unternehmen auch vereinbaren, dass der entsprechende Rechnungsbetrag sofort an die Zahnarztpraxis überwiesen wird. Die Praxis erhält also unmittelbar die Rechnung von dem Unternehmen bezahlt, unabhängig vom Eingang der Patientenzahlung. Je nach Leistungsumfang zahlt die Zahnarztpraxis eine Gebühr, die meist nach dem Umsatz gestaffelt ist oder prozentual von der Rechnung berechnet wird. Die Patientin bezahlen dann nur noch an die Verrechnungsstelle, das Rechenzentrum oder das Inkassounternehmen. Ein eventuelles Mahnverfahren, auch vor Gericht, führt das Unternehmen für die Zahnarztpraxis durch.

Ist mit dem Unternehmen eine Forderungsausfallversicherung (Delkredereversicherung) vereinbart, muss die Praxis den bereits erhaltenen Rechnungsbetrag auch dann nicht zurückbezahlen, wenn die Patientin einmal nicht bezahlen kann. Das bedeutet, dass die Zahnarztpraxis den Rechnungsbetrag in jedem Fall behalten kann. Die Praxis muss lediglich kontrollieren, ob das Unternehmen das Geld überwiesen hat. Dieses Verfahren heißt **echtes Factoring**.

Der Vorteil dieses Verfahrens für die Zahnarztpraxis besteht darin, dass sie praktisch keine Außenstände mehr hat. Offenstehende Rechnungen werden, z. B. durch die Verrechnungsstelle, sofort bezahlt →Abb. 1.

Bei der Übermittlung der Patientendaten an das Unternehmen ist der Datenschutz zu beachten. Nach Auffassung der Gerichte liegt eine Verletzung der Schweigepflicht vor, wenn die Patientin dem Verfahren nicht zugestimmt hat. Daher ist es erforderlich, dass sich die Patientin schriftlich mit diesem Verfahren einverstanden erklärt. Ob sich das Verfahren für eine Zahnarztpraxis lohnt, muss individuell geprüft bzw. berechnet werden.

Beispiel

Abrechnungsvolumen/Jahr (Rechnungsendbetrag)	65950,00 €
Privatrechnungen/Jahr	680 Stück
Durchschnittlicher Rechnungsbetrag	97,00 €

Kosten der Praxis		**Kosten eines Factors**	
Personalkosten (2,3%*)	1516,85	Grundgebühr (2,7 %*)	1780,65
Portokosten (1,00 € je Rechnung)	680,00	Bearbeitungsgebühr (1,60 € je Rechnung)	1088,00
Materialkosten	80,00	Portokosten (1,00 € je Rechnung)	680,00
Bankgebühren	90,00		
Ausfallrisiko (1,25%*)	824,38		
Zinsnachteil (3,5%*) für 45 Tage	288,53		
Kosten gesamt	**3479,76**	**Kosten gesamt**	**3548,65**

*vom Rechnungsendbetrag

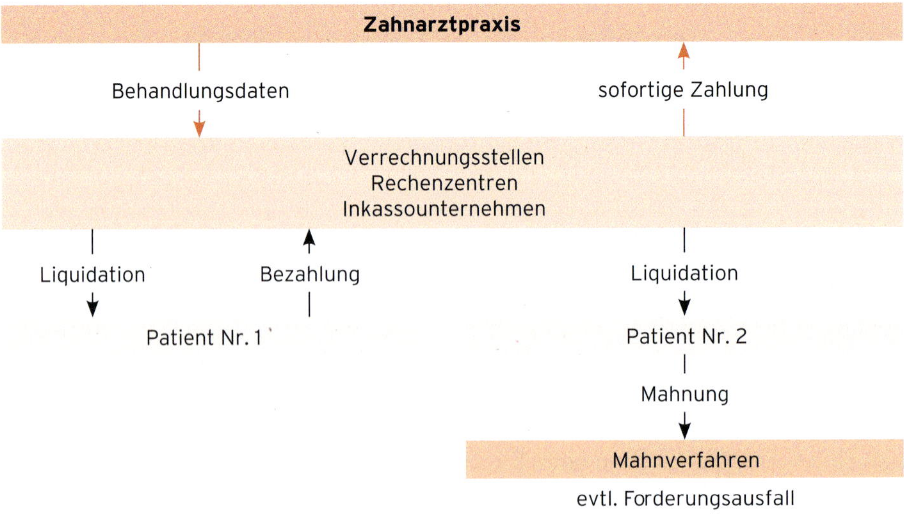

Abb. 1 Zahlungsüberwachung durch Dritte mit Sofortauszahlung und Forderungsausfallversicherung

5.3 Überwachung der Zahlungsausgänge (Verbindlichkeiten)

Ebenso wie die Zahlungseingänge müssen auch die Zahlungsausgänge überwacht werden. Bei der Bezahlung von Verbindlichkeiten z. B. an
- Dentallabore,
- Dentaldepots,
- Apotheken,
- Bürohändler

kann ebenfalls Geld eingespart werden.

Beispiel

Einsparmöglichkeiten bei Zahlung von Verbindlichkeiten

Rechnung des Dentaldepots über 4350,00 €
Zahlungsbedingung: Bei sofortiger Zahlung 3 % Skonto, innerhalb von 30 Tagen netto (d. h. den obigen Rechnungsbetrag)
Da die Zahnarztpraxis den Betrag nicht sofort zur Verfügung hat, ist zu prüfen, ob es sich lohnt, den Dispositionskredit (Zinssatz 3 %) für die 30 Tage in Anspruch zu nehmen, um die 3 % Skonto zu erhalten.

1. Möglichkeit: 30 Tage warten, kein Skontoabzug, kein Dispositionskredit

Rechnungsbetrag:	4350,00 €

2. Möglichkeit: sofortige Zahlung mit Dispositionskredit und Skontoabzug

Rechnungsbetrag:	4350,00 €
abzügl. 3% Skonto	130,50 €
Preis bei sofortiger Zahlung	**4219,50 €**

Dispositionskredit für 30 Tage:

$$\frac{4219{,}50 \times 3 \times 30}{100 \times 360} = 10{,}54$$

Dispositionskreditkosten (Zinsen): **10,54 €**

Skonto = 130,50 €
- Zinsen = 10,54 €
119,96 €

Bei der 2. Möglichkeit ergibt sich für die Praxis eine Ersparnis von 119,96 €.

Aufgaben

1a Um welche Art (bezüglich der Abrechnung) von Patientin handelt es sich bei Frau Merseburg →Abb. 1 (S. 348)?
b Prüfen Sie die zahnärztliche Rechnung auf formale Richtigkeit.
c Überprüfen Sie anhand der GOZ die gesamte Rechnung auf Richtigkeit.
d Weshalb ist auf der Rechnung ein Betrag abgezogen?

2 Eine Patientin akzeptiert die Begründung der Zahnärztin für den Faktor 3,0 bei einer Leistung (hoher Zeitaufwand) nicht. Muss die Zahnarztpraxis die Begründung näher erläutern?

3 Muss der Steigerungsfaktor immer begründet werden?

4 Kann die Bezeichnung der erbrachten Leistung in der Rechnung weggelassen werden?

5 Wie werden Rechnungen in Ihrer Ausbildungspraxis erstellt? Warum ist diese Form gewählt worden?

6 Weshalb müssen auch Zahlungen von Rechnungen der Lieferer (Verbindlichkeiten) überwacht werden?

7 Welche Vorteile bietet die Zahlungsüberwachung durch Dritte?

8 Was versteht man unter „echtem Factoring“?

9 Woraus ergeben sich in der Beispielrechnung auf S. 346 die Vorteile des Factorings?

10 Beschreiben Sie die Überwachung der Zahlungseingänge in Ihrer Ausbildungspraxis.

Dr. Greta Lucky
Zahnärztin

Kirschstr. 4
79000 Freiburg
Fon: 076-66445
Fax: 076-66553
E-Mail: Lucky@beispiel.de

Zahnärztebank
IBAN DE52 9131 0023 3466 7798 00

Dr. Greta Lucky, Kirschstr. 4, 79000 Freiburg

Frau
Henriette Merseburg
Bahnhofsallee 4
79007 Freiburg

bitte bei Bezahlung angeben
Rechnung Nr. 344/23
Datum
02.02.2023

Für die Behandlung bei Ihnen in der Zeit vom 07.01. bis 11.01.2023 erlaube ich mir in Rechnung zu stellen:

Zahnärztliche Rechnung

Datum	Zahn	Geb.-Nr.	Menge	Behandlung	Steig-Satz	Betrag €
07.01.23		Ä1	1	Beratung	2,3	10,72
	46, 15	0090	2	Infiltrationsanästhesie	2,3	15,52
		2030	2	Besondere Maßnahmen beim Präparieren	2,3	16,82
11.01.23	46,15	2170	2	Einlagefüllung, mehr als zweiflächig	2,3	442,14
	46,15		2	Adhäsive Befestigung	2,3	33,64
Honorar nach GOZ						518,84
Abzüglich Sachleistung Ihrer Krankenkasse Bema 13c (2 x 49 Pkt. X 1,1978 Pktw.)						–117,38
Fremdlaborrechnung (Anlage)						760,10
Verbrauchsmaterial (Anlage)						8,40
Rechnungsbetrag						**1169,96**

Ich bitte um Bezahlung bis zum 01.03.2023 auf mein obiges Konto.

Abb. 1 Zahnärztliche Rechnung

6 Belege in der Zahnarztpraxis

Zahnärztinnen gehören zur Gruppe der freien Berufe, wie z. B. Tierärztinnen, Ärztinnen, Rechtsanwältinnen, Architektinnen. Ihre Einkünfte unterliegen einer Aufzeichnungs- oder einfachen Buchführungspflicht →Abb. 1.

freie Berufe, →S. 48

Nach § 147 der Abgabenordnung müssen diese Aufzeichnungen nach den Prinzipien von Wahrheit, Klarheit und Richtigkeit **vollständig, richtig, zeitgerecht** und **geordnet** erfolgen.

Am Ende des Jahres muss die Zahnärztin eine Einkommensteuererklärung abgeben, deren Grundlage die Ermittlung des Praxisgewinns ist. Ähnlich dem Verfahren beim abhängig Beschäftigten (z. B. der ZFA) müssen (fast) alle Zahlen durch Belege nachgewiesen werden. Führt die Zahnärztin Gutachtertätigkeiten durch oder betreibt sie ein Eigenlabor und überschreitet hierbei gewisse Umsatzgrenzen, muss auch Umsatzsteuer errechnet und (monatlich, vierteljährlich oder jährlich) an das Finanzamt abgeführt werden. Die Vorschriften sagen deshalb:
Keine Buchung ohne Beleg, die Belege sollten immer chronologisch geordnet sein.

Damit ein Beleg für das Finanzamt gültig ist, sind folgende Angaben zwingend:
- Datum der Zahlung
- Zahlungsbetrag
- Zahlungsgrund
- Zahlungsempfänger
- Zahlungspflichtiger
- Umsatzsteuersatz mit dem Umsatzsteuerbetrag (Ausnahme: Kleinstbetragsrechnungen bis 250,00 € müssen nur den Umsatzsteuersatz enthalten.)

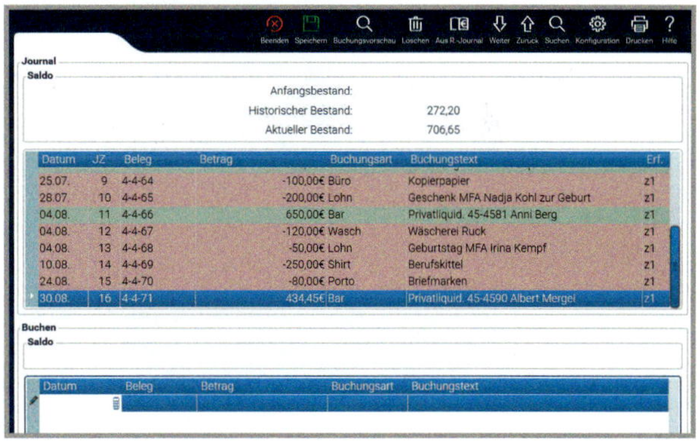

Abb. 1 Elektronisches Kassenbuch

Um Vorsteuer geltend zu machen:
- Ausstellungstag
- Umsatzsteuer-ID-Nummer
- fortlaufende Rechnungsnummer
- Menge und Bezeichnung der Lieferung

Bei der Buchung erhält der Beleg eine Nummer, damit er in angemessener Zeit (z. B. bei einer Steuerprüfung) herausgesucht werden kann. Belege zur Steuererklärung müssen zehn Jahre aufbewahrt werden.

Die **Umsatzsteuer** ist eine Verbrauchsteuer, die den gesamten privaten und öffentlichen Endverbrauch (Konsum) besteuert. Die Unternehmen (z. B. die Zahnarztpraxis) müssen diese Steuer ihren Verkaufspreisen hinzurechnen und an das Finanzamt abführen.
Ärztinnen und Zahnärztinnen müssen für ihre Tätigkeit keine Umsatzsteuer bezahlen, wenn sie der Heilbehandlung dient. Dies ist nach der Rechtsprechung des EuGH der Fall, wenn sie der Vorbeugung, Diagnose, Behandlung oder soweit wie möglich der Heilung von Krankheiten oder Gesundheitsstörungen dient.

EuGH
Europäischer Gerichtshof

Von der Umsatzsteuer, die die Zahnärztin ihren Patientinnen (z. B. für Eigenlaborleistungen) in Rechnung gestellt hat, kann sie die Umsatzsteuerbeträge abziehen, die sie an ihre Lieferanten (für das Eigenlabor) zu zahlen hat. Diese Beträge bezeichnet man als **Vorsteuer**.

Bei umsatzsteuerpflichtigen Tätigkeiten, wie dem Erstellen von Gutachten oder dem Betreiben eines Eigenlabors, sind sie bis zu einem Umsatz von 22 000,00 € (seit 2020) von der Umsatzsteuer befreit. Medizinisch nicht indizierte Leistungen (z. B. Schönheitsoperationen, keine zahnärztliche Indikation für Bleaching) unterliegen dagegen der Umsatzsteuerpflicht. Für zahntechnische Leistungen gilt der ermäßigte Umsatzsteuersatz von 7 %. Wird in einer Zahnarztpraxis z. B. ein „Praxisshop" betrieben, fällt der normale Umsatzsteuersatz von 19 % an.

Umsatzsteuerfreie und umsatzsteuerpflichtige Einnahmen müssen getrennt erfasst werden. Wird auch noch ein Umsatz mit zwei verschiedenen Umsatzsteuersätzen erzielt, muss das auch getrennt aufgezeichnet werden. Wird dagegen verstoßen, kann dies dazu führen, dass der gesamte Umsatz einer Zahnarztpraxis umsatzsteuerpflichtig wird.
Ist eine Zahnarztpraxis aufgrund der Umsätze des Eigenlabors umsatzsteuerpflichtig, kann sie natürlich nur die Vorsteuer für Produkte anrechnen, die auf das Eigenlabor entfallen.

Für die Erstellung der Einnahmenüberschussrechnung werden die Einnahmen und Ausgaben einer Zahnarztpraxis getrennt geführt. Die Aufzeichnung erfolgt auf sogenannten Konten, die für alle Zahnarztpraxen in einem Kontenrahmen vorgegeben sind. Dies dient unter anderem der Klarheit und Vergleichbarkeit:

- **Praxiseinnahmen**
  - Praxiseinnahmen als umsatzsteuerfreier Kleinunternehmer (22 000-€-Regelung)
  - umsatzsteuerpflichtige Einnahmen aus Eigenlabor (7 %) und Praxisshop (19 %)
  - umsatzsteuerfreie Praxiseinnahmen
- **Praxisausgaben**, z. B.
  - Praxismaterial und -bedarf
  - Fremdlabor
  - Gehälter, Löhne
  - geringwertige Wirtschaftsgüter bis 150,00 € ohne Umsatzsteuer
  - Abschreibung verpflichtend ab 1 001,00 € (Ausnahme: Hard- und Software)
  - laufende Kfz-Kosten
  - Miete für die Praxisräume und Raumkosten, z.B. Heizung, Strom
  - Schuldzinsen
  - Bewirtungskosten aus geschäftlichem Anlass, wie z. B. Weihnachtsessen
  - Reisekosten, z. B. für Fortbildungen
  - Telefon, Porto, Bürokosten
  - Fachliteratur
  - Kosten für die Buchführung, z. B. Steuerberater

Für die Steuererklärung ist der amtliche Vordruck EÜR (Einnahmenüberschussrechnung) für Zahnärzte zu verwenden. Seit 2012 ist die elektronische Abgabe über das Elster-System vorgeschrieben.

Man unterscheidet verschiedene Belege in der Zahnarztpraxis →Tab. 1.
Kann ein Beleg nicht mehr gefunden werden oder ist für eine Tätigkeit kein Beleg vorhanden, kann ein **Ersatz**- oder **Eigenbeleg** erstellt werden.

Einnahmebelege	Ausgabebelege
– Kassenbelege	– Rechnungen der Lieferanten
– Rechnungsdurchschriften	– Quittungsoriginale
– Quittungsdurchschriften	– Kontoauszüge
– Zahlscheingutschriften	– Lohnkonten für Personal
– Überweisungsgutschriften	– Kreditverträge
– Scheckeinreichungsgutschriften	– Versicherungsverträge
– Kontoauszüge mit Text	– Mietverträge
– KZV-/PKV-Abrechnungen	– KZV-/PKV-Abrechnungen
– Mietverträge	
– Eigenlaborbelege	

Tab. 1 Belege in der Zahnarztpraxis

Belege in der Zahnarztpraxis

Aufgaben

1 Beschreiben Sie den wirtschaftlichen Vorgang, der hinter folgendem Beleg steht.

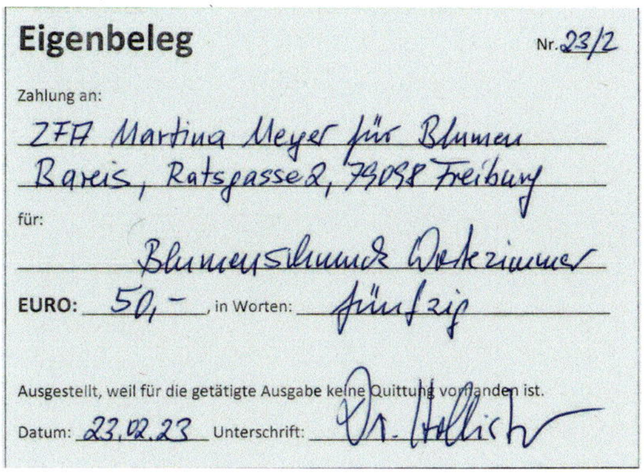

Eigenbeleg Nr. 23/2

Zahlung an: ZFA Martina Meyer für Blumen Rareis, Ratsgasse 2, 79098 Freiburg

für: Blumenschmuck Wartezimmer

EURO: 50,– , in Worten: fünfzig

Ausgestellt, weil für die getätigte Ausgabe keine Quittung vorhanden ist.

Datum: 23.02.23 Unterschrift: Dr. Hollich

2 Bei folgendem Eigenlaborbeleg handelt es sich um einen Einnahmebeleg.

a Begründen Sie dies.

b Weshalb ist keine Umsatzsteuer berechnet?

Herrn
Mario Bergisel
Giersbergweg 12
79117 Freiburg

Laborrechnung zum Plan vom 17.06.2022 **Probedruck** 18.08.2022
für: Frau Marietta Bergisel, geb. am: 09.01.1975 / 39

Datum	Nr.	Leistungsbeschreibung	Anz./Gramm	Einzelpreis	Gesamtpr.
18.08.22		Abformmaterial	2,00	6,00	12,00
		Abformmaterial Elastomer	1,00	11,00	11,00
		Hülse	4,00	1,00	4,00
				Praxismaterial / Auslagen €:	27,00
				Gesamtsumme Praxislaborkosten €:	**27,00**

Wir sichern zu, dass diese Sonderanfertigung den grundlegenden Anforderungen der Verordnung (EU) 2017/745 des Europäischen Parlaments und des Rates vom 5. April 2017 über Medizinprodukte entspricht.

Freiburg, 18.08.2022

Ort, Datum Unterschrift

3 Weshalb handelt es sich bei den Originalquittungen um Ausgabebelege und bei den Quittungsdurchschriften um Einnahmebelege?

4 In einer Quittung über Bürobedarf über 65,00 € ist der Umsatzsteuersatz von 19 % enthalten. Ihre Ausbildungspraxis ist umsatzsteuerpflichtig aufgrund des Eigenlabors. Der auf das Labor entfallende Teil der Rechnung beträgt 40 %. Wie hoch ist die anrechenbare Vorsteuer?

5 Entwerfen Sie am PC ein Quittungsformular mit dem Aufdruck der Praxisadresse.

6a Weshalb handelt es sich bei der folgenden KZV-Abrechnung um einen Einnahme- und einen Ausgabebeleg?

b Die Restzahlung an die Zahnarztpraxis beläuft sich auf 1 044,28. Sind das auch die gesamten Einnahmen der Praxis in dem angegebenen Quartal?

c Weshalb erhält die Praxis nur eine so geringe Restzahlung?

Kassenzahnärztliche Vereinigung – Kontoauszug

Für den Praxisinhaber persönlich
Frau Dr. Greta Lucky

ZA-Nr.:	3477655
Datum:	18.12.2022
Quartal:	III/2022
Blatt:	1

BelegNr.	Buchungstext	Fallzahl	Soll (€)	Haben (€)
	Honorar + ML KCH	647		40.579,19
	Honorar + ML PRO Juli	27		6.650,83
	Honorar + ML PRO August	48		12.029,97
	Honorar + ML PRO September	22		3.280,51
	Honorar + ML PAR Juli	3		1.076,79
	Honorar + ML PAR August	4		1.537,88
	Honorar + ML PAR September	3		958,91
	Honorar + ML, KBR Juli	3		508,33
	Honorar + ML, KBR August	6		1.424,42
	Honorar + ML, KBR September	3		723,49
	Sprechstundenbedarf			337,09
	Summe Honorare ML	764		69.105,41
	PRO Sofortauszahlung Juli		6.594,30	
	PRO Sofortauszahlung, August		11.927,72	
	PRO Sofortauszahlung Sept.		3.252,63	
	PAR, Sofortauszahlung Juli		1.015,55	
	PAR, Sofortauszahlung August		1.507,25	
	PAR, Sofortauszahlung Sept		925,47	
	Summe Sofortauszahlung		25.222,93	
	1. und 2. Abschlag III 2022		38.200,00	
5zf00345	PRO, PAR, KBR, 07 + 08 + 09/22		2.749,96	
	Summe Zahlungen		40.949,96	
5c45446	Honorarberichtigungen, PRO		12,41	
5c45466	Honorarberichtigungen, KBR		16,13	
	Summe Honorarberichtigungen		28,54	
	VWK Pauschale/Quartal		150,00	
	VWK Pauschale/Quartal-Angest.		50,00	
	KCH Verwaltungskosten	647	547,83	
	PRO Verwaltungskosten	95	296,48	
	PAR Verwaltungskosten	10	48,22	
	KBR Verwaltungskosten	12	35,87	
	SSB Verwaltungskosten		4,55	
	Summe Verwaltungskoten	764	1.349,19	
5f36643	Abrechnungsfortbildung für ZFA		43,00	
5f33455	Strahlenschutzkurs		96,00	
5f34454	Kammerbeitrag 4. Quartal 2022		369,51	
	Summe Sonstige Buchungen		510,51	
	Gesamtsumme		68.061,13	69.105,41
	Restzahlung		1.044,28	

Zahnmedizinische Fachsprache und -wörter

In der Zahnarztpraxis werden viele zahnmedizinische Fachausdrücke verwendet. Die meisten stammen aus der lateinischen oder griechischen Sprache. Häufig setzen sie sich aus einer Vor- bzw. Nachsilbe und einem Wort- stamm zusammen, z. B. Extraktion oder Gingivitis.
Wenn Sie die folgenden Vor- und Nachsilben kennen, können Sie viele zahnmedizinische Fachausdrücke leichter verstehen und behalten.
Im Anschluss finden Sie Erläuterungen zu den wichtigsten zahnmedizinischen Fachwörtern.

Vorsilben der zahnmedizinischen Fachsprache			
Vorsilben	**Bedeutung**	**Beispiele**	
a-, ab-	ab, weg, miss-	abnorm Anomalie	– abweichend von der Norm – Abweichung von der Norm
a-, an-	un-, los-, nicht	Adontie	– Zahnlosigkeit
ad-	an-, zu, nach	adäquat Adhäsion	– angemessen – Anhaften
anti-	gegen	antibakteriell	– gegen Bakterien wirkend
auto-	selbst-, eigen	autonomes Nervensystem	– vom Willen unabhängiges Nervensystem
bi-	beide, zwei	Bifurkation	– Zweigabelung; Gabelungsstelle der Wurzeln bei zweiwurzeligen Zähnen
bio-	lebens-	Biotop	– Lebensraum
contra-, kontra-	gegen	Kontraindikation	– Gegenanzeige, z. B. einer Behandlung, die nicht angewendet werden sollte
de-	von, weg, ent-	Demineralisation Deformation	– Entmineralisierung – Abweichung von der normalen Form
dis-	zwischen, zer-, miss-	Discus articularis	– Knorpelscheibe im Kiefergelenk
dys-	miss-, fehl-, von der Norm abweichend	Dysplasie	– Fehlbildung, Unterentwicklung
en-, endo-	innen, innerhalb	Endokard	– Herzinnenhaut
epi-	auf, über, durch, nach	Epithel	– äußere und innere Körperoberflächen überziehende Haut oder Schleimhaut
ex-	aus, heraus, weg	Exzision	– Herausschneiden von Gewebe
exo-	außerhalb, von außen	exokrin	– nach außen absondernd
extra-	außerhalb	extraoral	– außerhalb des Mundes
hetero-	verschieden, ungleich	heterogen	– verschiedenartig
homo-	gleich	homogen	– gleichartig
hyper-	über-, vermehrt	Hyperdontie	– Zahnüberzahl
hypo-	unter-, verringert	Hypodontie	– Zahnunterzahl
im-, in-	hinein, in	Implantat Inlay	– in Körpergewebe eingepflanztes Material – Einlagefüllung
	un-, nicht	inhomogen	– ungleichmäßig
inter-	zwischen	Interdentalraum	– Zahnzwischenraum
intra-	innerhalb	intraoral	– innerhalb der Mundhöhle
ko-, kom-, kon-	zusammen	Kompression	– (Kiefer) Zusammenpressung
kontra-	siehe „contra-“		

Zahnmedizinische Fachsprache und -wörter

leuko-	weiß	Leukozyten	– weiße Blutkörperchen
makro-	groß	Makrognathie	– übermäßig entwickelter Oberkiefer
mikro-	klein	Mikrognathie	– unterentwickelter Oberkiefer
myo-	Muskel	Myokard	– Muskelschicht des Herzens
ortho-	gerade, richtig	Orthodontie	– Beseitigung von Zahnfehlstellungen
osteo-	Knochen	Osteoblasten	– knochenbildende Zellen
para-	neben, darüber hinaus	parapulpär	– neben der Pulpa
per-	durch, über	Perforation	– Durchbohrung, Durchlöcherung
peri-	um, herum	periapikal	– um die Zahnwurzel herum
poly-	viel, zahlreich	Polysaccharide	– Vielfachzucker
post-	nach, hinter	postoperativ	– nach einer Operation
prä-	(zeitlich) vor	Prävention	– Vorbeugung
pro-	für, vor	Progenie	– Vorstehen des Unterkiefers
pseudo-	falsch, scheinbar	Pseudotumor	– Scheingeschwulst
re-	zurück, wieder	rezidivierend	– wiederkehrend
stoma-	Mund	Stomatitis	– Entzündung der Mundschleimhaut
sub-	unter, unterhalb	sublingual	– unter der Zunge
super-	über, übermäßig	Supersekretion	– vermehrte Absonderung, z. B. von Speichel
supra-	oben, oberhalb	supragingival	– oberhalb des Zahnfleischsaums
trans-	jenseits, hindurch	transparent	– durchscheinend
ultra-	darüber hinaus	Ultraschall	– Schallwellen jenseits der Hörgrenze des menschlichen Ohres

Nachsilben der zahnmedizinischen Fachsprache (In Klammern stehen die Mehrzahlendungen.)

Nachsilben	Bedeutung	Beispiele	
-algie(n) -algesie	Schmerz	Neuralgie Analgesie	– Nervenschmerz – Schmerzlosigkeit
-ektomie(n)	Ausscheiden	Gingivektomie	– Abtragen des Zahnfleischrandes
-gen	bewirkend	mutagen	– Mutationen bewirkend
-itis (-itiden)	Entzündung	Hepatitis Gingivitis	– Entzündung des Lebergewebes – Zahnfleischentzündung
-logie	Lehre	Pathologie	– Lehre von den Krankheiten
-meter	Messgerät	Dosimeter	– Gerät zur Messung der Strahlendosis
-metrie	Messung	Kaloriemetrie	– Messung des Energieverbrauchs
-om(e) -oma(ta)	Geschwulst	Fibrom	– gutartige Geschwulst des Bindegewebes
-ose(n)	degenerative, nichtentzündliche Erkrankung	Parodontose	– nicht entzündlicher Schwund des Zahnhalteapparates
-pathie(n)	Krankheit, Leiden	Hyperplasie	– überentwickeltes Gewebe oder Organ
-tomie	schneiden	Osteotomie	– operative Knochendurchtrennung
-zid	tötend, vernichtend	viruzid	– virenabtötend
-zyt	Zelle	Leukozyt	– weißes Blutkörperchen

Erläuterungen von Fachwörtern

A

Abrasion	Abrieb, Abnutzung der Zähne
Abszess	abgeschlossene Eiteransammlung
Alveole	Zahnfach
Alveolot omie	Operation des Alveolarkammes zur Lagerverbesserung vor der Versorgung mit Prothesen
Amputation	operatives Abtrennen eines Körperteiles
Analgesie	Schmerzlosigkeit
Anamnese	Vorgeschichte einer Krankheit
Anästhesie	Betäubung, Schmerzausschaltung
Anomalie	Abweichung von der Norm
Antagonist	Gegenspieler, Gegenbeißer
antibakteriell	gegen Bakterien wirksam
Antrum	Höhle
Apex	Wurzelspitze
Aphthe	schmerzhafte, weiße Schleimhautveränderung
apikal	im Wurzelspitzenbereich
approximal	zum Nachbarzahn
Approximalraum	Raum zwischen zwei benachbarten Zähnen
Artikulation	Ineinandergreifen der Zahnreihen während der Kaufunktion
atraumatisch	ohne Verletzung einhergehend

B

bukkal	zur Wange, wangenwärts

C

Caries profunda	tiefe Zahnfäule
chronisch	langsam verlaufend, länger verlaufend

D

Dekubitus	Druckstelle
dental	den Zahn betreffend
Dentin	Zahnbein
Dentitio	Zahnung
Dentitio difficilis	erschwerter Zahndurchbruch (meist beim Weisheitszahn)
devital	abgetötet, leblos
Devitalisation	Abtötung
Diagnose	Erkennen, Benennen einer Krankheit
distal	von der Zahnbogenmitte abgewandt
Dysgnathie	anomale Kieferstellung

E

Endodontie	Behandlung des Zahninnern
enossal	im Knochen
Epulis	gutartige Geschwulst (Tumor), die vom Zahnfleisch ausgeht
Exostose	Überbein, Knochenauswuchs
Explantation	Entfernen, z. B. von Implantaten
Exstirpation	Herausreißen, Entfernung der Pulpa
extrahieren	herausziehen, Zähne entfernen
Extraktion	Entfernen eines Zahnes
extraoral	außerhalb des Mundes
Exzision	Ausschneiden, Ausschneidung

F

fazial	zum Gesicht gehörend
Fibrom	gutartige Geschwulst des Bindegewebes
finieren	abschließendes Glätten, z. B. einen Füllungs- oder Kronenrand glätten
Fissur	Einschnitt, Spalte im Zahn
Fraktur	Knochenbruch
Frenektomie	Entfernung eines störenden Bändchens

G

Gangrän	Zersetzung von abgestorbenem Gewebe
Germektomie	Zahnkeimentfernung
Gingiva	Zahnfleisch
gingival	im Zahnfleischbereich
Gingivektomie	Abtragen des Zahnfleischrandes
Gingivitis	Entzündung des Zahnfleisches

H

Habits	Gewohnheiten, z. B. Nagelbeißen
habituell	gewohnheitsmäßig

I

Immediatprothese	Sofortprothese
impaktiert	eingeschlossen, von Knochen umgeben
Implantat	eingepflanzter Fremdkörper
Indikation	Anzeige
indiziert	angezeigt
Infiltration	Eindringung, Durchdringung
Infrarot	elektromagnetische Strahlung unterhalb der Wellenlänge des sichtbaren Lichtes (Wärmestrahlung)
Injektion	Einspritzung
Inlay	Einlagefüllung
interdental	zwischen den Zähnen
Interdentalraum	Zahnzwischenraum
Interimsprothese	zeitweiliger Zahnersatz zum Überbrücken der Heilungsperiode
interradikulär	zwischen den Wurzeln
intraligamentär	zwischen den Ligamenten
intrakanalär	im (Wurzel-)Kanal gelegen
intraoperativ	während der Operation
intraoral	in der Mundhöhle
inzisal	zur Schneidekante gehörend
Inzision	Einschnitt
irreversibel	nicht umkehrbar

K

Karies	Zahnfäule
Kavität	Hohlraum (im Zahn)
kinetisch	die Bewegung betreffend
Kofferdam	dünne Gummifolie, die gelocht und dann so über die Zähne gezogen wird, dass diese vor der Feuchtigkeit der Mundhöhle geschützt werden
konfektioniert	vorgefertigt
Kontraindikation	Gegenanzeige, z. B. einer Behandlung
Kürettage	Ausschabung

L

labial	lippenwärts, an der Lippe
lateral	zur Seite
lege artis	gemäß der (zahn)ärztlichen Kunst (wissenschaftlich anerkannte Behandlungsverfahren)
Ligatur	Anbindung
lingual	zur Zunge, zungenwärts
Liquidation	Kostenrechnung, Abrechnung freier Berufe
lokal	örtlich
Lokalanästhesie	örtliche Betäubung
luxieren	lockern, ausrenken

Erläuterungen von Fachwörtern

M

manuell – mit der Hand
marginal – zum Zahnfleischrand
Matrize – Band zum Legen einer Füllung
medial – zur Mitte
mesial – zur Zahnbogen-/Kiefermitte
mikroinvasiv – nur in geringem Maße eindringend
Minidam – kleines ovales Kofferdamstück
Molar – Mahlzahn, großer Backenzahn
Mortalamputation – Entfernung der toten Kronenpulpa
Mukogingivalchirurgie – chirurgische Maßnahmen zur Verbreiterung der angewachsenen Gingiva
Mukosa – Schleimhaut

N

Nekrose – Gewebstod

O

Obturator – Apparat zum Verschluss von Hohlräumen, z. B. Zystenhöhlen, Gaumenspalten
okklusal – auf der Kaufläche
Okklusion – Zahnreihenschlussbiss
Onlay – Einlagefüllung, die die Höcker des Zahnes einbezieht
oral – zur Mundhöhle
Orthodontie – Beseitigung von Zahnfehlstellungen
Orthopantomogramm – Röntgen-Panoramaschichtaufnahme zur Darstellung des Kauorgans
Osteomyelitis – Knochenmarkentzündung
Osteotomie – Abtragung von Knochensubstanz

P

palatinal – den Gaumen betreffend
Palpation – Abtasten
Parafunktion – unphysiologische, gewohnheitsmäßige Bewegungen des Kauorgans
parapulpär – neben der Pulpa
parodontal – das Zahnbett betreffend
Parodontitis – Zahnbettentzündung
Parodontium – Zahnbett, Zahnhalteapparat
Parodontologie – Lehre vom Zahnhalteapparat und der Behandlung seiner Krankheiten
Parodontopathie – Zahnbetterkrankung
Parodontose – chronische Erkrankung des Zahnhalteapparats
pathogen – krank machend
periapikal – in der Umgebung der Wurzelspitze
Periost – Knochenhaut
Phlegmone – flächenhaft fortschreitende, nicht abgegrenzte Entzündung des Zellgewebes
Plaque – bakterieller Zahnbelag
postoperativ – nach einer Operation
Prädilektionsstellen – bevorzugte Stellen
Prävention – Vorbeugung, vorbeugende Gesundheitspflege
präventiv – vorbeugend
profundus – tief liegend
Progenie – Vorstehen des Unterkiefers
Prognose – Vorhersage (des Krankheitsverlaufes)
Prophylaxe – krankheitsvorbeugende Maßnahme
Pulpa – Zahnmark
Pulpektomie – vollständige Entfernung der Pulpa (Vitalexstirpation)
Pulpitis – Entzündung des Zahnmarkes
Pulpotomie – Entfernung der vitalen Kronenpulpa (Vitalamputation)

Q

Quadrant – Viertel eines Kreises (Kieferhälfte)
Quartal – Vierteljahr
Quickdam – Kofferdam mit „eingebautem" Einmalspannrahmen

R

radikulär – die Wurzel betreffend, an der Wurzel
Radix – Wurzel
Reimplantation – Wiedereinpflanzung
Resektion – operative Entfernung kranker Organteile
Residualzyste – zurückgebliebene Zyste
Retention – Zurückhaltung
retiniert – zurückgehalten
Retraktion – Zurückziehen, Zusammenziehen
retrograd – rückläufig
reversibel – umkehrbar
Rezidiv – Rückfall
rezidivierend – wiederkehrend

S

sagittal – von vorn nach hinten verlaufend
Sanierung – Heilung
separieren – trennen
Septum – Scheidewand
Sequester – abgestorbener Knochenteil
Sequestrotomie – Entfernung eines abgestorbenen Knochenteiles
Status – Zustand
Stomatitis – Entzündung der Mundschleimhaut
subgingival – unter dem Zahnfleischsaum
sublingual – unter der Zunge
submukös – unter der Schleimhaut
subperiostal – unter der Knochenhaut
subtotal – unvollständig
subtraktiv – entfernend
supragingival – oberhalb des Zahnfleischsaumes
Suprakonstruktion – Zahnersatz auf Implantaten

T

temporär – vorübergehend
Therapie – Krankheitsbehandlung
Transplantation – Überpflanzung von Gewebe, Verpflanzung
transversal – quer verlaufend
Trauma – Verletzung, Gewalteinwirkung
Trepanation – Durchbohrung, Eröffnung einer Mark- oder Schädelhöhle
Trifurkation – Dreigabelung der Zahnwurzel
Tuber – Höcker, Vorsprung

V

Veneers – dünne Keramikscheiben, die auf den Frontzähnen „aufgeklebt" werden
vestibulär – zum Mundvorhof
Vitalexstirpation – Entfernung der gesamten lebenden Kronen- und Wurzelpulpa

Z

zentral – in der Mitte
zervikal – im Zahnhalsbereich
Zyste – Hohlgeschwulst, flüssigkeitsgefüllt
Zystektomie – Entfernung der gesamten Zyste (= Operation nach Partsch II)
Zystostomie – Fensterung einer Zyste, Weiterbehandlung mit Obturator (= Operation nach Partsch I)

Stichwortverzeichnis

Stichwortverzeichnis

Stichwortverzeichnis

Stichwortverzeichnis

Stichwortverzeichnis

Stichwortverzeichnis

Stichwortverzeichnis

Bildquellenverzeichnis

Cornelsen / Gabriele Heinisch: S. 38, 40, 67, 233, 242
Cornelsen / Angelika Kramer: S. 34, 52, 59, 60, 61, 64, 65, 66, 67, 68, 69, 70, 72, 73, 150, 219, 229, 231, 233, 234, 236, 239, 262
Cornelsen / Werner Krüper: S. 39, 106, 107, 108, 109, 110, 111, 112, 114, 115, 116, 117, 120, 121, 122, 123, 130, 133, 145, 149, 210, 234, 235, 239, 240, 241, 243, 275, 276, 278, 279, 284, 312
Cornelsen / Jörg Mair: S. 15, 16, 17, 18, 19, 20, 21, 24, 25, 26, 28, 29, 31, 41, 42, 43, 44, 49, 50, 52, 54, 55, 56, 68, 69, 70, 92, 111, 116, 117, 119, 123, 125, 127, 128, 129, 130, 131, 132, 139, 140, 142, 143, 179, 183, 196, 211, 213, 214, 217, 218, 220, 221, 222, 226, 227, 229, 234, 238, 246, 251, 259, 260, 261, 267, 270, 271, 272, 277
Cornelsen / Karin Mall: S. 48, 224
Cornelsen / Albert Mergelsberg: S. 70, 316, 318, 319, 320, 345, 349, 351
Cornelsen / PER Medien+Marketing: S. 35, 66, 83, 115, 132, 151, 158, 165, 172, 176, 192, 195, 235, 253, 260, 263, 265, 270, 315
Cornelsen / Gerda Raichle: S. 27, 30, 32, 33, 63, 133, 136, 202, 218, 221, 223, 226, 233, 236, 238, 247, 251, 264, 268, 272
Cornelsen / Jens Schünemann: S. 60, 62, 107, 108, 109, 110, 117, 137, 266
Cornelsen / Straive: S. 326
Cornelsen / Vitaledesign: S. 308, 322, 323, 327, 340, 341, 342, 346
Cornelsen / Natascha Welz: S. 151, 152

S. 15 (ob.): mauritius images/Science Source; **S. 15 (un.):** Shutterstock.com/BioFoto; **S. 19:** Shutterstock.com/Fleckstone; **S. 24:** Prof. Dr. med. Dr. med. dent. Siegmar Reinert; **S. 28:** mauritius images/Science Source; **S. 35:** Shutterstock.com/RusAKphoto; **S. 36:** Shutterstock.com/Davydenko Yuliia; **S. 37 (1-4):** SEPTODONT GmbH; **S. 38:** Dr. Jochen Eble; **S. 39 (2-3):** Dr. Jochen Eble; **S. 40 (1):** Dr. Jochen Eble; **S. 40 (2):** Kulzer GmbH, Hanau; **S. 41 (1-2):** Dr. Jochen Eble; **S. 43 (2):** Dr. Friedrich Cleve; **S. 43 (3+5):** Dr. Jochen Eble; **S. 44 (1+3):** Dr. Jochen Eble; **S. 47 (li.):** mauritius images/Science Photo Library; **S. 47 (re.):** mauritius images/alamy stock photo; **S. 49:** Cornelsen / Jörg Mair; Foto: Dr. Claudia R. Barthel-Zimmer; **S. 51 (ob.):** Dr. Claudia R. Barthel-Zimmer; **S. 51 (un.):** Dr. Dr. Brigitte Nestle-Oechslin; **S. 55:** Dr. U. Blunck, Charité CC3 – Abtlg. für Zahnerhaltung und Präventivzahnmedizin/Fotorechte: Dr. Olivia Wolf, CharitéCentrum 3 für Zahn-, Mund- und Kieferheilkunde; **S. 61 (2+6):** Coltène/Whaledent AG; **S. 61 (3-5):** Dr. Jochen Eble; **S. 62 (1-4):** Dr. Jochen Eble; **S. 64 (2-3):** EURONDA Deutschland GmbH; **S. 65 (1):** Susanne, Handtmann; **S. 65 (2):** Cornelsen / Jörg Mair; Foto: Dr. Claudia R. Barthel-Zimmer; **S. 65 (4):** Dr. Claudia R. Barthel-Zimmer; **S. 66 (un. li.):** Dentsply Sirona; **S. 66 (mi. li.):** Dr. Jochen Eble; **S. 70 (1):** Dentsply Sirona; **S. 70 (4):** Dr. Jochen Eble; **S. 72 (2+4):** Dr. Jochen Eble; **S. 72 (5):** Shutterstock.com/Christine von Diepenbroek; **S. 73:** Dr. Jochen Eble; **S. 77:** Dr. Jochen Eble; **S. 79:** CompuGroup Medical (CGM) Deutschland; **S. 86 (1-6):** CompuGroup Medical (CGM) Deutschland; **S. 87 (1-5):** CompuGroup Medical (CGM) Deutschland; **S. 88:** mauritius images/alamy stock photo/Alexandr Muntean; **S. 95:** Dr. Jochen Eble; **S. 98 (1-5):** CompuGroup Medical (CGM) Deutschland; **S. 99 (1-4):** CompuGroup Medical (CGM) Deutschland; **S. 105:** Dr. Jochen Eble; **S. 106 (2):** Dr. Friedrich Cleve; **S. 106 (4):** Dr. Jochen Eble; **S. 109:** © Erbe Elektromedizin GmbH; **S. 111:** mectron Deutschland Vertriebs GmbH; **S. 116:** Susanne, Handtmann; **S. 120:** Shutterstock.com/StockPhotosArt; **S. 122:** Shutterstock.com/HENADZI KILENT; **S. 124 (1-4):** Dr. Drüke; **S. 125 (1-2+4-5):** Dr. Drüke; **S. 125 (3):** Dr. Jochen Eble; **S. 126 (1-2):** Dr. Drüke; **S. 127 (2-4):** Dr. Jochen Eble; **S. 129 (1-3):** Charité Universitätsmedizin Berlin, CharitéCentrum für Zahn-, Mundund Kieferheilkunde, Bereich Oralmedizin, zahnärztliche Röntgenologie und Chirurgie/Univ.-Prof. Dr. Andrea-Maria Schmidt-Westhausen; **S. 129 (7-8):** Gemeinschaftspraxis Burghard und Heidrun Falta; **S. 134:** Dr. Jochen Eble; **S. 138 (1):** mauritius images/alamy stock photo/Zay Nyi Nyi; **S. 138 (2-3):** Shutterstock.com/Dental Pro Content; **S. 139 (3-6):** Charité Universitätsmedizin Berlin, CharitéCentrum für Zahn-, Mund- und Kieferheilkunde, Bereich Oralmedizin, zahnärztliche Röntgenologie und Chirurgie/Univ.-Prof. Dr. Andrea-Maria Schmidt- Westhausen; **S. 140 (2):** Shutterstock.com/eleonimages; **S. 140 (3-4):** Dr. Drüke; **S. 141 (1):** Dr. Jochen Eble; **S. 141 (2):** Hager & Werken GmbH & Co. KG; **S. 142 (2-3):** Dr. Dr. Brigitte Nestle-Oechslin; **S. 144 (1-2):** Dr. Friedrich Cleve; **S. 149:** dpa Picture-Alliance/Heritage Images/Fine Art Images; **S. 154 (1):** Shutterstock.com/HelloRF Zcool; **S. 154 (2):** Shutterstock.com/wisely; **S. 159 (1-2):** CompuGroup Medical (CGM) Deutschland; **S. 160 (1-2):** CompuGroup Medical (CGM) Deutschland; **S. 161:** Shutterstock.com/StockPhotosArt; **S. 163:** CompuGroup Medical (CGM) Deutschland; **S. 169:** CompuGroup Medical (CGM) Deutschland; **S. 181 (1-2):** CompuGroup Medical (CGM) Deutschland; **S. 184:** Dr. Dr. Brigitte Nestle-Oechslin; **S. 186 (1-2):**

Bildquellenverzeichnis

CompuGroup Medical (CGM) Deutschland; **S. 211 (2):** Shutterstock.com/Nixx Photography; **S. 211 (3):** Cornelsen / PER Medien+Marketing; Illlu.: Shutterstock.com/Alila Medical Media; **S. 211 (4):** mauritius images/Science Photo Library; **S. 212:** Shutterstock.com/Zay Nyi Nyi; **S. 215:** Shutterstock.com/tugol; **S. 235:** Shutterstock.com/narin phapnam; **S. 237:** Shutterstock.com/vectorfusionart; **S. 239:** Shutterstock.com/Lubava; **S. 242:** Shutterstock.com/spass; **S. 246:** Dr. Jochen Eble; **S. 249:** Shutterstock.com/botazsolti; **S. 250 (1):** Shutterstock.com/Bencemor; **S. 250 (2):** Shutterstock.com/botazsolti; **S. 251:** Shutterstock.com/Kasama Kanpittaya; **S. 252:** Shutterstock.com/Kasama Kanpittaya; **S. 255 (ob.):** Shutterstock.com/bergamont; **S. 255 (un.):** Shutterstock.com/trailak amtim; **S. 256 (1):** Shutterstock.com/Kasama Kanpittaya; **S. 256 (2-3):** CompuGroup Medical (CGM) Deutschland; **S. 259:** Shutterstock.com/Alexander_Safonov; **S. 260:** Cornelsen/Albert Mergelsberg; Software: CompuGroup Medical (CGM) Deutschland; **S. 270:** Dr. Jochen Eble; **S. 273:** Susanne, Handtmann; **S. 276 (2-3):** Dr. Jochen Eble; **S. 277 (1):** Waltraud Hollstein; **S. 277 (2):** Susanne, Handtmann; **S. 277 (3):** Dr. Jochen Eble; **S. 279:** Waltraud Hollstein; **S. 281:** Dr. Friedrich Cleve; **S. 282 (1):** Shutterstock.com/Levent Konuk; **S. 282 (2):** mauritius images/alamy stock photo/Gado Images; **S. 282 (3):** Shutterstock.com/SKT Studio; **S. 283:** Dr. Friedrich Cleve; **S. 284:** Dr. Friedrich Cleve; **S. 285 (1):** Shutterstock.com/Karan Bunjean; **S. 285 (2):** mauritius images/alamy stock photo/Scott Camazine; **S. 288:** stock.adobe.com/Kasama; **S. 291:** CompuGroup Medical (CGM) Deutschland; **S. 292:** CompuGroup Medical (CGM) Deutschland; **S. 293:** Kassenzahnärztlichen Vereinigung Bayern, KZVB; **S. 294:** Kassenzahnärztlichen Vereinigung Bayern, KZVB; **S. 306:** Hager&Werken GmbH Co. KG; **S. 309:** Henry Schein Dental Deutschland GmbH; **S. 317 (1):** Shutterstock.com/Andychi; **S. 317 (2):** AERA EDV-Programm GmbH; **S. 321 (1-2):** Vorlage: Albert Mergelsberg; Umsetzung: Cornelsen/Vitaledesign; **S. 322:** stock.adobe.com/BlureArt; **S. 325:** Henry Schein Dental Deutschland GmbH; **S. 335:** RAL gGmbH; **S. 337:** dpa Picture-Alliance/dpa-infografik/Globus/Grafik: Andreas Brühl, Athanassios Zafirlis, Redaktion: Alexandra Stober, Sophie Lauterbach; **S. 338:** dpa Picture-Alliance /Globus/Grafik: Andreas Brühl, Christoph Goldammer, Redaktion: Wolfgang Fink; **S. 341:** Shutterstock.com/gopixa

Übersicht über die Videos

Realfilme

Animationsfilme

Abkürzungsverzeichnis

AHA	American Heart Association
AIDS	Acquired Immune Deficiency Syndrome
ALS	advanced life support
API	Approximalraum-Plaque-Index
ArbSchG	Arbeitsschutzgesetz
ASS	Acetylsalicylsäure
BEB	Bundeseinheitliche Benennungsliste für zahntechnische Leistungen, Privatgebührenverzeichnis für Zahntechniker
BEL II	Bundeseinheitliches Verzeichnis der abrechnungsfähigen zahntechnischen Leistungen (für Kassenpatienten)
BEMA	Einheitlicher Bewertungsmaßstab für zahnärztliche Leistungen
BG	Berufsgenossenschaft
BGB	Bürgerliches Gesetzbuch
BGR	Berufsgenossenschaftliche Regel
BGW	Berufsgenossenschaft für Gesundheitsdienst und Wohlfahrtspflege
BioStoffV	Biostoffverordnung
BKV	Bundeseinheitliches Kassenverzeichnis
BLS	basic life support
BMV-Z	Bundesmantelvertrag Zahnärzte
Btm	Betäubungsmittel
BtMG	Betäubungsmittelgesetz
BtMVV	Betäubungsmittel-Verschreibungsverordnung
BZÄK	Bundeszahnärztekammer
CHX	Chlorhexidin
CPR	kardiopulmonale Reanimation
CT	Computertomografie
DAJ	Deutsche Arbeitsgemeinschaft für Jugendzahnpflege
D-Arzt	Durchgangsarzt
DAZ	Deutscher Arbeitskreis für Zahnheilkunde
DGE	Deutsche Gesellschaft für Ernährung e. V.
DGK	Deutsche Gesellschaft für Kardiologie
DGZMK	Deutsche Gesellschaft für Zahn-, Mund- und Kieferheilkunde
DH	Dentalhygieniker*in
DPE	Datensatz Persönliche Erklärungen (auf eGK)
Drg.	Dragee
DVT	Digitale Volumentomografie
DVT	digitale Volumentomografie
eAU	(elektronische) Arbeitsunfähigkeitsbescheinigung
e-Bonusheft	elektronisches Bonusheft
EBZ	Elektronisches Beantragungs- und Genehmigungsverfahren Zahnärzte
eGK	elektronische Gesundheitskarte
eHBA	(elektronischer) Heilberufsausweis
eHKP	(elektronischer) Heil- und Kostenplan
eHKT	e-Health Kartenterminal (Lesegerät für eGK)
EKG	Elektrokardiogramm
eMP	elektronischer Medikationsplan (auf eGK)
Endo	Endodontie, Endodontologie
ePA	elektronische Patientenakte
ERC	European Resuscitation Council
eRezept	(elektronisches) Rezept
EWZ	Einwirkzeit
F.	Foramen
FAL	funktionsanalytische Leistungen
FDI	Fédération Dentaire Internationale
FFP	filtering facepiece (engl.); partikelfiltrierende Halbmaske
FRS	Fernröntgenseitenaufnahme/-bild
FZ	Festzuschuss
G-BA	Gemeinsamer Bundesausschuss
GefStoffV	Gefahrstoffverordnung
GHS	Global Harmonisiertes System
GIZ	Glasionomerzement
GKV	gesetzliche Krankenversicherung
GOÄ	Gebührenordnung für Ärzte
GOZ 12	Gebührenordnung für Zahnärzte von 2012
HIV	human immunodeficiency virus, Humanes Immunschwäche-Virus
HVM	Honorarverteilungsmaßstab
i. a.	intraarteriell
i. c.	intrakutan
i. m.	intramuskulär
i. v.	intravenös
ICD	Internationale Klassifikation medizinischer Diagnosen
IfSG	Infektionsschutzgesetz
INR	International Normalized Ratio
IP	Individualprophylaxe
ISO	International Organization for Standardization
ITN	Intubationsnarkose
KBR-Behandlung	Kieferbruchbehandlung
KCH-Leistungen	konservierend-chirurgische Leistungen
KFO	Kieferorthopädie
KFO-Leistungen	kieferorthopädische Leistungen
KIG	kieferorthopädische Indikationsgruppen
KIM	Kommunikation im Medizinwesen (über verschlüsselte Emails)

Abkürzungsverzeichnis

Kps.	Kapsel
KZBV	Kassenzahnärztliche Bundesvereinigung
KZV	Kassenzahnärztliche Vereinigung
LA	Lokalanästhetika
Lsg.	Lösung
LZÄK	Landeszahnärztekammer
M.	Musculus
MAV	Mund-Antrum-Verbindung
MIO	medizinisches Informationsobjekt (für e-Bonusheft, Untersuchungshefte, usw.)
MKV	Mehrkostenvereinbarung
Mm.	Musculi
MPBetreibV	Medizinprodukte-Betreiberverordnung
MPDG	Medizinprodukterecht-Durchführungsgesetz
MRSA	mulitresistenter Staphylococcus aureus, methicillinresistenter Staphylococcus aureus
N.	Nervus
NBS	Nursing-Bottle-Syndrom
NEM	Nicht-Edelmetall
NEM-Legierung	Nicht-Edelmetall-Legierung
NFD	Notfalldatensatz (auf eGK)
Nn.	Nervi
NNH	Nasennebenhöhlen
OK	Oberkiefer
OP	Operation
OPG	Orthopantomogramm
PA-	Parodontal-
PA(R)	Parodontalbehandlung/Parodontalstatus
PBI	Papillen-Blutungs-Index
PKV	private Krankenversicherung
ppm	parts per million (Teile pro Million)
PSA	persönliche Schutzausrüstung
PSI	parodontaler Screening-Index
PVS	Praxisverwaltungssystem
PZR	professionelle Zahnreinigung
QES	qualifizierte elektronische Signatur (über KIM im EBZ)
RDA	Radioactive Dentin Abrasion, Relative Dentin-Abrasion
RDG	Reinigungs- und Desinfektions-Gerät
RKI	Robert Koch-Institut
RöV	Röntgenverordnung
s.c.	subkutan
s.m.	submukös
SBI	Sulkus-Blutungsindex
SGB V	Sozialgesetzbuch – Fünftes Buch
Supp.	Suppositorien ,-um
Susp.	Suspension
Sv	Sievert
TB, Tb, Tbc, TBC	Tuberkulose
Tbl.	Tablette, Tabletten
TI	Telematikinfrastruktur
TRBA	Technische Regeln für biologische Arbeitsstoffe
UK	Unterkiefer
UVV	Unfallverhütungsvorschriften
vdek	Verband der Ersatzkassen
VSDM	Versichertenstammdatenmanagement
WHO	World Health Organization, Weltgesundheitsorganisation
WSR	Wurzelspitzenresektion
ZA	Zahnarzt
ZE	Zahnersatz
ZFA	Zahnmedizinische*r Fachangestellte*r
ZMF	Zahnmedizinische*r Fachassistentin*er
ZMP	Zahnmedizinische*r Prophylaxeassistent*in
ZMV	Zahnmedizinische Verwaltungsassistent/in
ZNS	zentrales Nervensystem, Zentralnervensystem